“十二五”职业教育国家规划教材
经全国职业教育教材审定委员会审定
全国高等职业教育计算机类规划教材·实例与实训教程系列

中文版

Photoshop平面设计基础与典型实例

第2版

祝俞刚　主　编
盛　新　徐　蓉　副主编

電子工業出版社
Publishing House of Electronics Industry
北京·BEIJING

内 容 简 介

本书主要介绍使用 Photoshop CS5 进行平面图像处理的基础知识和基本技巧及大量的典型实例制作，内容包括：Photoshop CS5 基础知识、Photoshop CS5 工具的使用、图像色彩和色调处理、图层的应用、路径的应用、通道与蒙版的使用、滤镜的使用、动作与自动化命令、3D 与动画设计、典型应用实例等。

本书由浅入深、循序渐进、图文并茂、内容翔实，并采用大量的应用举例与课堂练习帮助读者理解与掌握，尤其是第 1 章至第 9 章的典型实例剖析和第 10 章典型应用实例的制作，更增添了本书在平面设计中的实用性。

本书除适合于大专院校和各类电脑培训班作为教材外，也非常适合准备跨入平面设计、图形图像处理、数码艺术创作等行业的准从业人员学习。

图书在版编目（CIP）数据

中文版 Photoshop 平面设计基础与典型实例/祝俞刚主编. —2 版. —北京：电子工业出版社，2012.12
全国高等职业教育计算机类规划教材. 实例与实训教程系列

ISBN 978-7-121-19205-0

Ⅰ. ①中… Ⅱ. ①祝… Ⅲ. ①平面设计－图象处理软件－高等职业教育－教材 Ⅳ. ①TP391.41

中国版本图书馆 CIP 数据核字（2012）第 291274 号

策划编辑：程超群
责任编辑：郝黎明　　文字编辑：裴　杰
印　　刷：北京中新伟业印刷有限公司
装　　订：北京中新伟业印刷有限公司
出版发行：电子工业出版社
　　　　　北京市海淀区万寿路 173 信箱　邮编　100036
开　　本：787×1 092　1/16　印张：21.25　字数：571 千字
版　　次：2008 年 2 月第 1 版
　　　　　2012 年 12 月第 2 版
印　　次：2016 年 7 月第 3 次印刷
定　　价：39.00 元

凡所购买电子工业出版社图书有缺损问题，请向购买书店调换。若书店售缺，请与本社发行部联系，联系及邮购电话：（010）88254888，88258888。

质量投诉请发邮件至 zlts@phei.com.cn，盗版侵权举报请发邮件至 dbqq@phei.com.cn。

本书咨询联系方式：（010）88254577，ccq@phei.com.cn。

前　言

Photoshop 是美国 Adobe 公司推出的、目前最流行的图像处理软件之一，其应用领域已深入到广告设计、印刷、数码照片处理、图像合成、网页图像制作等多种与设计相关的行业，其用户群逐年增长。而 Photoshop CS5 软件以更温馨的工作界面、更强大的图像识别，以及更完美的 3D 效果等功能，赢得了更多的图像处理爱好者的青睐。

本书的编写，是结合能力本位的课程改革的需要，以“提高学生实践能力，培养学生的职业技能”为宗旨，按照企业对高职高专学生的实际要求，突出 Photoshop 的基本操作与实例制作，尤其是典型实例的剖析，使学生掌握了 Photoshop 图像处理的基本技能后，能较快地进行数码照片处理、平面广告设计、动画制作等设计操作，以适应平面设计岗位群的要求。本书采用能力模块结构的形式来组织章节内容，每一模块对应一章，每一章前明确本章（模块）的应知目标和应会要求，每一章后有典型实例剖析、复习思考题（含相应的实训内容）。本书内容根据知识、技能、素质的能力本位要求，结合高职高专学生认知规律和教学特点设计，突出以典型实例导学为主线，知识讲解引导为辅助的编写特点，通过主题构成和操作方法训练，可以提高学生的学习兴趣和学习主动性。

本书共分 10 章，各章的具体内容如下：

第 1 章，介绍 Photoshop CS5 的基本概念、工作界面和基本操作，包括 Photoshop CS5 的优化设置方法。

第 2 章，从创建与编辑选区、图像绘制与修饰、编辑图像三个方面全面介绍 Photoshop CS5 工具的使用。

第 3 章，介绍图像色彩调整方法和色调处理的基本技巧以及图像特殊色调调整的方法。

第 4 章，全面介绍图层的操作、设置图层样式、智能对象图层的创建与编辑等图层应用技巧。

第 5 章，介绍路径的应用，包括创建、编辑路径以及路径与选区的转换、填充和描边路径等操作技巧。

第 6 章，介绍通道与蒙版的使用技巧。

第 7 章，全面介绍滤镜的使用技巧。

第 8 章，介绍动作的录制与播放，以及图像的自动化命令的使用方法。

第 9 章，介绍 3D 图像及动画制作的操作方法与技巧。

第 10 章，介绍使用 Photoshop CS5 进行照片后期制作、典型设计应用及动感效果制作方面的常用案例。

本书图文并茂、层次分明、内容翔实、案例丰富、通俗易懂，可作为高职高专的教学用书，也可作为 Photoshop 初学者、图像处理与平面设计人员的培训教材使用。本书所用到的素材、案例制作的最终效果图以及电子教学课件和复习思考答案等，在华信教育资源网（www.hxedu.com.cn）上均可免费下载，欢迎广大读者朋友使用。

本书由祝俞刚主编，盛新、徐蓉副主编。第 10 章由祝俞刚编写，第 2 章、第 7 章由盛新编写，第 3 章、第 5 章由王义勇编写，第 6 章、第 9 章由郑丹平编写，第 1 章由徐蓉编写，第 4 章由曾阳艳编写，第 8 章由戚海燕编写。祝俞刚、盛新、徐蓉对全书进行了审阅。由于作者水平有限，时间仓促，书中难免有错漏之处，恳请广大读者朋友批评指正。

编　者

2012 年 10 月

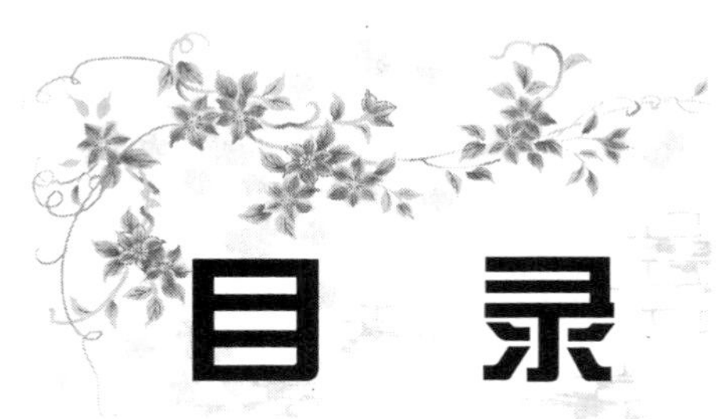

目录

第 9 章 3D 与动画设计/276

第 10 章 典型应用实例/295

参考文献/331

第1章 Photoshop CS5 基础知识

应知目标

了解 Photoshop 图像处理的基本概念，熟悉 Photoshop CS5 的工作界面；熟悉 Photoshop CS5 的基本操作。

应会要求

掌握 Photoshop CS5 启动与退出的方法，会进行 Photoshop CS5 的基本操作；掌握 Photoshop CS5 的优化设置方法。

1.1 图像处理的基础知识

使用 Photoshop 处理图片不只是一个简单的图片改造过程，这需要我们了解一些计算机图像处理的基础知识，才能使我们有更好的创意，制作出更好的作品。

1.1.1 图像类型

在计算机中，图像是以数字方式来记录、处理和保存的，类型大致可以分为以下两种：矢量图像与位图图像。这两种图像类型各有特色，它们之间存在互补性，因此在处理图像时，经常将这两种图像类型交叉运用。下面分别介绍这两种图像类型。

1. 矢量图像

矢量图像是由一系列数学公式表达的线条所构成的图形，在此类图像中构成图像的线条颜色、位置、曲率、粗细等属性都由许多复杂的数学公式来表达。

用矢量表达的图像，线条非常光滑、流畅，当对矢量图像进行放大时，线条依然可以保持良好的光滑性及比例相似性，从而在整体上保持图形不变形，图 1.1 所示为原矢量图像及将其放大 600%后的效果。

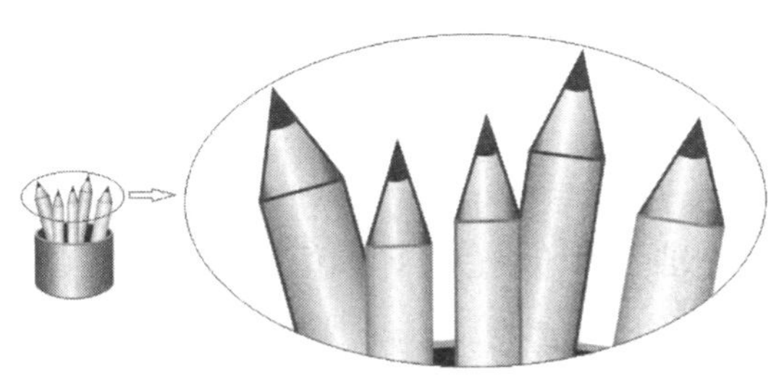

图 1.1　原图及其局部放大 600%后效果图

由于矢量图像以数学公式的表达方法被保存，通常矢量图像文件所占空间较小，而且在进行放大、缩小、旋转等操作时，不会影响图像的质量，此种特性也被称为无级平滑放缩。

矢量图像由矢量软件生成，此类软件所绘制图像的最大优势体现在印刷输出时的平滑度上，特别是文字输出时具有非常平滑的效果。

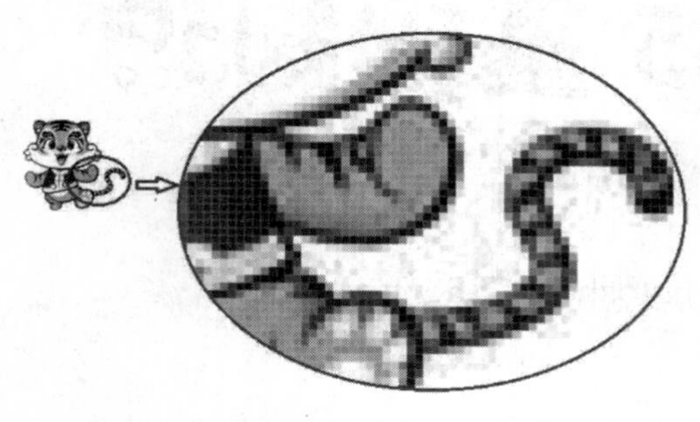

图 1.2 原图及其局部放大 600%后的效果图

2. 位图图像

位图图像是由像素点组合而成的图像，通常 Photoshop 和其他一些图像处理软件（例如 PhotoImpact、Paint、Cool3D 等软件）生成的都是位图，图 1.2 所示为一幅位图被放大 600%后显示出的像素点。

由于位图图像由像素点组成，因此在像素点足够多的情况下，此类图像能表达色彩丰富、过渡自然的图像效果。但由于在保存位图时，计算机需要记录每个像素点的位置和颜色，所以图像像素点越多（分辨率越高），图像越清晰，但同时文件所占硬盘空间也越大，在处理图像时机器运算速度也就越慢。

1.1.2 图像的颜色模式

颜色模式是图像设计最基本的知识，也是电脑美术及印刷的重要组成部分，颜色本身具有浓淡、明暗等视觉效果，能给人带来涨缩、冷暖、悲喜等心理感受。常用的颜色模式有 RGB、CMYK、HSB 和 Lab，另外还有双色模式、灰度模式、索引模式和多通道模式等。下面就几种常用的颜色模式进行简单的介绍。

1. RGB 模式

RGB 模式是一种颜色叠加模式，它主要由红、绿、蓝 3 种色光相叠加形成。红、绿、蓝 3 种基色都有 0（黑色）～255（白色）这 256 个亮度级，当 3 种颜色叠加就形成了 1670 万种颜色。在 Photoshop CS5 中编辑图像时最好选择 RGB 模式，它可以提供全屏幕多达 24 位的色彩范围，即通常所说的真彩色。

RGB 模式一般不用于打印输出图像，因为它的某些色彩已经超出了打印的范围，会使比较鲜艳的色彩失真。

2. CMYK 模式

CMYK 模式是用于一般四色印刷的颜色模式，色域比 RGB 模式小。CMYK 代表了印刷上的 4 种油墨色，即 Cyan（青）、Magenta（洋红）、Yellow（黄）和 Black（黑）4 种色彩。在 Photoshop 的 CMYK 模式中，为每个像素的每种印刷油墨指定了一个百分比值，一般最亮（亮光）颜色指定的印刷油墨颜色百分比较低，而较暗（暗调）颜色指定的百分比较高。

在准备用印刷色打印图像时，应使用 CMYK 模式。

3. Lab 模式

Lab 模式是一种国际标准色彩模式，在 Photoshop 中，Lab 颜色模式由 3 种分量来表示颜色，即一个介于 0～100 之间的明度分量（L）和两个颜色分量 a 和 b。a 分量从绿色到红

色轴，b 分量从蓝色到黄色轴，在“颜色”面板中，a 分量和 b 分量的范围为–120～+120。

通常情况下，用户不会使用这种模式，但在用 Photoshop 编辑图像时，却已经使用了这种模式。因为 Lab 模式是 Photoshop 内部两种颜色模式转换的中转站。例如，用户在将 RGB 模式的图像转换成 CMYK 模式的图像的过程中，Photoshop 内部会先将 RGB 模式转换成 Lab 模式，再从 Lab 模式转换成 CMYK 模式。

4. 位图模式

在位图模式下只有黑色和白色两种颜色。图像中的每个像素中包含一个数据，因此在该模式下不能制作出颜色丰富的图像，它只能通过组合不同大小的点来产生一定的灰度级阴影。而要将一幅彩色图像转换成黑白图像时，必须先转换成灰度模式的图像，然后再将其转换成只有黑白两色的图像，即位图模式的图像。

5. 灰度模式

灰度模式只有一个通道，即从白到黑有 256 个色阶。灰度图像中的每个像素都有一个 0（黑色）~255（白色）之间的亮度值。当一个彩色图像转换为灰度模式时，所有颜色信息都将丢失，只留下亮度。因此，灰度模式所占用的磁盘空间较少，处理速度也较快。

6. 索引颜色模式

在索引颜色模式下最多只能存储一个 8 位色彩深度的文件，即最多 256 种颜色。这些颜色都是预先定义好并存储在可以查看的颜色对照表中，当你打开图像文件时，对照表也一同被读入 Photoshop 中，并用以找出最终的色彩值。如果原图像中的某种颜色没有出现在该表中，则系统将选取现有颜色中最接近的一种，或使用现有颜色模式中的该颜色。

7. 双色调模式

双色调模式是用一种灰色油墨或彩色油墨来渲染一个灰度图像的模式。该模式下最多可以向灰度图像中添加 4 种颜色。

8. 多通道模式

多通道模式包含多种灰阶，每一通道均由 256 级灰阶组成，该模式对特殊打印需求的图像非常有用。

1.1.3 像素与分辨率

1. 像素

位图图像是由一系列的“像素”点来表示的，像素是位图图像的基本单位。像素尺寸是位图图像的高度和宽度所包含的像素数量。图像在屏幕上的显示尺寸由图像的像素尺寸和显示器的大小与设置决定。像素本身并没有实际的尺寸大小，它只是简单地将三、四个数字集中在坐标系统中的某个位置上，只有赋给像素一个真实的尺寸后才发挥作用。

图像的大小与分辨率和像素有密切的关系，用户在制作高质量的图像作品时，理解如何度量和显示图像的像素数据非常重要。

2. 分辨率

分辨率是指在单位长度内所含有的像素个数。分辨率有很多种，大致可以分为以下几种类型。

（1）图像分辨率。图像分辨率就是每英寸图像含有的点数或像素数，单位为像素/英寸（英文缩写为 ppi）。图像分辨率常以“宽×高”的形式来表示，例如一幅 2×3 的图像的分辨率是 300ppi，那么在此图像中宽度方向上有 600 个像素，高度方向上有 900 个像素，图像的像素总量是 600×900 个。

在数字化图像中，分辨率的大小直接影响图像的品质。分辨率越高，图像越清晰，所产生的文件也就越大，在工作中所需的内存和 CPU 处理时间也就越高。所以在制作图像时，品质要求不高的图像就设置适当的分辨率，可以经济有效地制作出作品。如用于打印输出的图像的分辨率就需要高一些，如果只是在屏幕上显示的作品，就可以低一些。

（2）设备分辨率。设备分辨率是指每单位输出长度所代表的点数和像素数，是不可更改的，这也是它与图像分辨率的不同之处。如平时常见的计算机显示器、扫描仪等设备，各自都有一个固定的分辨率。

（3）屏幕分辨率。屏幕分辨率又称屏幕频率，是指打印灰度图像或分色多用的网屏上每英寸的点数，它是用每英寸上有多少行来测量的。

1.1.4 图像文件格式

用户将制作好的作品进行存储时选择一种恰当的文件格式是非常重要的。Photoshop CS5 支持多种文件格式，除了 Photoshop 专用文件格式外，还包括 JPEG、GIF、TIFF 和 BMP 等常用文件格式。下面就介绍一些常见的文件格式。

1. PSD 格式和 PDD 格式

PSD 格式和 PDD 格式是 Photoshop 软件的专用格式，是唯一能支持全部图像颜色模式的格式。以 PSD 和 PDD 格式存储图像时，可以保存图像中的每个细节，如图层、通道和蒙版等数据信息。这两种格式比其他格式的文件打开和存储更快，但是也要比其他格式的图像文件占用更多的磁盘空间。

2. BMP 格式

BMP 图像文件格式是微软公司画图的自身格式，能够广泛被 Windows 和 OS/2 平台兼容，支持 RGB、索引颜色、灰度和位图颜色模式，常用于视频输出和演示，存储时可进行无损压缩。BMP 格式的优点是可以保留图像的全部细节，颜色丰富，但 BMP 格式的文件通常很大。

3. JPEG 格式（*.JPEG、*.JPG）

JPEG 图像文件格式既是一种文件格式，又是一种压缩技术。如果图像文件只用于预览、欣赏或作为素材，或为了方便携带存储在移动盘上，可将其保存为 JPEG 格式。使用 JPEG 格式保存的图像经过高倍率的压缩可使图像文件变得较小，占用磁盘空间较少，但会丢失部分不易察觉的数据，所以在印刷时不宜使用此格式。

4. GIF 格式

GIF 格式是 CompuServe 提供的一种图像交换格式，此文件是一种经过压缩的 8 位图像文件。由于 GIF 格式使用高品质的压缩方式，且解压缩的时间也比较短，因此它被广泛用于通信领域和 Internet 的 HTML 网页文档中。

5. TIFF 格式

TIFF 格式是一种通用的图像格式，大部分的扫描仪和多数的图像软件都支持它。由于它采用一种无损压缩方案，因此在存储时根本不需要考虑它给图像带来任何的像素损失。同时，TIFF 格式由于有不影响图像像素的特点，被广泛应用于存储各种色彩绚丽的图像文件。它是一种非常重要的文件格式。

6. PDF 格式

PDF 图像文件格式是一种灵活的、跨平台、跨应用程序的便携文档格式，可以精确地显示并保留字体、页面板式以及矢量和位图图形，并可以包含电子文档搜索和导航功能（如超级链接）。

7. Photoshop DCS 1.0 和 2.0 格式

桌面分色（DCS）格式是标准 EPS 格式的一个版本，可以存储 CMYK 图像的分色。使用 DCS 2.0 格式可以导出包含专色通道的图像。

8. PCX 格式

PCX 没有任何实际意义，只不过是一个扩展名而已。不过现在也运用得非常广泛，因为它架起了 Windows 绘画程序和 DOS 绘画程序之间的桥梁。

9. PNG 格式

便携网络图形（PNG）格式是作为 GIF 的无专利替代开发的，用于无损压缩和显示 Web 上的图像。与 GIF 不同，PNG 支持 24 位图像并产生无锯齿状边缘的背景透明度，但有一些较早期版本的 Web 浏览器不支持 PNG 图像。

1.2 Photoshop 的重要概念

本节主要讲解 Photoshop 中的一些重要基础概念，理解这些概念对于以后的学习能够起到事半功倍的作用。

1. 选区

在 Photoshop 中选区用于确定操作的有效区域，从而使每一项操作都有的放矢，例如，对于如图 1.3 所示的原图像而言，图像的中央有一个矩形选取，在进行马赛克操作后，会发现只有选择区域内的图像产生变化，而选择区域外部无变化，如图 1.4 所示，这充分证明选区约束了操作发生的有效区域。

图 1.3 米老鼠原图

图 1.4 马赛克操作后的效果

较为简单的创建选区工具有矩形选择工具、椭圆形选择工具，要使用这些工具创建选区，只需在工具箱中选择相应的工具图标，然后按在鼠标左键在工作页面上拖动，得到满意的选择区域形状后，释放左键即可。

2. 图层

图层是 Photoshop 的核心功能，几乎所有操作都围绕着图层来进行，因此其重要性绝对不可忽视。图层源于传统绘画，类似于制图时使用的透明纸，制作人员将不同的图像分别绘制在不同的透明纸上，然后相互叠加即可得到最终效果。这样做的好处在于，如果需要对图像进行修改，只需分别修改即可。所以，图层可以被简单理解为一张张绘有图像的透明薄膜，当然随着学习的深入，读者将会发现图层功能远比透明纸丰富、强大。

图 1.5 所示为一个由 4 个图层组成的简单图像及其【图层】面板。

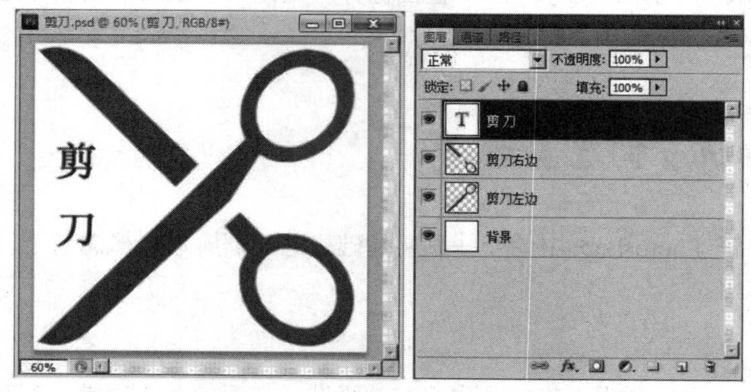

图 1.5 由 4 个图层组成的简单图像及其【图层】面板

3. 通道

在 Photoshop 中，通道的主要功能是用于保存图像的颜色数据，例如一个 RGB 模式的

图像，其每一个像素的颜色数据主要是由红色、绿色和蓝色这 3 种颜色通道记录的，而这 3 种颜色通道组合定义后合成了一个 RGB 主通道。

打开一幅图像时，Photoshop 会自动创建颜色通道。创建的颜色通道的数量取决于图像的颜色模式，例如 RGB 图像有红、绿、蓝及 RGB 合成通道共 4 个默认通道，如图 1.6 所示。

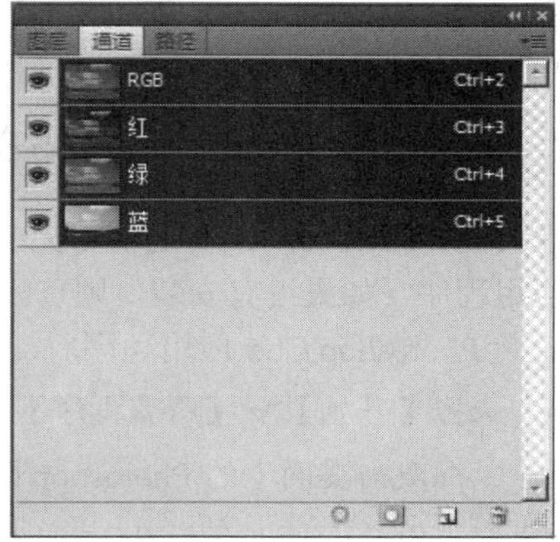

图 1.6　RGB 模式图像及对应的【通道】面板

通道最大的优点在于可以创建自定义的 Alpha 通道，用于制作使用其他工具无法得到的选择区域，而且通道与选择区域可以相互转换，灵活使用通道可以得到许多匪夷所思的精美效果。

4. 路径

在 Photoshop 中，路径是由一条或多条直线或曲线的线段构成的矢量线条，节点标记路径上线段的端点。当对图像进行放大或缩小调整时，路径不会产生任何影响，它可以将一些不够精确的选择区域转化为路径进行编辑和微调，然后再转换为区域进行处理，这在制作精确的图形时经常用到。

路径其实是一些矢量式的线条，因此无论图像放大或是缩小，都不会影响其分辨率和平滑程度。编辑好的路径可以保存在图像中（保存为*.psd 或是*.tif 文件），也可以单独输出文件，然后在其他软件中进行编辑和使用。

路径上连接平滑曲线的节点叫平滑点，尖的曲线路径由角点连接，在曲线线段上，每个选择节点显示一个或两个方向线，方向线以方向点结束。方向线和点的位置确定曲线线段的形状，如图 1.7 所示。移动这些节点会改变路径中曲线的形状，移动平滑点的一条方向线时，该点两侧的曲线段会同时调整。

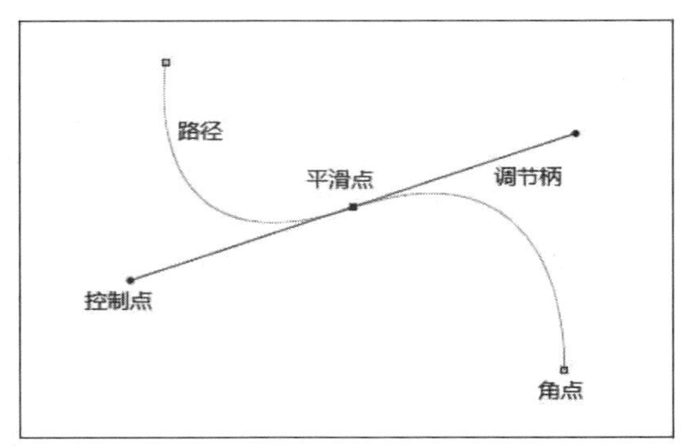

图 1.7　路径节点示意图

1.3 Photoshop CS5 简介

在介绍了前面两节的内容之后，本节将介绍 Photoshop CS5 的启动与退出、工作界面、新增功能和基本操作。

1.3.1 Photoshop CS5 的启动与退出

在启动 Photoshop CS5 之前首先必须确定你的 Windows 操作系统已经安装了 Photoshop CS5 应用程序，如果没有安装，则首先需要进行安装。此过程我们就不再展开讲解。

安装 Photoshop CS5 应用程序后，可通过以下几种方法来启动 Photoshop CS5。

- 选择【开始】→【所有程序】→【Adobe Photoshop CS5】命令。
- 鼠标双击桌面上的 Photoshop CS5 快捷方式图标Ps。
- 双击电脑中扩展名为.PSD 的 Photoshop 格式文件，对于.JPEG、.TIF 和.BMP 等图像文件，可在该文件上单击鼠标右键，选择【打开方式】→【Adobe Photoshop CS5】命令，即可启动 Adobe Photoshop CS5 应用程序，并打开该文件。

当执行上述方法中的任意一种后，系统将进入启动 Adobe Photoshop CS5 的初始化界面中，稍后即可进入 Adobe Photoshop CS5 的工作界面。

通过【开始】菜单启动 Photoshop CS5 的操作步骤如下：

（1）选择【开始】→【所有程序】→【Adobe Photoshop CS5】命令，如图 1.8 所示。

（2）启动后将出现如图 1.9 所示的 Photoshop CS5 的主窗口界面。

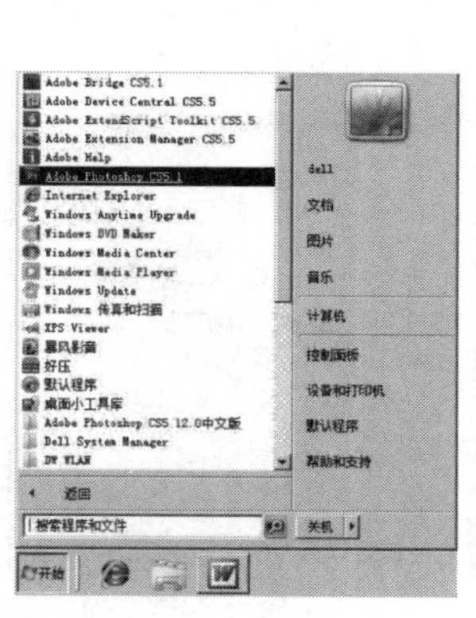

图 1.8 从【开始】菜单启动

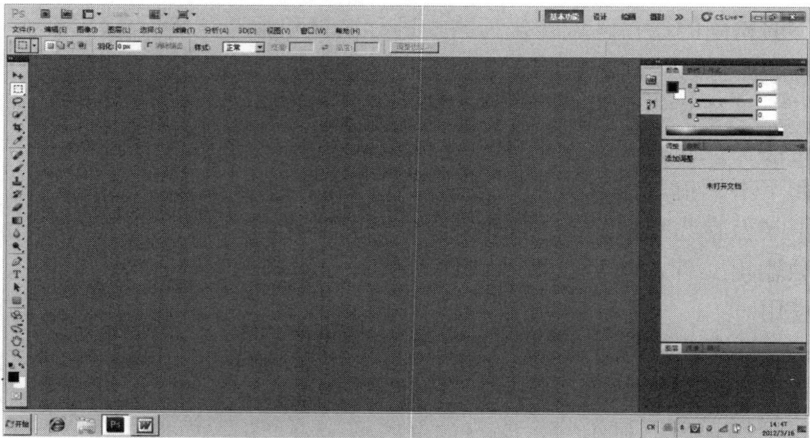

图 1.9 Photoshop CS5 的主窗口

要退出 Photoshop CS5 应用程序，则可按以下几种方式进行操作。

- 单击 Photoshop CS5 主窗口右上角的【关闭】按钮。
- 选择【文件】→【退出】命令。

- 按【Alt+F4】组合键。
- 双击标题栏最左边的 图标。

1.3.2 Photoshop CS5 的工作界面

Photoshop CS5 的工作界面由标题栏、菜单栏、图像编辑窗口、工具箱、属性栏、面板组和状态栏组成，如图 1.10 所示。

1. 标题栏

标题栏位于程序窗口的最顶端，Photoshop CS5 的标题栏将应用程序的名称缩减为图标的形式，并在标题栏中提供了一些常用的工具和功能按钮，包括启动 Bridge 浏览程序的功能按钮、启动 Mini Bridge 浏览程序的功能按钮、查看额外内容的功能按钮、调整缩放级别选项、排列稳定选项、调整屏幕显示选项。

在标题栏的右边，有基本功能按钮、设计按钮、绘画按钮、摄影按钮以及 CS Live 按钮，标题栏最右边的 3 个按钮分别为最小化窗口、最大化/还原窗口和关闭窗口按钮。

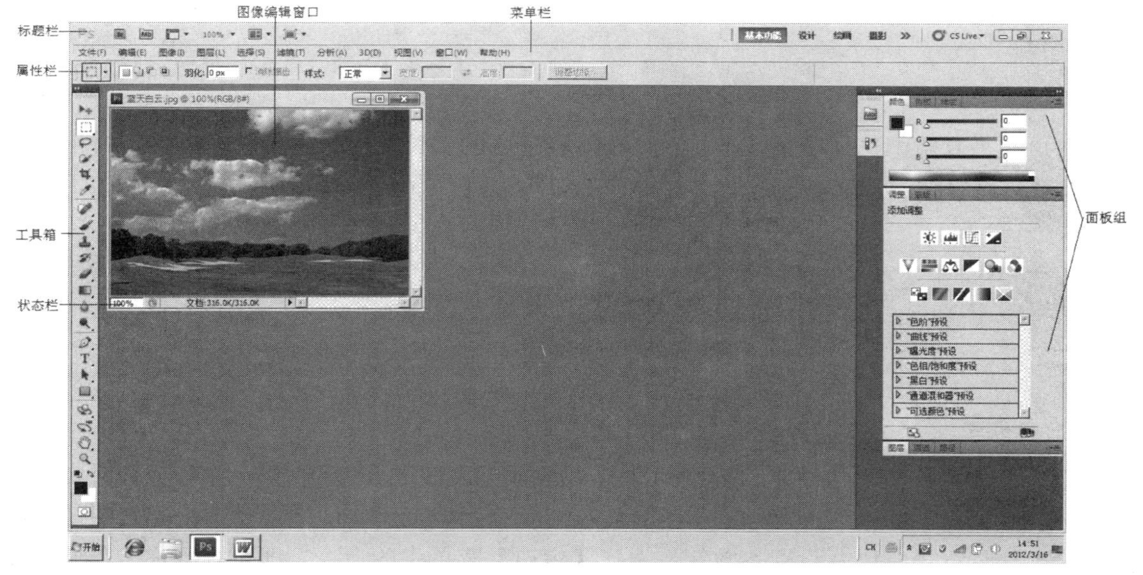

图 1.10 Photoshop CS5 的工作界面

2. 菜单栏

菜单栏显示 Photoshop CS5 的菜单命令，包括【文件】、【编辑】、【图像】、【图层】、【选择】、【滤镜】、【分析】、【3D】、【视图】、【窗口】和【帮助】共 11 个菜单。各个菜单的主要作用如下：

【文件】：用于打开、新建、关闭、存储、导入、导出和打印文件。

【编辑】：用于对图像进行撤销、剪切、复制、粘贴、清除以及定义画笔等编辑操作，并可进行一些系统优化设置。

【图像】：用于调整图像的色彩模式、图像的色彩和色调、图像和画布尺寸以及旋转画布等。

【图层】：用于对图层进行控制和编辑，包括新建图层、复制图层、删除图层、栅格化图层、添加图层样式、添加图层蒙版、链接和合并图层等。

【选择】：用于创建图像选择区域和对选区进行羽化、存储和变换等编辑操作。

【滤镜】：用于添加杂色、扭曲、模糊、渲染、纹理和艺术效果等滤镜效果。

【分析】：用于提供多种尺度工具。

【3D】：用于进行三维图像的编辑处理。

【视图】：用于控制图像显示的比例，以及显示或隐藏标尺和网格等。

【窗口】：用于对工作界面进行调整，包括隐藏和显示图层面板等。

【帮助】：用于提供使用 Photoshop CS5 的各种帮助信息。

3. 工具箱

工具箱是 Photoshop 软件中的重要组成部分，也是我们进行图像设计和图像编辑的重要工具。选择【窗口】→【工具】命令可以打开工具箱，单击每个工具的图标即可使用该工具。在图标上右击或者按下鼠标左键不放，可以显示该组工具。每个工具的具体用法将在第 2 章中详细讲解。

4. 工具属性栏

用户在工具箱中选择了某个工具后，菜单栏下方的工具属性栏就显示当前工具的相应属性和参数，以方便用户对这些参数进行设置。如图 1.11 所示为选择【画笔】工具后的工具属性栏。

图 1.11　【画笔】工具属性栏

5. 面板组

面板是 Photoshop CS5 工作界面中非常重要的组成部分，也是在进行图像处理时实现各种操作的主要功能面板。Photoshop CS5 共有 26 个面板，这些面板主要用来配合图像的编辑、对操作进行控制以及设置参数等。选择【窗口】菜单中的命令，即可打开你所需要的面板。最为常用的主要有导航器面板组、颜色面板组、历史记录面板组和图层面板组，如图 1.12 所示。

图 1.12　Photoshop CS5 常用的面板组

每组面板的作用如下：

（1）导航器面板组：【导航器】面板用于查看图像显示区域及缩放图像；【信息】面板用于显示当前图像窗口中鼠标光标的位置、选定区域的大小以及鼠标指针当前位置的像素的色彩数值等信息；【直方图】面板用于显示图像的色阶分布信息。

（2）颜色面板组：【颜色】面板用于选取和设置颜色，以便于工具绘图和填充等操作；【色板】功能类似于【颜色】面板，用于选择颜色；【样式】面板中列出了常用的图层样式效果。

（3）历史记录面板组：【历史记录】面板用于记录用户对图像所作的编辑和修改操作，单击便可恢复到某一指定操作；【动作】面板用于录制一连串的编辑操作，以实现操作自动化。

（4）图层面板组：【图层】面板用于控制图层的操作，如新建、复制和移动图层等，还可对图层进行各种编辑操作；【通道】面板用于记录图像的颜色数据和保存蒙版内容等；【路径】面板用于绘制和编辑路径。

6. 图像窗口

图像窗口也叫图像编辑区，用来显示和编辑图像。窗口标题栏显示图像文件的名称、大小比例和颜色模式。右上角显示最小化、最大化和关闭 3 个按钮，如图 1.13 所示。

图 1.13　图像窗口标题栏

7. 状态栏

状态栏位于每个图像窗口的底部。默认状态下将显示当前图像的放大率和文件大小信息，可根据需要显示当前使用工具、文档尺寸、暂存盘的大小等信息（单击状态栏中的三角符号可进行定义），如图 1.14 所示。

图 1.14　图像窗口状态栏

1.3.3　Photoshop CS5 的新增功能

Adobe Photoshop CS5 的软件界面与功能的结合更加趋于完美，各种命令与功能不仅得到了很好的扩展，还最大限度地为用户的操作提供了简捷、有效的途径。在 Photoshop CS5 中增加了轻松完成精确选择、内容感知型填充、操控变形等功能外，还添加了用于创建和编辑 3D，以及基于动画的内容的突破性工具。

在 Photoshop CS5 中，单击标题栏中的 »，在弹出的列表框中选择【CS5 新功能】选项，更换为相应的界面。此时单击任意菜单，具备新功能的菜单会突出显示，如图 1.15 所示。其中有蓝色显示的是具有新增功能的菜单命令。

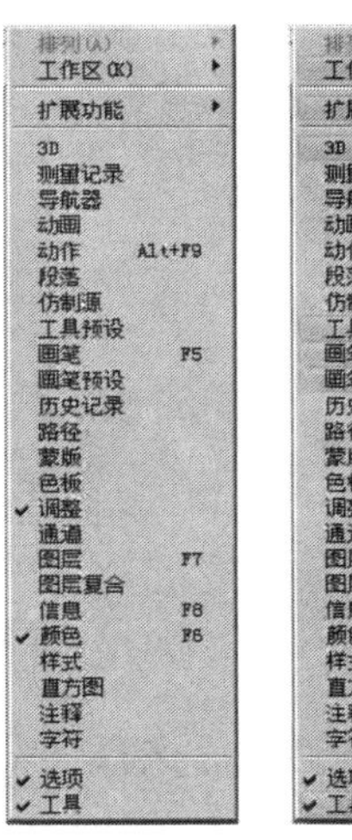

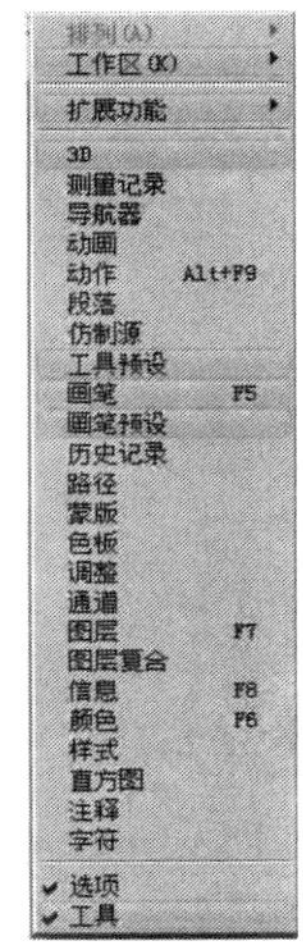

图 1.15　突出显示新增功能

1. 新增的【Mini Bridge 中浏览】命令

借助更灵活的分批重命名功能轻松管理媒体，使用 Photoshop CS5 中的“Mini Bridge 中浏览”命令，可以方便地在工作环境中访问资源。选择【文件】→【Mini Bridge】命令，打开【Mini Bridge】面板，如图 1.16 所示。

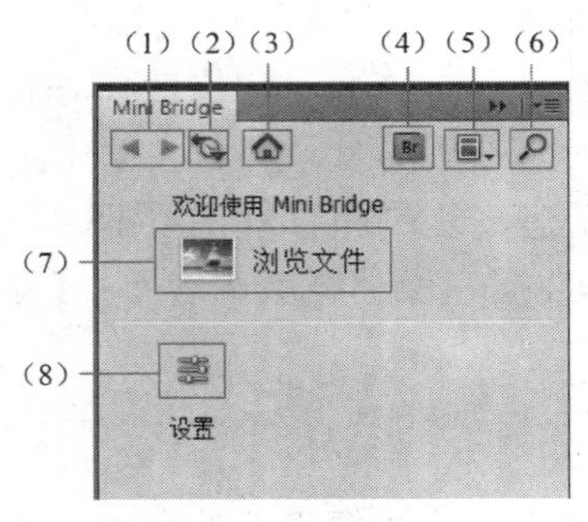

图 1.16 【Mini Bridge】面板

（1）单击可以控制面板显示页面的前进或后退，与网页浏览器中的前进和后退按钮作用相同。

（2）单击可以打开快捷菜单，在菜单中选择不同的选项，打开文件夹进行浏览。

（3）打开主页，也就是回到面板的初始状态。

（4）转到 Adobe Bridge，可以打开 Adobe Bridge。

（5）面板视图：单击可以打开快捷菜单，在菜单中有“路径栏”、“导航栏”和“预览区”3 个选项，打开文件夹后，如果选项被勾选则会显示在面板中，如果取消勾选则不会显示。

（6）搜索：单击进入搜索面板，输入关键字可进行搜索。

（7）单击可以浏览文件。

（8）单击可以对 Mini Bridge 面板进行设置，分别有 Bridge 启动和外观两个选项。

2. 新增的【合并到 HDR Pro】命令

使用“合并到 HDR Pro”命令，可以创建现实的或超现实的 HDR 图像。借助自动消除叠影及对色调映射，可更好地调整控制图像，以获得更好的效果，甚至可使用单次曝光的照片获得 HDR 图像的外观。

启动 Photoshop CS5，选择【文件】→【自动】→【合并到 HDR Pro】命令，打开【合并到 HDR Pro】对话框，如图 1.17 所示。

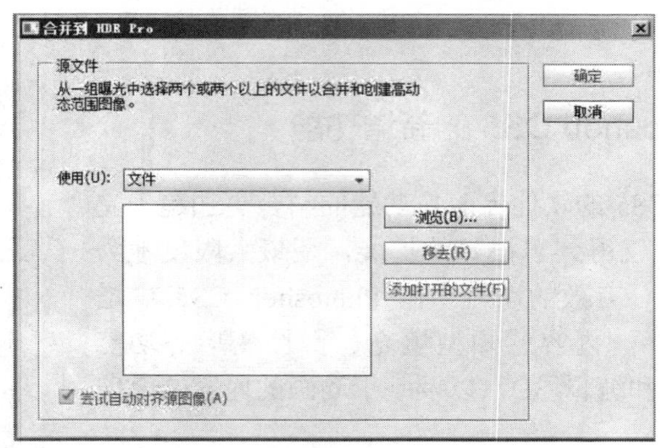

图 1.17 【合并到 HDR Pro】对话框

3. 新增的【选择性粘贴】命令

在 Photoshop CS5 的【编辑】主菜单中新增加了【选择性粘贴】命令，使用【选择性粘贴】中的【原位粘贴】、【贴入】、【外部粘贴】命令，可以根据需要在复制图像的原位置粘贴

图像，或者有选择地复制、粘贴图像的一部分。

4. 新增的【填充】命令中〖内容〗→〖使用〗的“内容识别”项

在 Photoshop CS5 的【编辑】主菜单中的【填充】命令中〖内容〗→〖使用〗新增了“内容识别”项，使用该命令可以删除任何图像细节或对象，这一突破性的技术与光照、色调与噪声相结合，使删除的图像内容看上去好像本来就不存在。

建立需要修复图像部分的选区后，选择【编辑】→【填充】命令，单击〖使用〗右边框中的小三角，选择“内容识别”项，单击【确定】按钮，效果如图 1.18 所示。

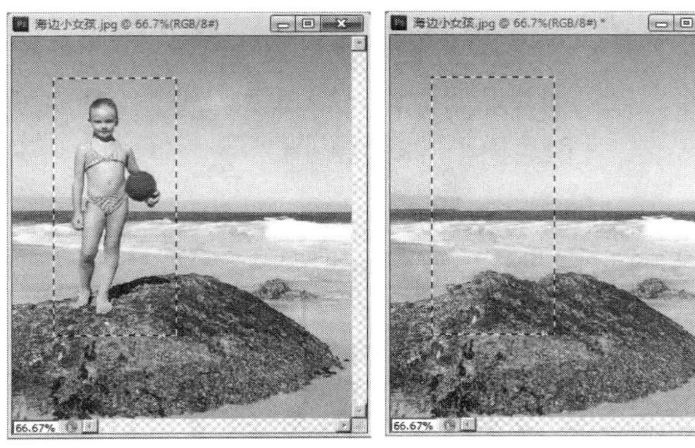

图 1.18　选择“内容识别”项前后的效果对比

5. 新增的【操控变形】命令

在 Photoshop CS5 的【编辑】主菜单中新增加了【操控变形】命令，使用该命令可以在一张图像上建立网格，然后使用图钉工具固定特定的位置后，拖动需要变形的部分，对任何图像元素进行精确的重新定位，创建出视觉上更具吸引力的照片。例如，轻松拉伸一个弯曲度较大的香蕉，成为一个不太弯曲的香蕉，如图 1.19 所示。

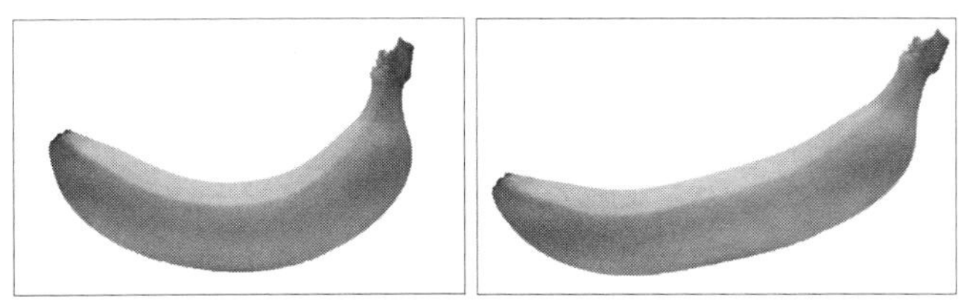

图 1.19　执行【操控变形】命令前后的效果对比

6. 新增的【HDR 色调】命令

在 Photoshop CS5 的【图像】主菜单中的【调整】命令下新增加了【HDR 色调】命令，使用该命令可以修补太亮或者太暗的图像，制作出高动态范围的图像效果。

7. 新增的【调整边缘】命令

在 Photoshop CS5 的【选择】主菜单中新增加了【调整边缘】命令，使用该命令可以消除选区边缘周围的背景色，自动改变选区边缘，使选择的图像更加精确。

8. 新增的【镜头校正】命令

在 Photoshop CS5 的【滤镜】主菜单中新增加了【镜头校正】命令，使用该命令可以根据 Adobe 对各种相机与镜头的测量自动校正功能，轻松消除桶状和枕状变形及相片周边暗角等不可避免的问题。

9. 新增的【混合器画笔】工具

在 Photoshop CS5 的【画笔】工具组中新增加【混合器画笔】工具，使用该工具可以创建逼真、带纹理的笔触，轻松创建独特的艺术效果。

10. 新增的 3D 功能

在 Photoshop CS5 中，结合对模型设置灯光、材质、渲染等功能可以绘制透视精确的三维效果图，也可以辅助三维软件创建模型的材质贴图。

1.4 Photoshop CS5 的基本操作

通过前几节的学习，我们已经熟悉了 Photoshop CS5 工作界面中各个组成部分。本节将介绍 Photoshop CS5 的基本操作，主要包括文件的基本操作，窗口的基本操作，图像尺寸的调整和辅助工具的应用，为后面的图像编辑操作打基础。

1.4.1 图像文件的基本操作

图像文件的基本操作主要包括新建、保存、关闭、打开等，这些功能是用户在处理图像时使用最为频繁的。

1. 新建图像文件

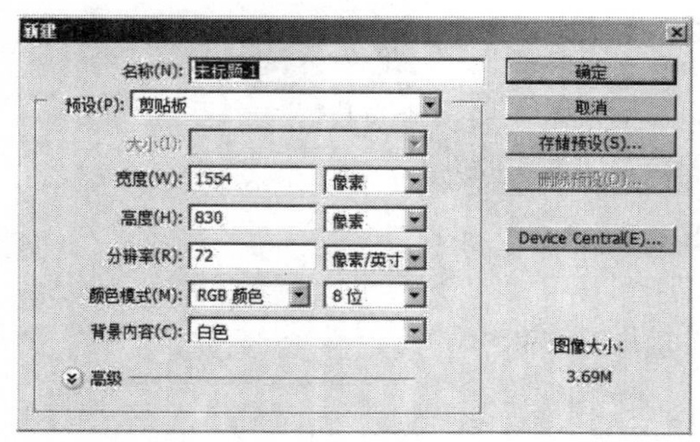

图 1.20 【新建】对话框

新建一个图像文件，可以选择【文件】→【新建】命令或按【Ctrl+N】组合键，打开如图 1.20 所示的【新建】对话框。对话框中各项设置介绍如下。

“名称”：用于输入新文件的名称。默认情况下以“未标题-1”命名。如连续新建多个文件，则按顺序命名为“未标题-2”、“未标题-3”、……以此类推。

“预设”：根据下拉列表框中下拉选项设置新建文件参数，从而选择自动生成的图像大小。使用预设可以提高建立图像的速度和标准。

“宽度”和“高度”：用于设定新文件的宽度和高度。用户可在其文本框中输入具体数值，但要注意在设定前需确定文件尺寸的单位，常用单位有像素、英寸、厘米等。

“分辨率”：用于设定新文件的分辨率大小。常用单位为像素/英寸或像素/厘米。

“颜色模式”：用于设定新文件的色彩模式，其下拉列表框中有位图、灰度、RGB 颜色、CMYK 颜色和 Lab 颜色五种模式。并可以在右侧的列表框中选择色彩模式的位数，分别有 1 位、8 位和 16 位三种选择。

“背景内容”：用于设定新图像的背景层颜色，有“白色”、“背景色”、“透明”三种。

“颜色配置文件”：用于设定当前图像文件要使用的色彩配置文件。

“像素长宽比”：用于设定图像的长宽比。

2. 保存图像文件

当我们完成对图像的一系列编辑操作后，就需要对文件进行保存，以免意外情况造成丢失。保存图像文件的方法有许多种，一般来说最常见的有以下几种。

（1）存储新的图像文件。保存一幅新的图像文件，方法如下：

1 选择【文件】→【存储】命令或按【Ctrl+S】组合键。

2 打开如图 1.21 所示【存储为】对话框。在“保存在”下拉列表框中选择存放文件的位置；在“文件名”下拉列表框中输入新文件的名称；在“格式”下拉列表框中选择所要保存的文件格式。

3 单击【保存】按钮就可以完成新图像文件的保存。

（2）直接存储图像文件。在 Photoshop 中打开已有的图像文件，并对其进行了部分内容的修改，且想保存到原文件位置并覆盖原文件，也可以使用【文件】→【存储】命令或按【Ctrl+S】组合键。

（3）将文件保存为其他图像格式。Photoshop CS5 所支持的多种图像格式之间可以用 Photoshop 来转换，操作方法如下：

1 打开要转换格式的图像，选择【文件】→【存储为】命令或按【Shift+Ctrl+S】组合键，打开【存储为】对话框，如图 1.21 所示。

2 在【存储为】对话框中设置文件保存位置、文件名，并在〖格式〗下拉列表框中选择一种图像格式，例如选择 BMP。

3 设置完毕，单击【保存】按钮。

4 此时显示如图 1.22 所示的对话框，在其中设置相关选项，单击【确定】按钮，就可以将图像保存为其他格式的图像了。

图 1.21 【存储为】对话框

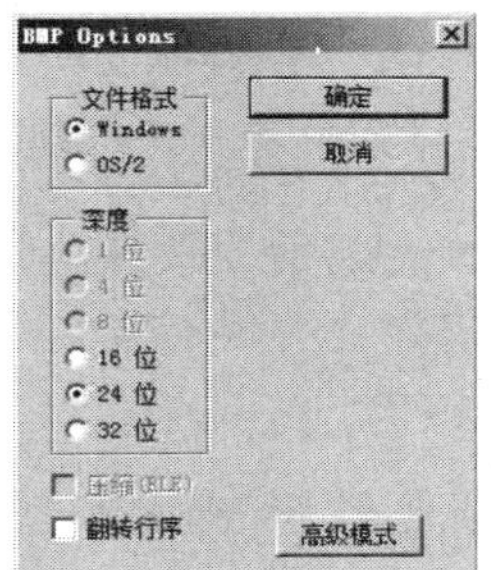

图 1.22 【BMP Options】对话框

3. 打开图像文件

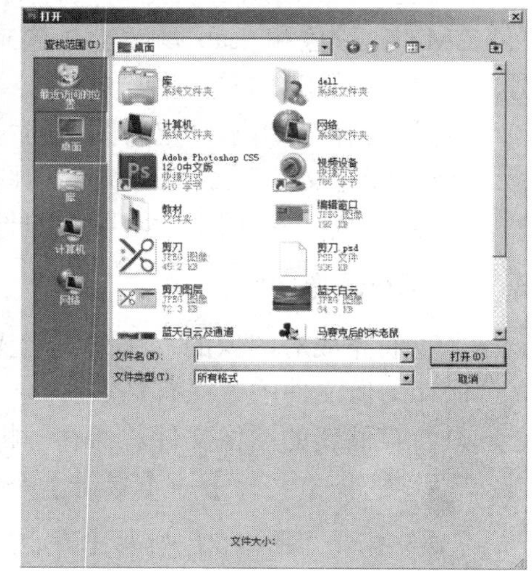

图 1.23 【打开】对话框

对已存在的文件进行编辑之前，需先打开该图像文件，打开的方法有以下几种：

（1）最常用的打开方法。

1. 选择【文件】→【打开】命令或按【Ctrl+O】组合键，打开【打开】对话框，如图 1.23 所示。
2. 在〖查找范围〗下拉列表框中查找图像文件所存放的位置；在〖文件类型〗下拉列表框中选择要打开的图像文件格式，若选择“所有格式”选项，则在对话框中显示全部文件。
3. 选中要打开的图像文件，单击【打开】按钮。

（2）打开最近使用过的文件。当用户在 Photoshop 中保存文件并打开文件后，在【文件】→【最近打开文件】子菜单中就会显示以前编辑过的图像文件。因此，利用【文件】→【最近打开文件】子菜单中的文件列表就可以快速打开最近使用过的文件。

（3）使用新增的【在 Mini Bridge 中浏览】命令打开图像，操作方法如下。

1. 选择【文件】→【在 Mini Bridge 中浏览】命令，打开【Mini Bridge】窗口，如图 1.24 所示。
2. 单击左上方的【浏览文件】按钮，打开导航栏，如图 1.25 所示。

图 1.24 【Mini Bridge】窗口

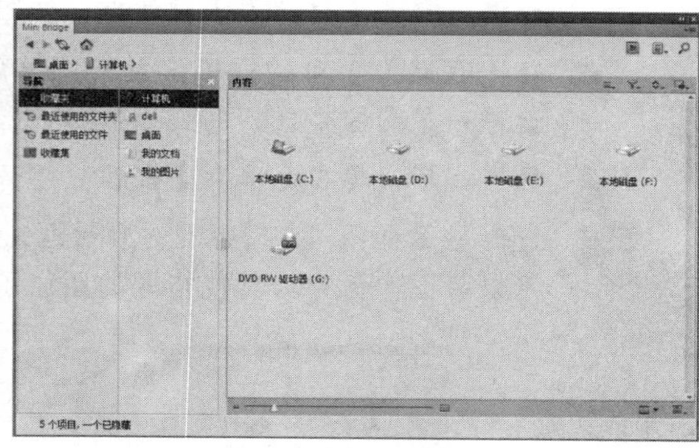
图 1.25 【Mini Bridge】导航栏

3. 在窗口左侧的【收藏夹】列表框中选中【计算机】选项，在【内容】窗口中找到存放图像文件夹的路径，打开存放图像的文件夹，就会显示出文件夹中的图像文件，如图 1.26 所示。
4. 在缩览图窗口中选中需要打开的图像文件，在图像缩览图上双击鼠标左键即可将文件打开。

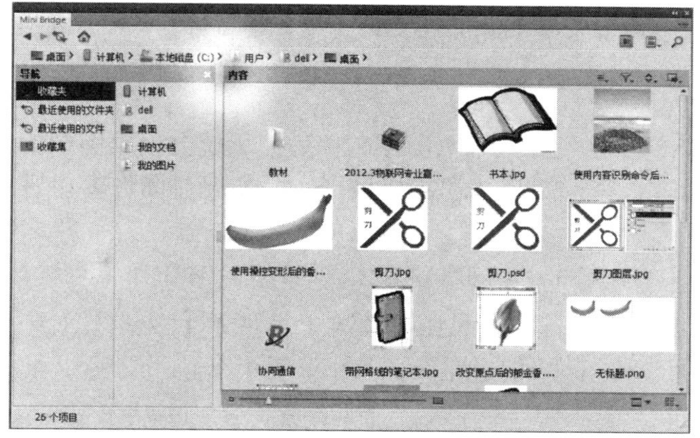

图 1.26　缩览图窗口

4. 关闭图像文件

当图像编辑完成后，需要关闭图像，有以下几种方法：

1. 单击图像窗口标题栏右侧的【关闭】按钮。
2. 选择【文件】→【关闭】命令或按【Ctrl+W】组合键。
3. 按【Ctrl+F4】组合键。
4. 双击图像窗口标题栏左侧的图标。

如果用户打开了多个图像窗口，并想将它们全部关闭，可以选择【文件】→【全部关闭】命令或按【Alt+Ctrl+W】组合键。

1.4.2　窗口的基本操作

在进行图像编辑之前，我们先要学会对窗口的操作。

1. 新建图像窗口

新建图像窗口是指对当前处理的图像再新建一个或多个图像窗口，命令为【窗口】→【排列】→【为×××（表示文件名）新建窗口】。新建图像窗口中的内容和原来窗口中的内容是完全相同的，并同属于一个文件。在这些图像窗口中，我们都可以处理图像，且在任一图像窗口中的处理，在另一图像窗口中都能显示。

2. 切换窗口

当我们在对多个图像进行编辑时，常常需要从一个图像窗口切换到另一个图像窗口。切换的方法有以下几种。

1. 使用文件清单。选择【窗口】菜单底部的文件列表命令，其中打“√”的表示当前活动的窗口。若要打开其他文件，可选择你所要打开的文件名称。
2. 使用组合快捷键。使用【Ctrl+Tab】组合键或【Ctrl+F6】组合键可以切换到下一个图像窗口，使用【Ctrl+Shift+Tab】组合键或【Ctrl+Shift+ F6】组合键可切换到上一个图像窗口。

3 使用鼠标。移动鼠标单击用户想要的窗口，单击后，该图像窗口成为当前活动窗口。

3. 缩放图像窗口

在 Photoshop CS5 中每当打开一幅图像文件后，系统会根据图像的大小自动确定显示比例，而在实际的编辑过程中，用户往往需要根据实际情况对图像窗口进行放大和缩小，具体方法有以下几种。

1 使用缩放工具。单击工具箱中的缩放工具，对图像窗口进行放大或缩小操作。

2 使用【视图】菜单。在【视图】菜单中提供了【放大】、【缩小】、【按屏幕大小缩放】、【实际像素】和【打印尺寸】等控制命令，用户可以根据自己编辑的需要进行选择。

3 使用【导航器】面板。在打开的【导航器】面板中拖动面板下方的滑块或者更改面板左下角文本框中的数值，就可以更改图像的大小。

4 使用鼠标拖动。将鼠标放置在窗口的边框线上，当鼠标指针变成了双向箭头形状时，按下鼠标左键并拖动，即可改变窗口大小。

4. 排列图像窗口

使用【窗口】→【排列】命令可以对多个图像窗口进行排列操作。在 Photoshop CS5 中有以下几种排列方式。

- 【层叠】：可以将图像窗口层叠排列。
- 【平铺】：可以将图像窗口以拼贴方式排列。
- 【在窗口中浮动】：可以将当前图像窗口浮动在 Photoshop 界面中。
- 【使所有内容在窗口中浮动】：可以将所有图像窗口浮动在 Photoshop 界面中并层叠排列。
- 【将所有内容合并到选项卡中】：可以将所有图像窗口合并到一个选项卡中显示。

1.4.3 图像尺寸的调整

图像的大小以千字节（KB）、兆字节（MB）或吉字节（GB）为度量单位，与图像的像素大小成正比。下面就简单介绍一下如何调整图像尺寸。

打开需要调整图像大小的图像文件，选择【图像】→【图像大小】命令，打开如图 1.27 所示的【图像大小】对话框。其中的各项含义如下：

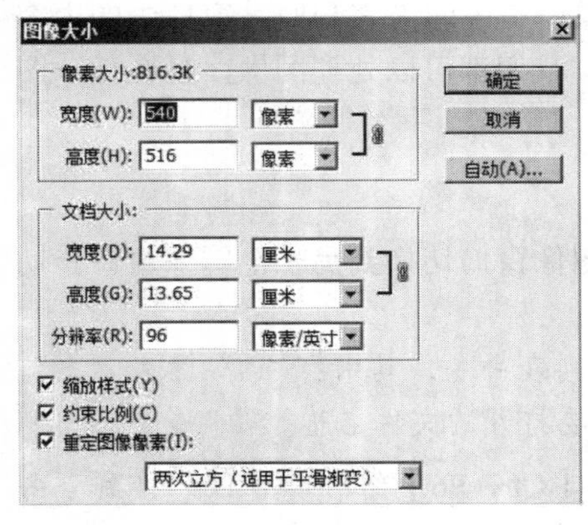

图 1.27 【图像大小】对话框

- 【像素大小】：显示了当前图像文件的大小，其中的〖宽度〗和〖高度〗是以像素来描述。
- 【文档大小】：包括文档的“宽度”、“高度”和“分辨率”值，通过改变这三者的值，来改变图像的实际尺寸。

- 【缩放样式】：如果图像中包括应用了样式的图层，则应选中该项。
- 【约束比例】：选中该项后，在“宽度”和“高度”选项后将出现“链接”标志，表示任意一个参数的改动，另一个参数也将按相同比例变化。
- 【重定图像像素】：只有选中该项后，才可以改变像素的大小。并可选择新取样像素的方式；不选中该项，像素大小将不发生变化。

1.4.4 辅助工具的应用

标尺、网格和参考线是 Photoshop 软件系统中的辅助工具，利用它们可以在绘制和移动图形的过程中，精确地对图形进行定位和对齐。

1. 标尺

选择【视图】→【标尺】命令或按【Ctrl+R】组合键就可以显示标尺，如图 1.28 所示。标尺分为水平标尺和垂直标尺两种。在默认的情况下，标尺的原点在窗口左上角，其坐标为（0，0）。当鼠标在窗口中移动时，在水平标尺和垂直标尺上会出现一条虚线，该虚线标出了鼠标当前所在位置的坐标。

当然，有时为了查看或对齐图像，需要调整原点的位置，以方便进行编辑。在左上角原点处按下鼠标左键并拖动，到适当位置后释放鼠标左键即可改变原点位置，如图 1.29 所示。

图 1.28 标尺图

图 1.29 改变标尺原点

2. 网格

（1）显示网格。选择【视图】→【显示】→【网格】命令或按【Ctrl+’】组合键可显示网格，如图 1.30 所示。显示网格后，用户就可以利用网格的功能，沿着网格线的位置选取范围，以及移动和对齐图形对象。

（2）隐藏网格。当不需要显示网格时，再次选择【视图】→【显示】→【网格】命令或按【Ctrl+’】组合键，可隐藏网格。此时，【网格】命令左侧的“√”号消失。

（3）对齐网络。选择【视图】→【对齐到】→【网格】命令可以在移动物体时自动贴齐网格，或者在选取范围时自动贴齐网格线

图 1.30 显示网格

的位置进行定位选取。

（4）设置网格线的颜色和线型。选择【编辑】→【首选项】→【参考线、网格和切片】命令，打开【首选项】对话框，如图 1.31 所示。在这个对话框中可以设置网格和参考线的颜色和样式。

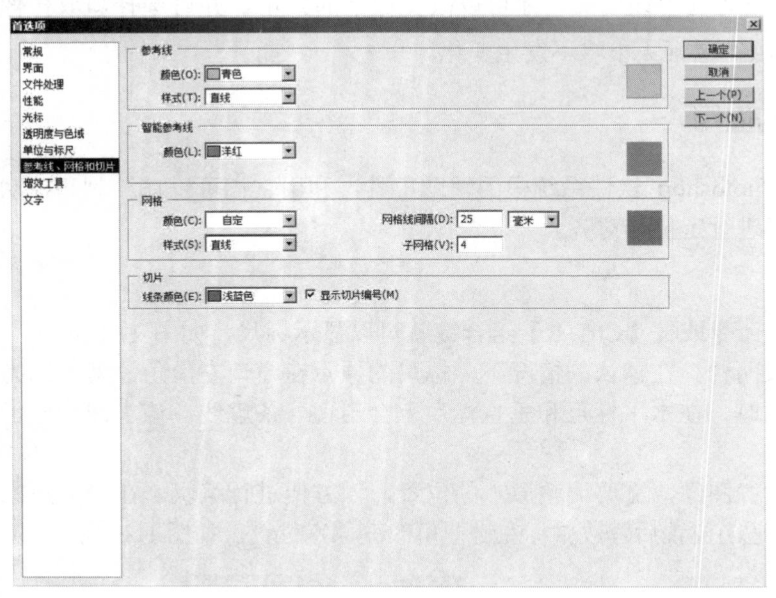

图 1.31 【首选项】对话框

图 1.32 使用鼠标建立参考线

3. 参考线

与网格一样，参考线也可以用来对齐物体，建立参考线有以下两种方法：

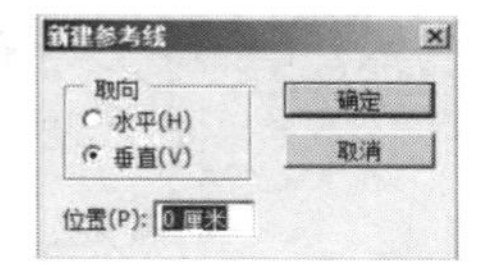

图 1.33 【新建参考线】对话框

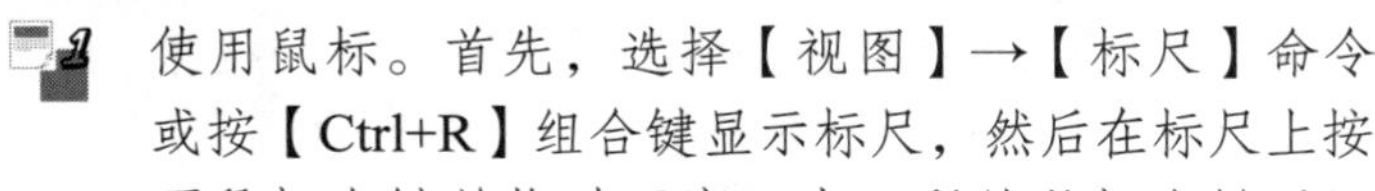

1. 使用鼠标。首先，选择【视图】→【标尺】命令或按【Ctrl+R】组合键显示标尺，然后在标尺上按下鼠标左键并拖动至窗口中，释放鼠标左键后即可出现参考线，如图 1.32 所示。参考线可以有水平参考线和垂直参考线。

2. 使用菜单命令。选择【视图】→【新建参考线】命令，打开【新建参考线】对话框，如图 1.33 所示，在【取向】选择组中选择参考线方向，在【位置】文本框中输入参考线的位置，然后单击【确定】按钮。

1.4.5 获取帮助

帮助功能在各个版本的 Photoshop 软件中都有很重要的作用，该功能能够有效地帮助用户更好地理解和使用 Photoshop 软件，使初学者更好地掌握软件的信息和学习方法。

选择【帮助】→【Photoshop 帮助】命令或按【F1】键，进入【Adobe Community Help】窗口，如图 1.34 所示。在该窗口中，我们可以查看Br、、、Ps这四个帮助内容。单击Ps按钮，即可进入 Photoshop 的帮助窗口，如图 1.35 所示。在窗口左侧的【搜索】

中可以输入需要查找的内容，单击【搜索选项】左侧的▶按钮，可以看到【搜索位置】和【筛选结果】，如图 1.36 所示。

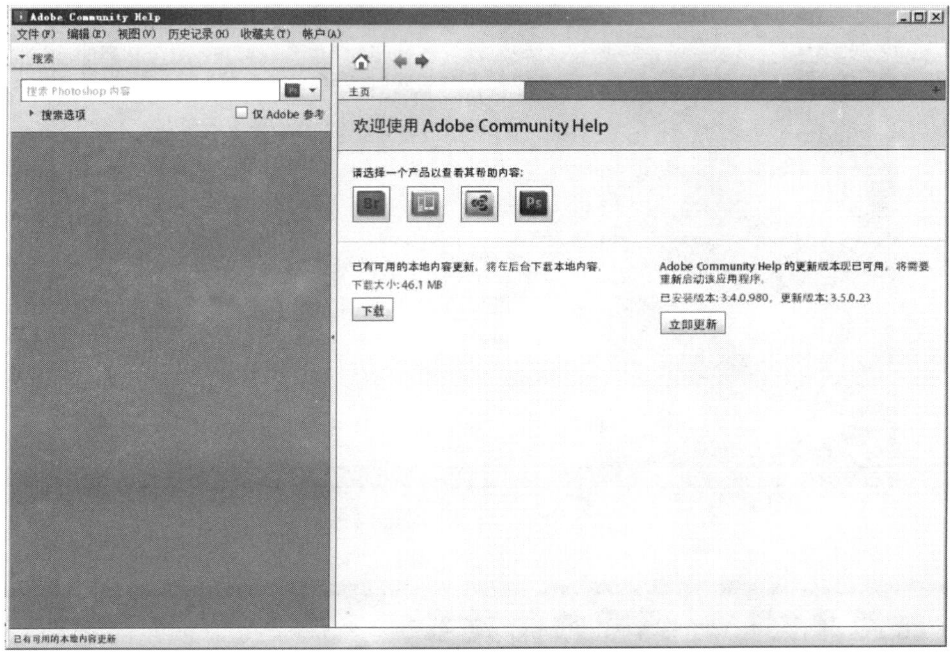

图 1.34　帮助窗口

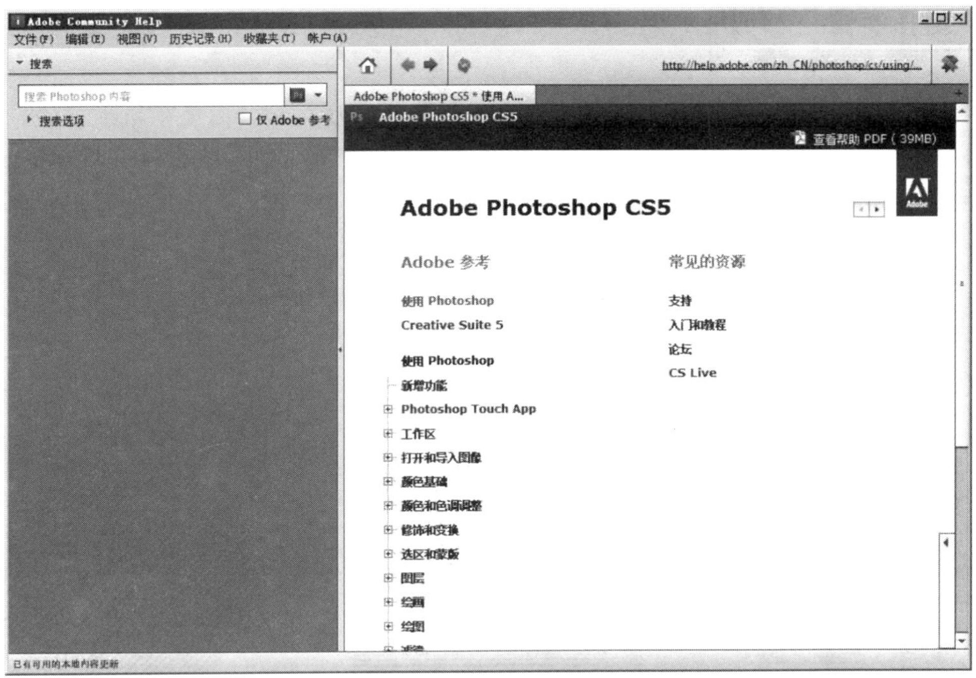

图 1.35　Photoshop 帮助窗口

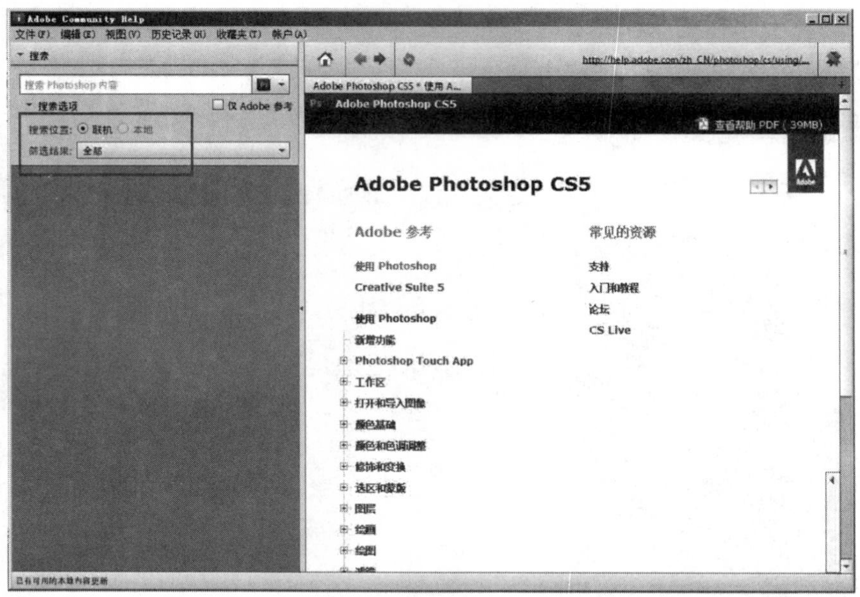

图 1.36 Photoshop 帮助窗口中的【搜索选项】

△ 应用举例——绳子缠绕效果

STEP 1 选择【文件】→【新建】命令，设置“宽度”和“高度”均为“400 像素”，“分辨率”为“300 像素/英寸”，“颜色模式”为“RGB”，“背景内容”为白色。

STEP 2 新建图层 1，填充白色。选择【滤镜】→【素描】→【半调图案】命令，弹出【半调图案】对话框，设置“大小”为“2”，“对比度”为“31”，“图案类型”为“直线”，如图 1.37 所示，单击【确定】按钮，图像效果如图 1.38 所示。

STEP 3 按【Ctrl】键，单击【图层】面板中的图像缩略图，载入选区，单击鼠标右键，选择【自由变换】命令，在工具选项栏中设置该图层选择的“角度”为 45°，效果如图 1.39 所示。

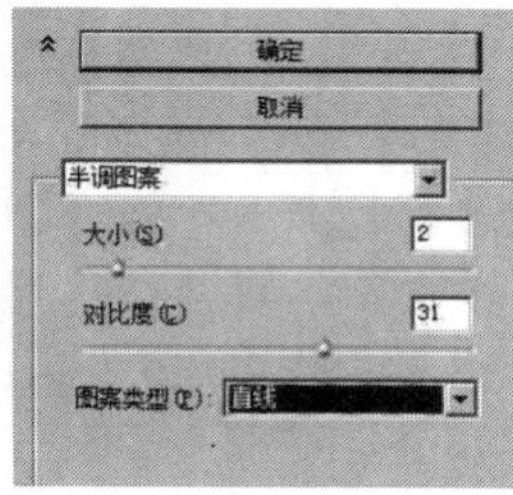

图 1.37 【半调图案】对话框

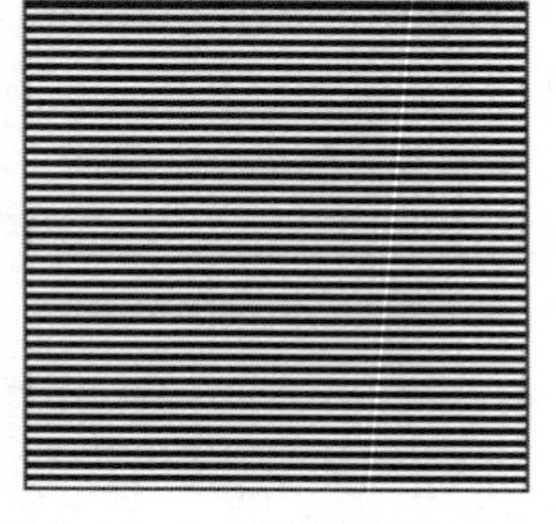

图 1.38 【半调图案】效果图

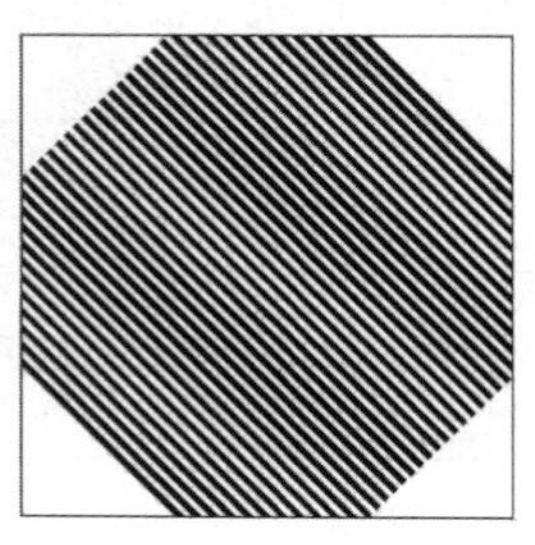

图 1.39 旋转 45°

STEP 4 选择【滤镜】→【杂色】→【添加杂色】命令，将“数量”设置为“25”，“分布”选“平均分布”，选中【单色】复选框，如图 1.40 所示，单击【确定】按钮，图像效果如图 1.41 所示。

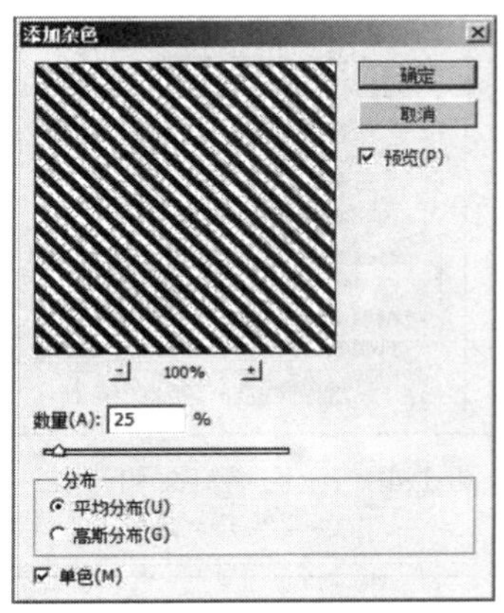

图 1.40 【添加杂色】对话框

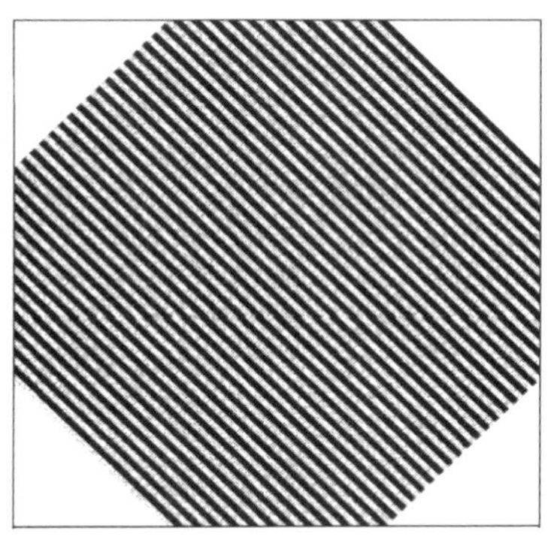

图 1.41 【添加杂色】效果

STEP 5 使用矩形选框工具，在图像中间位置绘制一个与图像同宽的矩形，如图 1.42 所示。并按【Ctrl+J】组合键复制图层，命名为“图层 2”。

STEP 6 选择【滤镜】→【扭曲】→【极坐标】命令，选择【平面坐标到极坐标】选项，如图 1.43 所示。此时的图像效果如图 1.44 所示。

STEP 7 隐藏“图层 1”，选择“图层 2”，打开【图层样式】对话框，选择“投影”样式，具体的参数设置如图 1.45 所示。选择“斜面和浮雕”样式，具体的参数设置如图 1.46 所示，单击【确定】按钮，图像效果如图 1.47 所示。

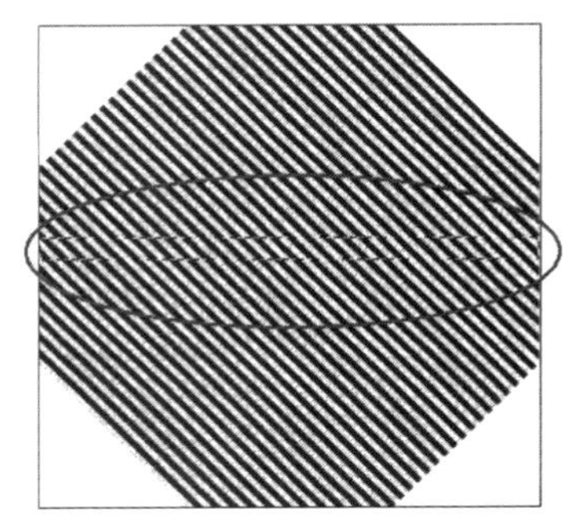

图 1.42 使用【矩形选框工具】

STEP 8 至此绳子效果已经呈现出来了，最后复制几个绳子图层，形成依次排列缠绕效果，最终图像效果如图 1.48 所示。

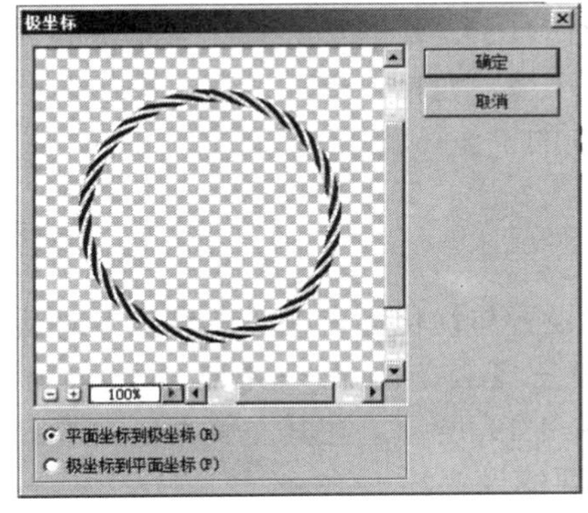

图 1.43 【极坐标】对话框

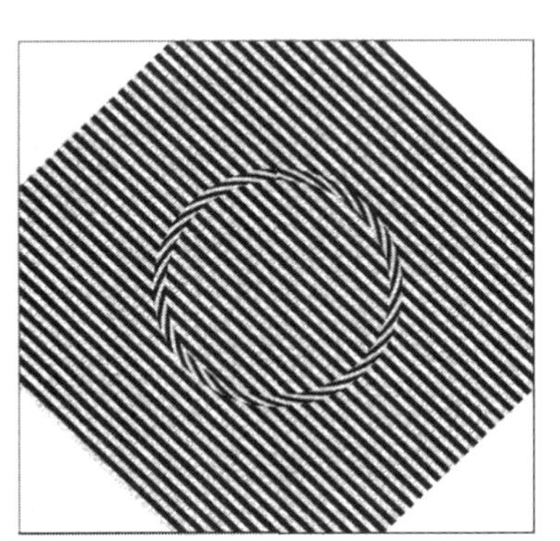

图 1.44 【极坐标】效果

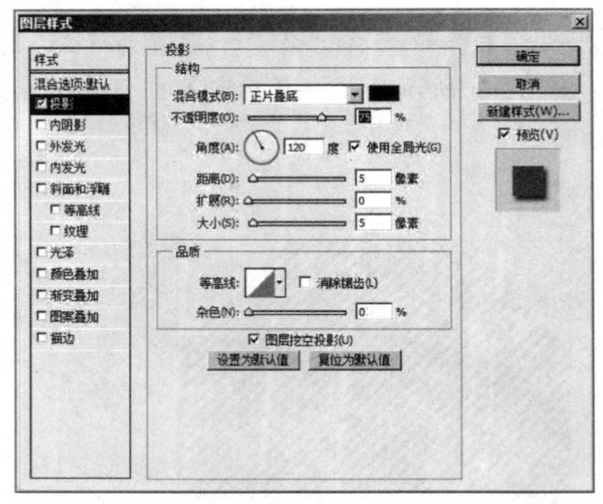

图 1.45　设置投影参数

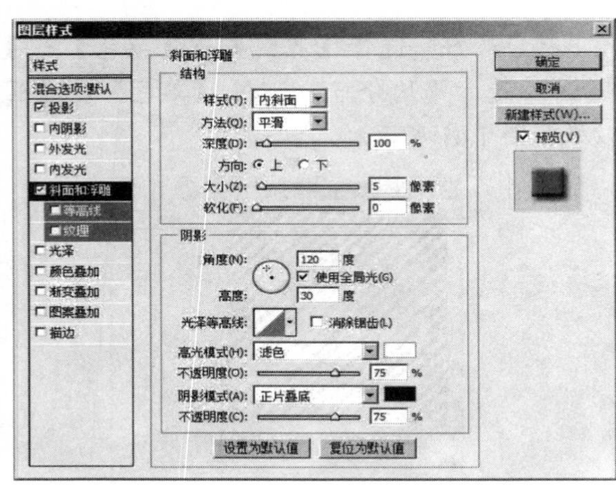

图 1.46　设置“斜面和浮雕”参数

图 1.47　应用图层样式的效果

图 1.48　绳子缠绕的效果

1.5　Photoshop CS5 的优化设置

在对 Photoshop CS5 软件中文件的相关管理操作有了一定的了解后，下面我们学习软件的常用系统设置，从而优化 Photoshop CS5 的工作环境。包括首选项设置、快捷键设置、菜单设置等，通过个性化的设置，优化 Photoshop CS5 的工作环境。

1.5.1　首选项设置

在 Photoshop CS5 中，对软件的运行系统进行设置与优化都可在【首选项】对话框中进行，所以也称为“首选项设置”。选择【编辑】→【首选项】→【常规】命令或按下【Ctrl+K】组合键即可打开【首选项】对话框，如图 1.49 所示。在其左侧列表中单击相应的选项即可在右侧显示相应的面板，以便用户进行想要的设置。

1. 常规设置

常规设置即最常见的设置。通过对常规界面的设置，可以对 Photoshop 的拾色器的类型、色彩条纹样式以及窗口的自动缩放等进行调整或更改，这里以设置窗口大小为例进行介绍。

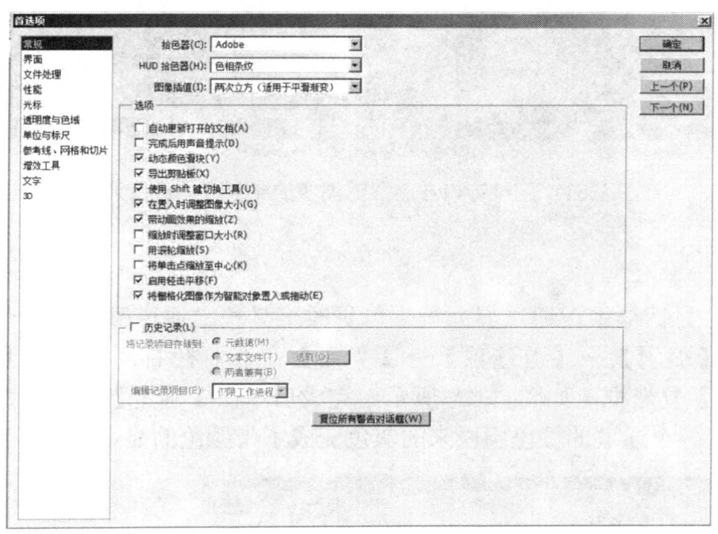

图 1.49 【首选项】对话框

选择【编辑】→【首选项】→【常规】命令，打开【首选项】对话框，此时默认打开的为常规设置下的对话框效果。在右侧面板的【选项】栏中勾选【缩放时调整窗口大小】复选框，如图 1.50 所示，完成后单击【确定】按钮。此时设置的首选项即可生效。在 Photoshop 软件中打开任意一个图像，图像显示在工作区中，使用缩放工具在图像中单击，此时图像窗口会自动跟随图像的比例大小进行自动调整，如图 1.51 所示。

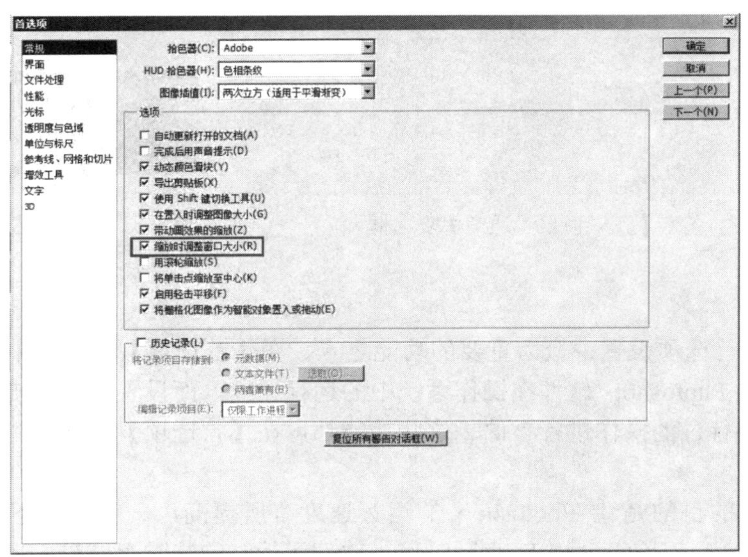

图 1.50 勾选【缩放时调整窗口大小】复选框

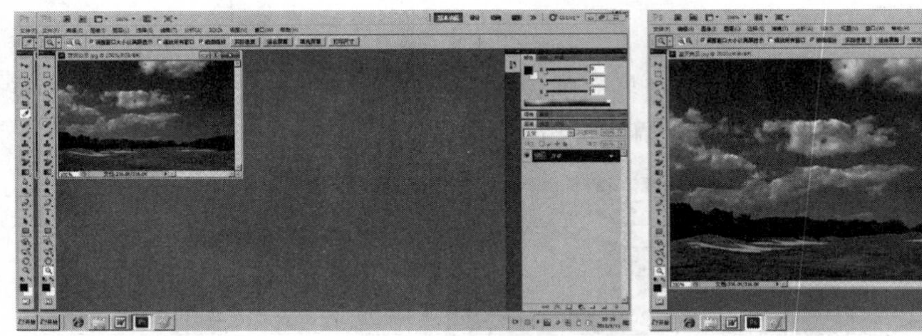

图 1.51　图像窗口自动跟随图像的比例大小进行调整

2. 界面设置

在【首选项】对话框中，通过界面设置可更改工具箱、通道颜色、菜单颜色以及界面字体大小等。选择【编辑】→【首选项】→【界面】命令，在右侧面板的【常规】栏中勾选【用彩色显示通道】复选框，如图 1.52 所示，完成后单击【确定】按钮。此时，在【通道】面板中可以看到，各个通道的颜色由原来的灰色变成了带颜色的显示效果，如图 1.53 所示。

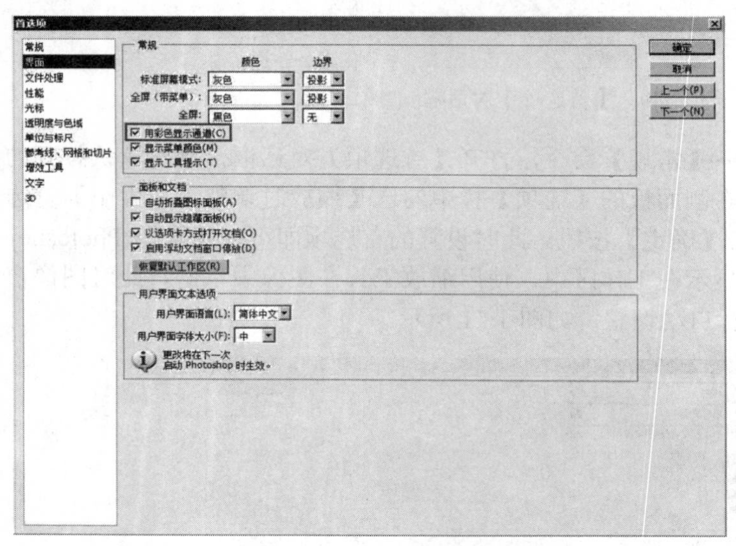

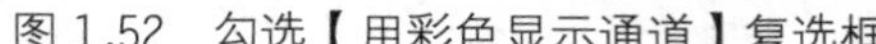

图 1.52　勾选【用彩色显示通道】复选框

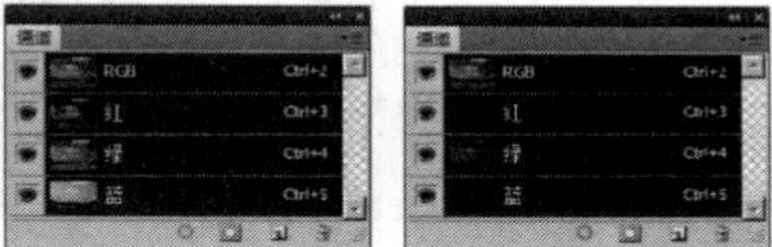

图 1.53　通道面板的灰色、彩色显示

3. 性能设置

性能设置是首选项设置中最为重要的功能之一，在【首选项】对话框中，通过设置软件的暂存盘能优化 Photoshop 软件在操作系统中的运行速度，而设置软件历史记录的数量能对在 Photoshop 执行过的操作进行存储。这些功能都可在【首选项】对话框中的“性能”设置面板中进行操作。

设置暂存盘的目的是让 Photoshop 的运行速度有所提高，一般情况下我们会在“暂存盘”栏中勾选 D 盘，让 C 盘和 D 盘同时作为软件运行时的临时存储盘，加大存储空间，从而优化了软件的运行速度。软件为用户提高的历史记录个数的数值在 1～1000 之间，一般情

况下设置为 100 即可。若数值设置过大，也会在一定程度上消耗软件的暂存空间，从而影响运行速度。

4. 光标设置

在【首选项】对话框中可设置鼠标光标的显示方式。选择【编辑】→【首选项】→【光标】命令，在右侧面板的【绘画光标】和【其他光标】栏中勾选相应的单选按钮，完成后单击【确定】按钮即可。

5. 透明度与色域设置

在【首选项】对话框中，可根据个人习惯，通过透明色与色域设置，对图层的透明区域和不透明区域进行调整，可设置不同的颜色，同时也让软件的界面更符合每个用户的喜好。

选择【编辑】→【首选项】→【透明度与色域】命令，在右侧面板的【透明区域设置】可以更改网格的大小和颜色，在【色域警告】中可以更改警告颜色和不透明度。

1.5.2 快捷键设置

快捷键是每个软件必备的功能之一，熟练使用快捷键可以提高工作效率。在 Photoshop 中对相关功能设置了相应的快捷键，用户还可以通过选择【编辑】→【键盘快捷键】命令或按下【Alt+Shift+Ctrl+K】组合键即可打开【键盘快捷键和菜单】对话框，如图 1.54 所示。

在下拉列表框中单击【文件】左侧的三角形扩展按钮▶，弹出文件菜单中相应操作的快捷键。在其中单击某个命令后的快捷键，如图 1.55 所示，然后直接输入新的快捷键，单击【确定】按钮，即可对该功能的快捷键重新设置。

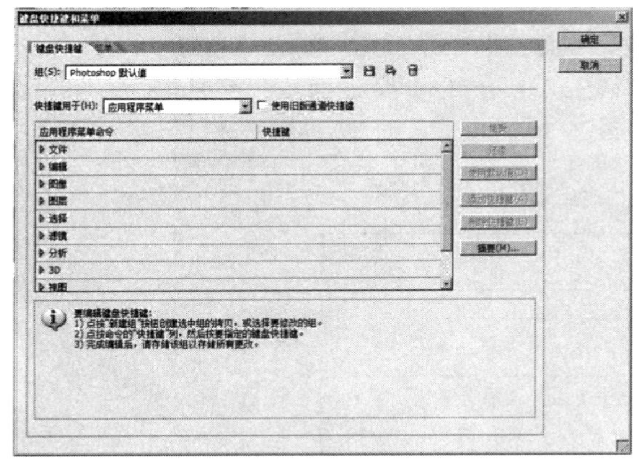

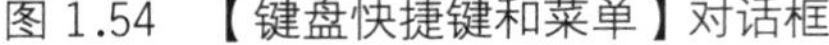

图 1.54 【键盘快捷键和菜单】对话框

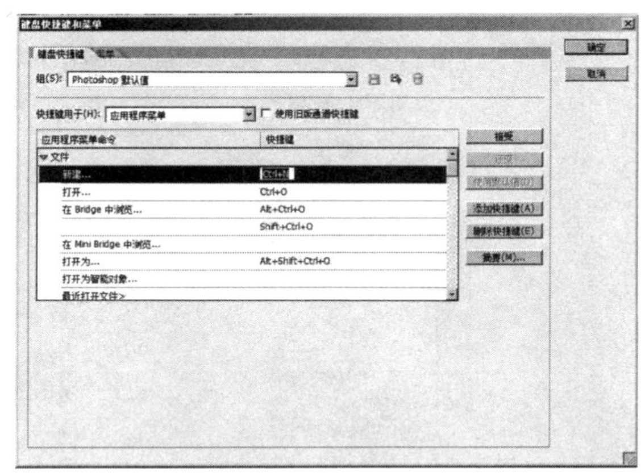

图 1.55 重新设置快捷键

1.5.3 菜单设置

菜单设置主要针对 Photoshop 中的菜单进行的，它是 Photoshop 软件中所有菜单的管理中枢。选择【编辑】→【菜单】命令或按下快捷键【Alt+Shift+Ctrl+M】即可打开【键盘快捷键和菜单】对话框，如图 1.56 所示。单击【文件】左侧的三角形扩展按钮▶，显示出该菜单中的子菜单，如图 1.57 所示。在【新建】子菜单中单击【无】下拉列表框，在弹出的列表中选择颜色为红色，如图 1.58 所示。然后将【打开】、【在 Bridge 中浏览】和【在 Mini Bridge 中浏览】的颜色都选择为红色，如图 1.59 所示，完成设置后单击【确定】按钮。此时在软件中单击【文件】，在弹出的菜单中可以看到，经过设置后，设置的 4 个子菜单都以红色进行显示，如图 1.60 所示。

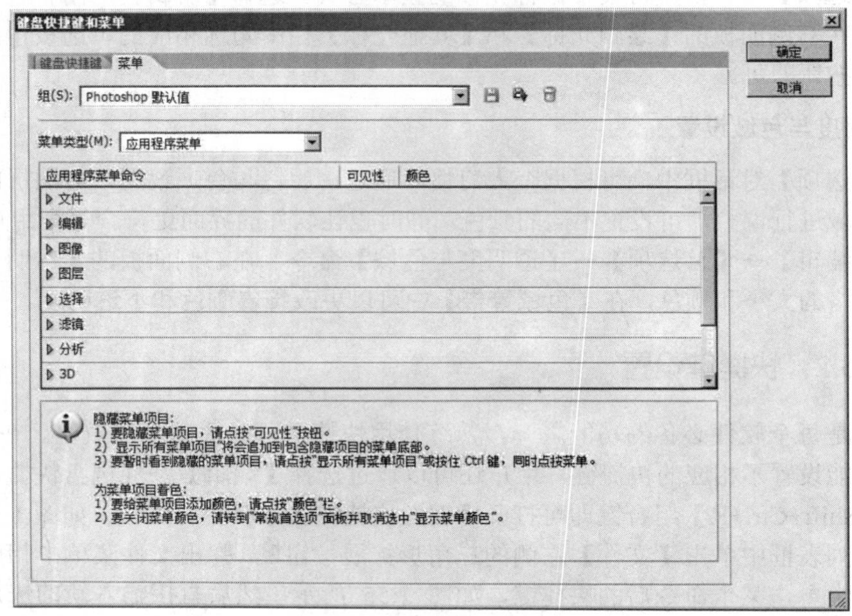

图 1.56 【键盘快捷键和菜单】对话框

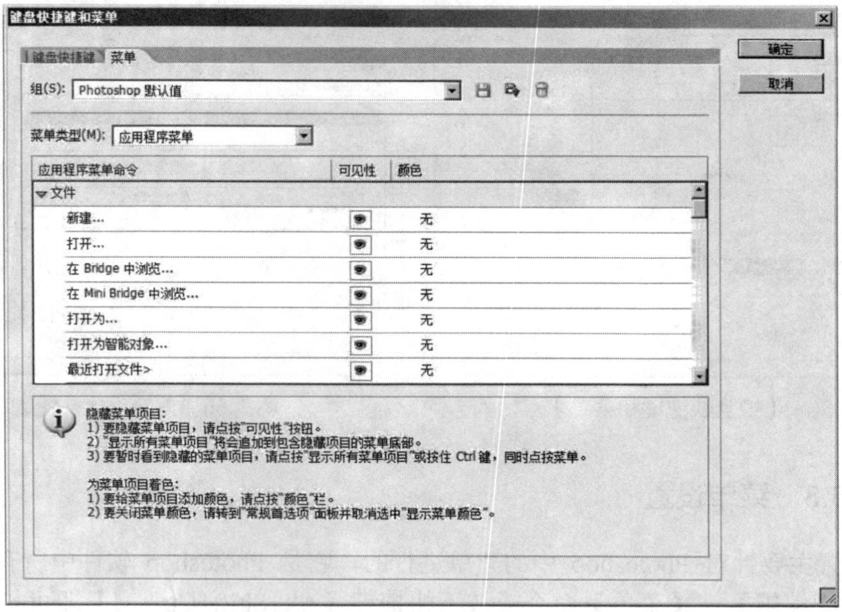

图 1.57 【文件】子菜单

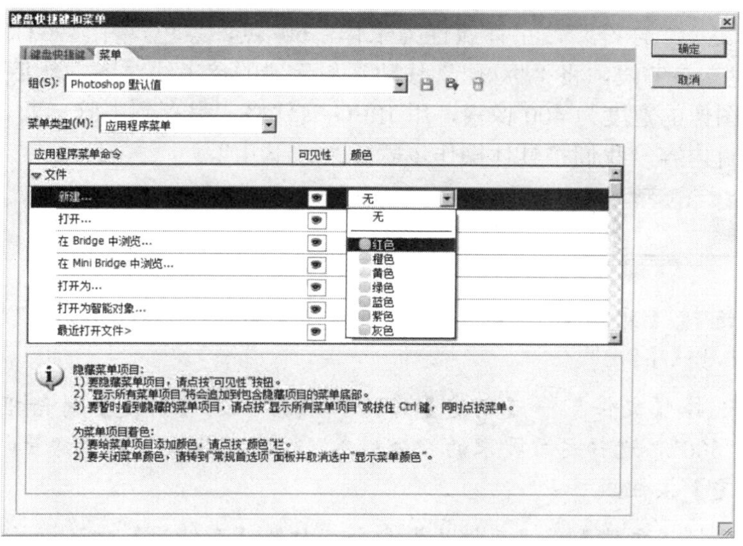

图 1.58 更改【新建】子菜单颜色

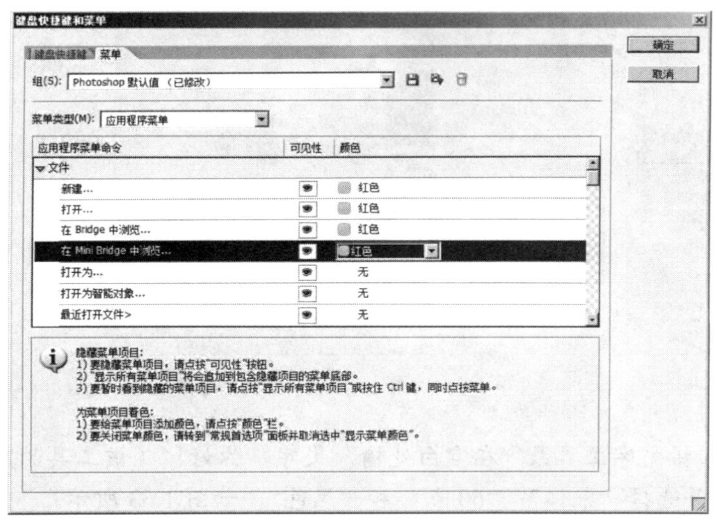

图 1.59 更改【打开】等 3 个子菜单颜色

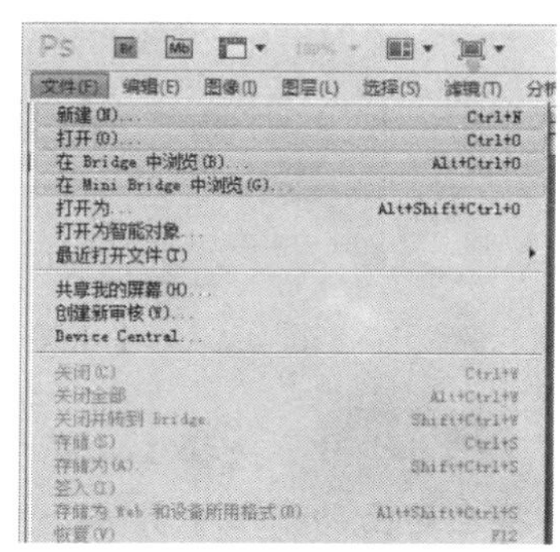

图 1.60 【文件】菜单

使用以上同样的方法，可以对【键盘快捷键和菜单】对话框的 11 个菜单和其下的子菜单的显示情况和颜色进行设置，完成设置后单击【确定】按钮即可应用该设置。

☆ 课堂练习——Photoshop CS5 的基本操作

下面我们通过一个综合的实例练习，以复习本章所学的内容。

实例题目：打开 Photoshop CS5，新建一个宽度和高度都为 500 像素，分辨率为 72 像素/英寸，背景色为白色的 RGB 图像文件，然后将其以“我的图像”为名，保存在 D 盘中。重新打开文件加入文字“你好！”，字体属性为宋体，60 点，黑色，并显示标尺，在横、纵坐标分别为 2 处建立参考线，将“你好！”移动到与新建的参考线对齐，然后隐藏标尺和参考线。最后，改变图像的宽度为 400 像素，用 JPEG 文件格式另存到电脑桌面。

根据上述题目内容，我们将具体操作步骤分为以下几步。

STEP 1　选择【开始】→【所有程序】→【Adobe Photoshop CS5】命令，打开 Photoshop CS5 应用程序。

STEP 2　选择【文件】→【新建】命令，在弹出的【新建】对话框中，“宽度”和“高度”处输入“500”，选择题目要求的“分辨率”、“颜色模式”和“背景内容”，如图 1.61 所示，单击【确定】按钮。

STEP 3　选择【文件】→【存储为】命令，打开【存储为】对话框，如图 1.62 所示。在“保存在”和“文件名”中输入题目要求的地址和名称，单击【确定】按钮。

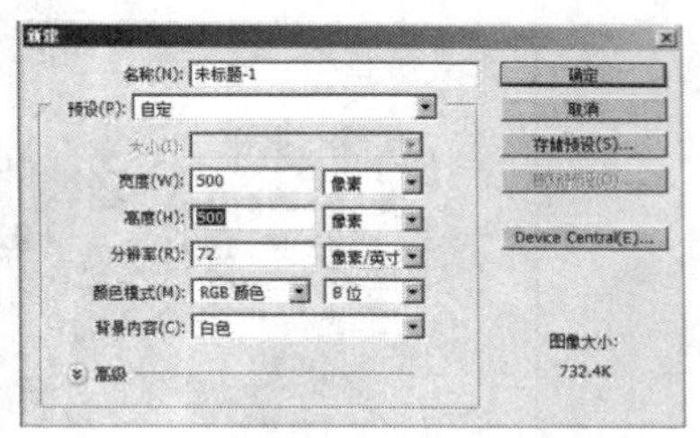

图 1.61　【新建】对话框

图 1.62　【存储为】对话框

STEP 4　选择工具箱中的横排文字工具T，在空白处输入文字“你好!”（该工具的应用将在后面的章节中具体介绍），并选择“宋体”，“60 点”和“黑色”，如图 1.63 所示。

STEP 5　选择【视图】→【标尺】命令，显示标尺。通过鼠标拖动，建立横、纵两条参考线，效果如图 1.64 所示。

图 1.63　输入文字

图 1.64　画参考线

STEP 6 移动文字“你好!”到指定位置，然后隐藏标尺和参考线，效果如图 1.65 和图 1.66 所示。

图 1.65 移动“你好”文字

图 1.66 隐藏标尺和参考线

STEP 7 选择【图像】→【图像大小】命令，打开【图像大小】对话框，取消对“约束比率”的选择。然后在“宽度”中输入“400”，如图 1.67 所示，再单击【确定】按钮。

STEP 8 再次打开【存储为】对话框，如图 1.68 所示。“保存在”选择“桌面”，“文件名”中输入“我的图像”，“格式”选择“JPEG”，然后单击【确定】按钮。

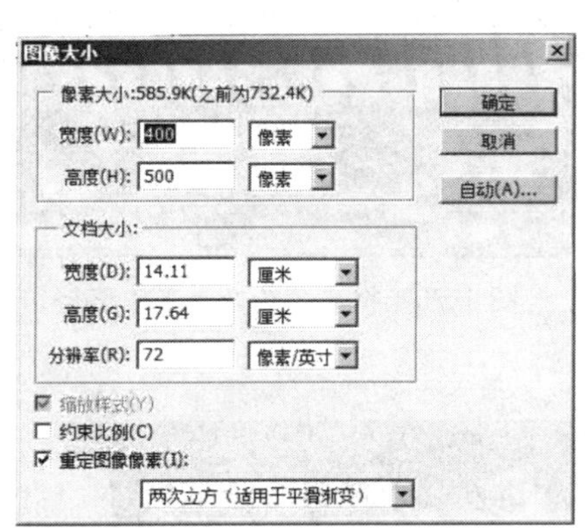

图 1.67 【图像大小】对话框

图 1.68 【存储为】对话框

1.6 典型实例剖析——制作火焰特效字

本实例是通过 Photoshop CS5 的操作，制作一组火焰特效字，来说明 Photoshop 的作用，以提高大家学习 Photoshop 的兴趣，其具体操作步骤如下：

操作步骤

STEP 1 选择【文件】→【新建】命令，新建一个名为“火焰特效字”图像文件。新建文件的宽度和高度为“400 像素×200 像素”，分辨率为“150 像素/英寸”，颜色模式为“RGB”，单击【确定】按钮。

STEP 2 选择【编辑】→【填充】命令，用蓝色（#4c4d8c）填充背景。

STEP 3 选择工具栏中的横排文字工具T，选择字体为 Impact、设置字号为 36 号、设置颜色为“白色”，选择字体为倾斜，输入文字“photoshop”，自动生成文字图层photoshop，如图 1.69 所示。

STEP 4 打开【图层】面板，确定文字图层为当前图层，按住【Ctrl】键的同时单击该图层缩略图，将“photoshop”作为选区载入，打开【路径】面板，单击面板底部的【从选区生成工作路径】按钮，将选区转换为路径，这样就得到了“photoshop”的“工作路径”，如图 1.70 所示。在【路径】面板中可看到名为“路径 1”的工作路径，如图 1.71 所示。

STEP 5 利用工具栏中的钢笔工具，按住【Ctrl】键拖动路径点两端的控制手柄，对路径的形状进行修整，如图 1.72 所示。为了得到理想的字体轮廓，需要多次添加或删除节点。

图 1.69 新建文字图层

图 1.70 将选区转换为工作路径

图 1.71 路径面板

图 1.72 调整后的工作路径

STEP 6 在【路径】面板中，选中经过编辑后的工作路径“路径 1”，单击面板底部的【将路径作为选区载入】按钮，载入该路径对应的选区。

STEP 7　在【图层】面板中，新建“图层 1”，选择【编辑】→【填充】命令，填充“白色”，取消选区，效果如图 1.73 所示，删除文字图层“photoshop”。

图 1.73　填充工作路径

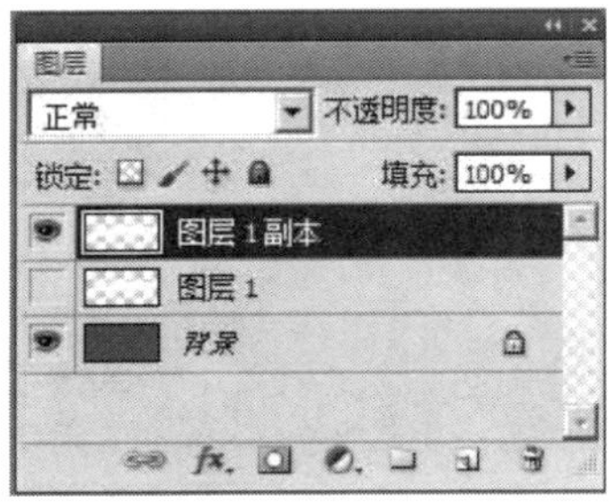

图 1.74　【图层】面板

STEP 8　复制“图层 1”，生成“图层 1 副本”，同时将“图层 1”隐藏，如图 1.74 所示。接下来的操作都是在“图层 1 副本”上进行的。

STEP 9　选择【图像】→【图像旋转】→【90 度（顺时针）】命令，效果如图 1.75 所示。

STEP 10　选择【滤镜】→【风格化】→【风】命令，打开【风】对话框，具体参数的设置如图 1.76 所示，为图像应用“从右”吹风效果，单击【确定】按钮。如果不够强烈，可以多按几次【Ctrl+F】组合键，但这样将会降低文字的清晰度。

STEP 11　再选择【滤镜】→【风格化】→【风】命令，打开【风】对话框，设置参数，为图像应用“从左”吹风效果，单击【确定】按钮。如果不够强烈，可以多按几次【Ctrl+F】组合键，效果如图 1.77 所示。

图 1.75　旋转图像

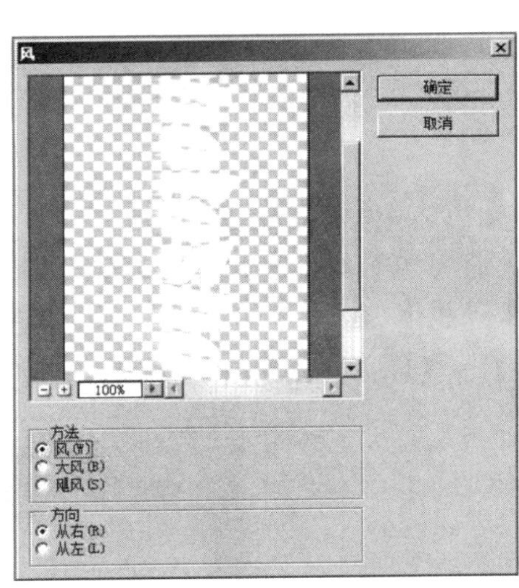

图 1.76　滤镜【风】对话框

图 1.77　风吹后效果

STEP 12　选择【图像】→【图像旋转】→【90 度（逆时针）】命令，将图像逆时针选择 90°，重复上面的（10）和（11）步骤，再次应用【风】滤镜，效果如图 1.78 所示。

STEP 13 选择【滤镜】→【扭曲】→【波纹】命令，打开【波纹】对话框，设置数量为“100%”，大小为“中”，单击【确定】按钮。使图像产生扭曲效果，如图 1.79 所示。

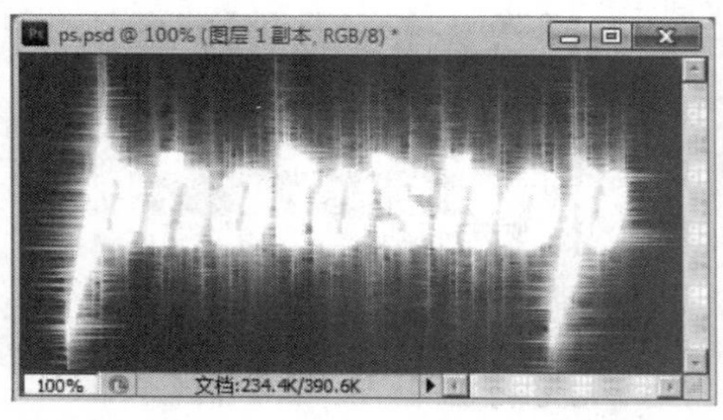

图 1.78 再次应用【风】滤镜效果

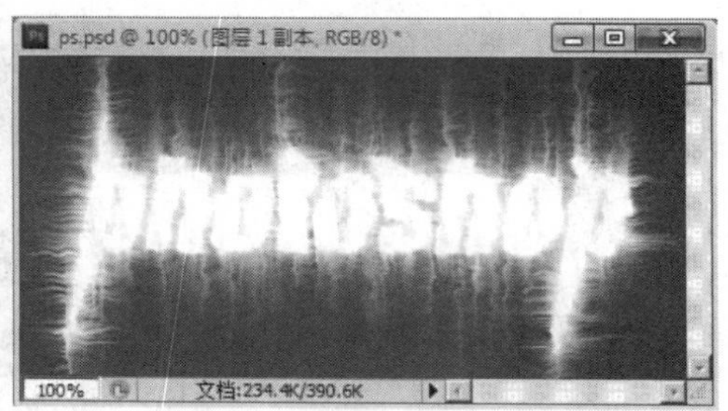

图 1.79 应用波纹滤镜效果

STEP 14 将“背景”图层的颜色填充为黑色，选中“图层 1 副本”，单击【图层】面板底部的【创建新的填充或调整图层】按钮，在弹出的菜单中选择【色相/饱和度】命令，在弹出的【色相/饱和度】对话框中设置参数为：色相为“5”，饱和度为“100”，明度为“0”，选中“着色”复选框，如图 1.80 所示，单击【确定】按钮，效果如图 1.81 所示。

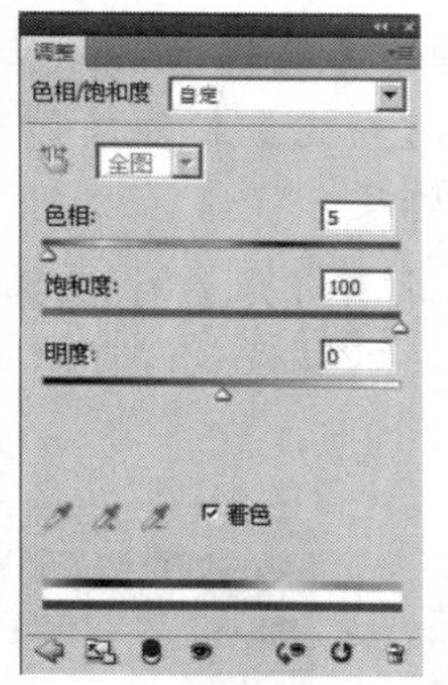

图 1.80 【色相/饱和度】对话框

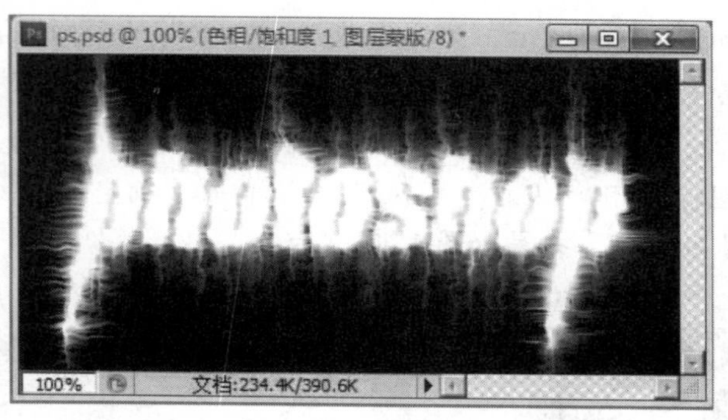

图 1.81 应用【色相/饱和度】后的效果

STEP 15 显示“图层 1”，并将“图层 1”移动到【图层】面板最上层，按【Ctrl】键，单击“图层 1”缩略图，将字体笔画的轮廓载入选区，选择【选择】→【修改】→【收缩】命令，打开【收缩选区】对话框，设置参数，如图 1.82 所示，单击【确定】按钮。

STEP 16 选择【编辑】→【填充】命令，填充黄色（#f8f400），效果如图 1.83 所示。

图 1.82 【收缩选区】对话框

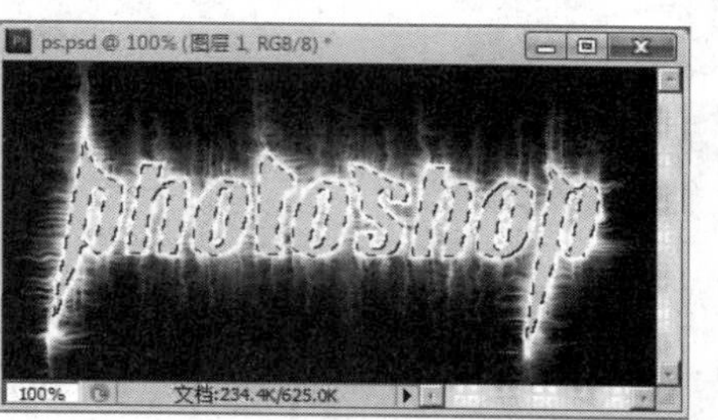

图 1.83 填充黄色后的效果

STEP 17 单击【图层】面板下的【添加图层样式】按钮，在弹出的菜单中选择【描边】命令，在【描边】面板中设置参数，大小为“3”，位置为“内部”，填充类型为“渐变”，渐变颜色为“黄色、紫色、橙色、蓝色”、样式为“线性”，角度为“90 度”、缩放为“66%”，如图 1.84 所示，单击【确定】按钮，得到的最终效果如图 1.85 所示。

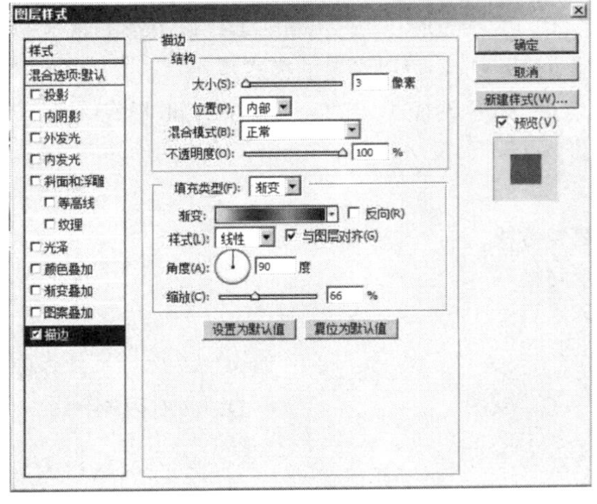

图 1.84 【描边】对话框

图 1.85 最终效果图

注意

该实例的制作中，一定要掌握滤镜的应用和及时建立图层，搞清图层的上下位置关系，这是本实例的关键技巧所在。

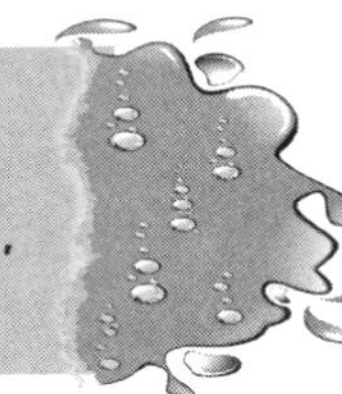

◎ 复习思考题

一、单选题

1. 在 Photoshop CS5 中默认的文件为（　　）格式。

   A. JPEG　　B. PSD　　C. TIFF　　D. BMP

2. 新建图像文件是通过“新建”命令来实现的，其快捷键为 Ctrl+（　　）。

   A. N　　B. S　　C. W　　D. P

3. 退出 Photoshop CS5 不正确的方法是（　　）。

   A. 选择【文件】→【退出】命令
   B. 按下【Alt+F4】组合键
   C. 单击 Photoshop CS5 窗口右上角的
   D. 单击 Photoshop CS5 窗口左上角的

4. 表示的是（　　）。

   A. 设定图层的不透明度
   B. 打开文件
   C. 约束比例标志
   D. 可编辑的文字层

5．如果要中断正在进行的操作，需按（　　）键。

A．【Alt】　　B．【Shift】　　C．【Esc】　　D．【Ctrl】键

6．图像分辨率的单位是（　　）。

A．dpi　　B．lpi　　C．ppi　　D．pixel

7．如果一幅 RGB 模式的图像大小为 10MB，当它转化为 CMYK 模式后其大小会是（　　）。

A．等于 10MB　　B．小于 10MB　　C．大于 10MB　　D．以上都不对

8．选择【文件】→【新建】命令，在弹出的【新建】对话框中不可以设定的模式是（　　）。

A．位图模式　　B．RGB 模式　　C．双色调模式　　D．Lab 模式

9．下列关于参考线和网格的描述正确的是（　　）。

A．参考线和网格的颜色是不可以修改的

B．如果图像窗口中没有显示标尺，就不可以创建参考线

C．如果图像窗口中没有显示标尺，就不可以显示网格

D．参考线和网格都可以用虚线和实线表示

10．Photoshop 可允许的暂存磁盘的大小是（　　）。

A．2GB　　B．4GB　　C．8GB　　D．没有限制

二、多选题

1．在 Photoshop 中编辑图像时最好使用（　　）图像模式，在印刷时最好使用（　　）图像模式。

A．位图　　B．RGB　　C．Lab　　D．CMYK

2．图层面板组中包括（　　）面板。

A．图层面板　　B．样式面板　　C．路径面板　　D．信息面板

3．在 Photoshop CS5 中，要隐藏工具栏和面板，可以按（　　）键，要隐藏面板但不隐藏工具栏，可以按（　　）键。

A．【Tab】　　B．【Shift+Tab】　　C．【Lab】　　D．【Ctrl+Tab】

4．当使用快捷键切换窗口时，下面（　　）不是用来切换窗口的快捷键。

A．【Ctrl+Tab】　　B．【Ctrl+F6】　　C．【Shift +Tab】　　D．【Ctrl+ Shift +Tab】

5．在 Photoshop 处理图像时，用于精确定位光标的工具有（　　）。

A．网格　　B．参考线　　C．标尺　　D．切片

三、判断题

1．Photoshop 是一款优秀的数字图像处理软件，广泛应用于各种商业图像制作和艺术图像处理。（　　）

2．位图和矢量图的主要区别在于分辨率的不同。（　　）

3．工具选项栏的主要功能是设置各个工具的参数。（　　）

4．在新建图像文件时，可以选择图像文件的颜色有白色，透明色和黑色。（　　）

5．在 Photoshop 中，如果内存和磁盘空间太少，将无法打开多个图像。（　　）

四、操作题（实训内容）

1．Photoshop CS5 的启动与退出练习：

（1）用三种方法启动 Photoshop CS5；

（2）用四种方法退出 Photoshop CS5。

2．自行设计，制作火焰特效字。

Photoshop CS5 工具的使用

应知目标

熟悉图像选区的创建与编辑，熟悉图像的绘制；懂得文本的应用，熟悉图像的编辑功能。

应会要求

掌握图像选区的创建与编辑工具及其使用方法；掌握图像的绘制工具及其使用方法；掌握文本工具的应用方法；掌握图像的编辑方法与技巧。

在 Photoshop CS5 的工具箱中有很多工具，它们的功能强大，且具有自己的特点。用户只有掌握这些最基本的工具才能很方便地进行图像的创作与编辑。Photoshop CS5 有五十多种工具，在本章中将这些工具分类进行详细的介绍。

2.1 创建与编辑选区的基本工具

选择区域是 Photoshop 的一个重要内容。图像编辑通常是针对一块区域进行操作，因此，能否快捷、准确地选取所需要的区域直接关系到最终图像处理的效果。Photoshop CS5 中用于创建选区的工具有选框工具、套索工具、魔棒工具以及【选择】菜单中的【色彩范围】命令等。

注意

- 选区可以是任何形状，但必须是封闭的区域，没有开放的选区。
- 选区一旦建立，大部分的操作就只在选区范围内有效，如果要对图像其余部分进行操作，必须先取消选区。

2.1.1 选框工具组

选框工具组包括“矩形选框”工具、“椭圆选框”工具、“单行选框”工具和“单列选框”工具，分别用于创建矩形选区、椭圆形选区、单行和单列选区。

1.“矩形选框”工具

选择该工具后，在图像窗口中按下鼠标左键并向任意一个方向拖动，可以创建矩形或正方形的选区。

2.“椭圆选框”工具

选择该工具后，在图像窗口中按下鼠标左键并向任意一个方向拖动，可以创建椭圆形或圆形选区。

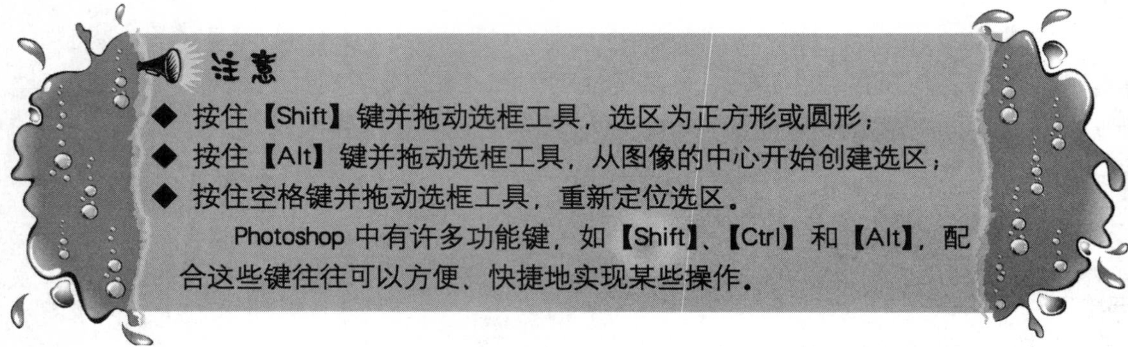

3.“单行选框”和“单列选框”工具

使用这两个工具时，只要用鼠标在图像内单击，便可以选择水平的一个像素行或垂直的一个像素列。注意该工具属性栏中的样式不可选。羽化只能为 0 像素，具体含义将在下面介绍。

4. 选框工具组属性栏

选框工具组的工具属性栏如图 2.1 所示，其各项含义如下所示。

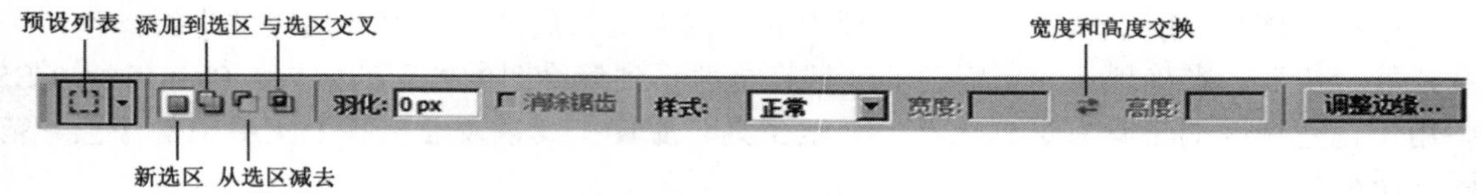

图 2.1　选框工具组属性栏

（1）修改选择方式部分。

“新选区”：单击该按钮将使用选定的选择工具清除已有的选区，创建新的选区。

“添加到选区”：单击该按钮将使用选定的选择工具在原有选区的基础上增加新的选区，形成最终的选区。此按钮常用于扩大选区。

“从选区减去”：单击该按钮将使用选定的选择工具在原有的选区中，减去新选区与原选区相交的部分，形成最终的选区。此按钮常用于缩小选区。

“与选区交叉”：单击该按钮将使用选定的选择工具将新选区与原有选区相交的部分作为最终的选区。

（2）修改选区边缘部分。

“羽化”：在其中输入相应的羽化半径值，可以在选区边框内外创建渐变的过渡效果，使

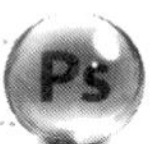

选区边缘柔化或模糊。取值范围 0～250 像素，羽化值越大，选区边缘越柔和，如图 2.2 所示效果。

“消除锯齿”：用于消除选区的锯齿边缘，仅选择椭圆选框工具才有效。

“调整边缘”：提高选区边缘品质，允许以不同背景查看选区，方便编辑。

（3）样式部分。

“样式”：用于设置选择区域的风格，包括“正常”、“固定长宽比”和“固定大小”3 个选项。

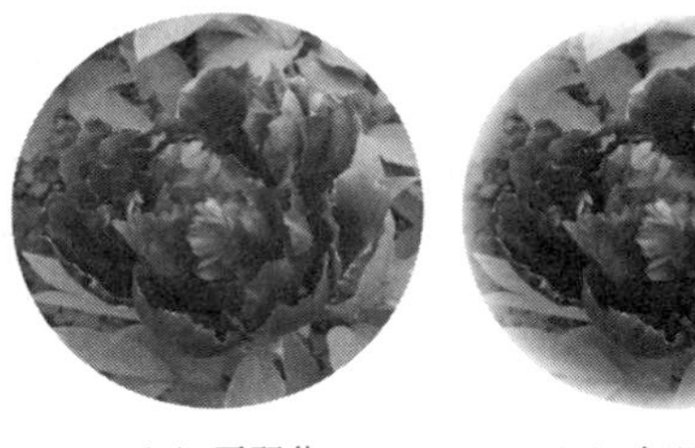

（a）无羽化　　（b）有羽化

图 2.2　选区有无羽化的效果对比

2.1.2　套索工具组

套索工具组是一种较常用的选取不规则区域的选取工具，其中包括“套索”工具、“多边形套索”工具和“磁性套索”工具。

1. 套索工具

使用方法是：将鼠标移到待选区域的起点，按住鼠标左键，沿所需区域的边缘拖动鼠标，再拖动回到起点位置时释放鼠标，即可选取区域。如果中途释放鼠标，起点和终点将自动用直线连接，形成闭合的区域。

“套索”工具的工具属性栏如图 2.3 所示，其中有修改选择方式、“羽化”和“消除锯齿”，用法与选框工具组相同。

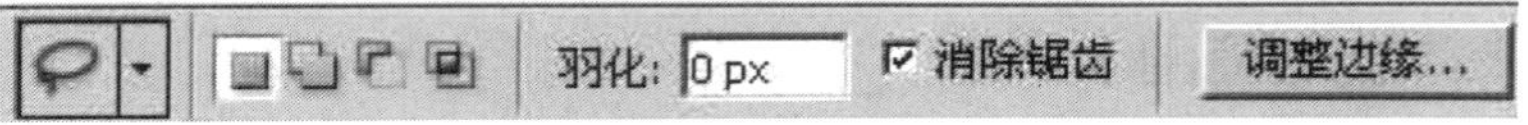

图 2.3　“套索”工具属性栏

2. 多边形套索工具

使用“多边形套索”工具可以创建直线边框的多边形选区。

注意

◆ 按住【Shift】键可以在水平、垂直方向或 45°方向绘制线段，按【Delete】或【Backspace】键可以逐步撤销已绘线段。

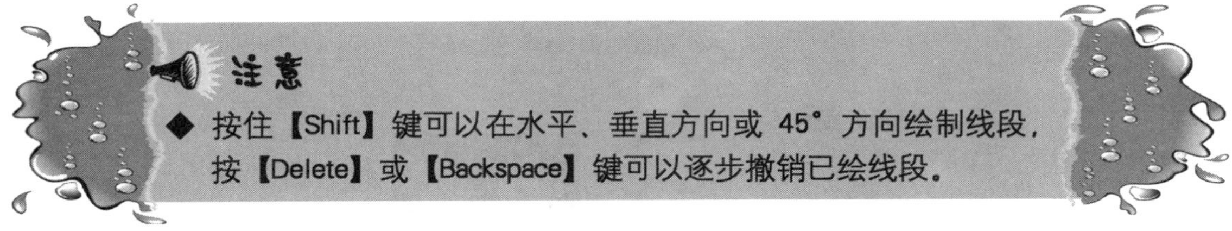

3. 磁性套索工具

“磁性套索”工具是一种可以自动识别边缘的套索工具，对于边缘复杂但与背景对比强烈的对象，可以快速、准确地选取其轮廓区域。该工具属性栏如图 2.4 所示。

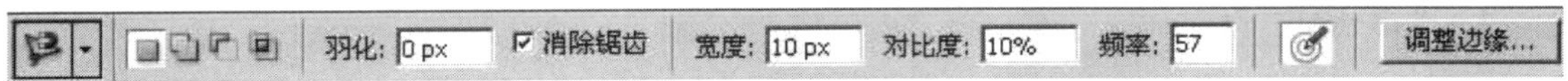

图 2.4　“磁性套索”工具属性栏

2.1.3 魔棒工具及快速选择工具

“魔棒”工具用以选择图像内色彩相同或者相近的区域。使用“魔棒”工具时，将光标放到需要选取的区域上，单击鼠标，颜色相似的像素即被选中。其工具属性栏如图 2.5 所示。

图 2.5 “魔棒”工具属性栏

“容差”：设置颜色选取的范围，数值越小，选取的颜色越接近，选择的范围就越小。

“连续”：选中表示选取相邻颜色区域，否则不相邻的颜色区域也被选中。

“对所有图层取样”：有多个图层时，选中该项，魔棒对所有图层起作用。

“快速选择”工具是利用可调整的圆形画笔笔尖快速“绘制”选区。拖动时，选区会向外扩展并自动查找和跟随图像中定义的边缘。其工具属性栏如图 2.6 所示。

图 2.6 “快速选择”工具属性栏

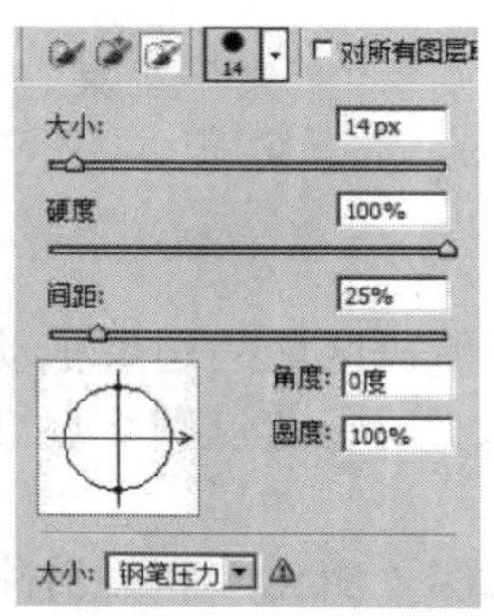

图 2.7 “画笔”弹出菜单属性

若要更改画笔笔尖大小，可以单击属性栏中的“画笔”，弹出如图 2.7 所示菜单，输入数值或拖动滑块。使用菜单底部的“大小”弹出选项，可以使笔尖大小随钢笔压力或光笔轮而变化。

2.1.4 【色彩范围】命令

在菜单栏中的【选择】菜单中，有一个与“魔棒”工具类似的命令，即【色彩范围】，如图 2.8 所示，但其功能更加强大。选择该命令后，得到如图 2.9 所示【色彩范围】对话框。通过此对话框可以在选区或整个图像内选取所指定的颜色或取样颜色。

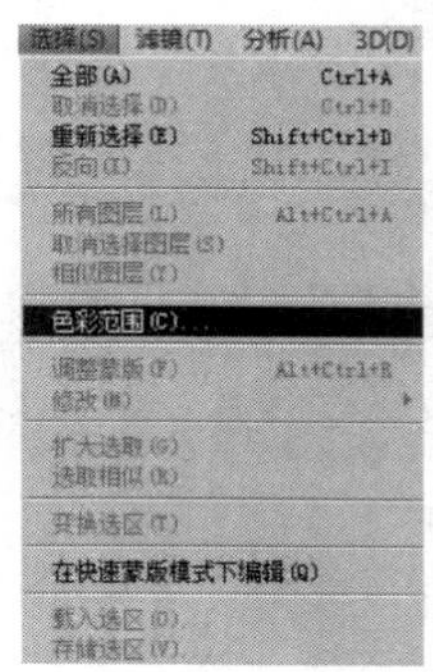

图 2.8 【色彩范围】命令

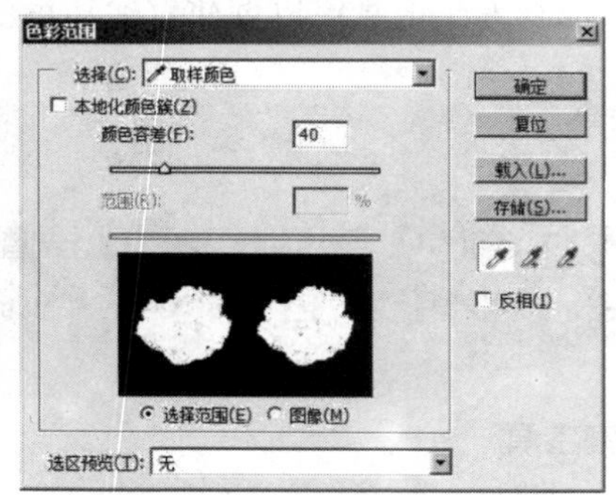

图 2.9 【色彩范围】对话框

1. 选择操作

选择：其中“取样颜色”表示可以用吸管工具在下面的预览区域或原图像上单击，选取所需颜色。也可以打开下拉列表，选取指定的颜色。

：吸管工具，在预览窗口上单击选取某个范围内的颜色。用于添加颜色，在预览区域或图像中单击，增加选择范围。用于减少颜色范围。

□反相(I)：选取的区域与未选区域切换。

2. 颜色容差控制部分

颜色容差：可通过拖动滑块或在文本框中输入数值来控制选取的颜色范围，数值越大，选取的颜色越多。

3. 选区预览部分

⊙选择范围(E)：选择该项，预览窗口内以灰色调显示选取范围，白色表示选中，黑色表示没有选中，灰色表示选取的区域为半透明。

○图像(M)：选择该项，预览窗口内以原图像的方式显示图像状态。

选区预览：可以选择是否在图像窗口中预览并设置预览方式。其中“无”表示不在图像窗口中预览选取范围；“灰度”表示在图像中以灰色调显示选择区域；“黑色杂边”表示在图像中用黑色显示未被选中的区域；“白色杂边” 表示在图像中用白色显示未被选中的区域；“快速蒙版”表示在图像中用蒙版颜色显示未被选中的区域。

2.1.5 编辑图像选区

在选取了一个图像区域后，往往还需要进行调整和修正，如选区的大小、位置、形状等，以下介绍如何调整选区，以便灵活、准确地选取图像。

1. 移动选区与移动工具

选区建立以后，在任意一个选择工具状态下，且选择方式是“新选区”，将光标放至选区内，当光标变成状态时，按下鼠标左键不放并拖动鼠标即可移动选区，如图 2.10 所示。

图 2.10　选区移动前后状态对比

如要移动选区边框内的图像，可选择工具箱中的移动工具，就可以将选区内的图像移动到整个画面的另一个位置。

2. 修改选区

已经创建的选区可以扩大、缩小、平滑或羽化边缘等，操作方法如下：

（1）选择菜单栏【选择】下的各个命令修改选区。

1 【选择】→【修改】→【扩展】或【选择】→【修改】→【收缩】命令：执行此命令，分别弹出如图 2.11 或如图 2.12 所示的对话框。在“扩展量”或“收缩量”中输入需要扩大或缩小的范围，单击【确定】按钮即可。

图 2.11 【扩展选区】对话框

图 2.12 【收缩选区】对话框

2 【选择】→【修改】→【羽化】：执行此命令，可以使选区的边缘变得模糊，以平滑过渡到背景图像中。这种工具多用于图像之间合成，产生较好的融合和渐隐效果。

3 【选择】→【修改】→【边界】：执行此命令，选择现有选区边缘内侧或外侧的区域。

4 【选择】→【修改】→【平滑】：执行此命令，减少选区边界中不规则区域，以创建较平滑的轮廓。

5 【选择】→【扩大选取】：执行此命令，将图像中连续的、颜色相近的像素添加到已有选区中，颜色的相近程度由魔棒工具选项中的容差值决定。

6 【选择】→【选取相似】：该命令与上面的【扩大选取】类似，但它可以将整个图像中颜色相近的像素都扩充进来，而不是仅限于相邻的像素。

（2）选择工具属性栏中的“调整边缘”选项，弹出如图 2.13 所示对话框，其中“移动边缘”可以扩大或缩小边缘。

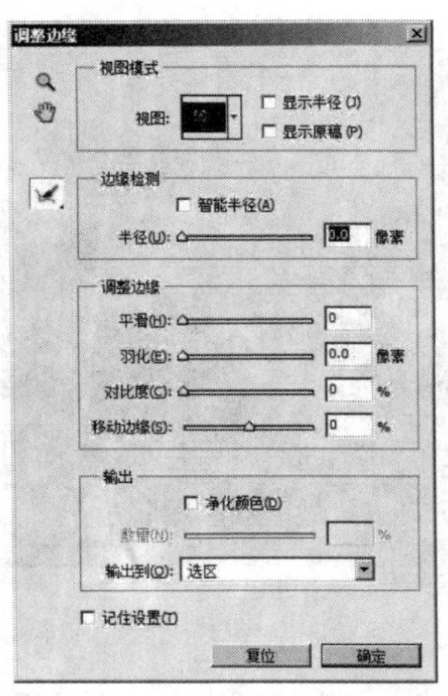

图 2.13 【调整边缘】对话框

“视图模式”：可在弹出式菜单中选择显示选区的模式。

（调整半径工具）和（抹除调整工具）：分别可以扩展检测区域、恢复边界区域。

“智能半径”：可以自动调整边界区域中的硬边缘和柔化边缘半径。

“半径”：设置调整选区边界的大小。锐边使用较小的半径，较柔和的边缘使用较大的半径。

“平滑”：与菜单命令相同。

“羽化”：与菜单命令相同。

“对比度”：该值增大时，选区边框的柔和边缘过渡会变得不连贯。

“移动边缘”：缩小或扩大选区边框。

“净化颜色”：将彩色边替换为附近完全选中的像素颜色。

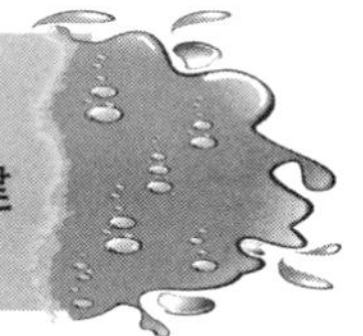

注意

此选项改变了像素颜色，因此要输出到新图层或文档。建议事先保留原始图层。

“数量”：更改净化和彩色边替换的程度。

“输出到”：选择调整后的选区是变为当前图层上的选区或蒙版，还是生成一个新图层或文档。

3. 取消选择和重新选择

如果需要将当前图像中的选择区域去除，可以选取菜单栏中的【选择】→【取消选择】命令，也可按【Ctrl+D】组合键，快速取消选区。取消选择后，如果需要重新恢复先前的选择，可以执行菜单栏中的【选择】→【重新选择】命令，也可按【Shift+Ctrl+D】组合键，将最近一次取消的选区恢复。

4. 反选选区

反选是指选取图像现有选区之外的其他部分。执行菜单栏中的【选择】→【反向】命令或按【Shift+Ctrl+I】组合键即可实现反选。

5. 变换选区

Photoshop 能够对选区边界进行变换和变形，可以缩放、旋转，也可以做斜切、扭曲、透视、翻转等操作。变换时只对选区边界操作，选区外的图像保持不变。具体操作为：选择【选择】→【变换选区】命令，将在选区四周出现带有控制点的变换框，如图 2.14 所示，选中人物后可以进行如下操作：

1. 移动选区：将光标移至选区内，当光标变成形状时，即可移动选区。
2. 调整选区大小：将光标移至变换框的控制点上，光标变为形状时拖动鼠标即可调整选区大小。
3. 旋转选区：将光标移至变换框外，当其变为形状时，拖动鼠标即可旋转。如图 2.15 所示为缩小并移动选区的效果。

图 2.14 执行【变换选区】命令

图 2.15 缩小并移动选区

如果要对选区进行斜切、扭曲等变换，可以再选择菜单栏中的【编辑】→【变换】下的各项命令，如图 2.16 所示。图 2.17 是对选区执行【透视】变换的效果。

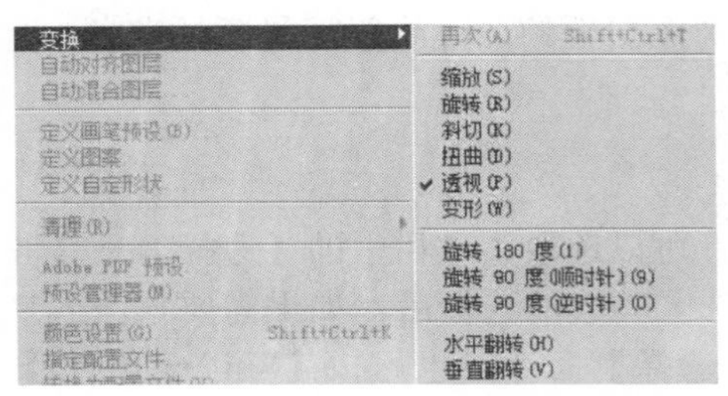

图 2.16　可对选区边界可执行的变换命令

图 2.17　对选区边界执行透视变换

6. 保存和载入选区

创建好的选区，可以将其保存，以便日后重复使用。保存过的选区则可以通过载入的方式将其载入到图像中。例如选取前面图像中人物的衣服加以保存。

存储选区：建立选区后，选择【选择】→【存储选区】命令，打开如图 2.18 所示的对话框，设置相应的参数，单击【确定】按钮，即可完成存储。

载入选区：载入选区时，选择【选择】→【载入选区】命令，打开如图 2.19 所示的对话框，设置相应的参数后，单击【确定】按钮，即可完成选区的载入。其中“反相”用于将选区反选，其余选项参考【存储选区】对话框。

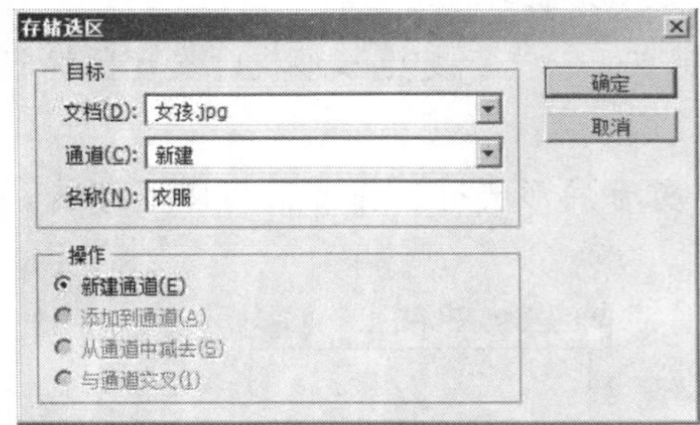

图 2.18　【存储选区】对话框

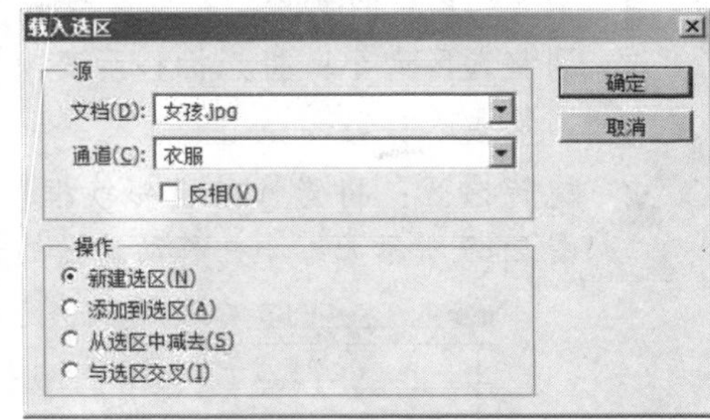

图 2.19　【载入选区】对话框

△ 应用举例——创建照片虚化效果

本例将使用选框工具、套索工具，反选、羽化等命令，制作照片的虚化效果，如图 2.20 所示。

图 2.20　照片的虚化效果

操作步骤

STEP 1 打开图片“竹林.jpg”，如图 2.21 所示，设置当前背景色为白色。

STEP 2 选择工具箱中的矩形选框工具，其属性栏中设置羽化为“0”像素；样式为“正常”，并在图像窗口中创建如图 2.22 所示的选区。

图 2.21　竹林原图

图 2.22　创建矩形选区

STEP 3 选择套索工具，单击属性栏中的按钮或按住【Alt】键，在图像的左、右两侧拖出一些不规则的区域，使其与矩形选区重叠的部分被剪掉，使得先前创建的矩形选区两边变得不规则，如图 2.23 所示。

STEP 4　选择【选择】→【修改】→【羽化】命令，在弹出的【羽化选区】对话框中，设置羽化半径为“20”像素，单击【确定】按钮。

STEP 5　选择【选择】→【反向】命令或按【Shift+Ctrl+I】组合键，反选选区，并按【Delete】键删除选区内的图像，如图2.24所示。

图2.23　左、右两边不规则的矩形选区

图2.24　羽化后【反向】选区并删除选区内的图像

STEP 6　选择【选择】→【修改】→【扩展】命令，在弹出的【扩展选区】对话框中，设置“扩展量”为“20”像素，单击【确定】按钮。

STEP 7　再次选择【选择】→【羽化】命令，在弹出的【羽化选区】对话框中，设置羽化半径为“40”像素，单击【确定】按钮，并按【Delete】键删除选区内图像，最后按【Ctrl+D】组合键，取消选区，得到如图2.20所示的最终效果。

2.1.6　填充图像选区

对创建好的选区可以进行各种操作，填充是其中之一。填充图像选区可以通过工具箱中的“油漆桶”工具、“渐变”工具填充，也可以选择【填充】命令来填充图像。图像中不仅可以填充单色与渐变色，还可以填充各种图案。

1. 使用前景色、背景色及图案填充

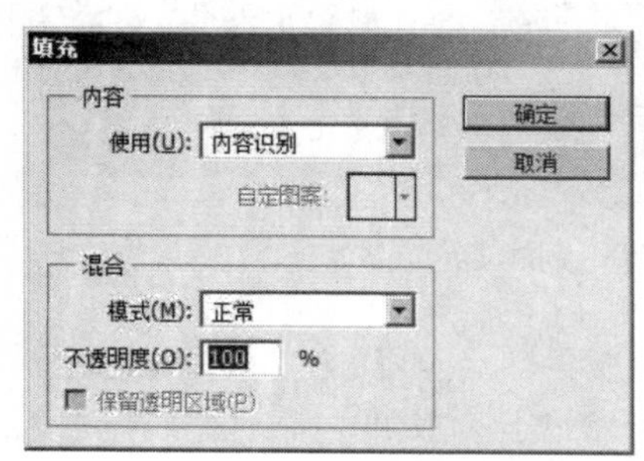

图2.25　【填充】对话框图

使用【填充】命令可以将所选取的区域或图层用前景色、背景色或其他单一颜色填充，也可以用选定的图案进行填充。选择菜单栏中的【编辑】→【填充】命令，打开如图2.25所示的【填充】对话框，各选项含义如下：

（1）“使用”下拉列表框：可以选择填充的内容，如图2.26所示。

- 选择“颜色”选项后，可以从“拾色器”中选定一个颜色填充。

- 选择“内容识别”可以使用选区附近的相似图像内容不留痕迹地填充选区。相似图像是随机合成的，如果效果不好，取消上次操作，再应用内容识别填充。
- 选择“图案”将激活【自定图案】，单击图案示例旁边的倒三角按钮，可以打开预设图案面板，从中选择自定义图案进行填充，如图 2.27 所示。

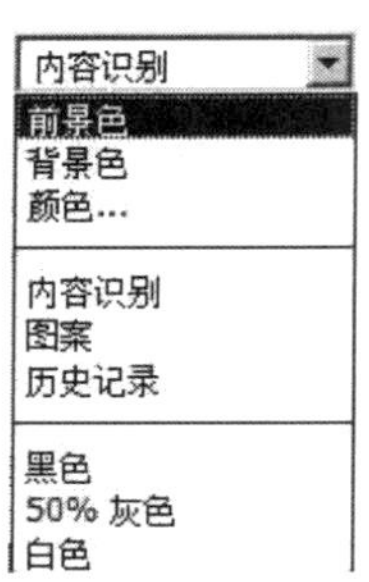

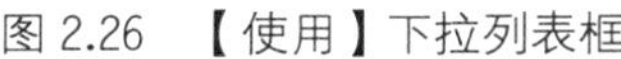
图 2.26 【使用】下拉列表框

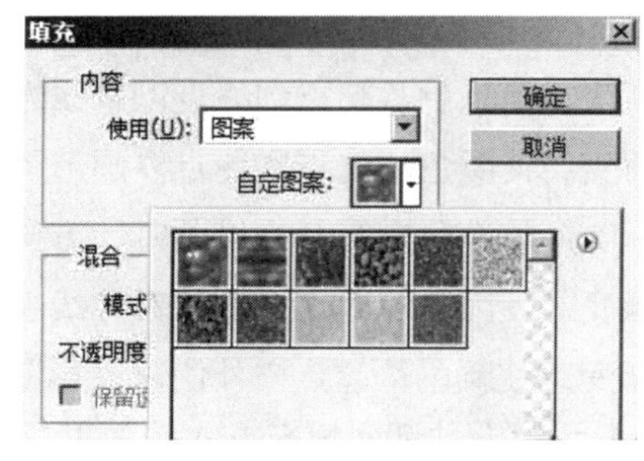

图 2.27 自定义图案列表

- 还可以单击列表旁边按钮执行更多的操作，如载入图案等。
- 选择【历史记录】，将选定区域恢复为在【历史记录】面板中设置为源的状态或图像快照。

（2）“模式”下拉列表：用于选择填充时的着色模式。
（3）“不透明度”：可以设置填充内容的不透明度。
（4）“保留透明区域”：选中时，若是对图层填充，将不填充透明区域。

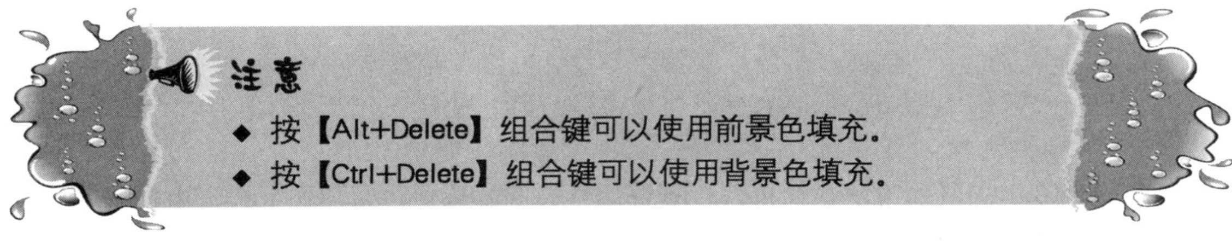

注意

- 按【Alt+Delete】组合键可以使用前景色填充。
- 按【Ctrl+Delete】组合键可以使用背景色填充。

2. 使用渐变工具填充

利用“渐变”工具可以进行各种渐变填充，即创建两种或多种颜色之间逐渐过渡的混合色彩效果，其工具属性栏如图 2.28 所示。各选项含义如下：

图 2.28 “渐变”工具属性栏

（1）：单击右边的箭头，打开下拉列表，可以从中选择默认的渐变模式。单击颜色块，将打开如图 2.29 所示的【渐变编辑器】对话框。

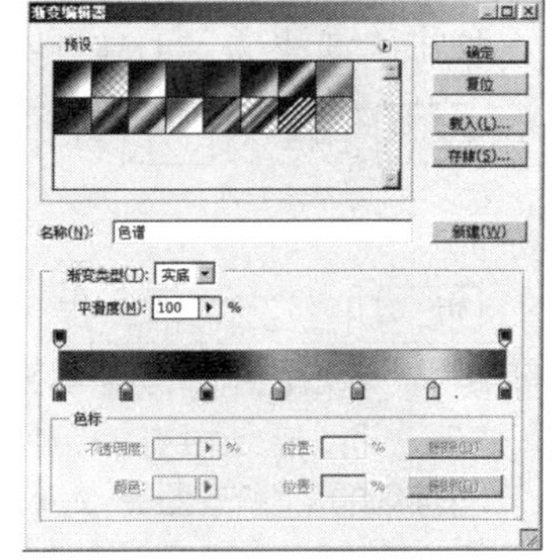

图 2.29 【渐变编辑器】对话框

利用该对话框，可以对渐变进行编辑。在图中颜色条的下方单击，可以添加色标，即增加渐变中的色彩，其颜色可在下方的“颜色”中设置，颜色范围可以拖动两旁的菱形小方块进行调整；选中一个色标拖离颜色条即可删除该色标；调整颜色条上方的“不透明度”色标，可以设置颜色的不透明度；设定好的渐变可以“存储”，也可“载入”其他的渐变模式。

（2）▢▢▢▢▢：5 种渐变模式，分别为线性渐变、径向渐变、角度渐变、对称渐变和菱形渐变，具体介绍如下。

- 线性渐变：使颜色从起点到终点以直线方向逐渐改变。
- 径向渐变：使颜色从起点到终点以圆形图案沿半径方向逐渐改变。
- 角度渐变：使颜色围绕起点以顺时针方向环绕的形式逐渐改变。
- 对称渐变：使颜色在起点两侧以对称线性渐变的形式逐渐改变。
- 菱形渐变：使颜色从起点向外侧以菱形图案的形式逐渐改变。

如图 2.30 所示为五种渐变填充方式的效果。

图 2.30　五种渐变填充方式

（3）“模式”：设置填充的渐变颜色与它下面图像的混合方式。
（4）“不透明度”：设置所填渐变颜色的透明程度。
（5）“反向”：选中该项，产生的渐变颜色与设置的颜色渐变顺序相反。
（6）“仿色”：选中该项，颜色的过渡更加平滑。
（7）“透明区域”：选中该项，▢中的透明效果起作用。

使用“渐变”工具的方法很简单，设置好属性栏的各项后，在图像或选区内拖动鼠标，就可以在起点和终点之间产生渐变效果。

3. 用油漆桶工具填充

使用“油漆桶”工具可以对图像或选区进行填充，其工具属性栏如图 2.31 所示。

图 2.31　“油漆桶”工具属性栏

前景 下拉列表框：提供了两个选项，选择“前景”，可使用当前的前景色填充；选择“图案”，其使用方法与【填充】命令相同。

“容差”：控制填充的范围，颜色较接近的区域，填充的范围就较小。

☑连续的 ☐所有图层：意义同魔棒属性栏的中“连续”与“对所有图层取样”。

例如，打开“红花.jpg”，设置前景色为白色，单击工具箱中的油漆桶工具按钮，在属性栏中设置填充内容为“前景色”，设置容差为“40”像素，选中“连续的”复选框，在图像

中的深玫瑰红色区域单击，此时填充的图像效果如图 2.32 所示。若不选中“连续的”复选框，在图像中的深玫瑰红色区域单击，此时填充的图像效果如图 2.33 所示。

图 2.32　选择“连续”的效果

图 2.33　没有选择“连续”的效果

4. 用【描边】命令描边选区

使用【描边】命令可以在选区、图层周围绘制指定颜色的边框。选择【编辑】→【描边】命令，打开如图 2.34 所示【描边】对话框，设置好参数后单击【确认】按钮，得到如图 2.35 所示的效果。

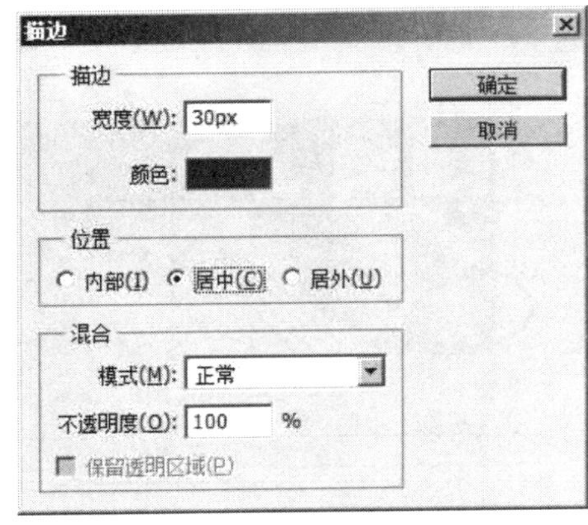

图 2.34　【描边】对话框

图 2.35　描边后的效果

☆ 课堂练习——创建一幅图画

本实例主要利用选区的创建、填充等知识绘制如图 2.36 所示的图画，使读者掌握“选框”工具、“魔棒”工具及“填充”工具的使用。

图 2.36 “多彩童年”效果图

STEP 1 新建一个图像文件，文件名及图像大小如图 2.37 所示。选择渐变工具，在属性栏中设置渐变颜色为“色谱”，如图 2.38 所示，并在工具属性栏中，设置“不透明度”为 32%，然后在图像中从左向右拖动鼠标，填充如图 2.39 所示的渐变颜色。单击【图层】面板下排的按钮新建一个图层（图层 1），如图 2.40 所示。

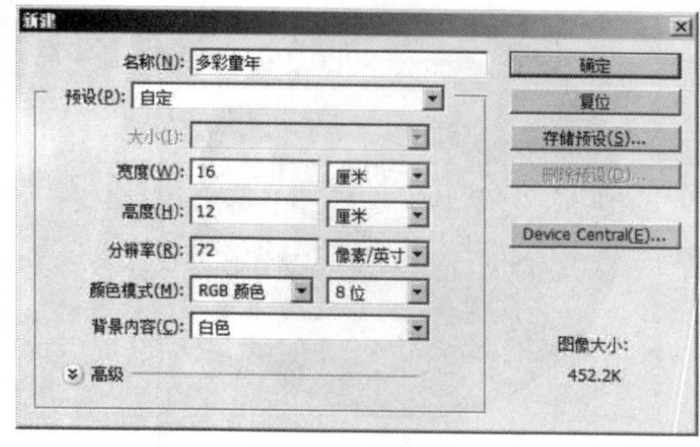

图 2.37 【新建】对话框

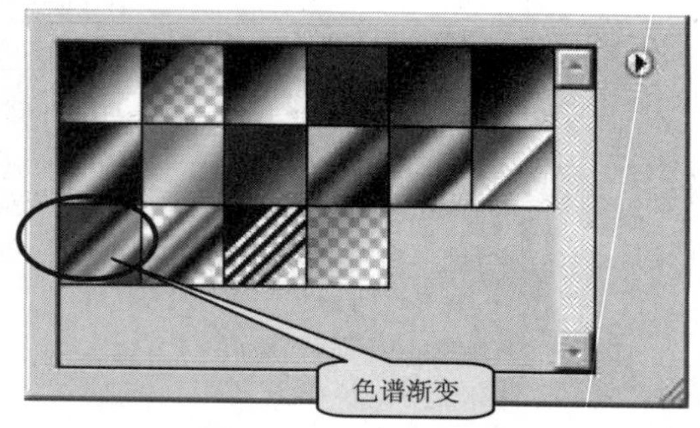

图 2.38 选择渐变颜色

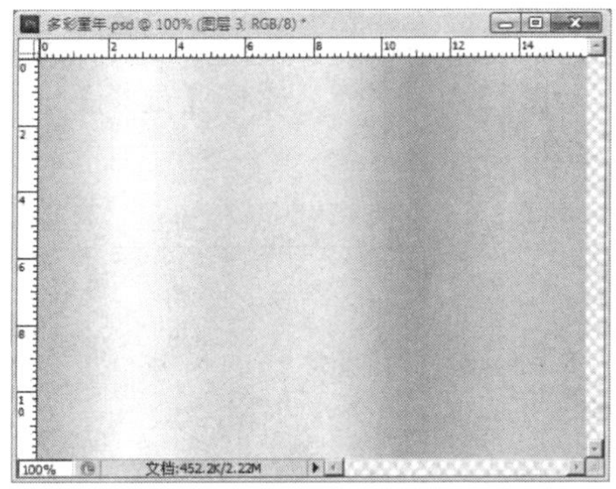

图 2.39　填充渐变后的效果

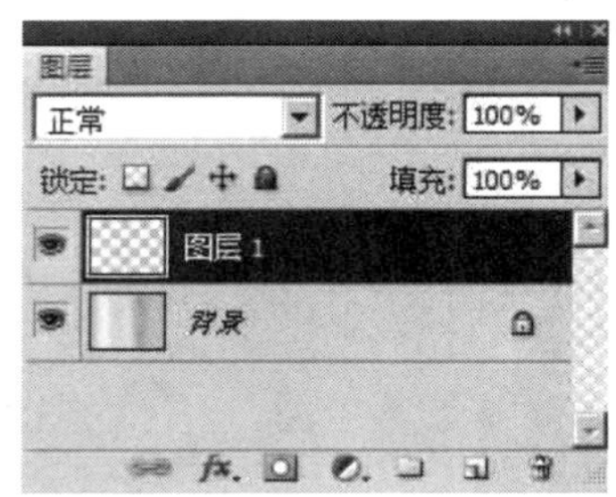

图 2.40　新建一个图层

STEP 2　选择工具箱中的椭圆选框工具，在图层 1 上绘制圆形选区，然后对其进行羽化，“羽化半径”为 2 像素，再填充红色，得到如图 2.41 所示的效果。移动选区到另一个位置再填充红色，重复这一过程，可在图层 1 中绘制多个红色的圆点，如图 2.42 所示。

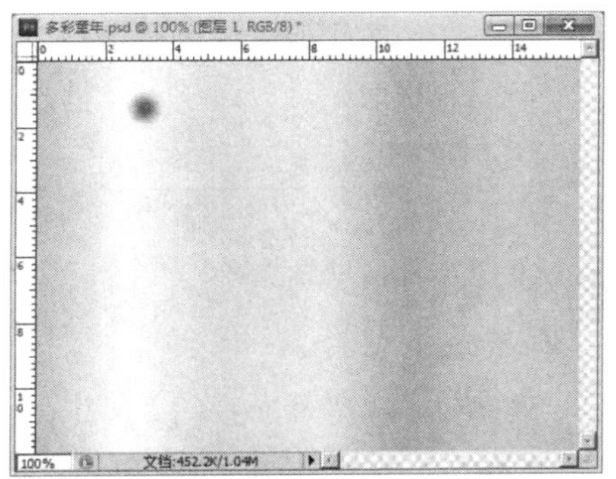

图 2.41　绘制的红色圆点

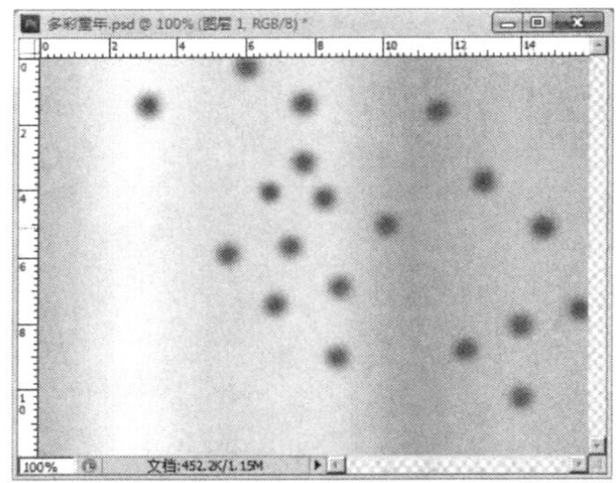

图 2.42　绘制多个红色圆点

STEP 3　打开素材图片“卡通人.jpg”，利用“套索”、“魔棒”等工具将人物选中，然后用移动工具，将其拖到“多彩童年”窗口中，选择【编辑】→【自由变换】命令，调整人物的大小和位置，如图 2.43 所示。再新建一个图层（图层 3），此时的【图层】面板如图 2.44 所示。

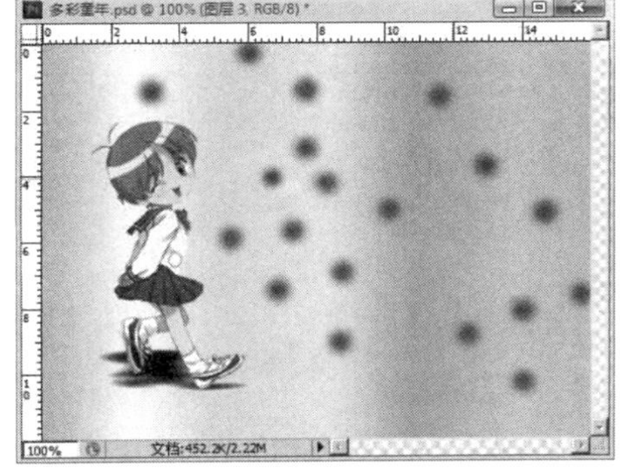

图 2.43　移入卡通人物

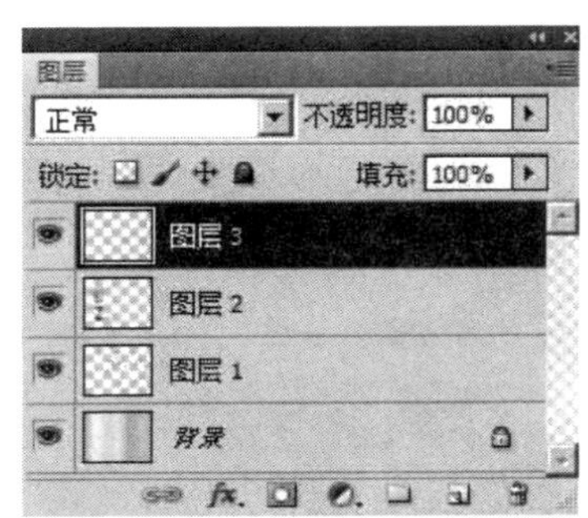

图 2.44　新建图层 3

STEP 4 打开素材“叶子.jpg”，使用魔棒工具将叶子选中，如图 2.45 所示，将鼠标指针放在选区内，拖动选区到“多彩童年”中，如图 2.46 所示。选择【选择】→【变换选区】命令，调整选区的大小和位置，得到如图 2.47 所示的效果。

图 2.45 选中叶子

图 2.46 将叶子选区移入

图 2.47 调整选区的大小和位置

STEP 5 设置前景色为“绿色”，选择渐变工具，设置渐变颜色为“前景到透明”，对选区进行渐变填充，得到如图 2.48 所示的填充效果。重复上述的操作方法，画出多片绿叶，如图 2.49 所示。

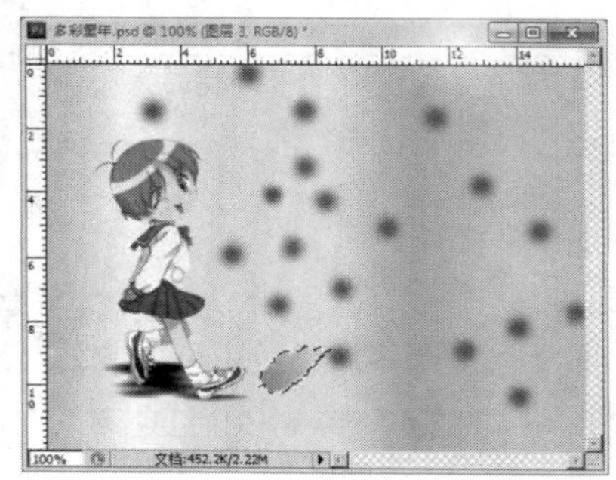
图 2.48 填充“前景色到透明”的渐变

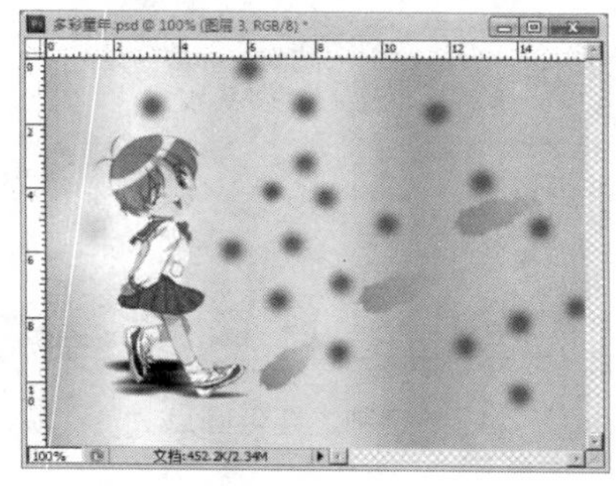
图 2.49 重复绘制多片绿叶

STEP 6 打开素材图片“五角星.jpg”，选中红角星，然后将鼠标指针放在选区内，将选区拖动到“多彩童年”中，如图 2.50 所示。选择【选择】→【变换选区】命令，调整五角星的大小和位置，设置羽化半径为 2 像素，得到如图 2.51 所示效果。

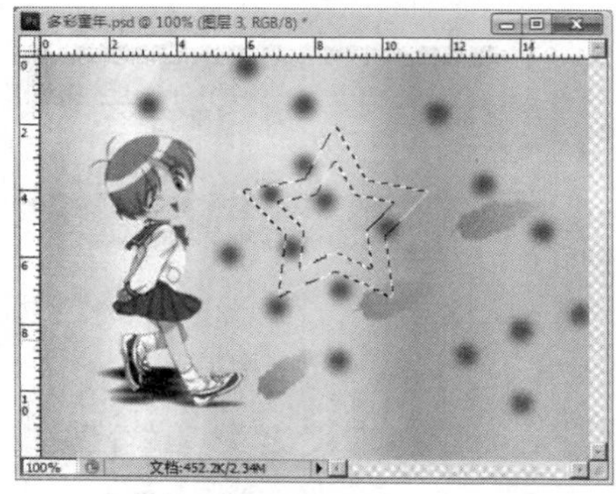
图 2.50 移入五角星

图 2.51 变换并羽化五角星

STEP 7 选择一个颜色进行填充，得到如图 2.52 所示的效果，使用同样的方法，可以绘制出多个颜色不同的五角星，最终效果如图 2.36 所示。

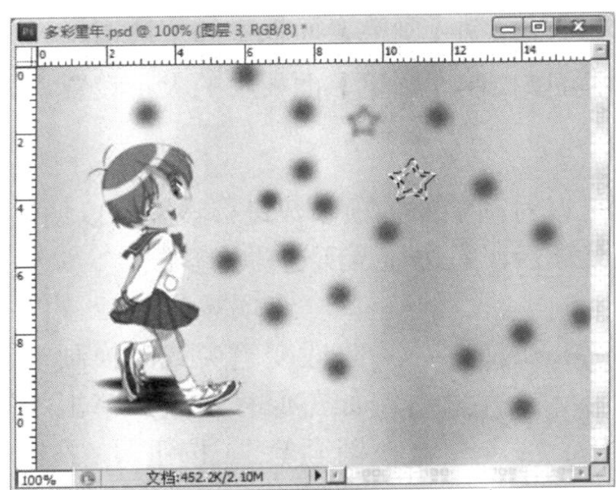

图 2.52 填充并移动五角星

2.2 图像绘制与修饰工具

图像的绘制和修饰工具是 Photoshop 中最基本的工具之一，利用这些工具可以创作出优秀的作品。其主要工具有画笔与铅笔工具、修复工具组、图章工具组、橡皮擦工具组、模糊、锐化、涂抹工具以及一组颜色调和工具。

2.2.1 设置画笔

1. 选取画笔

Photoshop 中的画笔有 4 种类型：硬笔刷、软笔刷、散笔刷和艺术笔刷。

画笔工具的属性栏如图 2.53 所示，各选项含义如下：

图 2.53 “画笔”工具属性栏

- 20：“画笔预设”选取器，可以设置画笔的种类、大小和硬度。
- ：单击该按钮，可打开如图 2.54 所示的【画笔】面板，对画笔进行其他设置。
- “模式”：设置画笔工具的混合颜色模式。
- “不透明度”：设置画笔颜色的透明程度。

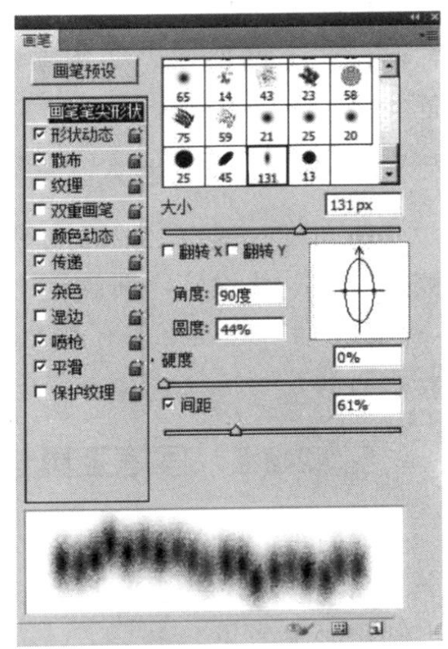

图 2.54 【画笔】面板

- “流量”：控制绘画时笔墨扩散的速度，流量越大，速度越快，颜色越浓。
- ：使用喷枪模拟绘画。
- ：使用光笔压力可以控制【画笔】面板中的不透明度。
- ：使用光笔压力可以控制【画笔】面板中的大小设置。

2. 更改画笔设置

在【画笔】面板中，可以对画笔的各项参数进行设置，以便绘出不同的艺术效果。面板左边是各个设置项，单击某项后，右边显示所选项的参数。

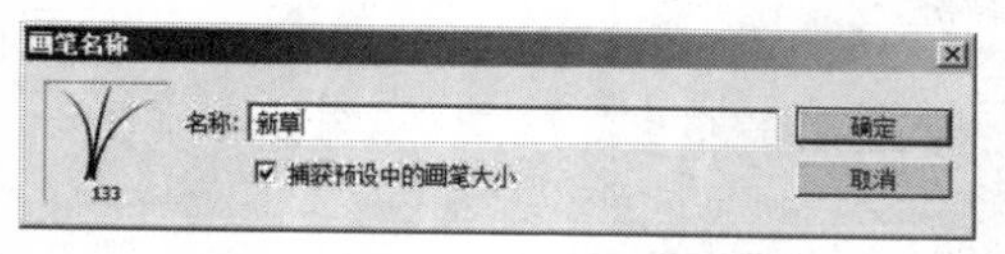

图 2.55 【画笔名称】对话框

选项被修改后，仅在该画笔激活期有效，一旦改变笔尖或改换画笔工具，将恢复默认设置。如需保存修改，单击【画笔】面板底部的“创建新画笔” 按钮，在随后打开的【画笔名称】对话框中命名修改过的画笔，如图 2.55 所示，单击【确定】按钮即可保存所修改的画笔。

3. 新建画笔

用户可以创建自定义的画笔，操作步骤如下：

STEP 1 使用任何选区工具，在图像中选择要用作自定义画笔的部分，如图 2.56 所示。如果是创建锐边的画笔，应先将“羽化”设置为 0 像素。画笔形状的大小最大可达 2500×2500 像素。

图 2.56 选择要定义为画笔的部分

STEP 2 选择【编辑】→【定义画笔预设】命令。在【画笔名称】对话框（见图 2.55）中为画笔命名并单击【确定】按钮，即可将选区内的图像定义为画笔并加入到当前画笔集中。

4. 存储画笔与载入画笔

前面修改或定义的新画笔，没有经过存储是不会永久保存的。如果含有新画笔的画笔集被恢复到默认设置，新画笔将会丢失。要想永久性地保存新画笔，需要通过画笔面板菜单的“存储画笔”选项来保存整个画笔集。保存过的画笔集可以通过【载入画笔】添加到当前列表的后面。

2.2.2 画笔工具与铅笔工具

设置好“画笔”工具后，在图像中拖动鼠标即可绘制所需图形。

“铅笔”工具与“画笔”工具基本相同，但没有软笔刷，所以没有喷枪选项，只能绘制出硬边画笔效果。单击工具箱中的铅笔工具，其工具属性栏如图 2.57 所示。

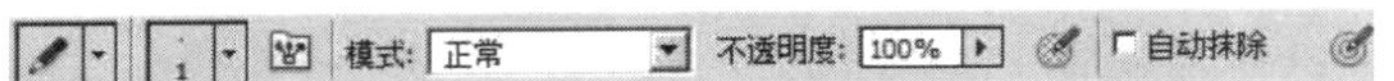

图 2.57 “铅笔”工具属性栏

该属性栏中多了一个“自动涂抹”选项，选中该复选框，所绘效果与鼠标起点像素的颜色有关。如果铅笔绘画的起点处是工具箱中的前景色，铅笔工具将和橡皮擦工具相似，会将前景色擦除到背景色；如果铅笔线条的起点处是工具箱中的背景色，“铅笔”工具会和绘图工具一样使用前景色绘图；铅笔线条起始点的颜色与前景色和背景色都不同时，“铅笔”工具也使用前景色绘图。利用这一特性，可以方便地制作一些效果图，如图 2.58 所示。

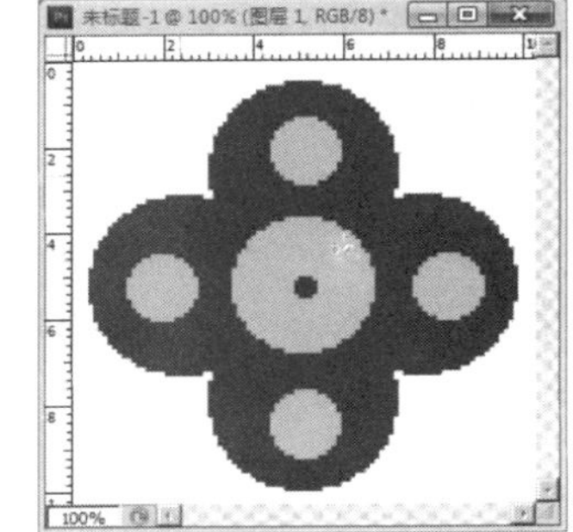

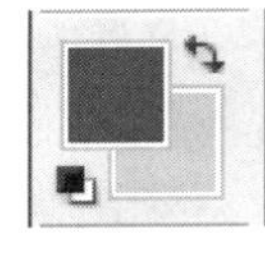

图 2.58 利用“自动涂抹”功能制作的效果图

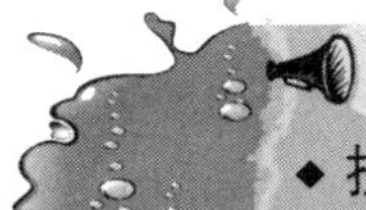

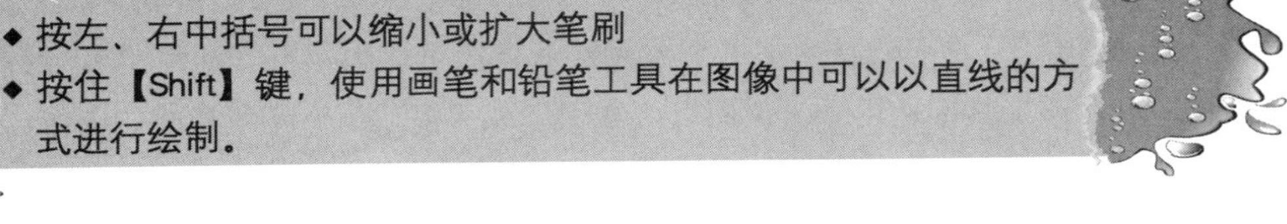

注意

- 按左、右中括号可以缩小或扩大笔刷
- 按住【Shift】键，使用画笔和铅笔工具在图像中可以以直线的方式进行绘制。

2.2.3 混合器画笔工具和颜色替换工具

“混合器画笔”可以将画笔颜色与画布上的颜色混合，通过组合颜色的画笔模拟真实情景进行绘画。其工具属性栏如图 2.59 所示。

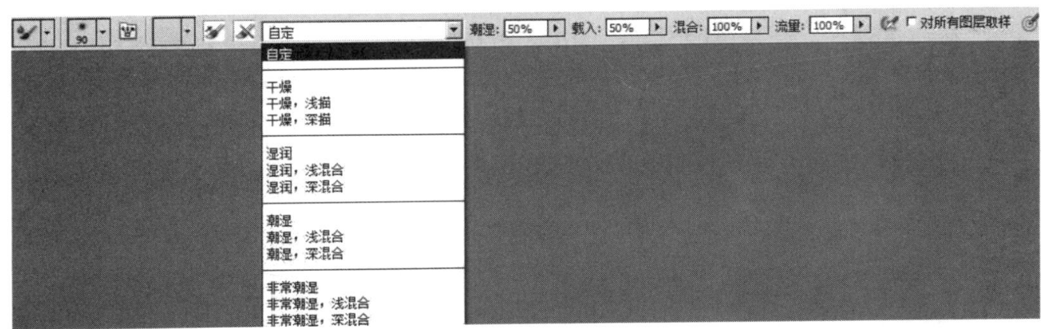

图 2.59 “混合器画笔”工具属性栏

- ：画笔预设与画笔面板，设置方法与画笔工具相同。
- ：设置画笔颜色，可以载入或清理画笔，按【Alt】键从画布取样。
- ：如果每次描边后要载入或清理画笔，选择或选项。
- “潮湿”：画笔从画布拾取的油彩量，数值大，混合越明显。
- “载入”：画笔自身油彩量。

- “混合”：设置颜色混合比例。
- “流量”：绘画时油彩的流动速度。

绘画时，通过设置潮湿、载入、混合等参数获得最终应用于画布的组合颜色，也可以选择图 2.59 下拉菜单中已有的“混合器画笔”工具组合。图 2.60 是用“混合器画笔”工具在背景上绘画的结果。

图 2.60　利用“混合器画笔”工具绘画效果与原图比较

“颜色替换”工具能够将图像中某个颜色替换成另外的颜色。使用所需颜色在目标颜色上绘画即可。该工具不适用于“位图”、“索引”或“多通道”颜色模式的图像。其工具属性栏如图 2.61 所示。

图 2.61　“颜色替换”工具属性栏

：鼠标拖移时对颜色连续取样并替换在容差范围内的颜色区域。

：取样单击鼠标时的颜色，替换容差范围内该类颜色。

：替换包含当前背景色的容差范围内的颜色区域。

“限制”：有 3 个选项：“不连续”、“连续”和“查找边缘。“不连续”可以替换鼠标经过的任何位置颜色，“连续”替换与鼠标所指位置颜色邻近的颜色，“查找边缘”替换包含样本颜色的相连区域，同时更好地保留形状边缘的锐化程度。如图 2.62 所示为使用绿色替换原草地颜色的绘画效果。

图 2.62　利用“颜色替换工具”绘画效果与原图比较

2.2.4 图像修复处理工具组

用于校正图像瑕疵和缺陷的图像修复处理工具有 4 个。

1. 污点修复画笔工具

使用“污点修复画笔”工具可以快速移去照片中的污点和其他不理想部分。它自动从所需修复区域的周围取样，使用所取的样本像素进行绘画，并将样本像素的纹理、光照、透明度和阴影与所修复的像素相匹配。具体操作方法是：使用该工具在污点上单击，或按下鼠标拖动，以消除不理想部分，其工具属性栏如图 2.63 所示。

图 2.63 “污点修复”工具属性栏

其中画笔大小应略大于要修复的区域，以便单击一次即可覆盖整个区域。

例如，使用工具在图 2.64 中“1”的位置单击，即可去除污点。

图 2.64 修复污点原图

2. 修复画笔工具

使用“修复画笔”工具可以消除图像中的划痕、污点及皱纹等，并且可将样本像素的纹理、光照、透明度和阴影与所修复的像素进行匹配，从而使修复后的像素不留痕迹地融入图像的其余部分。

其操作过程为：首先选择修复画笔工具，然后将鼠标移到需要复制的样本像素位置，按住【Alt】键单击，进行像素的取样，一次可以设置 5 个样本源，在中切换样本源。然后移动鼠标到需要修补的地方单击或拖动，即可用取样颜色替代需要修补的区域，其工具属性栏如图 2.65 所示。

图 2.65 “修复画笔”工具属性栏

例如，修复图 2.64 中标记为 2 的区域：选择修复画笔工具，设置好“画笔”的大小，将鼠标移至图像中，按住【Alt】键在拖鞋旁边单击鼠标取样，然后将鼠标移至拖鞋上单击，对图像进行修复，消去拖鞋，自动保留原图的色调并调整颜色，使图像得以自然处理，修复结果如图 2.66 所示。

使用“修复画笔”工具取样后，还可在原图像窗口或其他图像窗口中进行图像复制，例如在图 2.64 中标记“3”的位置按住【Alt】键单击鼠标取样，然后在旁边涂抹，可以得到如图 2.67 所示的效果。

若要从调节图层外所有可见图层中取样，选“所有图层”，再单击图标。

图 2.66 使用“修复画笔”工具修补图像

图 2.67 使用“修复画笔“工具复制图像

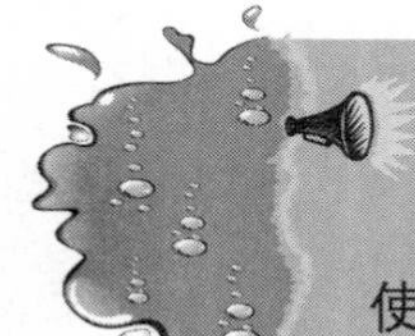

注意

如果需要修饰大片区域或需要更大程度地控制来源取样，需使用修复画笔而不是污点修复画笔。

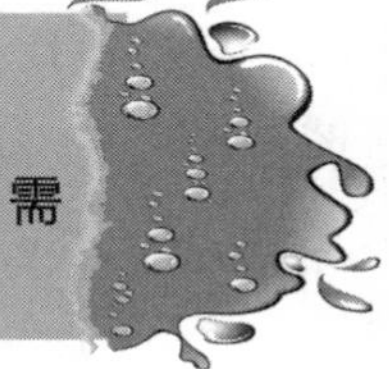

3. 修补工具

使用“修补”工具，可以用其他区域或图案中的像素来修复选中的区域。其效果与“修复画笔”工具相同。修复图像中的像素时，应选择较小区域以获得最佳效果。“修补”工具属性栏如图 2.68 所示。

图 2.68 “修补“工具属性栏

例如，修补图片“小女孩”手臂处的斑点，有以下两种方式：

（1）在工具箱中选择修补工具，光标移到图像中变为形状，在有瑕疵的位置绘出选择区，如图 2.69 所示，选择工具属性栏中的“源”选项，拖动选区到手臂光洁的区域，原来框选的区域即被修补，效果如图 2.70 所示。

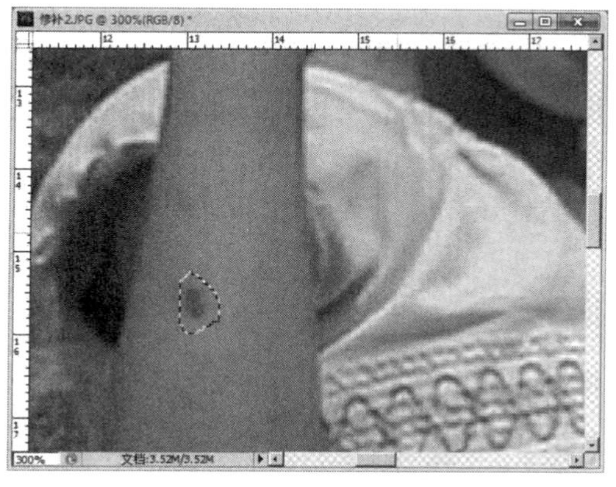

图 2.69　用“修补”工具框出需要修补的区域

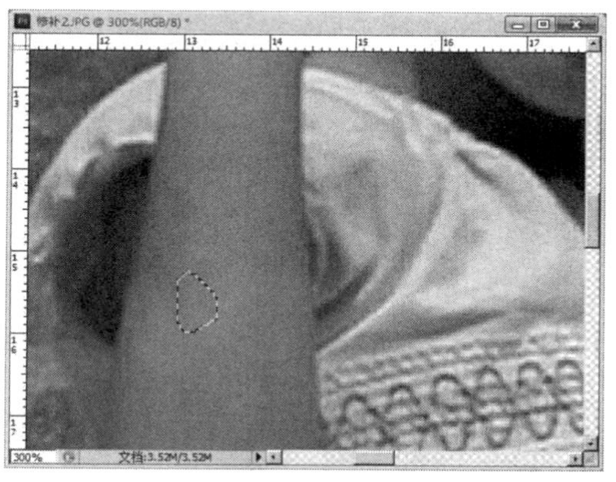

图 2.70　拖动选区到光洁的区域

（2）采用“目标”方式，使用修补工具选出一块光洁区域，选择工具属性栏中的“目标”选项，拖动选区到有瑕疵的位置，即可修补瑕疵。

4. 红眼工具

使用“红眼”工具可以方便地修补拍摄照片时产生的红眼，也可以移去用闪光灯拍摄的动物照片中的白色或绿色反光。使用方法是：用红眼工具在红眼中单击即可。如果对结果不满意，可以撤销修正，在工具属性栏中更改参数，然后再单击红眼。

例如图 2.71 中的红眼，选择在其上单击，即可得到满意的效果。

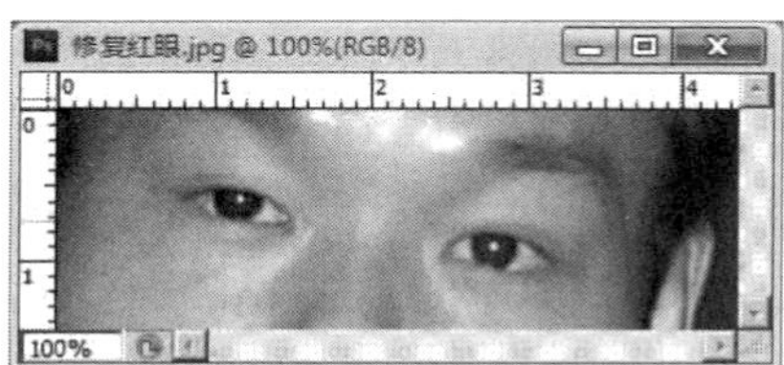

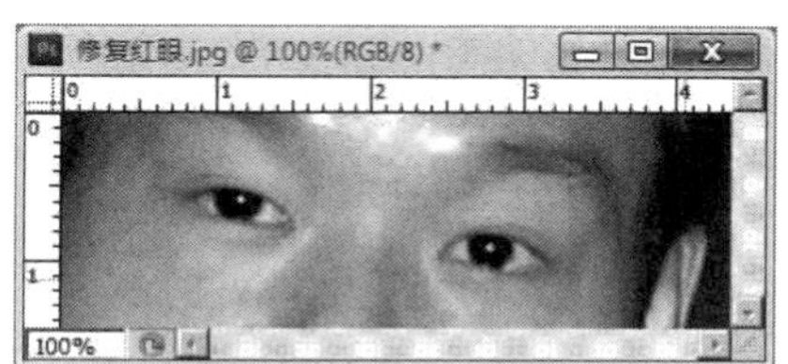

图 2.71　使用“红眼”工具前后效果对比

2.2.5　图章工具组

修图工具还包括“仿制图章”工具和“图案图章”工具。

1. 仿制图章工具

使用“仿制图章”工具可从已有的图像中取样，然后将取样点周围的图像复制到同一图像或另外的图像中，与“修复画笔”工具较为相似。选择工具箱中的仿制图章工具，其工具属性栏如图 2.72 所示。其中的参数与“修复画笔”的工具属性栏相同。

图 2.72　“仿制图章”工具属性栏

例如，打开图 2.73 所示的图像，选择工具箱中的仿制图章工具，将鼠标移至需要仿制的图像区域，如右上方的小花，按住【Alt】键单击鼠标，然后将鼠标移到图像中需要覆盖的区域来回拖动，如左上方，即可将仿制的图像区域复制到新的位置，如图 2.74 所示。

图 2.73 仿制图像原图

图 2.74 复制图像后的效果

2. 图案图章工具

“图案图章”工具的功能与“仿制图章”工具类似，但它不需要取样，而是直接用预先定义好的图案进行填充。其工具属性栏如图 2.75 所示。

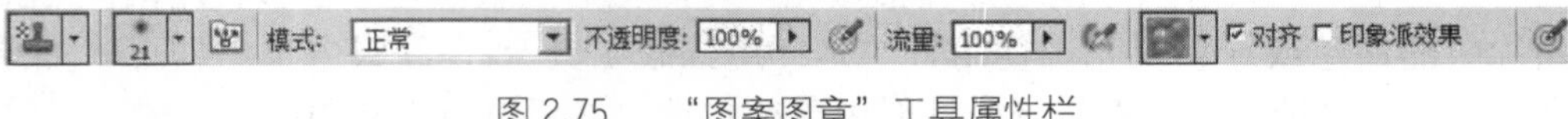

图 2.75 “图案图章”工具属性栏

单击下拉按钮，打开【预设的图案样式】面板，可以从中任意选择一种图案样式，然后在图像中拖动鼠标填充所选的图案，也可自定义图案对图像进行填充。自定义图案方法如下：

打开一幅图像并创建其选区，只能是矩形选区且“羽化”值为 0，如图 2.76 所示，选择菜单栏中的【编辑】→【定义图案】命令，打开如图 2.77 所示的【图案名称】对话框。

图 2.76 建立选区

图 2.77 【图案名称】对话框

输入“名称”内容，单击【确定】按钮，即可将定义的图案添加到属性栏中的“图案”样式中，如图 2.78 所示。再选择图案图章工具，从属性栏的图案列表中选择所定义的图案，新建一个图像窗口，在其中按住鼠标左键来回拖动，即可填充所定义的图案，效果如图 2.79 所示。

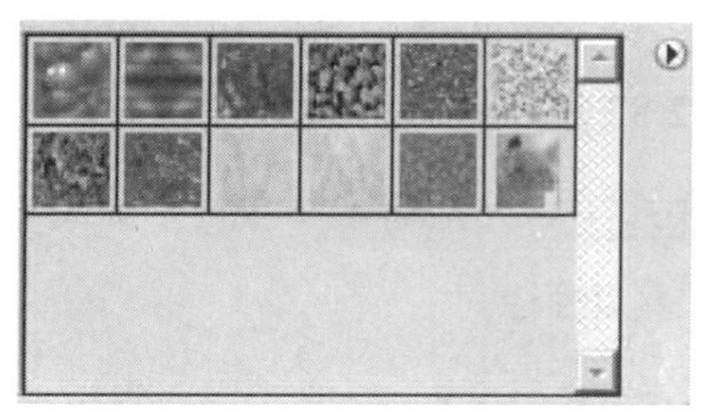
图 2.78　加入自定义图案

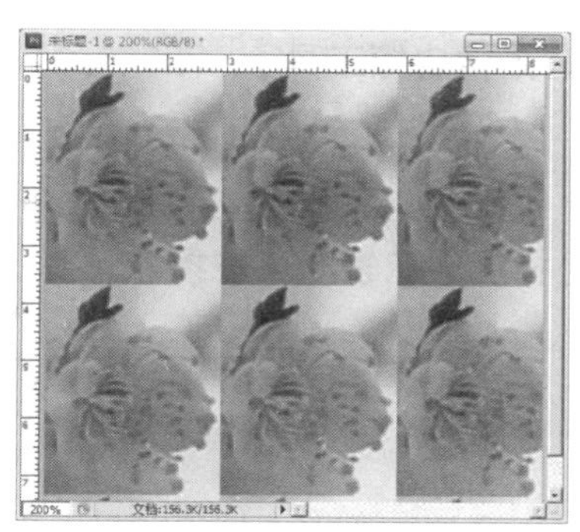
图 2.79　利用图案图像工具复制图像

2.2.6　图像擦除工具组

图像擦除工具组可以用来擦去图像中的颜色。

1. 橡皮擦工具

使用“橡皮擦”工具可以直接擦除图像内的颜色、图形和图像。其工具属性栏如图 2.80 所示。

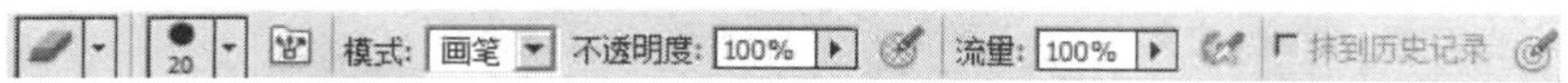

图 2.80　“橡皮擦”工具属性栏

其中“模式”提供三种工作模式：“画笔”、“铅笔”和“块”。使用“画笔”和“铅笔”模式的橡皮擦时，可以通过单击属性栏中的 和 按钮，选取和设置画笔或铅笔。

如果选中“抹到历史记录”复选框，在进行擦除时，可以将当前的图像区域恢复至【历史记录】面板中选定的或某一步骤下的状态。

使用“橡皮擦”工具时，只需选中该工具，设定好工具栏属性选项，将鼠标移至需要擦除的区域按住鼠标左键不放并拖动，即可擦除图像，在背景图层上擦除时，被擦除区域将露出工具箱中的背景色；在普通图层上擦除时，被擦除区域显示的是透明色。图 2.81 所示是背景色为白色时，在背景图层上使用“橡皮擦”工具的效果。

图 2.81　背景图层上使用“橡皮擦”工具后的效果

2. 背景橡皮擦工具

“背景橡皮擦”工具用于将图像中指定颜色的像素擦除为透明色，可以在背景图层和普通图层上进行擦除。操作方法：选择背景橡皮擦工具，在图像上按下鼠标左键拖动，与取样颜色相近的像素即可被擦除。其工具属性栏如图 2.82 所示。

图 2.82　“背景橡皮擦”工具属性栏

如图 2.83 所示图像为使用背景橡皮擦工具，一次取样，容差为 22%，擦除的结果。

图 2.83　“背景橡皮擦”工具的擦除效果

3. 魔术橡皮擦工具

“魔术橡皮擦”工具可以擦除颜色相近的区域，使用时在需要擦除的颜色上单击鼠标左键，即可删除图像中与该点颜色接近的其他像素，与“魔棒”工具的工作原理相似，其工具属性栏如图 2.84 所示。各选项的含义为：

图 2.84　“魔术橡皮擦”工具属性栏

“容差”：设置擦除图像时的颜色范围，该值越小，被擦除颜色与取样颜色越接近，擦除的范围越小；数值越大，擦除颜色的范围就越大。

“消除锯齿”：选中该项，可消除图像边缘的锯齿，使其显得平滑。

“连续”：选中该项，将会擦除与鼠标单击处颜色相近且相连的区域，如果不选中，则擦除图层中所有与鼠标单击处颜色相近的颜色，如图 2.85 所示。

“对所有图层取样”：选中该项，擦除操作将对所有可见图层有效。

“不透明度”：设置擦除的强度。擦除的强度与百分数成正比，设为 100% 将完全擦除像素，设为 0%将不能擦除任何像素。

图 2.85　未选中“连续”与选中“连续”的不同效果

2.2.7　历史记录画笔工具组

历史记录画笔工具组包括“历史记录画笔”工具和“历史记录艺术画笔”工具。

1. 历史记录画笔工具

“历史记录画笔”工具可以在某个历史状态下恢复图像，而且还可以结合属性栏中的笔刷形状、不透明度和色彩混合模式等选项制作出特殊的效果。使用该工具必须结合【历史记录】面板。其工具属性栏如图 2.86 所示，各选项含义与画笔相同。

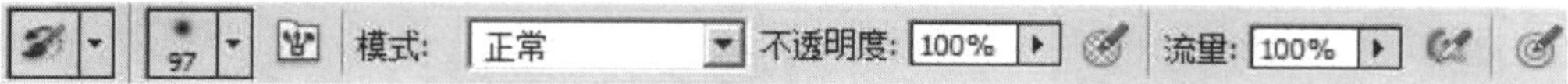

图 2.86　“历史记录画笔”工具属性栏

使用“历史记录画笔”工具时，设置好工具属性栏中的参数，在图像需要恢复的区域按住鼠标涂抹，即可恢复被擦除的部分，图像中未修改的区域不受影响。

如图 2.85 所示，利用历史记录画笔工具可以恢复被擦除的图像，效果如图 2.87 所示。

图 2.87　利用“历史记录画笔”工具恢复部分被擦除的区域

注意

使用该工具，在【历史记录】面板中必须设置历史记录画笔的源。

2. 历史记录艺术画笔

与“历史记录画笔”工具一样，“历史记录艺术画笔”工具也可以在某个历史状态下恢复图像，但是“历史记录艺术画笔”在恢复图像的同时，可以产生不同的艺术效果。该工具也需结合【历史记录】面板使用，其工具属性栏如图 2.88 所示。

图 2.88 “历史记录艺术画笔”工具属性栏

下面通过一个实例介绍“历史记录艺术画笔”工具，具体操作如下：

打开一幅图像，如图 2.89 所示。设置前景色为“白色”，按【Alt+Delete】组合键将整个图像填充为白色。使用历史记录艺术画笔工具，在属性栏中设置画笔为 5px。然后在填充后的白色图像中按住鼠标左键涂抹，得到的效果如图 2.90 所示。

图 2.89 佛像原图

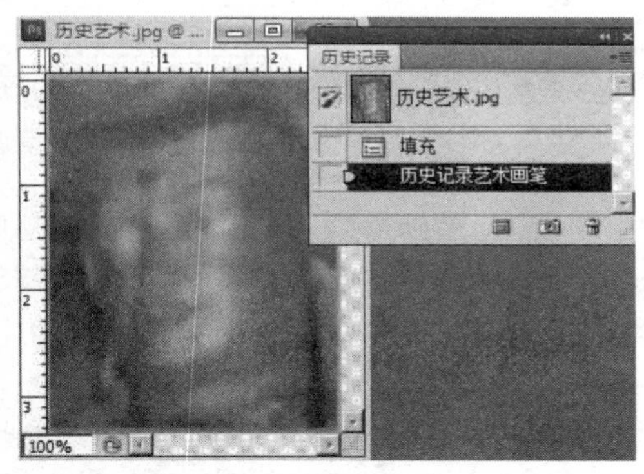

图 2.90 利用“历史记录艺术画笔”工具恢复效果

2.2.8 图像画面处理工具组

这组工具主要用于清晰或模糊图像，包括“模糊”工具、“锐化”工具和“涂抹”工具，这组工具不能在位图和索引模式下使用。

1. 模糊工具

“模糊”工具通过降低图像中像素之间的对比度，产生模糊的效果，柔化图像中僵硬的边缘或区域。其操作方法为：在工具属性栏中设置相应的参数，如画笔粗细、模式及模糊强度，在图像中按住鼠标并拖动，即可将图像进行模糊处理。

2. 锐化工具

“锐化”工具通过增加像素间的对比度来使图像更加清晰，此工具的使用方法与“模糊”工具一样。选择“锐化”工具后，在其工具属性栏中设置画笔的粗细、锐化模式及锐化强度后，在图像中按住鼠标并拖动，即可将图像进行处理。

3. 涂抹工具

使用“涂抹”工具可以模拟在未干的颜料上涂抹而产生的效果。其操作方法为：选择该工具后，确定涂抹的起始位置，然后按住鼠标拖动，起始位置的颜色即沿着拖动的方向进行扩张。其工具属性栏如图 2.91 所示。

图 2.91　“涂抹”工具属性栏

若选择其中的“手指绘画”选项，可以使前景色与图像中的颜色进行混合，否则使用的颜色将来自每一笔起点处的颜色。

例如，打开一幅图像，前景色设为“白色”，选择“涂抹”工具，在工具属性栏中选中“手指绘画”选框，并设置画笔直径为“150”像素，在图像中太阳的中心部位拖动鼠标进行涂抹，得到的效果如图 2.92 所示。

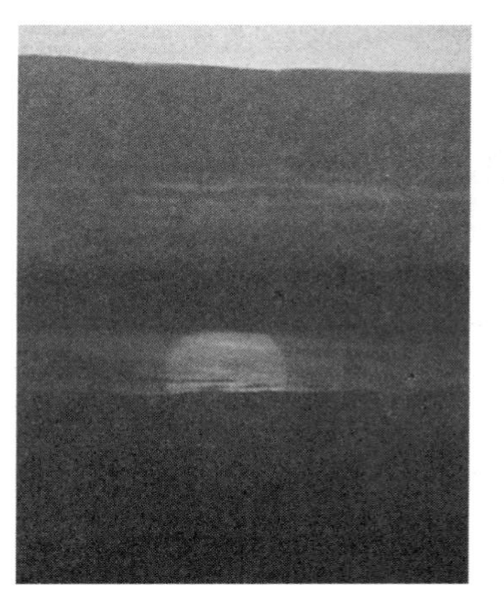
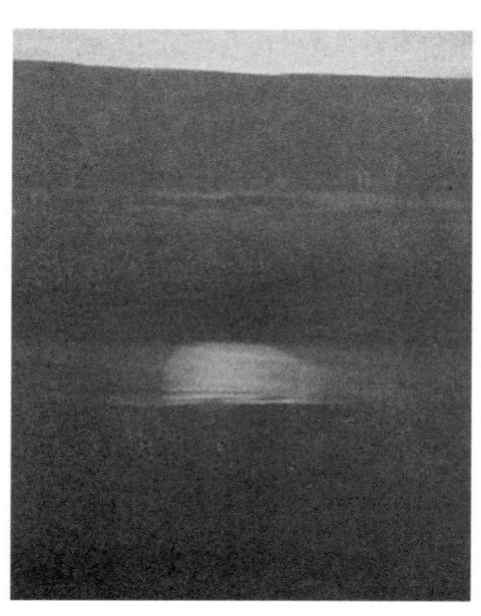

图 2.92　使用“涂抹”工具前后的效果对比

2.2.9　图像明暗度处理工具组

用于改变图像明暗度的工具有“减淡”、“加深”和“海绵”工具。

1. 减淡工具

“减淡”工具通过提高图像的曝光度来增加图像的亮度。其操作方法为：在需要加亮的区域按住鼠标左键并拖动鼠标。其工具属性栏如图 2.93 所示。

图 2.93　“减淡”工具属性栏

其中“范围”有“阴影”、“中间调”和“高光”三种选择，分别表示对暗色调区域、中间色调区域或亮色调区域进行处理。“曝光度”用于设定曝光的程度，数值越大，减淡的程度也就越大。

例如，用“减淡”工具加亮下图山顶周围的区域，首先设置“范围”和“曝光度”，在图像中按下鼠标并拖动，即可增加图像亮度，如图 2.94 所示。

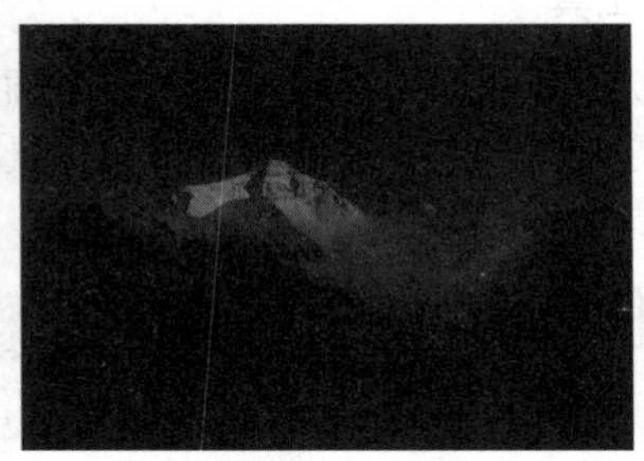

图 2.94　使用“减淡”工具前后效果的对比

2. 加深工具

“加深”工具与“减淡”工具的作用刚好相反，它用于降低图像的亮度，使图像的某些区域颜色变暗。“加深”工具的使用和参数设置方式也与“减淡”工具一样。图 2.95 为使用“加深”工具前后的效果对比。

图 2.95　使用“加深”工具前后的效果对比

3. 海绵工具

“海绵”工具用于增加或减少图像的色彩饱和度。在属性栏“模式”中可以选择“降低饱和度”和“饱和”两种模式。“饱和”用来增加图像色彩饱和度；“降低饱和度”则反之。选择“自然饱和度”，以最小化完全饱和色或不饱和色对图像进行修剪。其工具属性栏如图 2.96 所示。

图 2.96　“海绵”工具属性栏

例如，打开一幅图像，使用海绵工具按住鼠标在图像上涂抹，即可增加或减少图像

的饱和度。图 2.97 为使用“海绵”工具两种模式处理的效果。

图 2.97 “海绵”工具两种模式效果（中间为原图）

2.2.10 绘制形状图形工具

Photoshop CS5 中提供了创建各种标准形状的工具，包括“直线”、“圆角矩形”、“矩形”、“椭圆”、“多边形”以及“自定形状”工具等。

1. 绘制各种线条及箭头

“直线”工具可以绘制直线和箭头，其工具属性栏如图 2.98 所示。

图 2.98 “直线”工具属性栏

- ：绘制形状的三种模式，表示在单独的图层中创建形状；则在当前图层中绘制一个工作路径；模式下不创建矢量图形，而是直接在图层中绘制，与绘画工具的功能类似。
- “粗细”：设置直线的宽度，单位为像素。
- ：当前绘制的形状或路径与原有图形之间的关系。
- “样式”：设置图形的图层样式，可以确定设置是否对当前图层有效。
- “颜色”：设置绘制图形的颜色。
- 几何选项按钮：用于添加箭头并设置箭头形状，单击后将打开图 2.99 所示的对话框，其中“起点”、“终点”设置箭头的位置，可以在直线的起始端，也可以在终点端；“宽度”和“长度”控制箭头的大小，其值分别是箭头的宽度、长度与直线宽度的百分比；“凹度”设置箭头最宽处（箭头和直线在此相接）的曲率，正值为凹，负值为凸。

图 2.99 【几何选项】对话框

2. 绘制各种形状图形

（1）“矩形”工具：用于绘制普通直角矩形，其工具属性栏与“矩形选项”下拉菜单如

图 2.100 所示。矩形选项的含义为：

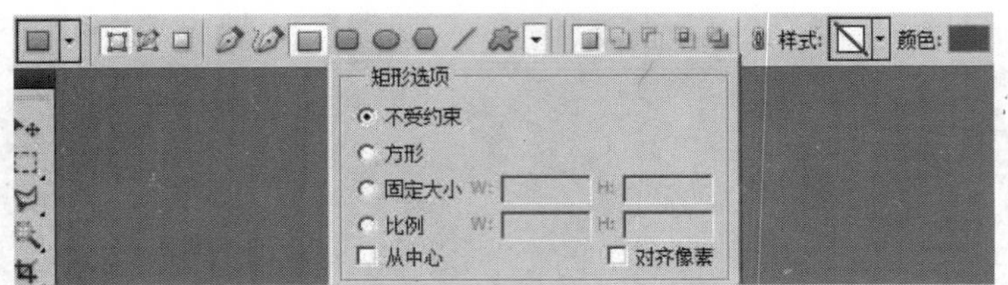

图 2.100 “矩形”工具属性栏与【矩形选项】下拉菜单

- “不受约束”：通过拖移绘制矩形，矩形尺寸不受限制。
- “方形”：绘制正方形。
- “固定大小”：根据 W(宽度)和 H(高度)文本框中输入的值，绘制固定尺寸的矩形。
- “比例”：根据 W(宽度)和 H(高度)文本框中输入的值，绘制固定宽、高比的矩形。
- “从中心”：从矩形的中心开始绘制。
- “对齐像素”：将矩形的边框对齐像素边界。

（2）“圆角矩形”工具：该工具属性栏中提供了一个“半径”选项，可以设置矩形 4 个圆角的半径，如图 2.101 所示。

图 2.101 “圆角矩形”工具属性栏

（3）“椭圆”工具：其工具属性栏与矩形一样，其中“圆（绘制直径或半径）”用于绘制正圆，如图 2.102 所示。

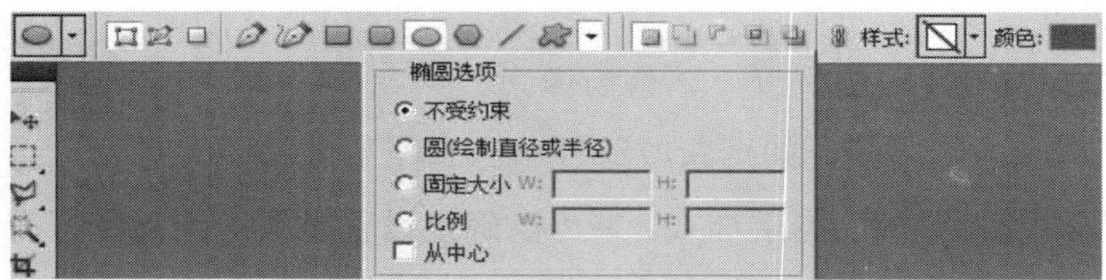

图 2.102 “椭圆”工具属性栏

（4）“多边形”工具：用于绘制多边形和星形。其工具属性栏提供了选项“边”，可以设置多边形的边数，如图 2.103 所示。“多边形”选项含义如下：

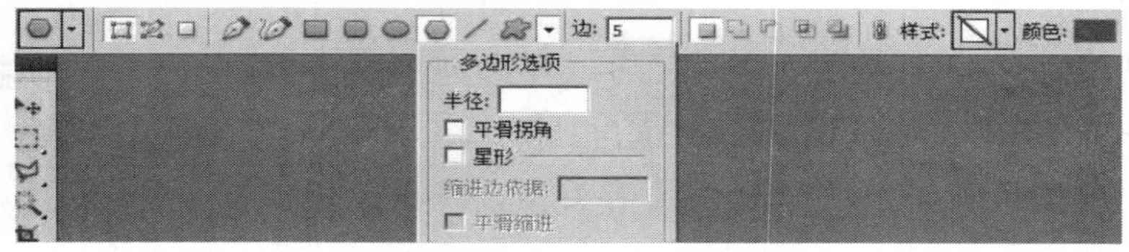

图 2.103 “多边形”工具属性栏

“半径”：指定多边形中心与外部点之间的距离，即确定多边形的大小。

“平滑拐角”：选中该项，多边形各边之间平滑过渡。

“星形”：用于绘制星形，选中该项将激活其后的两个选项，其中“缩进边依据”用于设置各边收缩的程度，百分比越大，收缩越明显；选中“平滑缩进”，星形的凹陷则成为圆形凹陷。

3. 绘制自定义形状图形

“自定形状”工具用于绘制特殊形状。其工具属性栏与【自定形状选项】菜单如图 2.104 所示，【形状】下拉列表框如图 2.105 所示，其中提供了多种特殊的形状。

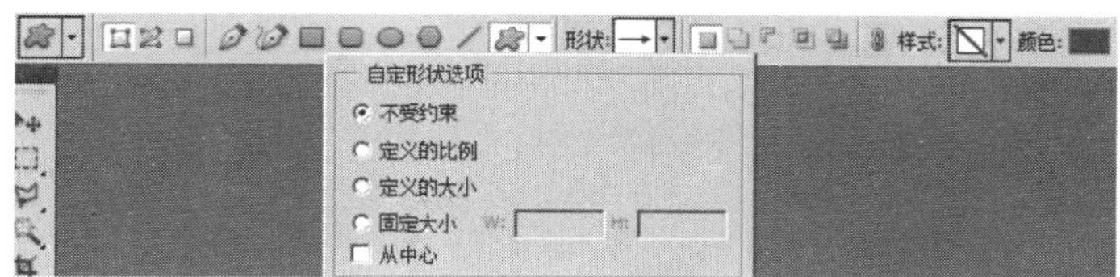

图 2.104 “自定形状”工具属性栏

图 2.105 【形状】下拉列表框

△ 应用举例——绘制贺卡

本实例主要利用“形状”工具和“画笔”工具绘制如图 2.106 所示的贺卡，使读者掌握这些绘图工具的使用。

图 2.106 贺卡效果图

操作步骤

STEP 1 新建一个图像文件，文件名及图像大小如图 2.107 所示。将图像填充成粉红色，如图 2.108 所示。

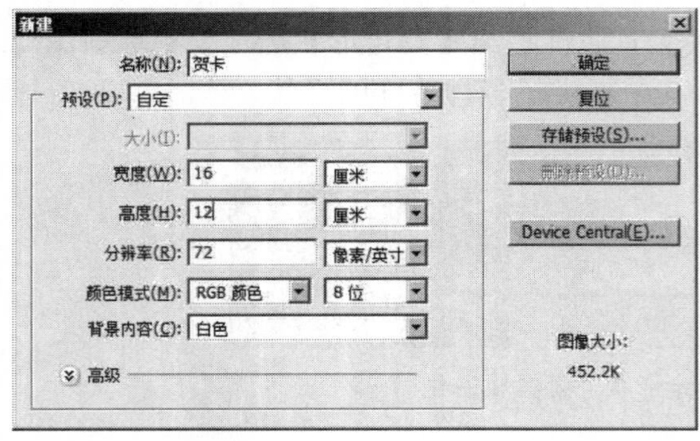

图 2.107 【新建】对话框

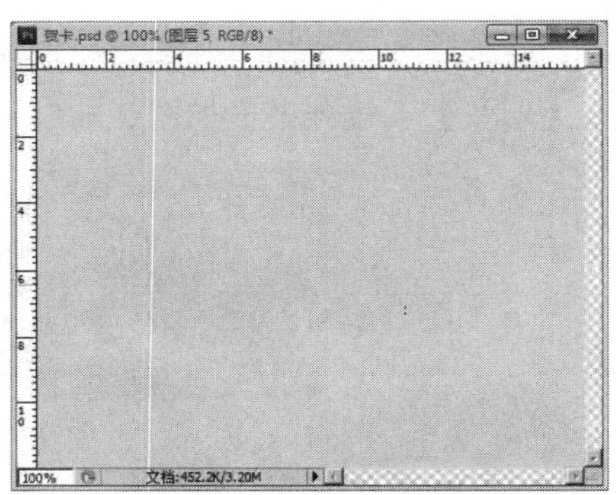

图 2.108 填充成粉红色

STEP 2 新建一个图层（图层 1），前景色设为“白色”，选择自定形状工具，在属性栏中单击中的按钮，再单击形状:，并追加音乐形状，如图 2.109 所示。选择其中的“高音谱号”，绘制如图 2.110 所示的白色形状。

按住【Ctrl】键单击“图层 1”，载入白色选区，将当前工具切换到选区创建工具，鼠标指针放在选区中，用键盘的箭头键向右下角轻移选区，然后填充褐色，如图 2.111 所示。

图 2.109 自定义形状列表

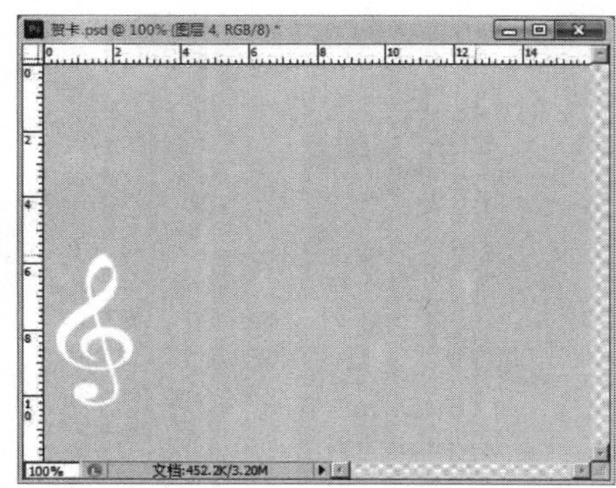

图 2.110 绘制白色高音谱号

图 2.111 轻移选区并填充选区为褐色

STEP 3 再新建一个图层（图层 2），选择画笔工具，设置大小为“尖角 2 像素”，绘制如图 2.112 所示的直线。然后选择【编辑】→【变换】→【变形】命令，在属性栏中选择变形: 旗帜模式，对 5 条直线进行变形，变形过程中还可以进行自由变换，以调整方向、角度长短等，单击属性栏右边的按钮可以在变形与自由变换间切换，得到图 2.113 所示效果。

图 2.112　绘制 5 条直线

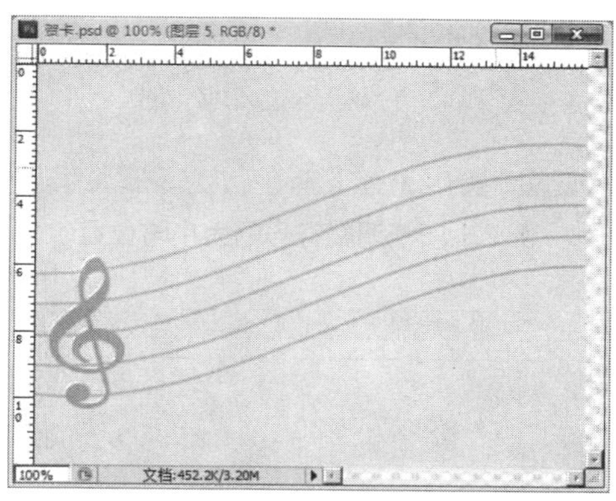

图 2.113　直线变形及变换后的效果

STEP 4 再新建图层（图层 3），绘制如图 2.114 所示的符号。按住【Ctrl】键单击“图层 3”，载入该符号选区，然后选择【编辑】→【变换】→【垂直翻转】命令，再将其填充为“白色”，将鼠标指针放在选区内，用键盘的箭头键向左下角轻移选区并填充褐色，如图 2.115 所示。

图 2.114　再绘制一个音乐符号

图 2.115　轻移选区并填充褐色

STEP 5 再次载入第 2 个音乐符号的选区，选择【编辑】→【变换】命令，调整符号的大小，调整好后按工具属性栏上的按钮，得到如图 2.116 所示的效果。选择椭圆选框工具绘制一个圆，填充褐色，大小位置如图 2.117 所示。再选择【选择】→【变换选区】命令，将上面的圆形选区缩小，然后羽化“2 像素”，再填充“白色”，如图 2.118 所示。选择画笔工具，画笔大小为“尖角 2 像素”，在白色区域内画 3 笔，绘制如图 2.119 所示的笑脸效果。

图 2.116 调整符号的大小与位置

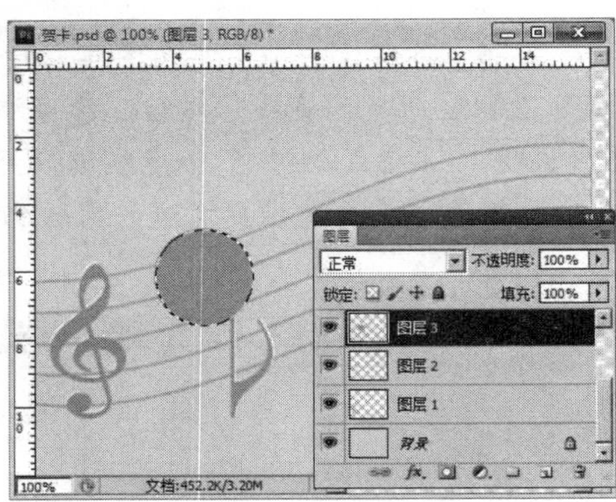

图 2.117 绘制圆形区域并填充为褐色

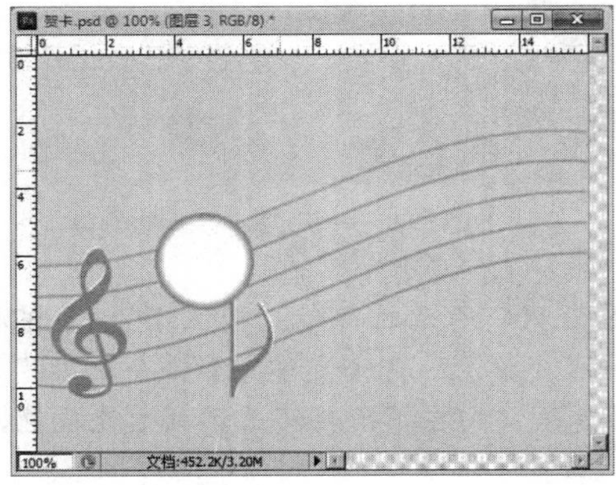

图 2.118 填充白色后的效果

图 2.119 笑脸效果

STEP 6 在【图层】面板上，将“图层 3”拖至面板下面的按钮上复制一个图层，然后用移动工具移动笑脸的位置，得到如图 2.120 所示的效果。再新建图层（图层 4），将前景色设置为与背景色同色系的“红色”，利用“自定形状”工具，画上其他的音乐符号，如图 2.121 所示。

图 2.120 复制一个笑脸并移动

图 2.121 绘制其他音乐符号

STEP 7 调整【图层】面板上的不透明度，得到图 2.122 所示的效果。最后再用画笔

工具，画笔大小约为“4 像素”，书写手写体文字“开心每一天”，得到的最终效果如图 2.106 所示。

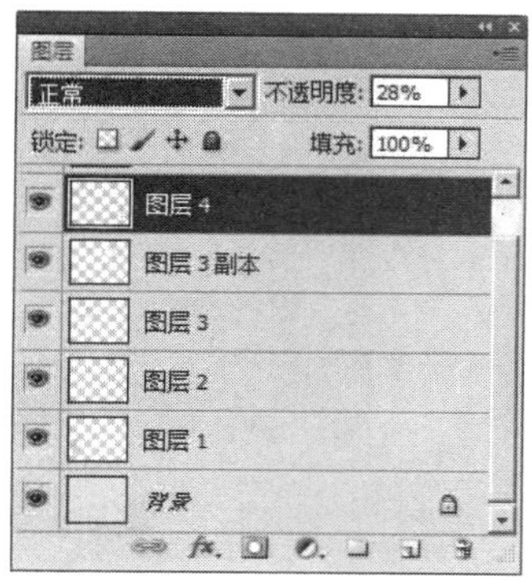

图 2.122 调整图层不透明度及其效果

☆ 课堂练习——绘制简单广告（平面）

本次练习的广告效果如图 2.123 所示，使用了“形状”工具、“画笔”工具、【变换】命令及“涂抹”、“模糊”等修图工具。

图 2.123 奶茶广告

STEP 1 新建一个图像文件，文件名及图像大小如图 2.124 所示，并填充深绿色，如图 2.125 所示。

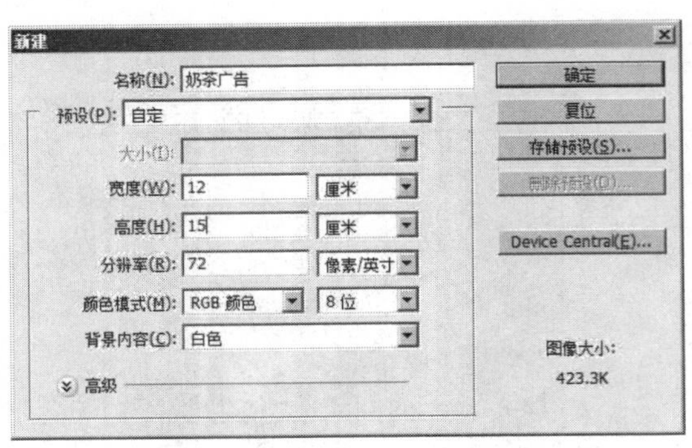

图 2.124 【新建】对话框

图 2.125 填充深绿色

STEP 2 打开图片“奶茶素材.jpg”，并利用“魔棒”、“磁性套索”等工具选中奶茶杯子轮廓，然后用移动工具移至“奶茶广告”窗口，并利用【自由变换】命令调整大小及位置，如图 2.126 所示。

图 2.126 选中素材图片中的奶茶并移入广告窗口

STEP 3 选择形状工具中的直线工具，前景色设为“淡黄色”，在工具属性栏中设置“粗细”为“6 像素”，绘制如图 2.127 所示的吸管。

新建一个图层（图层 2），选择自定形状工具，绘制如图 2.128 所示图案，制作“热气”形状。选择【编辑】→【变换】菜单下的【垂直翻转】、【扭曲】等命令调整“热气”的形状，如图 2.129 所示。

STEP 4 选择涂抹工具涂抹图案的转角处，再用模糊工具使图案变柔和，如图 2.130 所示。调整【图层】面板中“图层 2”的不透明度为 40%，效果如图 2.131 所示。

STEP 5 再新建图层（图层 3），选择自定义形状的“星形放射”，前景色设为“淡蓝色”，绘制如图 2.132 所示的图案。

STEP 6 按住【Ctrl】键单击“图层 3”，载入图案选区，选择【选择】→【变换选区】命令，缩小选区，然后填充深绿色，如图 2.133 所示。再复制“图层 3”，并用移动工具调整复制图案的位置，如图 2.134 所示。再新建一个图层（图层 4），在恰当的位置用画笔工具书写图 2.123 所示的文字，最后再选择“自定形状”工具中的“花 2”，前景色设为“金黄色”，绘制如图 2.123 所示的花朵，完成奶茶广告的制作。

图 2.127 绘制吸管

图 2.128 绘制“热气”形状

图 2.129 变换“热气”形状

图 2.130 使用涂抹和模糊工具

图 2.131 调整图层不透明度

图 2.132 绘制放射状图案

图 2.133 缩小选区并填充深绿色

图 2.134 复制图层并移动

2.3 编辑图像

2.3.1 基本编辑操作

编辑图像最基本的操作是图像的移动、复制和删除，这些操作必须掌握。

1. 移动图像

移动图像的操作非常简单，选择工具箱中的移动工具，按下鼠标并拖动，或者按方向键就可以方便地移动图像或选区。

例如，打开一幅图，利用选框工具选择一个图像区域，再使用“移动”工具拖动该区域，便可移动所选的图像，如图 2.135 所示。在同一个图像窗口中移动时，原位置的图像将被删除，如图 2.136 所示。

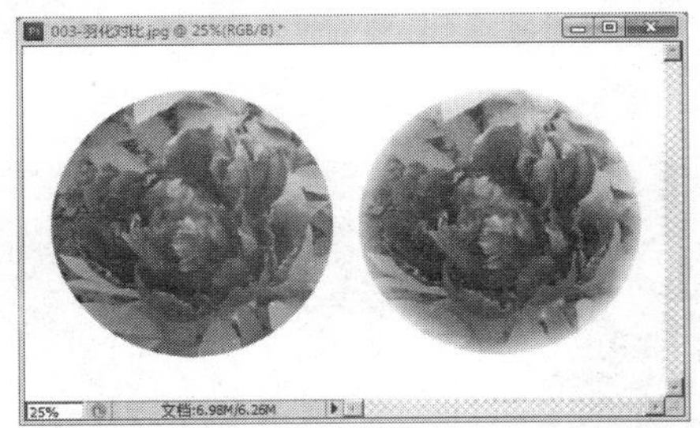

图 2.135 打开一幅图

图 2.136 移动所选区域

2. 复制与删除图像

移动图像时如果按住【Alt】键不放可以复制图像，另外有以下几种复制方式。

（1）创建选区后，选择【编辑】→【拷贝】命令或按【Ctrl+C】组合键，再选择【编辑】→【粘贴】命令或按【Ctrl+V】组合键，即可将图像复制到新的图层中。

（2）复制选区内所有图层的图像，在粘贴时合并图层。如图 2.137 所示，在绿叶图层中创建椭圆选区，然后选择【编辑】→【合并拷贝】命令；再新建一个图像文件，选择【编辑】→【粘贴】命令或按【Ctrl+V】组合键，得到如图 2.138 所示的效果。

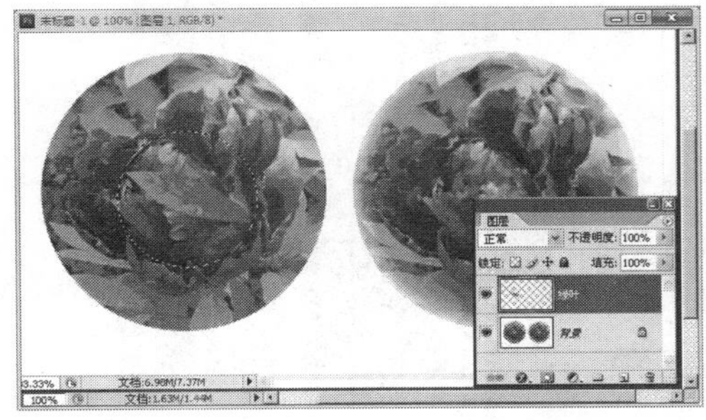

图 2.137 在“绿叶”图层创建椭圆选区

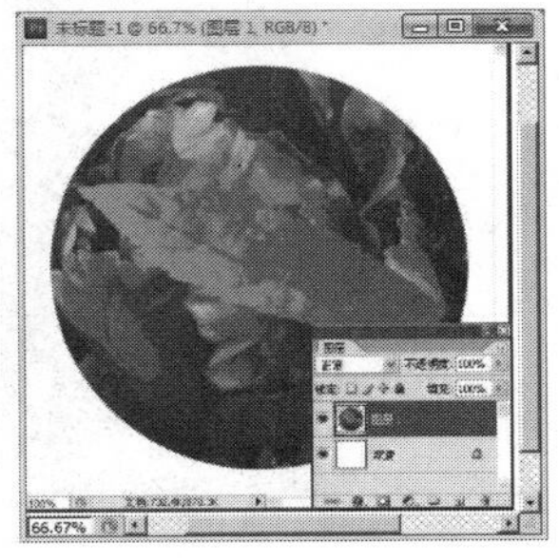

图 2.138 “合并拷贝”再“粘贴”的效果

（3）利用【编辑】→【选择性粘贴】→【贴入】命令将图像复制到一个选区中，图像在选区以内的部分被显示，而选区以外的部分将被隐藏（参看第 6 章图层蒙版部分）。

例如：打开图片“球.jpg”，选择魔棒工具，容差设为“1”，选择白色背景，然后反选，即可选中 3 个球，如图 2.139 所示，再选择【编辑】→【拷贝】命令；然后打开图片“手机显示.jpg”，并在屏幕位置创建矩形选区，如图 2.140 所示。

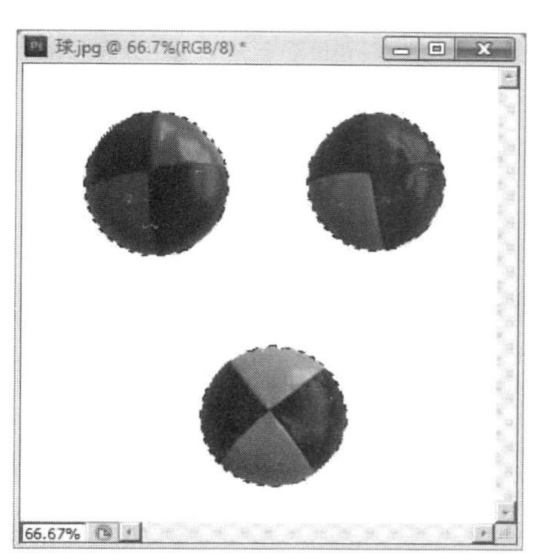

图 2.139　选中 3 个球

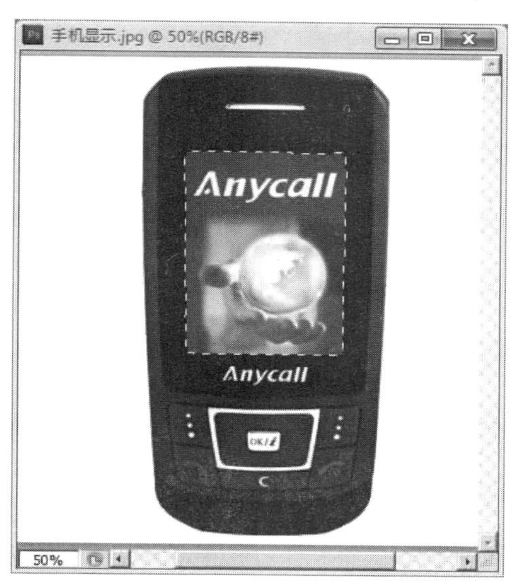

图 2.140　打开图像文件并创建选区

选择【编辑】→【选择性粘贴】→【贴入】命令将这 3 个球复制到选区，选区内将显示被贴入的图像，最后再利用移动工具移动贴入的图像，以调整被显示部分的位置，如图 2.141 所示，贴入后用移动工具移动复制过来的图像，可以将不同的球显示出来。

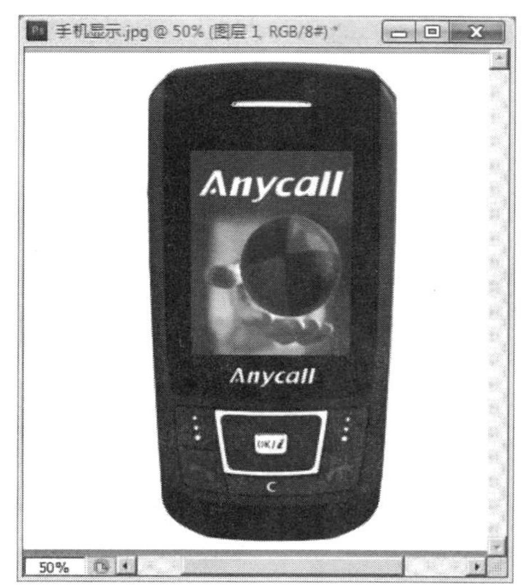

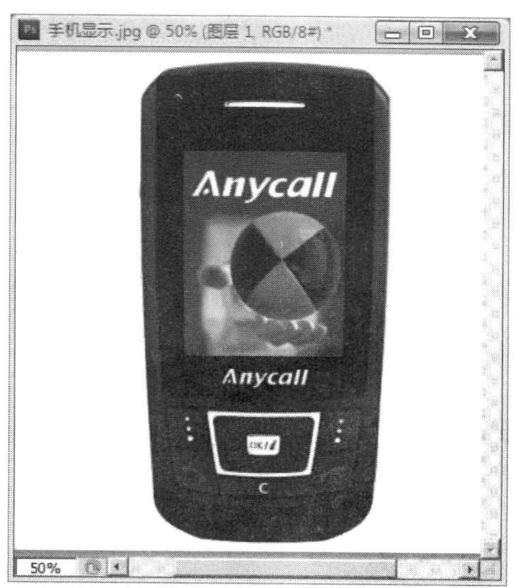

图 2.141　贴入后移动图像，可以显示不同的部分

（4）利用【图像】→【复制】命令可以将整个图像，包括所有图层、图层蒙版和通道，

复制到一个新的图像窗口。

删除选区内的图像只要选择【编辑】→【清除】即可，也可以按【Delete】键。

3. 使用【历史记录】面板

【历史记录】面板用于各种“撤销动作”，面板上列出了对当前图像所做的各种编辑动作，总步数受限于暂存盘的可用空间大小及在【编辑】→【首选项】中设置的“最大历史记录状态数”。要想转到以前的一个阶段，只需单击【历史记录】面板中的这一步即可。在重要的图像编辑阶段，可以单击“创建新快照”按钮，如图 2.142 中的标记“1”，为图像拍下快照，以后便可通过单击面板中的快照快速返回，如图 2.142 中标记“2”所示。

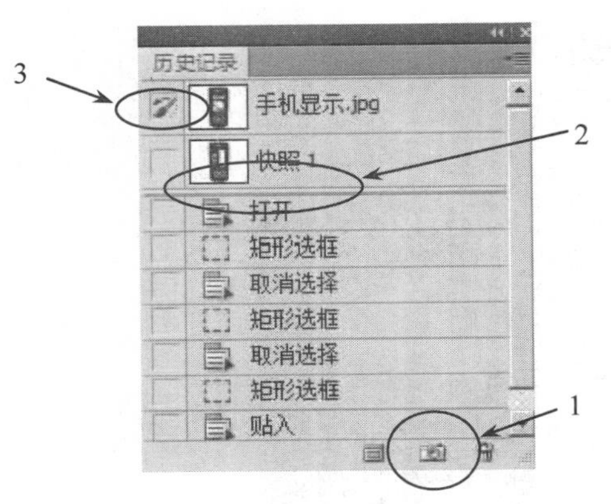

图 2.142 【历史记录】面板

如果设定了“历史记录画笔的源”，如图中标记“3”所示，便可以使用历史记录画笔工具绘制各种不同的效果。

2.3.2 裁切与修整图像

在处理图像时，如果需要裁切其中的一部分作为新的图像，可以使用“裁剪”工具和【裁切】命令。

1. 裁剪图像

使用裁剪工具可以保留图像中需要的区域，将其余部分裁剪掉。使用该工具时，先在图像中拖动鼠标划出需要的区域，如图 2.143 所示（该区域可以移动、缩放和旋转），然后双击鼠标即可裁剪到此区域；或者用裁剪工具划出需要的区域后，在工具箱中再单击该工具，弹出【确认裁切】对话框，单击【裁剪】按钮，便可完成裁剪，效果如图 2.144 所示。

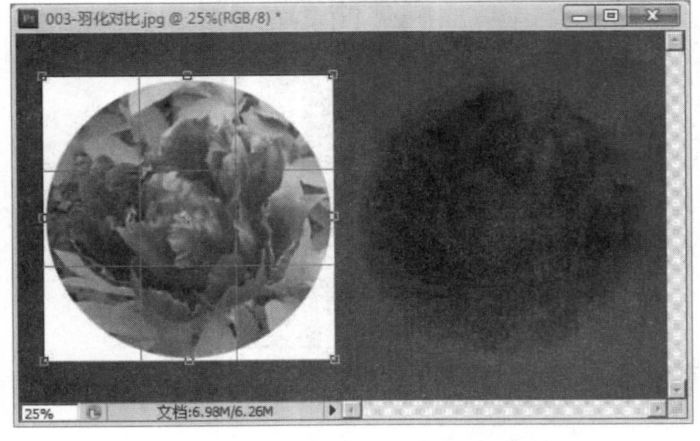

图 2.143 划出需要的区域

图 2.144 裁剪后的效果

2. 清除图像空白边缘

选择【图像】→【裁切】命令，可以去除图像周围的空白区域，【裁切】对话框如图 2.145 所示。

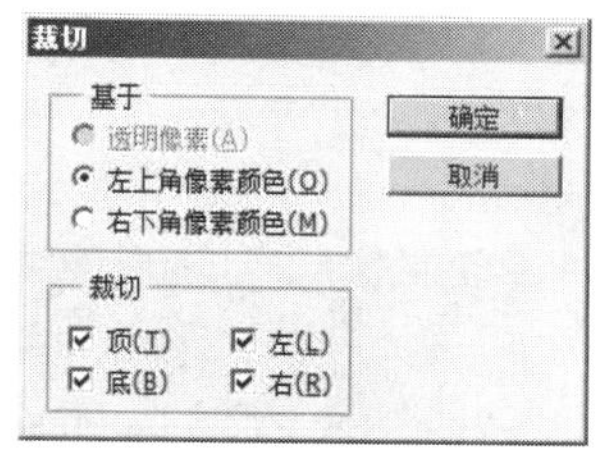

图 2.145 【裁切】对话框

2.3.3 变换图像

变换图像是指对图像进行缩放、旋转、斜切、扭曲、透视、变形以及翻转等操作。选择【编辑】→【自由变换】或【变换】命令，即可执行这些变换。变换操作后，在选区内双击鼠标或按回车键，即可应用该变换。

△ 应用举例——制作产品包装盒

本例将利用图像的变换制作包装盒的立体效果。

STEP 1 新建文件：600(宽) × 400(高)，RGB 模式，白色背景。打开“茶叶正面.jpg”，并用移动工具将图像移至新建文件窗口，调整到适当位置，如图 2.146 所示。再打开“茶叶侧面.jpg”，同样用移动工具移至新建文件窗口，并调整到适当的大小，放到窗口右边合适的位置，如图 2.147 所示。

图 2.146 新建文件并移入正面图像

图 2.147 移入侧面图像并调整大小与位置

STEP 2 按下【Ctrl】键，用移动工具拖动右边框中心控制点，进行斜切变换，得到的效果如图 2.148 所示。打开“茶叶盖.jpg”，用移动工具移至新建文件窗口，并调整到适当的大小，放到窗口上面合适的位置，如图 2.149 所示。

STEP 3 按下【Ctrl】键，用移动工具拖动上边框中心控制点，进行斜切变换，得到效果的如图 2.150 所示。适当调整侧面与上盖图层的“不透明度”，加强包装盒的立体感。最终得到如图 2.151 所示的茶叶包装盒效果图。

图 2.148 “斜切变换”后的效果

图 2.149 移入上面图像并调整大小与位置

图 2.150 斜切变换上盖

图 2.151 调整侧面和上盖的不透明度

2.3.4 常用的辅助工具组

1. 标尺工具

“标尺”工具用于测量图像中点与点之间的距离或物体的角度。其工具属性栏如图 2.152 所示。其中 X、Y 表示测量起点的坐标值；W、H 表示测量的两个端点之间的水平距离和垂直距离；A、L1 表示线段与水平方向之间的夹角和线段的长度；使用量角器时移动的两个长度为 L1 和 L2。

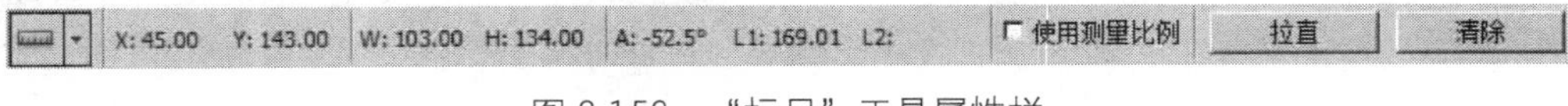

图 2.152 “标尺”工具属性栏

测量两点的距离，使用该工具从起点拖移到终点；测量角度，按住【Alt】键分别沿一个角度两边拖动。

“拉直”：可以旋转并裁剪图像，方法是沿着应为水平或垂直的图像部分拖出一条测量线，单击“拉直”即可。如图 2.153 所示，沿前面照片的左侧边拖出测量线，单击“拉直”，得到旋转裁剪后的图片。

单击属性栏中的“清除”可以移去测量线。

图 2.153　使用“拉直”前后的效果

2. 注释工具

使用该工具可将文字附加在图像画布的任何位置作为注释。

在工具箱中选择注释工具，其工具属性栏如图 2.154 所示。

参数设置好后，在图像中单击鼠标，将出现一个注释图标并打开注释窗口，在其中输入文本即可，如图 2.155 所示。编辑完毕，可关闭注释窗口，下次再要打开查看注释，双击图像中的注释符号。单击面板下放的箭头可在图像的所有注释之间切换。

图 2.154　“注释”工具属性栏

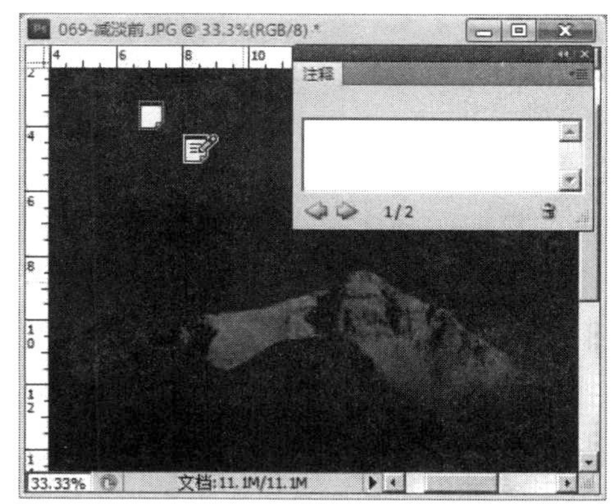

图 2.155　为图像添加文本注释

2.3.5　旋转视图工具

“旋转视图”工具可以在不破坏图像的情况下旋转画布，不会使图像变形，能更方便地绘画。工具属性栏如图 2.156 所示。

图 2.156　“旋转视图”工具组属性栏

选择该工具后，可以在图像中单击并拖动，进行旋转，图像中显示罗盘并一直指向北方；也可以直接在“旋转角度”中输入旋转值。

单击“复位视图”可将画布恢复到原始角度。如图 2.157 所示为该工具的使用效果。

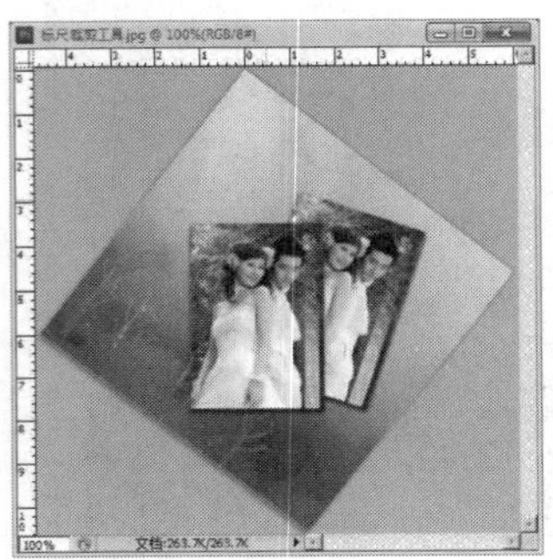

图 2.157 使用“旋转视图”工具旋转画布

2.4 文本工具应用

利用文本工具，可以非常方便地输入、编辑文字，并能进行变形处理。Photoshop 的许多文字功能类似于页面排版程序，但其重要的用途是制作神奇的文字效果，而文本工具是制作文字特效的基础。本小节主要讲述文字的基本功能和文字的各种处理方法。

2.4.1 文字工具组

Photoshop 提供了 4 种文字工具。选择一种文字工具后，将出现如图 2.158 所示的“文本”工具属性栏。

图 2.158 “文本”工具属性栏

1. 横排文字工具

使用该工具可以在图像中添加横向字符文字或段落文字，即根据不同的使用方法，可以创建点文本和段落文本。对于输入单个字符或一行字符，点文本较适用；而对于输入一个或多个段落，并且要进行一定的格式设置，则采用段落文字。点文本的输入步骤为：

（1）选择横排文字工具T，并设置文字属性，如字体、大小等；

（2）在图像添加文字处单击，出现“I”光标，光标中的小线条是基线；

（3）输入所需文字。输入文字的过程和图层面板的变化如图 2.159 所示。

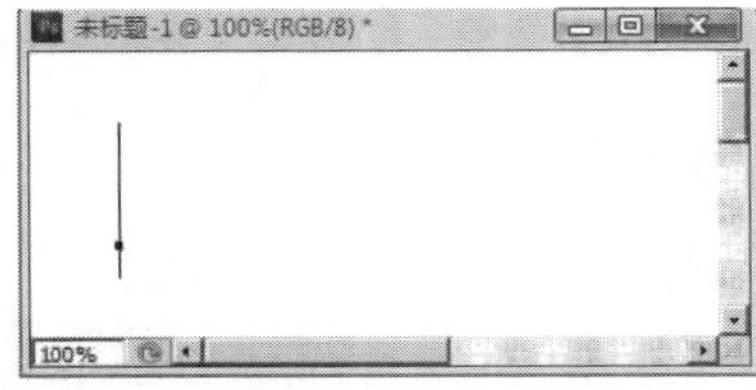
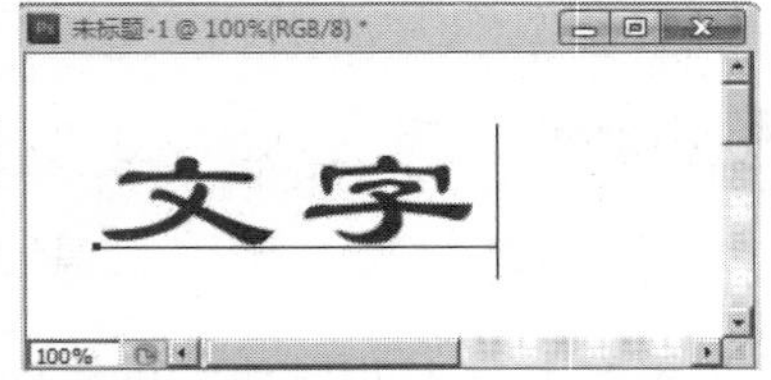

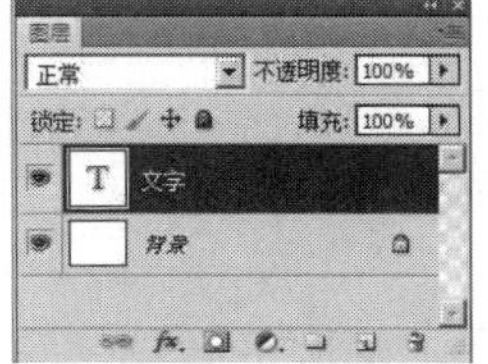

图 2.159 点文本的输入和【图层】面板的变化

段落文本的输入步骤为：

（1）同样选择横排文字工具 T，并设置属性；

（2）在图像需要添加文字处单击鼠标左键并拖动，拉出文本框，在文本框中出现“I”光标，光标中的小线条是基线；

（3）输入所需文字，还可以根据需要，对文本框进行拉伸和旋转。段落文字的输入如图 2.160 所示。

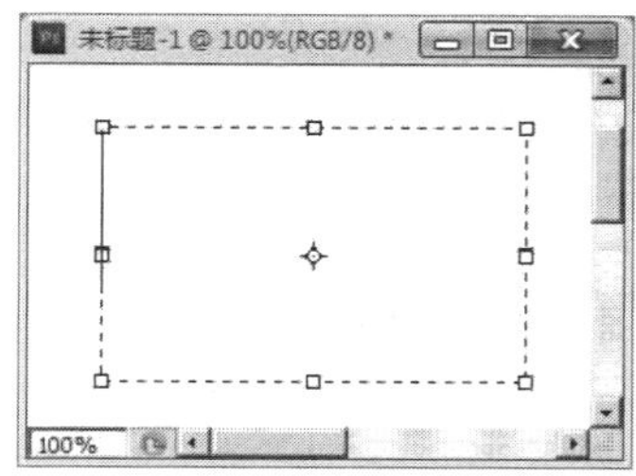

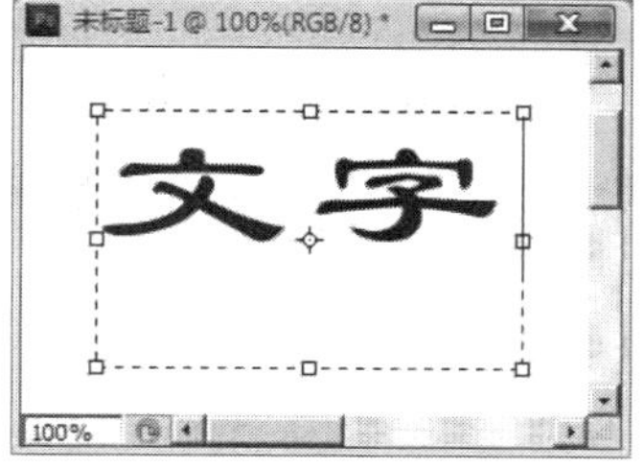

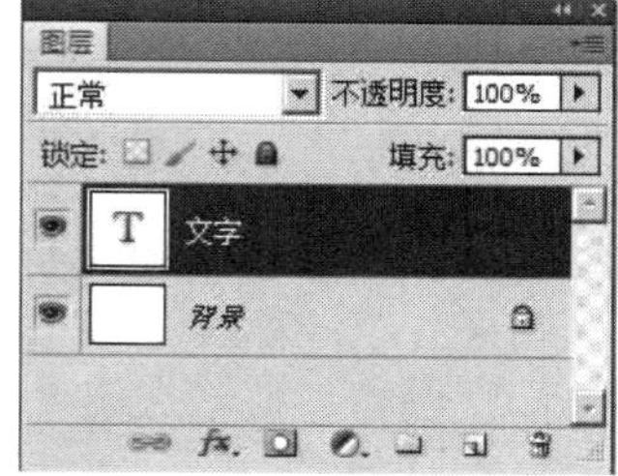

图 2.160　段落文本的输入和【图层】面板的变化

路径文字的输入步骤为：

（1）沿路径排列：首先绘制一条路径，再选择“文字”工具，将光标移到路径上，光标变成 形状时单击鼠标输入文字，文字即可沿路径排列，如图 2.161 所示。路径也可以是封闭的，如图 2.162 所示。

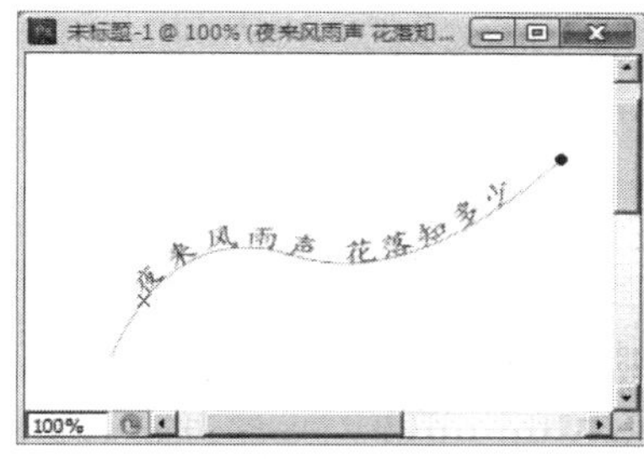

图 2.161　输入文字

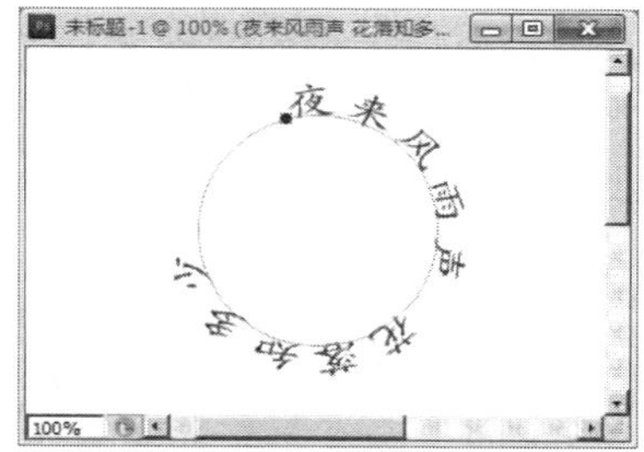

图 2.162　沿封闭路径输入文字

（2）写入路径内部

绘制封闭的路径，然后选择“横排文字”工具，将光标移至封闭路径内部，如图 2.163 所示，光标变成 形状时单击鼠标输入文字，效果如图 2.164 所示。

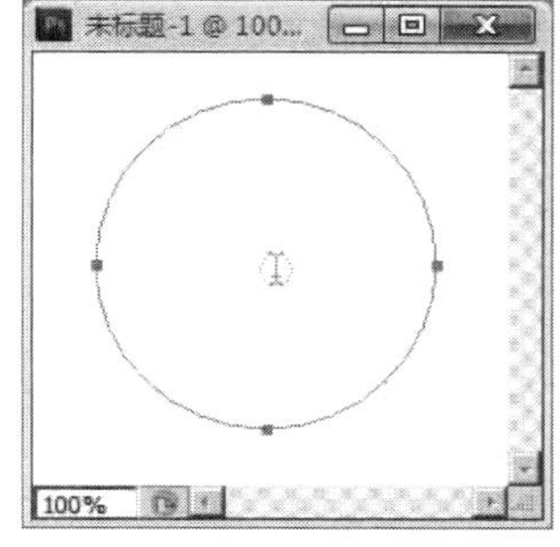

图 2.163　绘制封闭路径

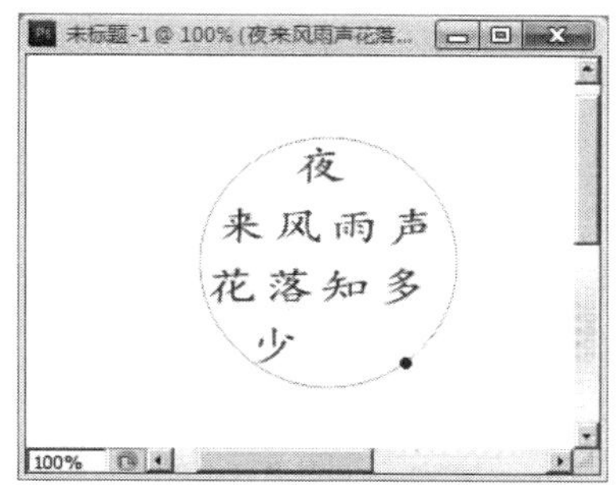

图 2.164　在路径内部输入文字

2. 直排文字工具

“直排文字”工具的使用方法和功能与“横排文字”工具相似，选择该工具后，可以在图像中输入垂直方向的点文本或段落文本。

3. 横排文字蒙版工具和直排文字蒙版工具

具体工具可以在图像中创建文字形状的选区，并且不会有文本图层产生。其使用方法和属性栏设置均与文字工具相同，效果如图 2.165 所示。

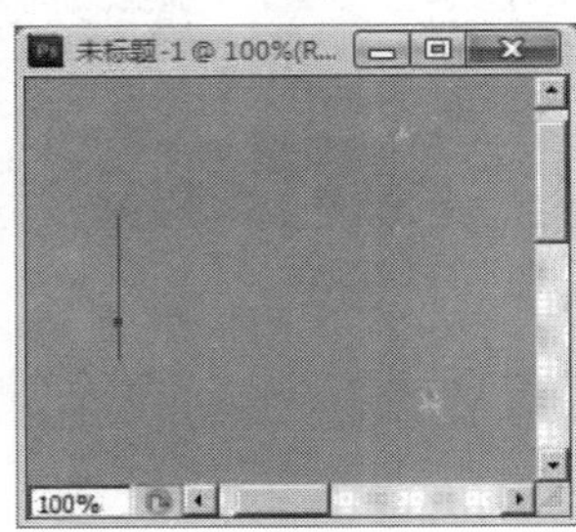

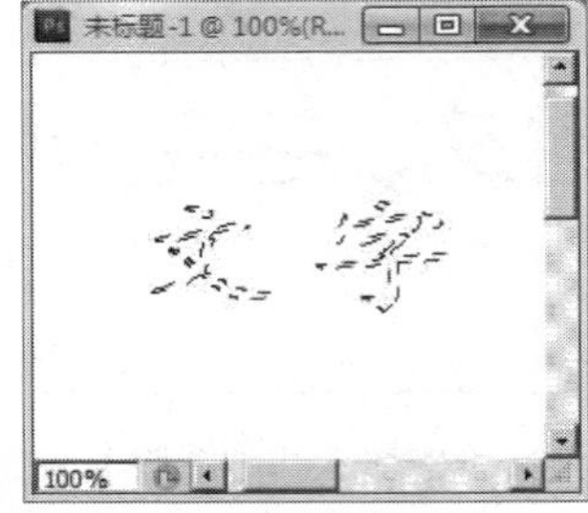

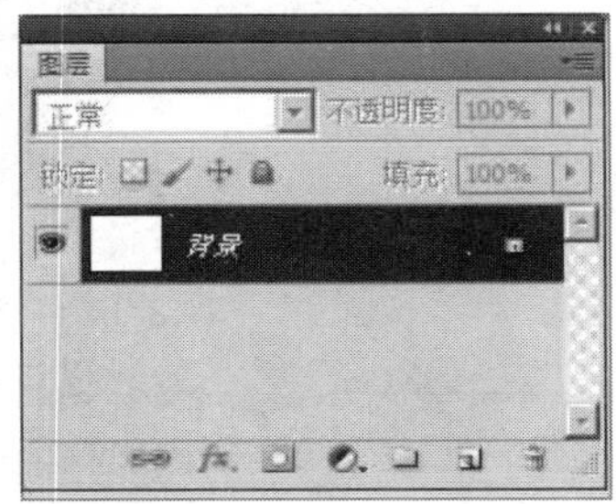

图 2.165　使用“横排文字蒙版”工具输入文字

2.4.2　设置文字格式

文字输入完毕后，可以对其进行编辑，包括字符格式、段落格式的设置和变形处理等。在编辑之前，首先要选中相应的文字，方法是：选择工具箱中的横排文字工具，在所选文字的开始位置单击鼠标并拖动，拖到结束位置释放鼠标，即可选中开始位置到结束位置之间的文字。

1. 设置字符格式

选中需要编辑的文字后，单击工具属性栏中的按钮，再单击“字符”标签，也可以选择【窗口】→【字符】命令，打开字符面板，便可设置字符格式。其面板如图 2.166 所示。

2. 设置段落格式

如果单击按钮后，再单击“段落”标签，也可以选择【窗口】→【段落】命令，打开【段落】面板，对输入文字的段落进行管理，包括对齐方式、缩进方式等，其面板如图 2.167 所示。

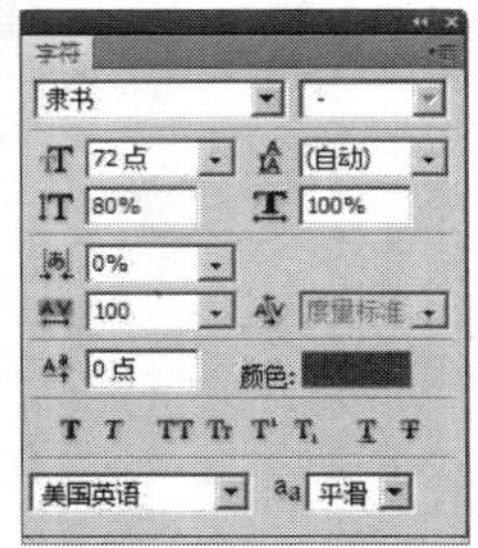

图 2.166　【字符】面板

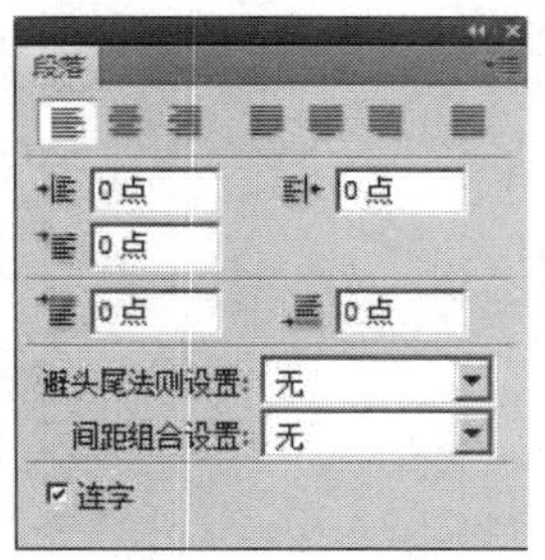

图 2.167　【段落】面板

3. 设置文字的变形效果

文字输入后，可以使用“文字变形”工具制作出各种形状。单击工具属性栏中的按钮可以打开【变形文字】对话框，如图 2.168 所示。在“样式”中可以设置 15 种变形样式，可以对水平方向和垂直方向进行不同程度的弯曲，也可以使弯曲在某个方向上再扭曲变形。如图 2.169 所示为文字在水平方向作扇形变形的效果。

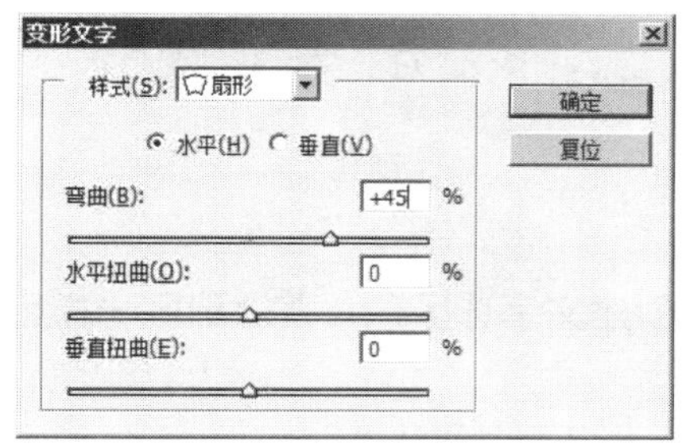

图 2.168 【变形文字】对话框

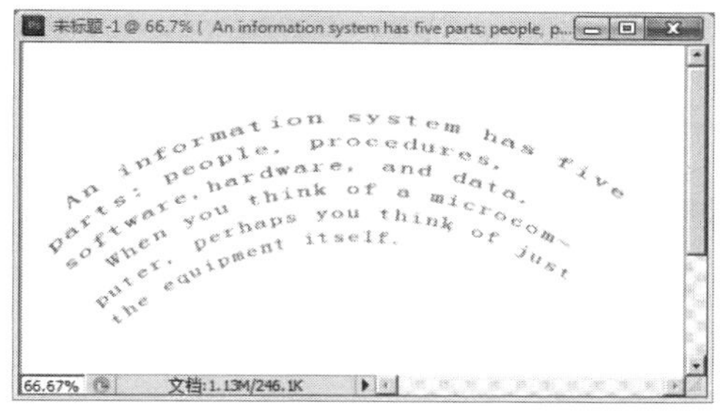

图 2.169 “扇形”变形的效果

2.4.3 编辑文字

在图像中输入文字时，会自动生成文字图层，对文字可以进行各种编辑和设置。但在文字图层中，有些图像处理的工具及命令是不可用的，如滤镜、渐变填充等。需要将文字图层转换为普通图层，才能进行各种位图编辑，创作出与图像融为一体的特殊效果。也可将文字转换为路径、形状等，然后进行相应的处理，制作各种效果。

1. 将文本转换为普通图层

选择【图层】→【栅格化】→【文字】命令，即可将文字图层转换为普通图层。

注意

文字栅格化后，不可再进行文字方面的编辑处理，如更改字体等。

2. 将文本转换为路径

文字也可以转换为工作路径，然后对其进行路径的各种操作。转换后的工作路径不会影响原来的文字图层。选择【图层】→【文字】→【创建工作路径】命令，即可创建工作路径，其【图层】面板、【路径】面板和效果如图 2.170 所示。

3. 将文字转换为形状

选择【图层】→【文字】→【转换为形状】命令，文字即可转换为形状，进行相关的操作处理。转换为形状后的各面板变化如图 2.171 所示。转换为形状后，不可再进行文字编辑。

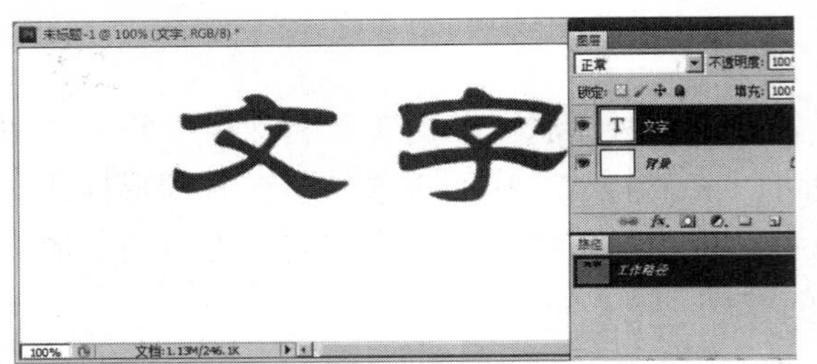

图 2.170　由文字创建工作路径

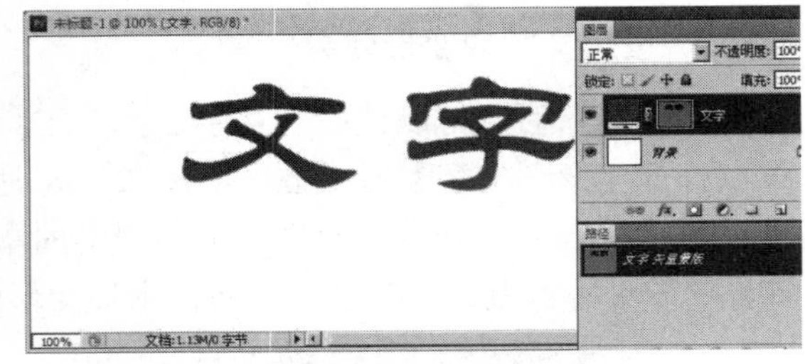

图 2.171　文字转换为形状

2.4.4　创建文字蒙版

前面已经介绍过利用"文字蒙版"工具，可以创建文字选区，与普通选区一样可以进行各种操作。

1. 创建文字填充效果

选择工具箱中的"横排文字蒙版"工具，写入"文字"并用渐变工具添加渐变填充，效果如图 2.172 所示。

图 2.172　文字蒙版填充效果

2. 创建文字羽化效果

文字选区同样可以羽化处理，然后填充颜色，得到模糊的文字效果。

△ 应用举例——制作春联及横批

本例将利用文字工具制作春联及横批。

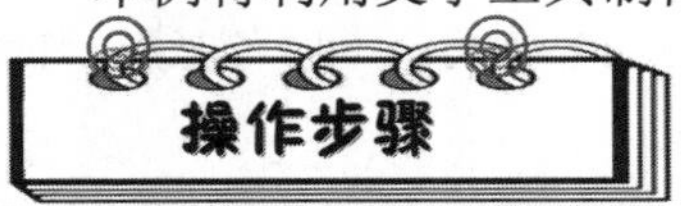

STEP 1　打开一幅背景图片，如图 2.173 所示。选择工具箱中的横排文字工具 T，在工具属性栏中设置字体为"隶书"，大小为"85"，字体颜色设为"R：235、G：249、B：7"，在图像上方图案内输入文字"然盎意春"，并按如图 2.174 所示的字符面板设置格式，得到的文字效果如图 2.174 所示。

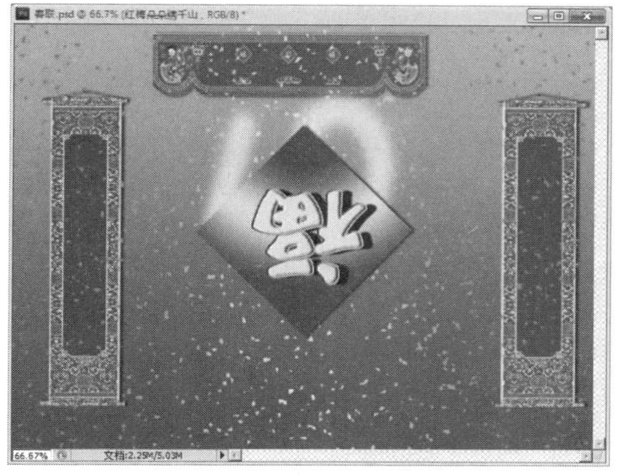

图 2.173　春联背景图

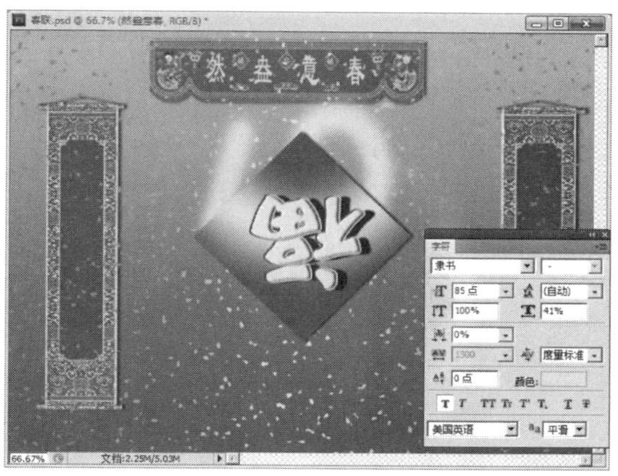

图 2.174　横批的字符面板与效果

STEP 2　选择直排文字工具T，在图像右边的图案内输入“春雨丝丝润万物”，并参照图 2.175 所示的【字符】面板设置格式，得到的效果如图 2.175 所示。再用移动工具将上述文字复制到左边，复制时加按【Shift】键，然后更改为“红梅朵朵绣千山”，得到如图 2.176 所示的最终效果。

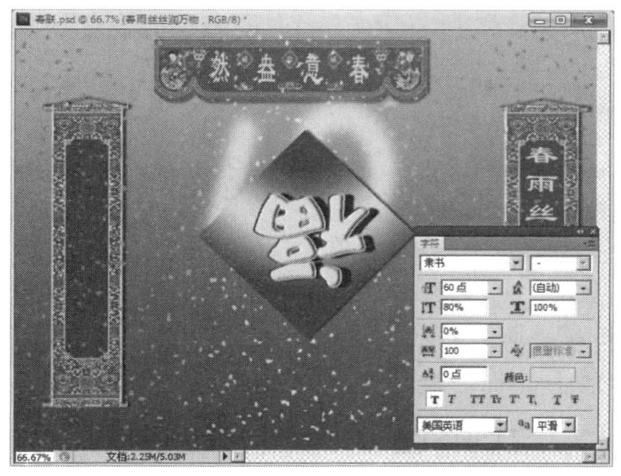

图 2.175　上联的【字符】面板与效果

图 2.176　最终效果图

☆　课堂练习——制作一幅扇面

STEP 1　新建一个文件，宽高为“1780×890 像素”，RGB 模式，白色背景，保存为“扇面图.psd”。使用选区工具建立一个扇形选择区域，如图 2.177 所示。

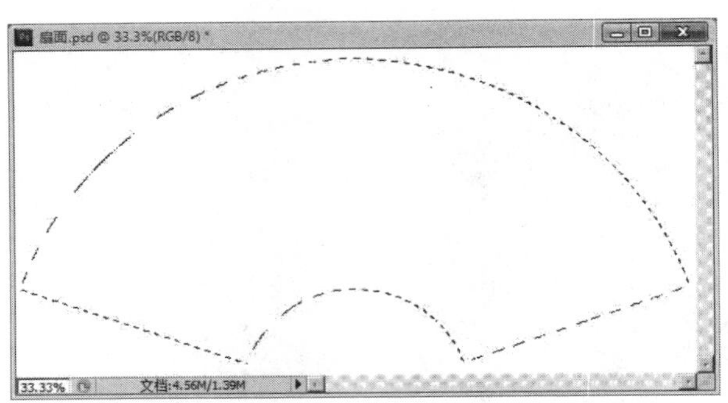

图 2.177　建立扇形区域

STEP 2　打开文件“莲花.jpg”，选择【选择】→【全部】命令或按【Ctrl+A】组合键，再按【Ctrl+C】组合键复制选区内的图像。切换到“扇面图.psd”图像窗口，选择【编辑】→【选择性粘贴】→【贴入】命令，将莲花图粘贴到选区中，如图 2.178 所示。

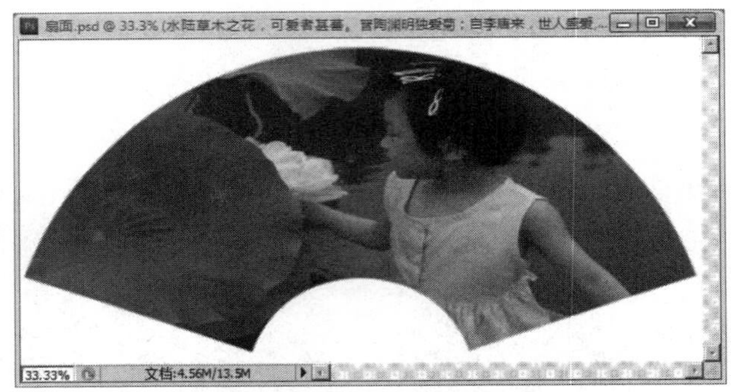

图 2.178　制作扇面背景

STEP 3　选择直排文字工具，设置字体为“华文新魏”，大小为“120”，文字颜色为“R：251、G：211、B：234”，在背景图像中单击鼠标，输入文字“爱莲说”并确认。

STEP 4　选择【编辑】→【自由变换】命令或【Ctrl+T】组合键，缩放并旋转文字，放至适当的位置，如图 2.179 所示。再用直排文字工具，设置字体为“华文行楷”，大小为“36”，颜色为“R：251、G：251、B：211”，在图像中拖出文本框，单击鼠标输入“爱莲说”的内容，如图 2.180 所示。

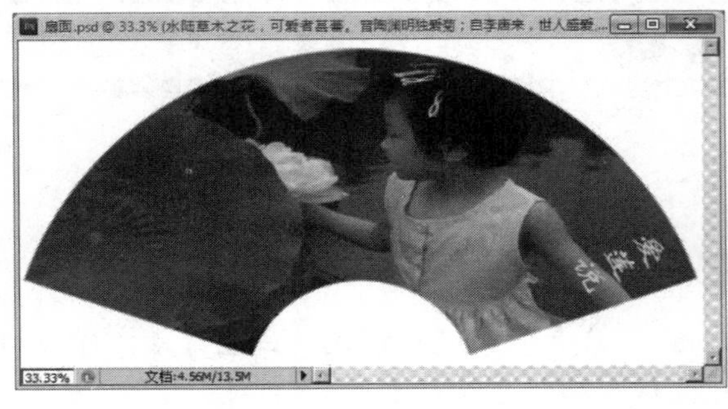

图 2.179　输入标题并调整好大小、方向、位置

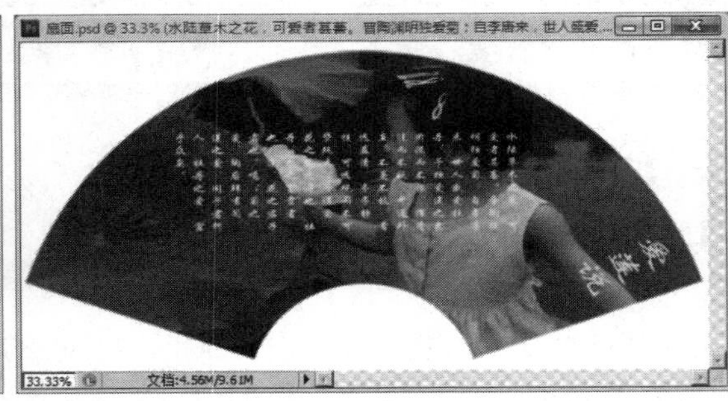

图 2.180　输入内容

STEP 5 单击工具属性栏中的 按钮，在弹出的【变形文字】对话框中进行如图 2.181 所示的设置，单击【确定】按钮。选中全部文字再进行适当的格式修改，【字符】面板的设置如图 2.182 所示，然后再适当调整文字的位置，得到的最终效果如图 2.183 所示。

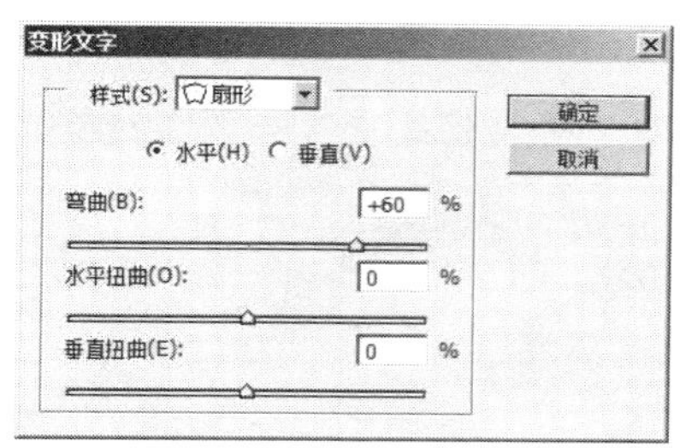

图 2.181 【变形文字】对话框

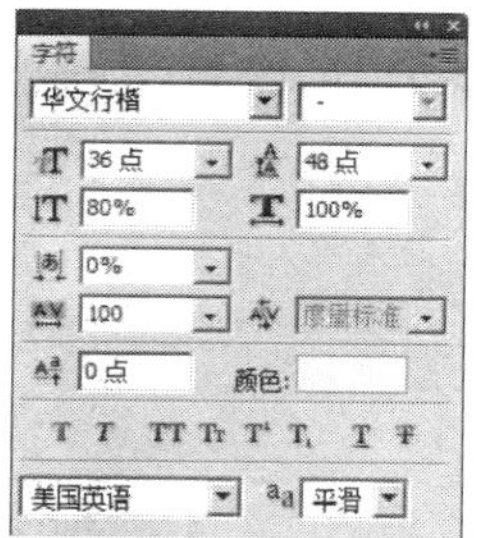

图 2.182 字符格式设置

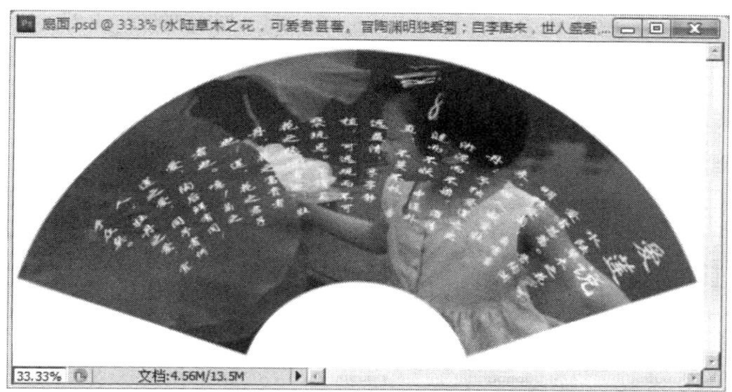

图 2.183 最终效果图

2.5 典型实例剖析——更换背景、修补图片

本案例将介绍如何更换背景、修补图片，最终效果图如图 2.184 所示。

图 2.184 典型实例最终效果图

操作步骤

STEP 1 打开图片“案例素材 1.tif”，如图 2.185 所示。利用“魔棒”及“套索”等工具选出背景部分。

STEP 2 选择【选择】→【反向】命令，即可将人物选出，如图 2.186 所示。

图 2.185 案例素材 1

图 2.186 选出人物

STEP 3 打开“案例素材 2.jpg”，如图 2.187 所示，作为背景图片。选择移动工具，将选好的人物图像拖移入背景图片上，如图 2.188 所示。

图 2.187 背景原图

图 2.188 将人物移至背景图

STEP 4 选择【编辑】→【自由变换】命令或按【Ctrl+T】组合键，调整人物的大小，并移到适当的位置，如图 2.189 所示。在【图层】面板中选择背景图层，按【Ctrl+A】组合键选择全图，选择【编辑】→【自由变换】命令或按【Ctrl+T】组合键，向右下方拖动图片的左上角，将背景略微缩小，如图 2.190 所示，使得人物与背景的大小比例恰当。

图 2.189　调整人物位置及大小

图 2.190　变换背景

STEP 5　选择裁剪工具，裁剪出需要的图像部分，如图 2.191 所示。选择人物图层，利用各种选择工具选中并清除人物下面的蓝色区域，如图 2.192 所示。

图 2.191　经过裁切的图像

图 2.192　去除毛边后的图像

STEP 6　按住【Ctrl】键，单击【图层】面板上的人物缩略图，载入人物选区，在选框工具状态下打开属性栏中的【调整边缘】命令，在视图栏选择恰当的显示模式，适当设置平滑、羽化和移动边缘，如图 2.193 所示，单击【确定】按钮，使得人物边缘与背景自然融合，然后按【Ctrl+D】组合键取消选区。

STEP 7　选中“背景”图层，选择【滤镜】→【模糊】→【高斯模糊】命令，在弹出的【高斯模糊】对话框中，设置“半径”为“3”像素，单击【确定】按钮，这样可以使背景变得模糊一些。

STEP 8　选择【图像】→【调整】→【色彩平衡】命令，以调整人物与背景之间的色差。在弹出的如图 2.194 所示的【色彩平衡】对话框中，适当调整三个色彩滑块，单击【确定】按钮，效果如图 2.195 所示。

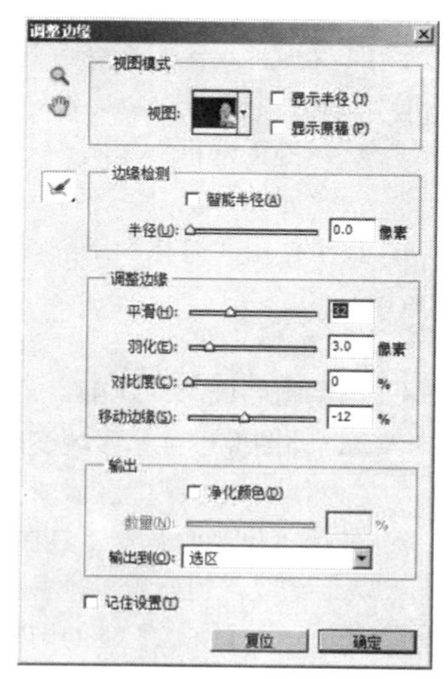

图 2.193　【调整边缘】参数设置

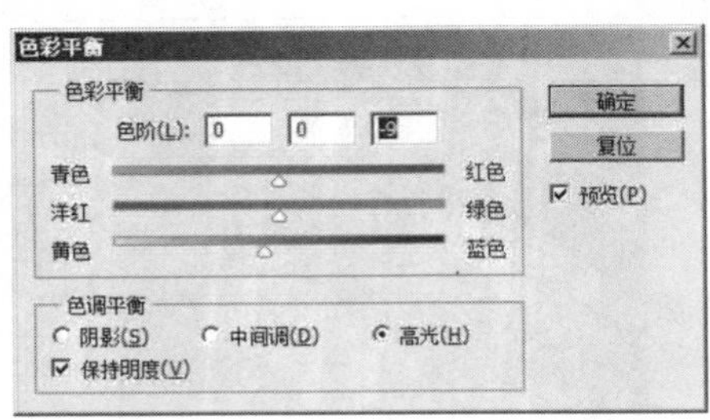

图 2.194 【色彩平衡】对话框

图 2.195 调整背景色彩

STEP 9 最后，选择污点修复画笔工具，在人物手臂的斑块上单击，将其去除，得到如图 2.184 所示的最终效果图。

◎复习思考题

一、单选题

1. 对有透明区域的图层填充时，如果选中“保留透明区域”选项，结果会怎样？（ ）
   A. 仅有像素的部分被填充 B. 图层没有任何变化
   C. 图层全部被填充 D. 图层变成完全透明
2. [illegible]字图层中的文字信息哪些不可以进行修改和编辑？（ ）
   A. 文字颜色 B. 文字内容，如加字或减字
   C. 文字大小 D. 将文字图层转换为像素图层后可以改变文字的字体
3. 下列关于【变换选区】命令的描述哪个是不正确的？（ ）
   A.【变换选区】命令可对选区进行缩放和变形
   B.【变换选区】命令可对选区及选区内的像素进行缩放和变形
   C. 选择【变换选区】命令后，按住【Ctrl】键，可将选区的形状改变为不规则形状
   D.【变换选区】命令可对选区进行旋转
4. 下列哪个工具可以方便地选择连续的．颜色相似的区域？（ ）
   A.“矩形选框”工具 B.“椭圆选框”工具
   C.“魔棒”工具 D.“磁性套索”工具
5. 如果使用“魔棒”工具在图像中多次单击以形成更大的选区，应在每次单击鼠标的同时按住键盘上的什么键？（ ）
   A. Shift B. Ctrl C. Alt D. Tab
6. 当编辑图像时，使用“减淡”工具可以达到的目的是（ ）。
   A. 使图像中某些区域变暗 B. 删除图像中的某些像素
   C. 使图像中某些区域变亮 D. 使图像中某些区域的饱和度增加
7. 使用“仿制图章”工具在图像中取样的方法是（ ）。
   A. 在取样的位置单击并拖拉
   B. 按住【Shift】键的同时单击取样位置来选择多个取样像素
   C. 按住【Alt】键的同时单击取样位置
   D. 按住【Ctrl】键的同时单击取样位置

8．文字可以通过下面哪个命令转换为段落文字？（　　）

A．选择【图层】→【文字】命令转换为段落文字

B．选择【图层】→【文字】命令转换为形状

C．选择【图层】→【图层样式】命令

D．选择【图层】→【图层属性】命令

9．在【色彩范围】对话框中为了调整颜色的范围，应调整哪个参数？（　　）

A．反相　　B．消除锯齿　　C．颜色容差　　D．羽化

10．下面哪个工具可以将图案填充到选区内？（　　）

A．画笔　　B．图案图章　　C．仿制图章　　D．喷枪

二、多选题

1．下列有关标尺坐标原点的描述哪些是正确的？（　　）

A．坐标原点内定在左上角，是不可以更改的

B．坐标原点内定在左上角，可以用鼠标拖拉来改变原点的位置

C．坐标原点一旦被改动是不可以被复原的

D．不管当前坐标原点在何处，只需用鼠标双击内定的坐标原点位置，就可以将坐标原点恢复到初始位置

2．【编辑】→【自由变形】命令可对选区执行怎样的调整？（　　）

A．倾斜　　B．透视　　C．旋转　　D．缩放

3．下面是使用“椭圆选框”工具创建选区时常用到的功能，请问哪些是正确的？（　　）

A．按住【Alt】键的同时拖拉鼠标可得到正圆形的选区

B．按住 Shift 键的同时拖拉鼠标可得到正圆形的选区

C．按住【Alt】键可形成以鼠标的落点为中心的椭圆形选区

D．按住【Shift】键使选择区域以鼠标的落点为中心向四周扩散

4．“涂抹”工具不能在下列哪种色彩模式下使用？（　　）

A．位图　　B．灰度　　C．索引颜色　　D．多通道

5．下列是对“多边形套索”工具的描述，请问哪些是正确的？（　　）

A．可以形成直线型的多边形选择区域

B．“多边形套索”工具属于绘图工具

C．按住鼠标键进行拖拽，形成的轨迹就是形成的选择区域

D．“多边形套索”工具属于规则选框工具

三、判断题

1．海绵工具用于改变色彩的饱和度。（　　）

2．【历史记录】面板最多可以记录 10 步。（　　）

3．当执行【保存选区】命令后，选区是被存放在【图层】面板中。（　　）

4．选择另一个工具能取消变换的操作。（　　）

5．“魔棒”工具可以“用于所有图层”。（　　）

四、操作题（实训内容）

1．运用已学知识制作一幅风景画，主题自定。

要求：尺寸：210mm×297mm；分辨率：150 像素/平方英寸；RGB 色彩模式；文件储存为 PSD 格式，保留图层信息。自行搜集创作素材，创作方法不限，主题明确，色彩丰富，构图完整。

2．利用文字工具组的工具和背景图片．设置文字格式等方法，制作一张贺卡（要求主题鲜明）。

图像色彩和色调处理

应知目标

了解图像色彩调整和色调调整命令的基本功能。

应会要求

掌握图像色彩调整和色调调整的各个命令的正确运用操作，从而掌握图像色调和色彩调整的基本技巧。

Photoshop CS5 在图像色彩和色调处理方面的功能非常强大。它不仅可以处理照片中经常出现的曝光过度或曝光不足的问题，而且可以解决劣质照片优质化、黑白照片彩色化等问题。

3.1 图像色调调整

3.1.1 色阶与自动色调

1. 使用色阶命令

使用【色阶】命令可以调整整个图像的明暗程度，也可以调整图像中某一选取范围。选择【图像】→【调整】→【色阶】命令，打开【色阶】对话框，如图 3.1 所示。各选项的含义如下。

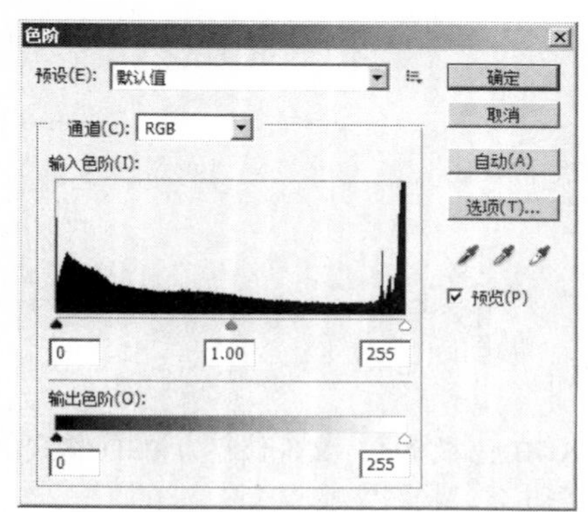

图 3.1 【色阶】对话框

- 通道：用户可以选择要查看或调整的颜色通道，有 RGB、红、绿和蓝 4 种通道，一般都选择 RGB 选项，表示对整幅图像进行调整。
- 输入色阶：第一个文本框用于设置图像的暗部色调，低于该值的像素将变为黑色，取值范围为 0～253；第二个文本框用于设置图像的中间色调，取值范围为 0.10～9.99；第三个文本框用于设置图像的亮部色调，高于该值的像素将变为白色，取值范围为 1～255。

- 输出色阶：第一个文本框用于提高图像的暗部色调，取值范围为 0～255；第二个文本框用于降低图像的亮度，取值范围为 0～255。
- 直方图：直方图中的横轴代表色调亮度，变化范围为 0～255，纵轴代表当前图像中具有该亮度值的像素数。
- 黑色吸管：用该吸管单击图像，图像上所有像素的亮度值都会减去选取色的亮度值，使图像变暗。
- 灰色吸管：用该吸管单击图像，Photoshop 将用吸管单击处的像素亮度来调整图像所有像素的亮度。
- 白色吸管：用该吸管单击图像，图像上所有像素的亮度值都会加上该选取色的亮度值，使图像变亮。
- 自动：单击该按钮，Photoshop 将应用自动颜色校正来调整图像。
- 选项：单击该按钮将打开【自动颜色校正选项】对话框，可以设置暗调、中间值的切换颜色和自动颜色校正的算法。
- 预览：选中该复选框，在原图像窗口中可以预览图像调整后的效果。

2. 自动色调

选择【图像】→【自动色调】命令，系统会自动检索图像的亮部和暗部，并将黑白两种颜色定义为最亮和最暗的像素，重新分布图像的色阶，使其达到一种协调状态。

3.1.2 自动对比度及自动颜色

使用【图像】→【自动对比度】命令，可以自动将图像中最亮和最暗部分变成白色和黑色，从而使亮部变得更亮，暗部变得更暗，扩大整个图像的对比度。

选择【图像】→【自动颜色】命令可以让系统自动地对图像进行颜色校正。它可以根据原来图像的特点，将图像的明暗对比度、亮度、色调和饱和度一起调整，能够快速纠正色偏和饱和度过高等问题，同时兼顾各种颜色之间的协调一致，使图像更加圆润、丰满，色彩也更自然。

3.1.3 修改图像色彩曲线

使用【曲线】命令可以对图像的色彩、亮度和对比度进行综合调整。与【色阶】命令不同的是，它可以在暗调到高光这个色调范围内对多个不同的点进行调整，常用于改变物体的质感。选择【图像】→【调整】→【曲线】命令，打开【曲线】对话框，如图 3.2 所示，各选项的含义如下。

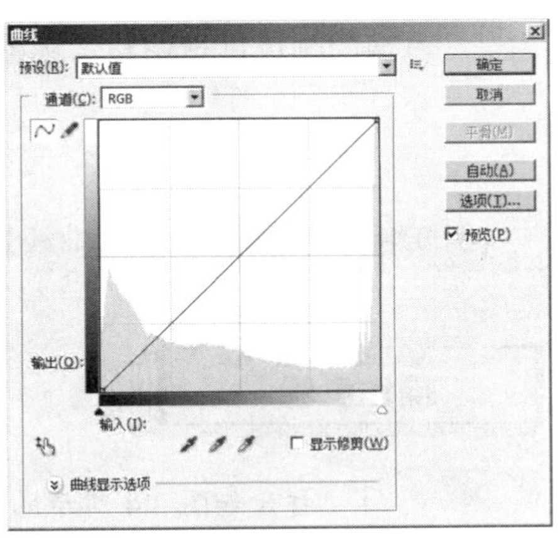

图 3.2 【曲线】对话框

- 图表：水平轴表示原来图像的亮度值，即图像的输入值，垂直轴表示图像处理后的亮度值，即图像的输出值。单击图表下面的光谱条，可在黑色和白色之间切换。在图表上的暗调、中间调或高光部分区域的曲线上单击鼠标，将创建一个相应的调节点，然后通过拖动调节点即可调整图像的明暗度。

- 工具：用来在图表中添加调节点。光标移动到曲线表格中变成“+”字形，单击一下可以产生一个节点。若想将曲线调整成比较复杂的形状，可以添加多个调节点进行调整。对于不需要的调节点可以选中后用【Delete】键删除。
- 工具：用来随意在图表上画出需要的色调曲线。选中铅笔工具后，在曲线表格内移动鼠标就可以绘制色调曲线。用这种方法绘制的曲线往往很不平滑，单击【平滑】按钮即可克服这个问题。

3.1.4 设置色彩平衡

使用【色彩平衡】命令可以方便快捷地改变彩色图像中的颜色混合，从而使整个图像色彩平衡。它只作用于复合颜色通道，若图像有明显的偏色可用该命令来纠正。

选择【图像】→【调整】→【色彩平衡】命令，打开【色彩平衡】对话框，如图 3.3 所示，各选项的含义如下。

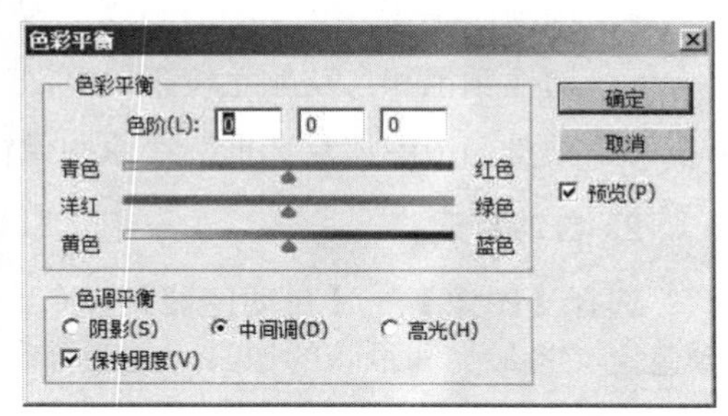

图 3.3 【色彩平衡】对话框

- 色彩平衡：通过调整滑块或者在文本框中输入–100～100 之间的数值就可以控制 CMY 三原色到 RGB 三原色之间对应的色彩变化。调整色彩时三角形滑块靠拢某种颜色表示增加该颜色，远离某种颜色表示减少该颜色。当 3 个数值都设置为 0 时，图像色彩无变化。
- 色调平衡：用于选择需要着重进行调整的色彩范围，选中某一单选按钮后可对相应色调的颜色进行调整。选中“保持明度”复选框表示调整色彩时保持图像亮度不变。

[例 3.1] 使用【色阶】、【曲线】和【色彩平衡】命令对照片进行调色。

STEP 1 打开如图 3.4 所示的“小孩.jpg”图像，然后选择【图像】→【调整】→【色阶】命令，打开【色阶】对话框，如图 3.5 所示。

图 3.4　小孩原图

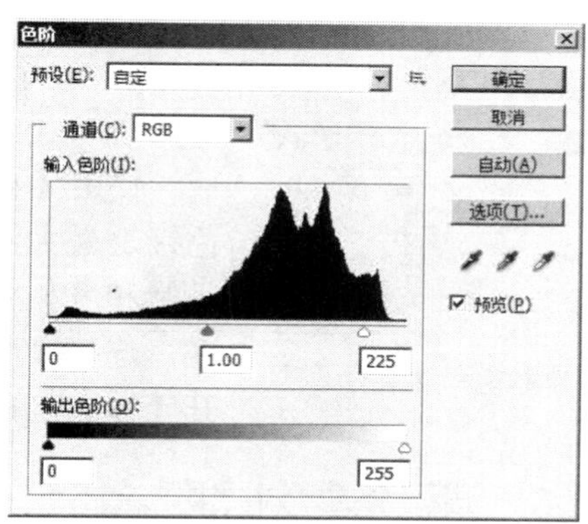

图 3.5　【色阶】对话框

STEP 2　参照图 3.5 在“输入色阶”三个框中输入数值，单击【确定】按钮，效果如图 3.6 所示，图像变亮了。

STEP 3　选择【图像】→【调整】→【曲线】命令，打开【曲线】对话框。在图表曲线上的暗调、中间调和高光区域分别单击添加一个调节点，并将该 3 个调节点进行拖动，如图 3.7 所示，然后单击【确定】按钮，效果如图 3.8 所示。

图 3.6　调整色阶后的效果

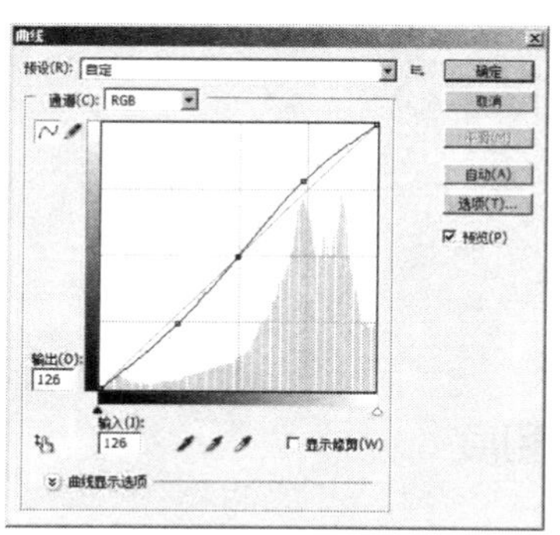

图 3.7　【曲线】对话框

图 3.8　修改色彩曲线后的效果

STEP 4　选择【图像】→【调整】→【色彩平衡】命令，打开【色彩平衡】对话框，具体参数设置如图 3.9 所示，单击【确定】按钮，效果如图 3.10 所示。

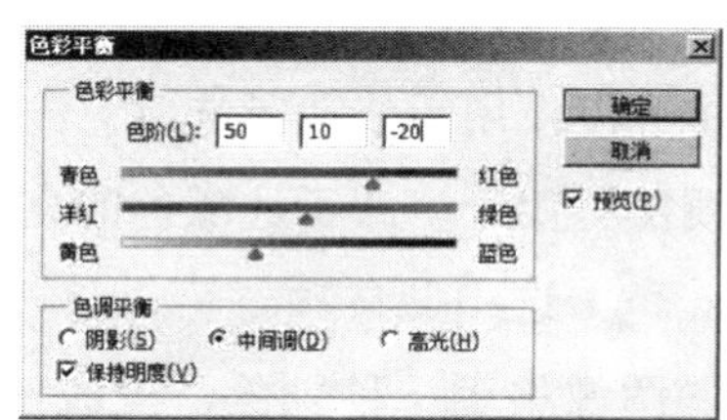

图 3.9【色彩平衡】对话框

图 3.10　调整色彩平衡后的效果

3.1.5 自然饱和度

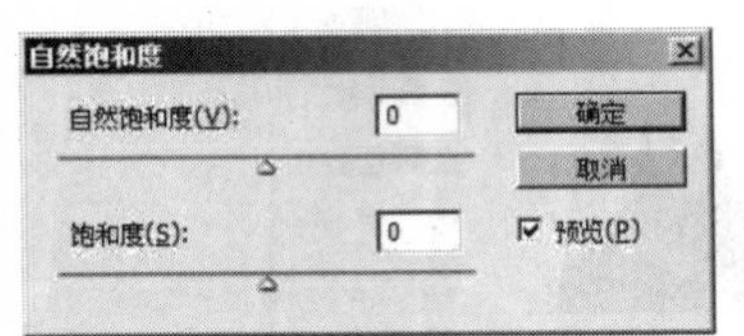

图 3.11 【自然饱和度】对话框

使用【自然饱和度】命令可以调整饱和度，以便在颜色接近最大饱和度时最大限度地减少修剪。该调整增加的是饱和度相对较低的颜色的饱和度，用其替换原有的饱和度。选择【图像】→【调整】→【自然饱和度】命令，打开【自然饱和度】对话框，如图 3.11 所示。

3.1.6 调整亮度/对比度

使用【亮度/对比度】命令，可以调整图像的亮度和对比度，可以对图像的色彩范围进行简单调整。选择【图像】→【调整】→【亮度/对比度】命令，打开【亮度/对比度】对话框，如图 3.12 所示，各选项的含义如下：

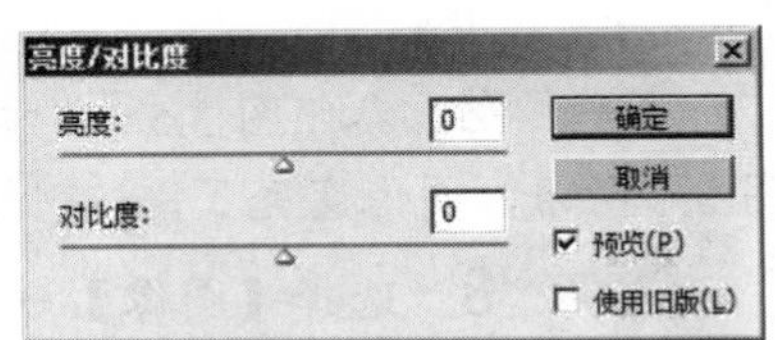

图 3.12 【亮度/对比度】对话框

- 亮度：通过拖动“亮度”滑块或者在文本框中输入–100～100 之间的数值，来调整图像的亮度。
- 对比度：通过拖动“对比度”滑块或者在文本框中输入–100～100 之间的数值，来调整图像的对比度。

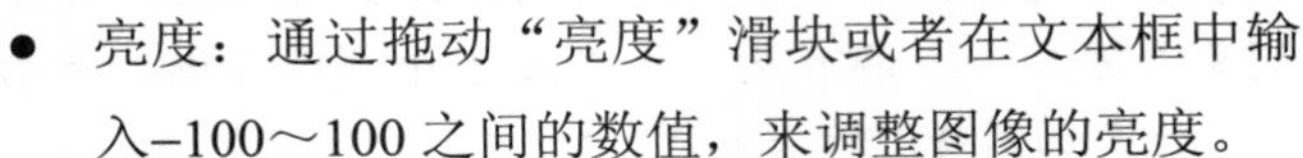

3.2 图像色彩调整

3.2.1 调整色相/饱和度

使用【色相/饱和度】命令，可以用来调整图像的色相和饱和度，给灰度图像添加颜色，使图像的色彩更加亮丽。选择【图像】→【调整】→【色相/饱和度】命令，打开【色相/饱和度】对话框，如图 3.13 所示。各选项的含义如下。

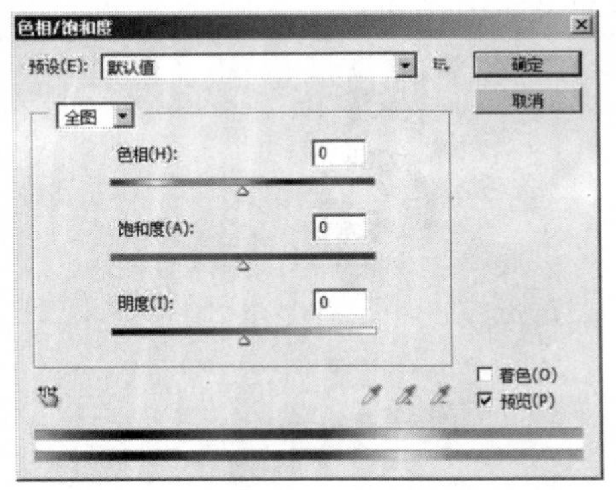

图 3.13 【色相/饱和度】对话框

在编辑窗口下拉列表框中可以选择颜色的调整范围。其中“全图”表示对图像中所有颜色的像素起作用，其余选项表示对某一颜色的像素进行调整。

- 色相：用于修改所选颜色的色相，取值范围为–180～180。
- 饱和度：用于修改所选颜色的饱和度。
- 明度：用于修改所选颜色的亮度。
- 着色：选中此选项，可以将一幅灰色或黑白的图像染上一种颜色，变成一幅单彩色的图像。如果被处理的图像是彩色的，则也会变

成单彩色的图像。

3.2.2 设置匹配颜色、替换颜色、可选颜色

1. 设置图像匹配颜色

使用【匹配】命令可以调整图像的亮度、色彩饱和度和色彩平衡，同时还可将当前图层中图像的颜色与它下一图层中的图像或其他图像文件中的图像颜色相匹配。

选择【图像】→【调整】→【匹配颜色】命令，打开【匹配颜色】对话框，如图 3.14 所示，各选项的含义如下。

- 图像选项：选择匹配的原图像后，在该栏中选中“中和”复选框表示可自动移去图像中的色痕；拖动“明亮度”滑块可以增加或减小图像的亮度；拖动“颜色强度”滑块可以增加或减小图像中的颜色像素值；拖动“渐隐”滑块可控制应用与匹配图像的调整量，向右移动表示减小。
- 图像统计：在“源”下拉列表框中选择需要匹配的源图像，如果选择“无”，表示用于匹配的源图像和目标图像相同，即当前图像，也可选择其他已打开的用于匹配的源图像。选择后将在右下角的预览框中显示该图像缩略图。在“图层”下拉列表框中用于指定匹配图像所使用的图层。

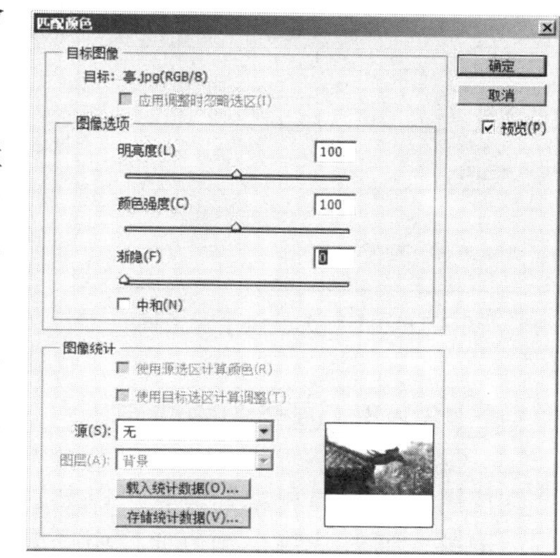

图 3.14 【匹配颜色】对话框

2. 替换图像颜色

使用【替换颜色】命令可以很方便地在图像中针对特定颜色创建一个临时蒙版，然后替换图像中的相应颜色。选择【图像】→【调整】→【替换颜色】命令，打开【替换颜色】对话框，如图 3.15 所示。具体操作步骤如下。

STEP 1 用吸管工具在图像预览窗口中单击需要替换的某一种颜色。

STEP 2 在“替换”栏下方拖动 3 个滑杆上的滑块设置新的“色相”、“饱和度”和“明度”。

STEP 3 再调整“颜色容差”值，数值越大，被替换颜色的图像颜色区域越大。

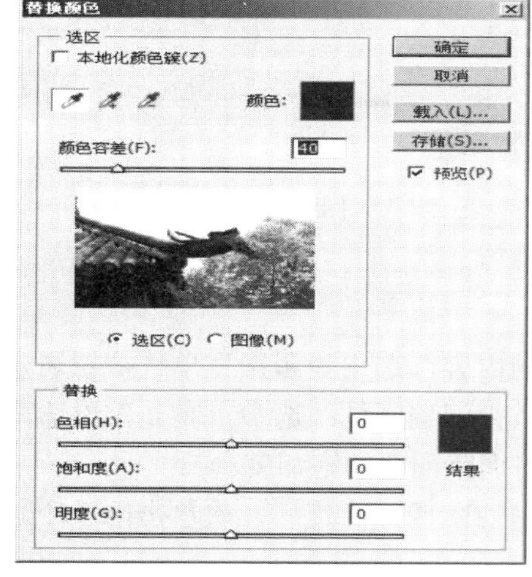

图 3.15 【替换颜色】对话框

3．设置图像可选颜色

使用【可选颜色】命令可以选择某种颜色范围进行针对性的修改，在不影响其他原色的情况下修改图像中的某种彩色的数量，可以用来校正色彩不平衡问题和调整颜色。

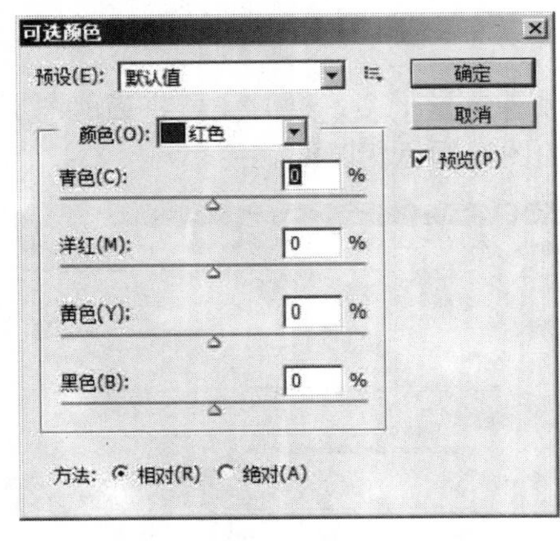

图 3.16 【可选颜色】对话框

选择【图像】→【调整】→【可选颜色】命令，打开【可选颜色】对话框，如图 3.16 所示。具体操作步骤如下。

STEP 1 在“颜色”下拉列表框中选择要调整的颜色。

STEP 2 分别拖动“青色”、“洋红”、“黄色”和“黑色”滑块来调整 CMYK 四色的百分比值。

STEP 3 选中“相对”单选按钮表示按 CMYK 总量的百分比来调整颜色，若选中“绝对”单选按钮表示按 CMYK 总量的绝对值来调整颜色。

3.2.3 调整颜色通道

使用【通道混和器】命令可以分别对各通道进行颜色调整，通过从每个颜色通道中选取它所占的百分比来创建色彩。选择【图像】→【调整】→【通道混和器】命令，打开【通道混和器】对话框，如图 3.17 所示。

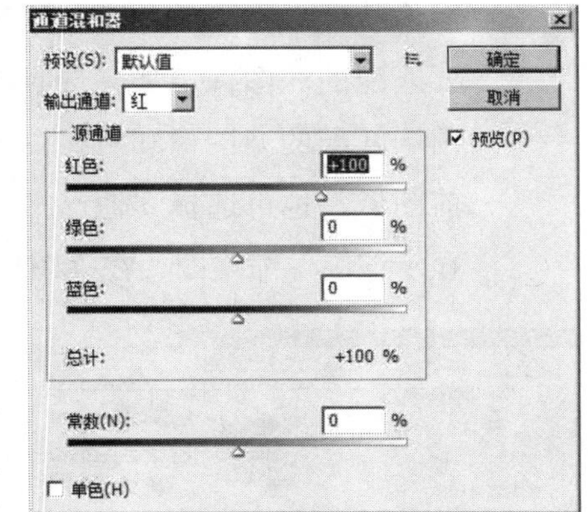

图 3.17 【通道混和器】对话框

3.2.4 使用变化功能

使用【变化】命令可以显示调整效果的缩览图，使用户很直观地调整图像的暗调、中间调、高光和饱和度。选择【图像】→【调整】→【变化】命令，打开【变化】对话框，如图 3.18 所示。

在【变化】对话框左上角有两个缩览图，分别用于显示调整前和调整后的图像效果。

调整图像时，先在【变化】对话框中选择需要调整的内容，选中“阴影”单选按钮表示将调节暗调区域；选中“中间色调”单选按钮表示将调节中间调区域；选中“高光”单选按钮表示将调节高光区域；选中“饱和度”单选按钮表示将调整图像的饱和度。

选择调整内容后单击对话框下方的各个颜色预览框中的图像，可连续几次单击同一个颜色图像，以增加相应的颜色，完成后单击【确定】按钮即可。

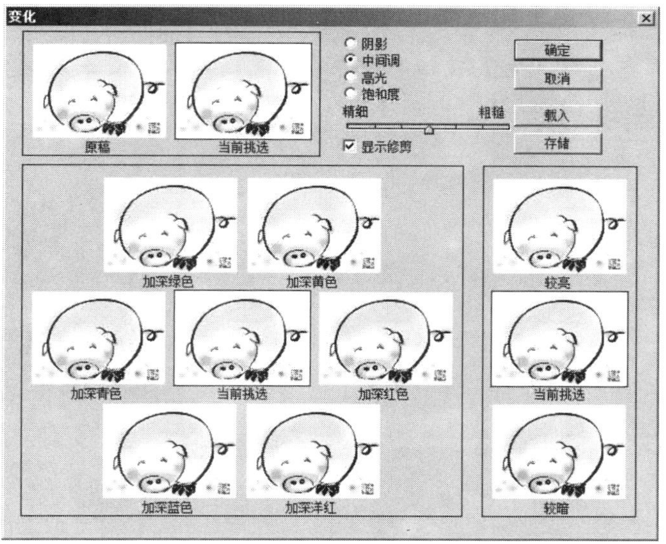

图 3.18 【变化】对话框

△ 应用举例——黑色照片彩色化

Photoshop CS5 有其强大的色彩调整功能，可以将黑白照片上色，使之成为彩色照片。

STEP 1 打开一张黑白照片图像，如图 3.19 所示，然后选择【图像】→【调整】→【色相/饱和度】命令。注意：如果图像为灰度模式，请先选择【图像】→【模式】→【RGB 颜色】命令将图像转换为彩色。打开【色相/饱和度】对话框，选中“着色”复选框，发现图像被着上了颜色，变为彩色，只不过是单色的彩色。

图 3.19 打开灰度模式的图像

STEP 2 接着在【色相/饱和度】对话框中设置“色相”、“饱和度”和“明度”参数，如图3.20所示。单击【确定】按钮完成操作，最终效果如图3.21所示。

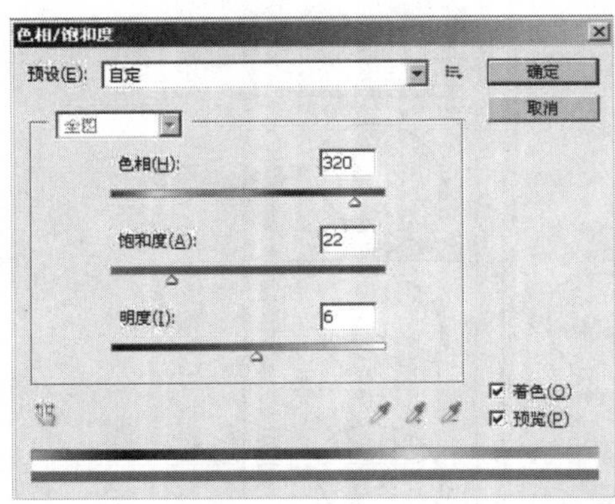

图3.20 【色相/饱和度】对话框

图3.21 照片上色后的效果

☆ 课堂练习——将蓝色汽车变成红色

本练习是使用【替换颜色】命令来更改汽车颜色的操作。

STEP 1 打开汽车图像“car.jpg”，如图3.22所示，选择【图像】→【调整】→【替换颜色】命令，打开【替换颜色】对话框，选择吸管工具，然后移动鼠标指针到图像的蓝色区域单击，以便把蓝色区域选取出来。

图3.22 打开汽车图像

STEP 2 为了更精确地选取，用户可以调整对话框中“颜色容差”滑块，将其值变小。如果单击一次未能全部选中图像中的蓝色区域，可以选中有“+”号的吸管，再在图像中单击选取，这样以便在原有基础上加选所有与蓝色像素值相近的区域。

STEP 3 当蓝色的区域全部选定后，在【替换颜色】对话框的【替换】选项组中设置“色相”、“饱和度”和“明度”，如图 3.23 所示，再单击【确定】按钮完成操作，最终效果如图 3.24 所示。

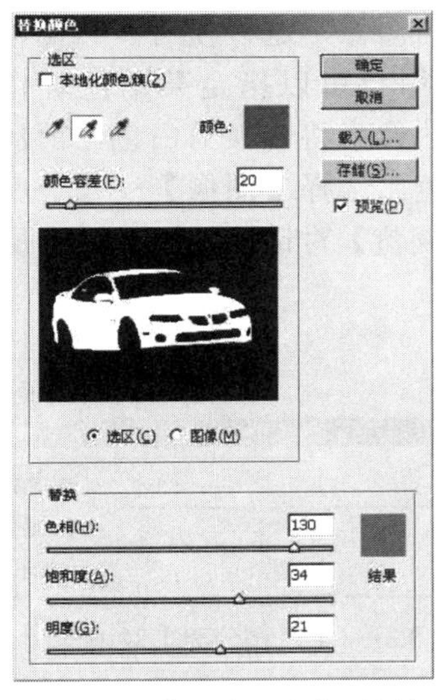

图 3.23 【替换颜色】对话框

图 3.24 更改颜色后的汽车

3.3 图像特殊色调调整

3.3.1 黑白与反相

使用【黑白】命令可以将彩色图像转换为灰度图像，但是图像颜色模式保持不变。选择【图像】→【调整】→【黑白】命令，打开【黑白】对话框，如图 3.25 所示。各选项的含义如下：

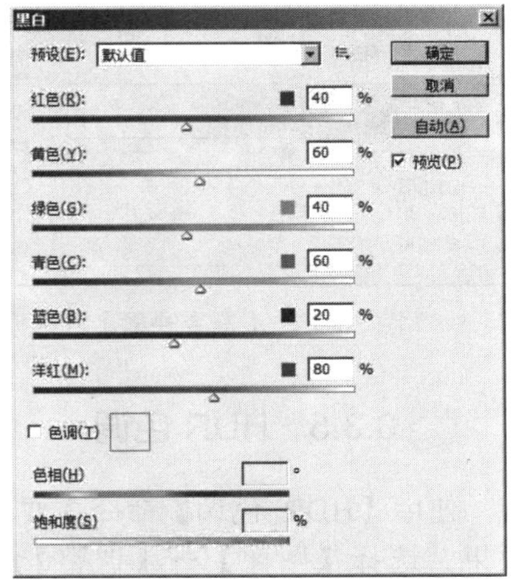

图 3.25 【黑白】对话框

- 预设：在该下拉列表中可以选择一个预设的调整设置。
- 色调：对灰度应用色调，同时也可以移动“色相”和“饱和度”滑块。
- 自动按钮：设置基于图像的颜色值的灰度混合，并使灰度值的分布最大化。

使用【反相】命令可以获得一种类似照片底版效果的图像，它可以使图像颜色的相位相反，就是在通道中每个像素的亮度值都转化为256级亮度值刻度上相反的值。例如，原亮度值为60的像素，经过反相之后其亮度值就变成196。

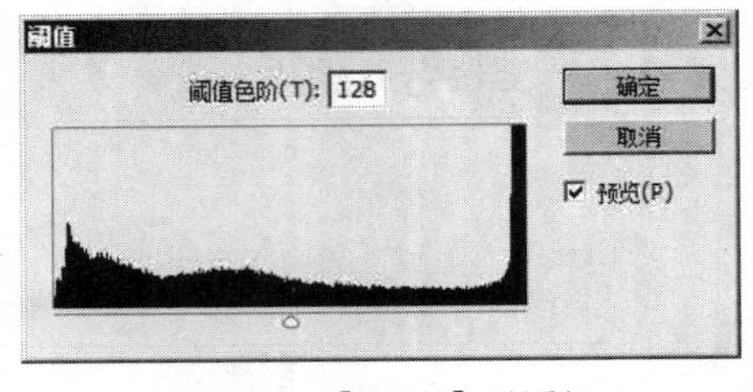

图 3.26 【阈值】对话框

3.3.2 设定图像阈值

使用【阈值】命令可以将一张彩色或灰度的图像调整成高对比度的黑白图像，这样便可区分出图像中的最亮和最暗区域。用户可以指定某个色阶作为阈值，即所有比阈值大的像素将转换为白色，而比阈值小的像素将转换为黑色。选择【图像】→【调整】→【阈值】命令，打开【阈值】对话框，如图3.26所示。

3.3.3 图像色调分离

使用该命令可以指定图像中每个通道的色调级（或亮度值）的数目，然后将像素映射为最接近的匹配色调上，减少并分离图像的色调。

选择【图像】→【调整】→【色调分离】命令，打开【色调分离】对话框，如图3.27所示，在该对话框中设置色调级数目即可。

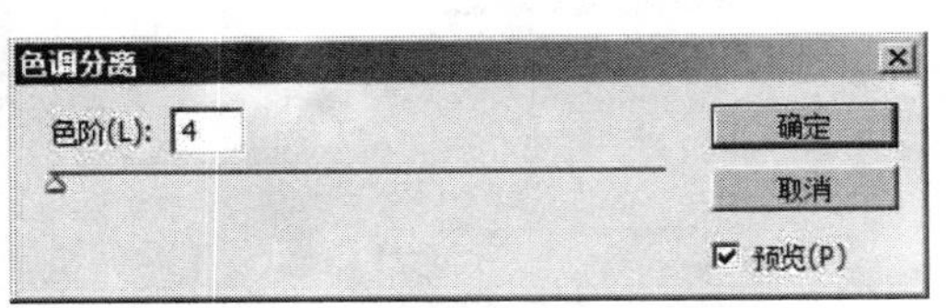

图 3.27 【色调分离】对话框

3.3.4 渐变映射

使用【渐变映射】命令可以将图像中的最暗色调对应为某一渐变的最暗色调，将图像中的最亮色调对应为某一渐变的最亮色调，从而将整个图像的色阶映射为这一渐变的所有色阶。

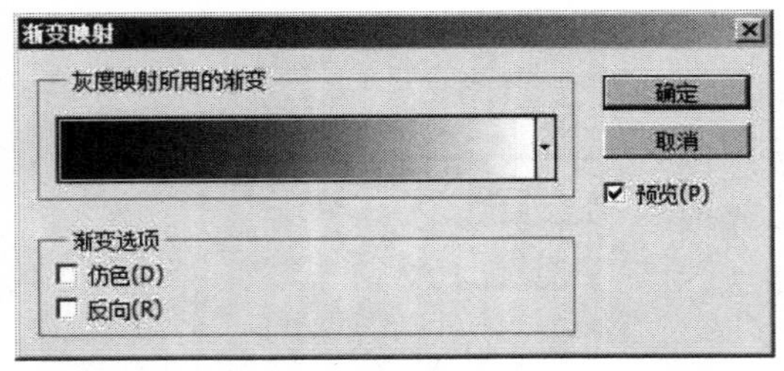

图 3.28 【渐变映射】对话框

选择【图像】→【调整】→【渐变映射】命令，打开【渐变映射】对话框，如图3.28所示，各选项的含义如下。

灰度映射所用的渐变：下拉列表框中选择要使用的渐变色，并可通过单击中间的颜色框来编辑所需的渐变颜色。

渐变选项："仿色"和"反向"复选框的作用与"渐变"工具的相应选项相同。

3.3.5 HDR色调

使用【HDR 色调】命令主要用来修补太亮或者太暗的图像，制作出高动态范围的图像效果。选择【图像】→【调整】→【HDR 色调】命令，打开【HDR 色调】对话框，如图3.29所示。各选项的含义如下。

- 方法：在该下拉列表中包括“曝光度和灰度系数”、“高光压缩”、“色调分化直方图”和“局部适应”4 个选项，用户可以从这 4 个选项中选择适合的选项来调整图像色调，一般情况下，系统默认的是“局部适应”选项。
- 边缘光：拖曳“半径”滑块可以调节图像色调变化的范围；拖曳“强度”滑块可以调节图像色调变化的强度。
- 色调和细节：该选项组可以使图像的色调和细节更加丰富多彩。
- 颜色：该选项组可以使图像的整体色彩变得更加艳丽。

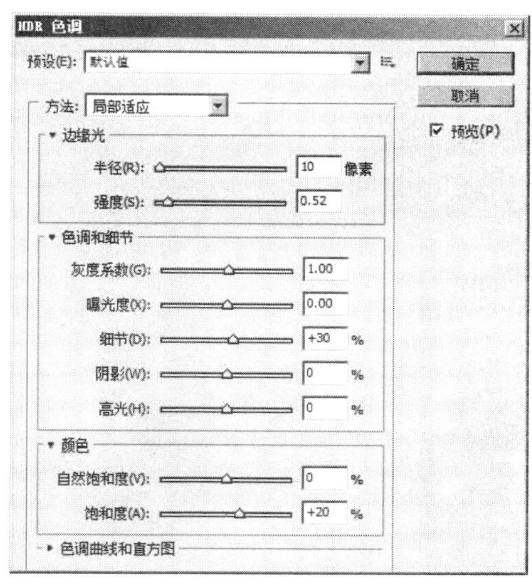

图 3.29　【HDR 色调】对话框

- 色调曲线和直方图：单击该选项即可打开色调曲线和直方图，用户可以在该直方图中调整图像的色调。

△ 应用举例——利用 HDR 调整照片图像

利用【HDR 色调】命令，可以将同一场景的不同曝光效果的多个图像合并起来，获得单个 HDR 图像中的全部动态范围。

STEP 1　打开“海边.jpg”图像文件，如图 3.30 所示。选择【图像】→【调整】→【HDR 色调】命令，打开【HDR 色调】对话框，拖曳滑块调整参数，如图 3.31 所示。

图 3.30　原始图像

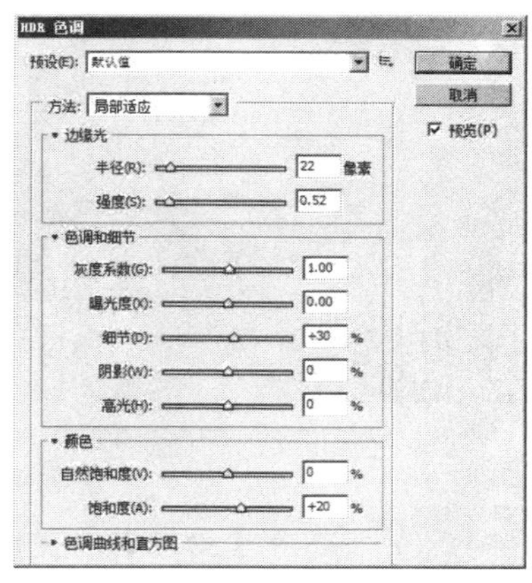

图 3.31　【HDR 色调】对话框

STEP 2　在对话框中单击“色调曲线和直方图”选项，即可弹出曲线和直方图，在其中添加锚点调整曲线，如图 3.32 所示，完成后单击【确定】按钮，最终效果如图 3.33 所示。

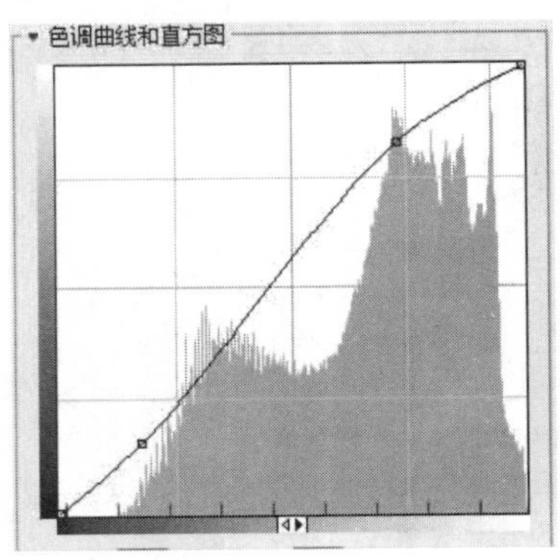

图 3.32　色调曲线和直方图

图 3.33　最终效果图

☆ 课堂练习——制作水彩图像效果

在 Photoshop CS5 中，利用【阈值】命令可以制作高对比度的黑白效果图像，本实例使用【阈值】命令制作手绘铅笔效果，然后通过设置图层混合模式制作水彩画的图像效果。

STEP 1　打开“金发美女.jpg”图像文件，如图 3.34 所示。打开图层面板，按快捷键【Ctrl+J】复制图像，如图 3.35 所示。

图 3.34　原始图像

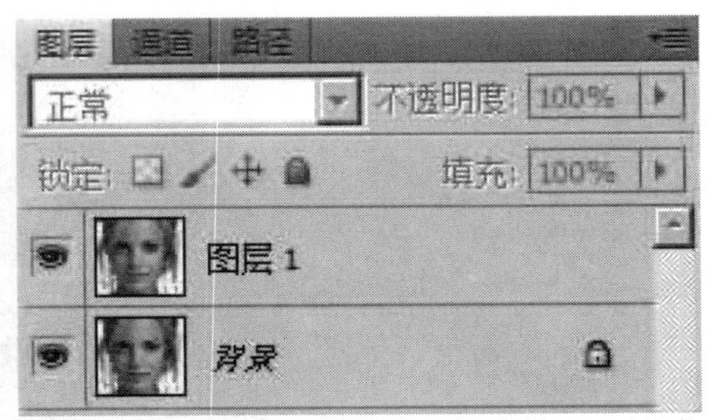

图 3.35　图层面板效果图

STEP 2　选择【图像】→【调整】→【阈值】命令，弹出【阈值】对话框，将“阈值色阶”值设为“125”，此时图像被调整为对比度高的黑白效果，如图 3.36 所示，单击【确

定】按钮。

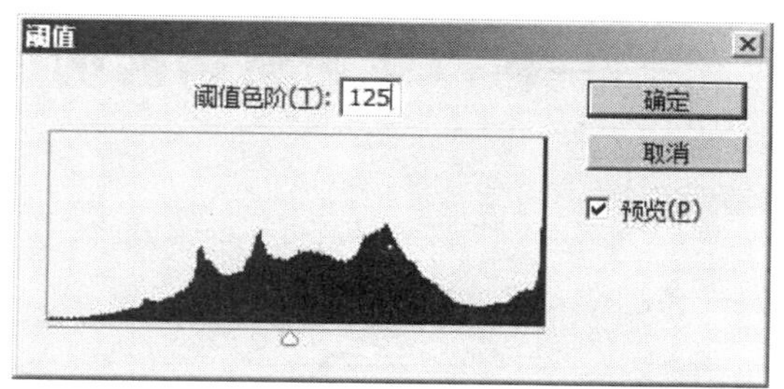

图 3.36　【阈值】对话框

STEP 3　选择【滤镜】→【艺术效果】→【木刻】命令，弹出【木刻】对话框，在其中设置相应的值，如图 3.37 所示，设置完成后，单击【确定】按钮，图像应用木刻滤镜效果，可看到黑白图像的边缘变得柔和。

图 3.37　【木刻】对话框

STEP 4　打开【图层】面板，将图层的“混合模式”为“柔光”，如图 3.38 所示，实例制作完成后，最终效果如图 3.39 所示。

图 3.38　图层面板效果图

图 3.39　最终效果图

3.4 典型实例剖析——制作鲜明色调的明信片

制作如图 3.40 所示的鲜明色调的明信片。

图 3.40 明信片效果图

STEP 1 打开如图 3.41 所示的图像。选择【图像】→【图像大小】命令，将图片“宽度”改为“640”，“约束比例”项打钩，其他设置如图 3.42 所示，然后单击【确定】按钮。

图 3.41 原始图像

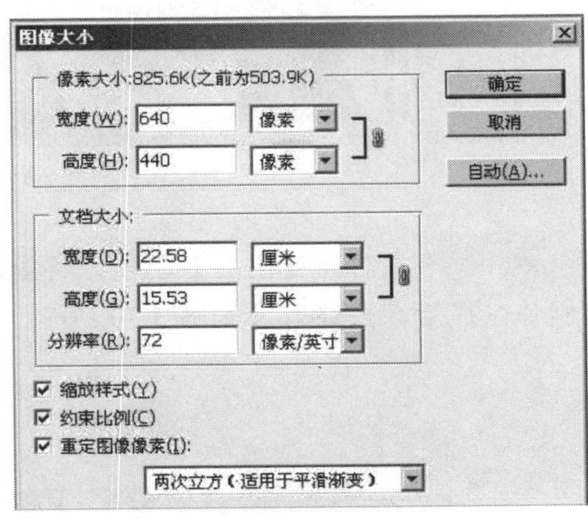

图 3.42 【图像大小】对话框

STEP 2 在【图层】面板中将背景复制一个副本，去掉前面的“眼睛”图标，使其隐藏，如图 3.43 所示。再选择“背景”图层，选择【图像】→【调整】→【色阶】命令，在弹出的【色阶】对话框中，调整两端的滑块，直到对亭子部分的效果满意为止，如图 3.44 所示。

图 3.43　复制背景图层

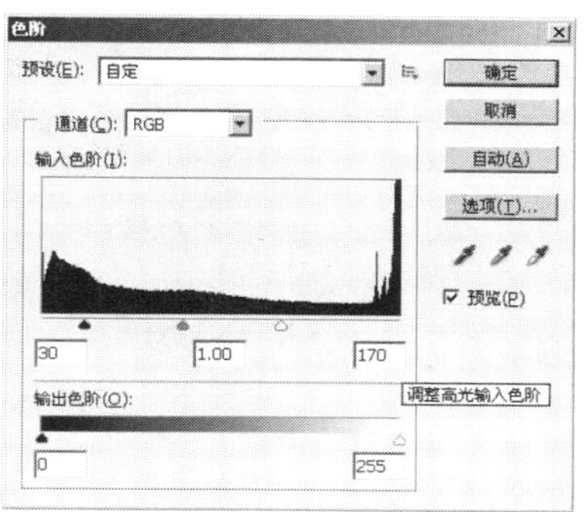

图 3.44　【色阶】对话框

STEP 3　选择【图像】→【调整】→【色相/饱和度】命令，在弹出的【色相/饱和度】对话框中，参数设置如 3.45 所示，单击【确定】按钮。恢复“背景副本”图层前的眼睛图标，选择【图像】→【调整】→【色相/饱和度】命令，修改“色相”和“饱和度”参数如图 3.46 所示，单击【确定】按钮。

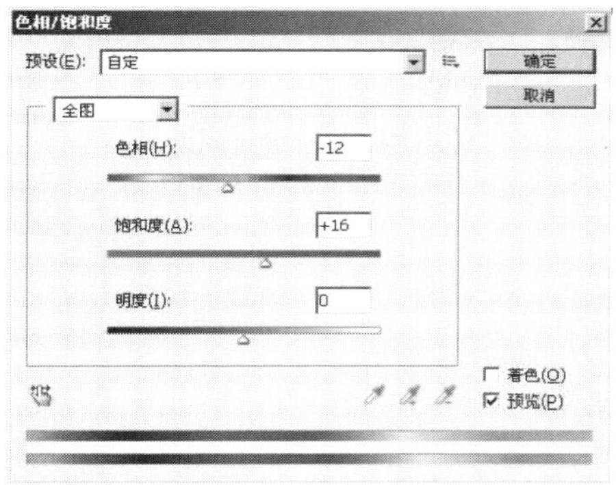

图 3.45　调整“背景”图层的色相/饱和度

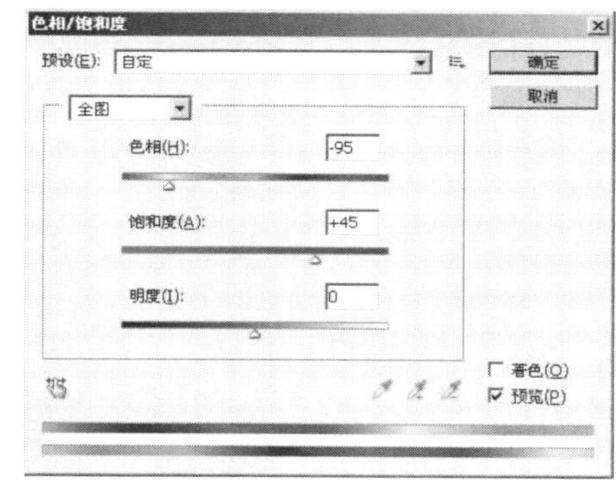

图 3.46　调整“背景副本”图层的色相/饱和度

STEP 4　选择【图像】→【调整】→【可选颜色】命令，设置“颜色”为“绿色”，“方法”选择“绝对”，修改相应的颜色值，如图 3.47 所示；再次调出【可选颜色】对话框，调整黄色的值，如图 3.48 所示，单击【确定】按钮。

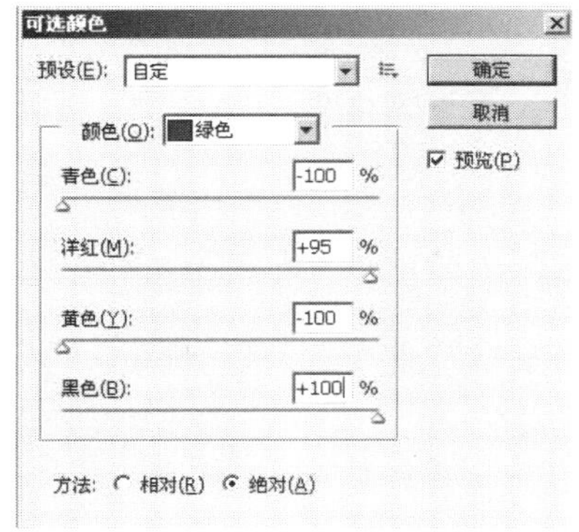

图 3.47　设置“绿色”参数

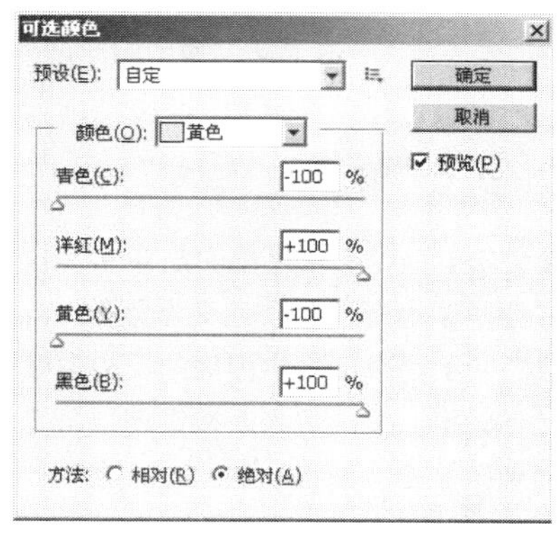

图 3.48　设置“黄色”参数

STEP 5 选择橡皮擦工具，涂掉“副本”图层上有亭子的部分，细节部分可以先放大再擦除，最后再加上文字，最终效果图如图 3.40 所示。

◎ 复习思考题

一、单选题

1. 色阶（Level）对话框中输入色阶的水平轴表示的是（　　）数据。

A. 色相　　B. 饱和度　　C. 亮度　　D. 像素数量

2. 在曲线对话框中曲线可以增加（　　）个节点。

A. 10　　B. 12　　C. 14　　D. 16

3. 在【图像】→【调整】→【曲线】命令的对话框中，X 轴和 Y 轴分别代表的是（　　）。

A. 输入值. 输出值　　B. 输出值. 输入值

C. 高光. 暗调　　D. 暗调. 高光

4. 在【图像】→【调整】菜单命令中，调整颜色最精确的方法是（　　）。

A. 色阶　　B. 曲线　　C. 色相/饱和度　　D. 色彩平衡

5. 使用【色调分离】命令，在 RGB 图像中指定两种色调级，能得到（　　）种颜色。

A. 3　　B. 4　　C. 5　　D. 6

6. 下面对色彩平衡描述正确的是（　　）。

A. 只能调整 RGB 模式的图像　　B. 只能调整 CMYK 模式的图像

C. 不能调节灰度图　　D. 以上都不对

7. 当图像偏蓝时，使用【变化】菜单命令应当给图像增加（　　）颜色。

A. 蓝色　　B. 绿色　　C. 黄色　　D. 洋红

8. 一幅全黑的图像按什么快捷键可变成白色（　　）。

A.【Command/Ctrl+I】　　B.【Command/Ctrl+W】

C.【Command/Ctrl+E】　　D.【Command/Ctrl+R

9. 若将图像中所颜色变成其补色，则快捷键是（　　）。

A.【Command/Ctrl+X】　　B.【Command/Ctrl+T】

C.【Command/Ctrl+I】　　D.【Command/Ctrl+D】

10. 下面（　　）类型不属于调节图层的调节类型。

A. 变化　　B. 曲线　　C. 亮度/对比度　　D. 色阶

二、多选题

1. 对【色阶】命令描述正确的是（　　）。

A.【色阶】命令能将白色变为黑色

B.【色阶】命令能产生图像的反相效果

C.【色阶】命令中的自动按钮相当于【自动色阶】命令

D.【色阶】命令的快捷键是 Ctrl+L

2. 对【色彩平衡】描述不正确的是（　　）。

A. 只能 8C03 整 RGB 模式的图像
B. 只能调整 CMYK 模式的图像
C. 只能调整灰度模式的图像
D. 不能调节灰度图

3. 下面对【色彩平衡】命令描述正确的是（　　）。
A.【色彩平衡】命令只能调整图像的中间调
B.【色彩平衡】命令能将图像中的绿色趋于红色
C.【色彩平衡】命令可以校正图像中的偏色
D.【色彩平衡】命令不能用于索引颜色模式的图像

4. 下面对【阈值】命令描述正确的是（　　）。
A.【阈值】命令中阈值色阶数值的范围在 1～255 之间
B. 图像中小于 50%灰的地方都将变为白色
C.【阈值】命令能够将一幅灰度或彩色图像转换为高对比度的黑白图像
D.【阈值】命令也可适用于文字图层

5. 下面对【变化】命令描述不正确的是（　　）。
A. 是模拟 HSB 模式的命令
B. 可视的调整色彩平衡．对比度和亮度
C. 不能用于索引模式
D. 可以精确调整色彩的命令

三、判断题

1. 色阶命令是通过设置色彩的明暗度来改变图像的明暗及反差效果的。（　　）
2. 使用【亮度/对比度】命令可一次性调整图像中的所有像素。（　　）
3. 在【曲线】对话框中调整曲线的手段有两种。（　　）
4.【渐变映射】命令可以把不同的图像灰度范围映射到指定的渐变填充色，产生一种特殊的填充效果。（　　）
5.【阈值】命令可以就灰度图像或彩色图像转换成高对比度的黑白图像。（　　）

四、操作题（实训内容）

1. 打开一幅彩色的 RGB 模式图像，将它变成灰度图像，然后将图像变为单彩色图像。
2. 打开任意两幅彩色图像，使用【匹配颜色】命令进行调色练习。

图层的应用

应知目标

熟悉图层面板和图层菜单，懂得图层的基本操作，熟悉图层样式效果的添加，熟悉智能对象图层的概念。

应会要求

掌握图层的各项基础操作：新建图层及移动图层、设置图层属性、合并图层等。掌握文字层的操作与应用：包括文字层的转换等；掌握添加图层样式效果的方法；学会智能对象图层的创建与编辑。

4.1 图层的基本操作

图层是 Photoshop CS5 的重要功能之一,任何好的 Photoshop 图像作品都离不开图层的作用。应用图层可以巧妙地将不同的图像进行合成，用户可以通过简单地调整各图层间的关系，实现更加丰富和复杂的视觉效果。

图层能够把图像中的部分独立地分离出来，然后对其中的小部分进行处理，这些部分之间不会相互影响，最后我们看到的图像是各个图层叠加的效果，这与以往的绘图形成了鲜明的对比，过去的绘图都是在一个图层上进行的，因此其中的部分不能够随意地移动和修改，任何变动都会影响到图像上的其他部分，所以有不少人甚至称图层为 Photoshop 的灵魂。

在 Photoshop CS5 中可利用【图层】面板对图像文件中的所有图层进行管理，用户可以在【图层】面板中进行创建、删除、修改、重新组合等一系列操作。本节将对【图层】面板及图层菜单进行介绍，为以后能够熟练使用图层打下良好的基础。

4.1.1 图层面板与图层菜单

启动 Photoshop CS5 时，【图层】面板默认为是显示状态，如果开始时【图层】面板没有显示，选择【窗口】→【图层】命令，或按快捷键【F7】，即可打开【图层】面板。选择【文件】→【打开】命令，打开如图 4.1 所示的图片，其相应的【图层】面板状态如图 4.2 所示。

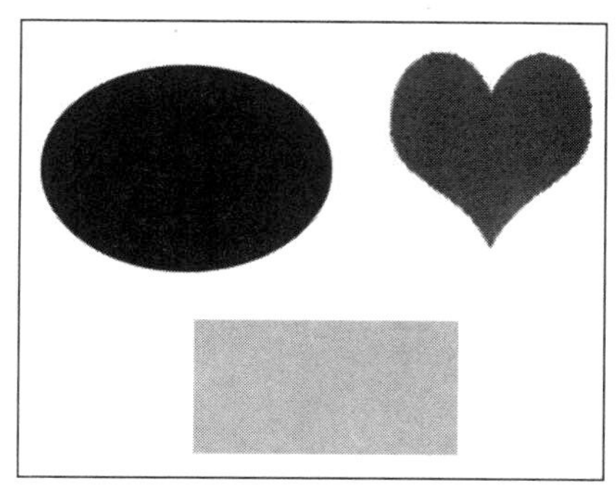
图 4.1　多形状图层图片

图 4.2　【图层】面板状态

下面介绍【图层】面板中的各项功能：

（1）设置图层的混合模式：单击下拉列表框右边的三角形按钮，弹出如图 4.3 所示的“图层混合模式”下拉列表，在其中可以选择当前图层和其相邻的下一个图层的混合模式，具体内容将在 4.2.6 节中详细介绍。

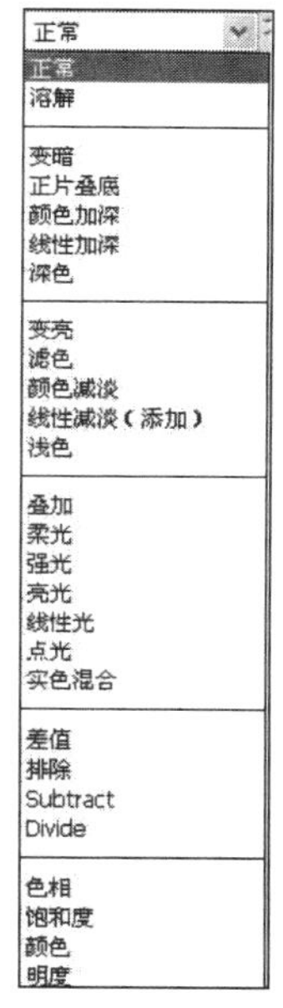

图 4.3　“图层混合模式”下拉列表

（2）不透明度：用来设置图层的不透明度，可通过拖动滑块或直接输入数值来修改图像的不透明度。

（3）锁定：这四个按钮的作用分别为：

- 锁定透明像素：使当前图层中的透明区域不可被编辑；
- 锁定图像像素：使当前图层中的图像不接受处理；
- 锁定位置：锁定当前图层的位置，使当前图层不能移动；
- 锁定全部：锁定当前图层，使当前图层完全锁定，任何操作都无效。

（4）填充：设置当前图层内容的填充不透明度，可以通过拖动滑块或直接输入数值来修改。

（5）：用来显示或隐藏图层。当在图层左侧显示该图标时，表示当前图层处于可见状态，单击此图标，图标消失，此时图层上的内容全部处于不可见状态。

（6）：图层链接标志，可以将当前所选择的多个图层链接起来，当对有链接关系的图层组中某个图层进行操作时，所做的效果会同时作用到链接的所有图层上。

（7）：【添加图层样式】按钮，用来给当前图层添加各种特殊样式效果，单击此按钮，可弹出如图 4.4 所示的下拉菜单。

（8）：【添加图层蒙版】按钮，单击该按钮，给当前图层快速添加具有默认信息的图层蒙版。

（9）：【创建新的填充或调整图层】按钮，用于创建新的填充或调整图层，单击此按钮，将弹出如图 4.5 所示的图层调整与填充菜单。

（10）![]：【创建新组】按钮 ，用来建立一个新的图层组，它可包含多个图层。

（11）![]：【创建新图层】按钮 ，用来建立一个新的空白图层。

（12）![]：【删除图层】按钮，用来删除当前图层。

（13）![] ：单击此按钮，将弹出如图 4.6 所示的“图层面板”下拉菜单。

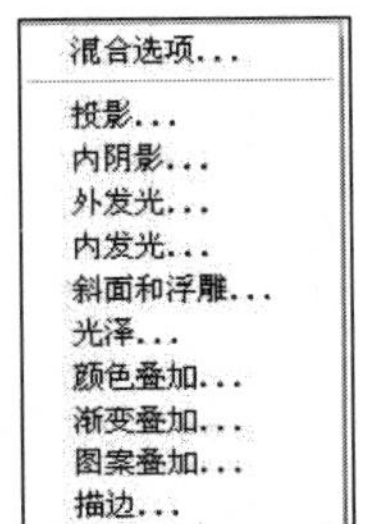
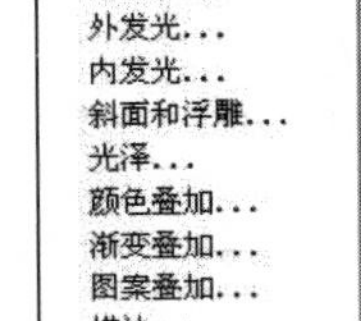

图 4.4 “图层样式”下拉菜单

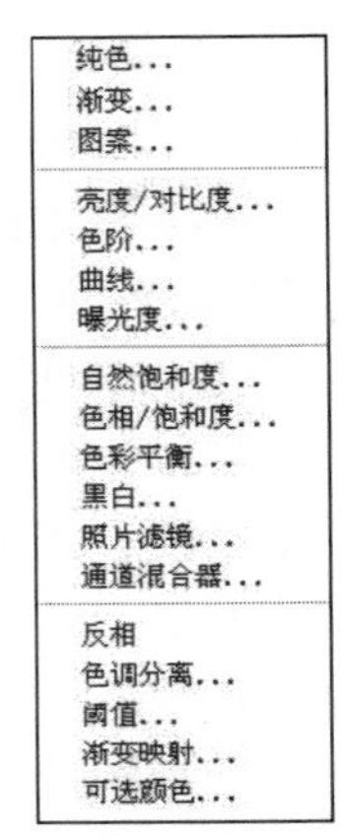

图 4.5 【图层调整与填充】菜单

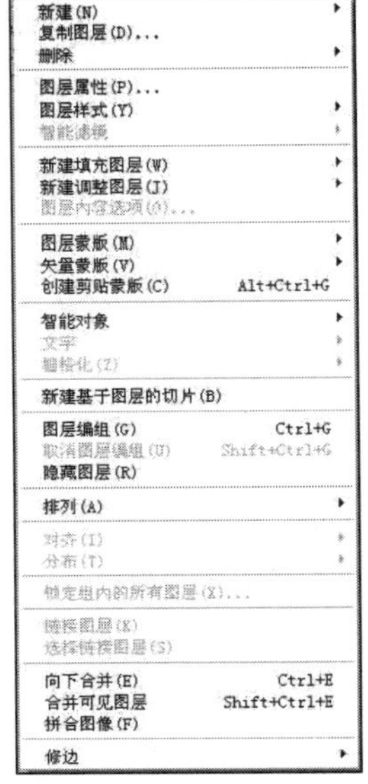

图 4.6 “图层面板”下拉菜单

4.1.2 创建图层

创建图层是图像处理中最常用的操作，在 Photoshop CS5 中，图层主要有普通图层、背景图层、调整图层、文本图层、填充图层和形状图层等几大类，运用不同的图层将产生不同的图像效果。

1. 创建普通图层

普通图层是 Photoshop CS5 中最基本的图层类型，是指使用一般方法建立的图层，它好比透明无色的空白纸，可以在上面进行任意的绘制和修改，其最大的优点是应用范围广，几乎所有的 Photoshop 命令都可以在普通图层上使用。新建空白图层的方法有以下几种：

（1）在【图层】面板的底部单击【创建新图层】按钮![]，即可在当前图层之上新建一个空白图层“图层 1”，如图 4.7 所示。

（2）选择【图层】→【新建】→【图层】命令或按【Shift+Ctrl+N】组合键，弹出如图 4.8 所示对话框，单击【确定】按钮。在【新建图层】对话框中的“名称”文本框中输入新图层的名称；“颜色”选择图层的显示颜色；“模式”选择图层的混合模式；“不透明度”设置图层的不透明度。

（3）单击图层面板右上角按钮![]，在弹出的菜单中选择【新建图层】命令。

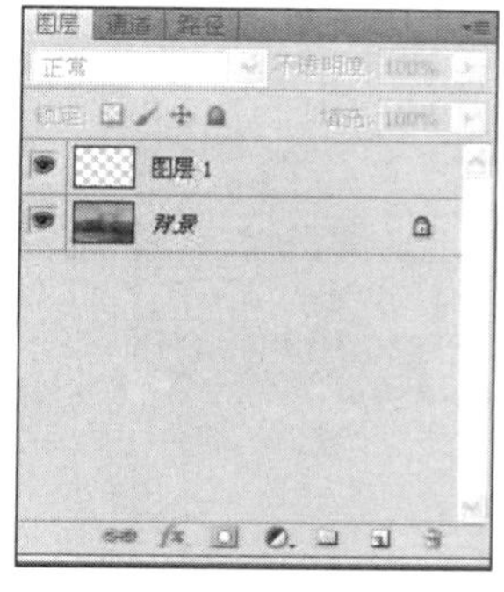

图 4.7　创建空白图层

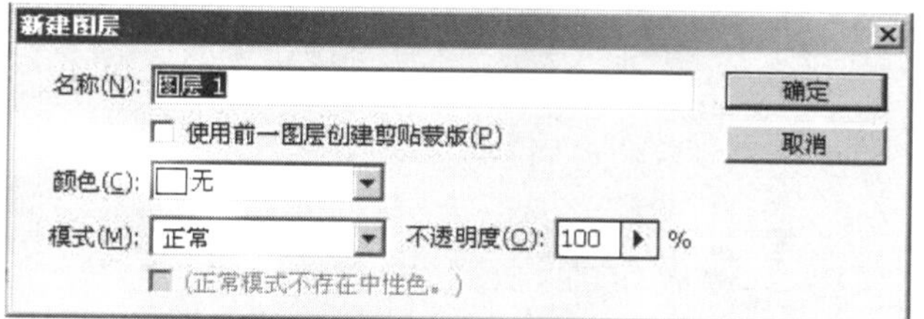

图 4.8　【新建图层】对话框

2. 创建背景图层

创建背景图层与普通图层不同的是，它是处理图像的最低层，并且无法进行变形、混合模式、样式等处理，如果需要编辑修改背景图层，可以先将背景图层转化为普通图层，然后进行处理。

要把背景图层转换为普通图层，只要双击背景图层图标，打开【新建图层】对话框，在对话框内设置相应的参数，单击【确定】按钮即可。

要创建背景图层，可以选择【图层】→【新建】→【背景图层】命令，这时新建的图层为背景层。

3. 创建调整图层

调整图层是在当前层的上方新建一个层，通过蒙版来调整其下方所有图层的图像效果，包括色调、亮度和饱和度等。创建新的调整图层有两种方法：

（1）选择【图层】→【新建调整图层】命令，将弹出如图 4.9 所示下拉菜单。

（2）单击【图层】面板的【创建填充或调整图层】按钮 ，弹出如图 4.5 所示的菜单，可选择相应的选项。图 4.10 与图 4.11 分别为添加【色阶】调整图层前后的图像效果。

色阶(L)...
曲线(V)...
曝光度(E)...
自然饱和度(R)...
色相/饱和度(H)...
色彩平衡(B)...
黑白(K)...
照片滤镜(F)...
通道混合器(X)...
反相(I)...
色调分离(P)...
阈值(T)...
渐变映射(M)...
可选颜色(S)...

图 4.9　“调整图层”下拉菜单

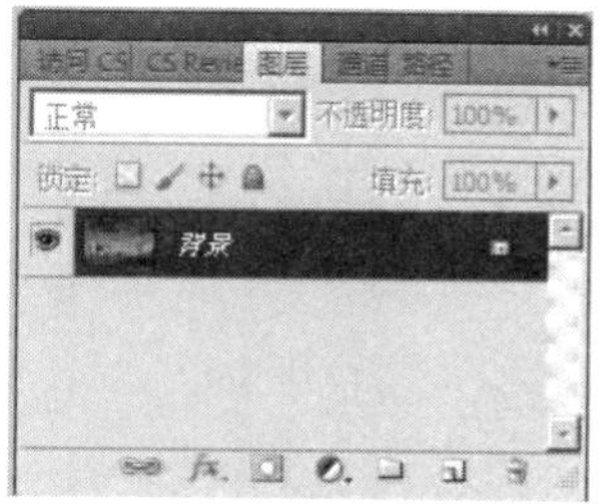

图 4.10　添加【色阶】调整图层前的效果

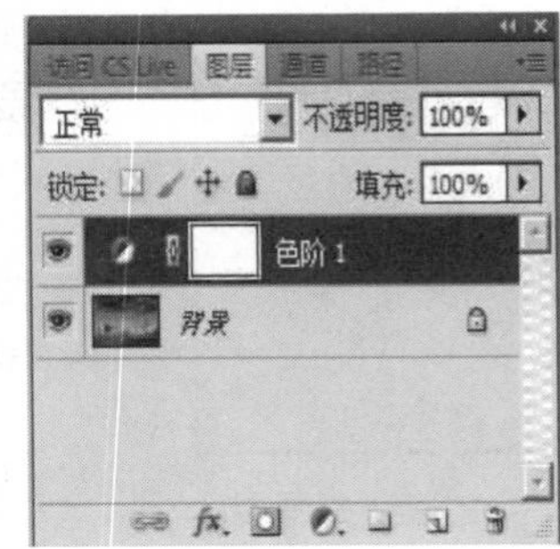

图 4.11　添加【色阶】调整图层后的效果

4. 创建文本图层

选择工具箱中的横排文字工具T,在图像文件中输入文字后，系统会自动生成一个新的图层，即文本图层，如图 4.12 所示。在【图层】面板中，双击“T”，可以将已输入的文字选中，直接修改文字的内容和属性。

图 4.12　输入文字后的画面和【图层】面板

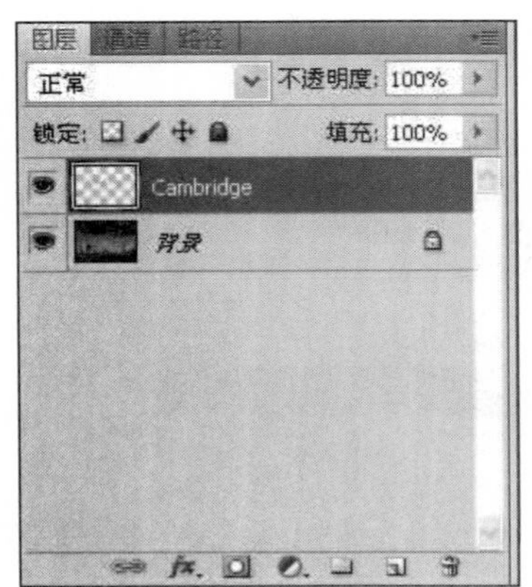

图 4.13　栅格化文字图层后的【图层】面板

大多数编辑命令不能在文本层中使用，要先将文本层转换为普通层后才能使用。要将文本层转换为普通层，可以选择【图层】→【栅格化】→【图层】命令，或在文字图层的名称处右击，在弹出的快捷菜单中选择【栅格化图层】命令。图 4.13 为文字图层栅格化后转换成普通层后的【图层】面板。

5. 创建填充图层

填充图层是指在当前层的上方新建一个图层，为新建的图层填充纯色、渐变色或图案，并对“图层混和模式”和“不透明度”进行设置，使新建图层与底层图像产生特殊的混和效果。选择【图层】

→【新建填充图层】→【图案】命令，弹出如图 4.14 所示对话框。

设置“不透明度”为 50%，在【图案填充】对话框中选择相应的图案，如图 4.15 所示。图 4.16 和图 4.17 分别为建立填充层前、后的图像及图层面板状态。

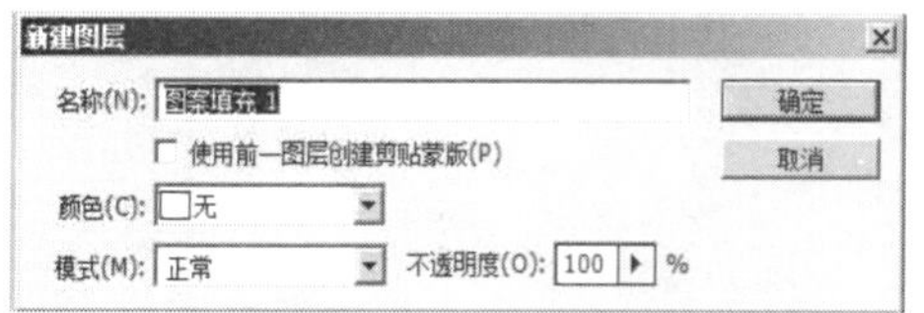

图 4.14 【新建图层】对话框

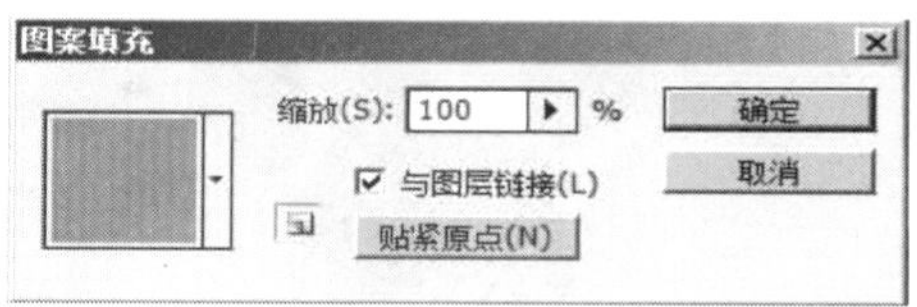

图 4.15 【图案填充】对话框

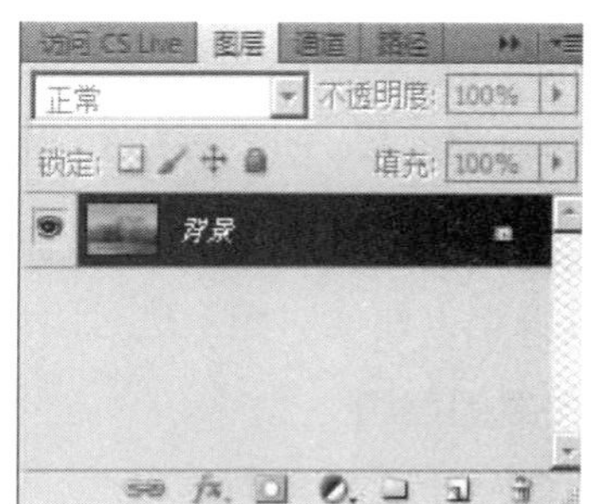

图 4.16 新建填充图层前的画面效果及【图层】面板状态

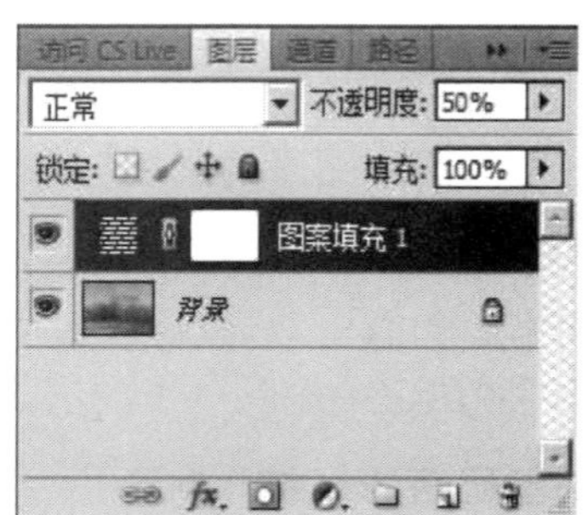

图 4.17 新建填充图层后的画面效果及【图层】面板状态

工具箱中的“渐变”工具和“油漆桶”工具也可以创建填充图层。

6. 创建形状图层

选择工具箱中的形状工具组的工具，并在工具属性栏中选择形状图层按钮 ，在图像上创建图形后，【图层】面板上会自动建立一个新图层，这个图层就是形状图层。如图 4.18 所示是创建形状图层后的图像与【图层】面板状态。

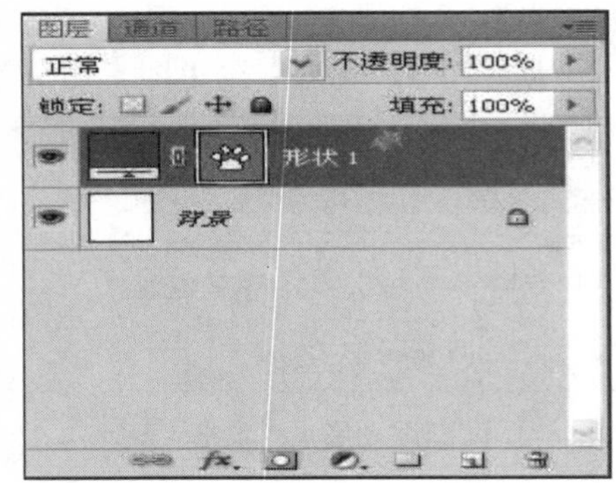

图 4.18　创建形状图层后的图像与【图层】面板状态

把形状图层转换为普通图层，有两种方法：选择【图层】→【栅格化】→【形状】命令，或在形状图层的名称处右击，在弹出的快捷菜单中选择【栅格化图层】命令。

4.1.3　使用图层组管理图层

图层组指的是若干个图层形成的一个组，在图层组中的图层之间的关系更为密切，有了图层组可以更方便地对图层进行组织和管理。

1. 创建图层组

创建图层组有三种方法。

（1）选择【图层】→【新建】→【组】命令；

（2）单击【图层】面板中的【创建新组】按钮；

（3）单击【图层】面板中的【面板菜单】按钮，在弹出的菜单中选【新建组】；

经上述任一项操作后会弹出【新建组】对话框，单击【确定】按钮，即可创建新的图层组，这时【图层】面板中出现类似于文件夹的图标，用鼠标可把相应的图层拖动到图层组中。

2. 图层组中图层的添加与删减

要在图层组中添加新的图层，先在【图层】面板中选中图层组，再用“创建图层”的方法新建图层即可。

要在图层组中删除一个图层，与非图层组中的单个图层的删除操作相同。

3. 图层组的复制与删除

要复制图层组，其方法如下：

1　选择【图层】→【复制组】命令；

2　选中要复制的组，鼠标右击，在弹出的菜单中选择【复制组】；

3　【图层】面板中单击【面板菜单】按钮，在弹出的菜单中选择【复制组】。

经上述任一项操作后会出现【复制组】对话框，如图 4.19 所示，然后单击【确定】按钮。

在删除图层组时，先选中要删除的组，然后：

1. 选择【图层】→【删除组】命令；
2. 鼠标右击，在弹出的菜单中选择【删除组】命令；
3. 【图层】面板上单击【面板菜单按钮】，在弹出的菜单中选择【删除组】；
4. 单击【图层】面板中的【删除图层】按钮；

经上述任一项操作后会出现如图 4.20 所示的对话框，单击【组和内容】按钮，将会删除图层组和图层组中所有的图层，单击【仅组】按钮只删除图层组，并不会删除图层。

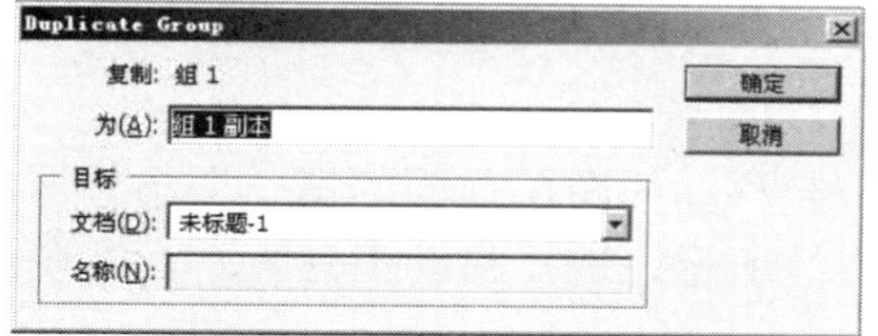

图 4.19 【复制组】对话框

图 4.20 【删除组】提示对话框

4.2 编辑图层

通常，一个好的图像作品需要经过许多步骤才能完成，图层的操作尤其重要。这是因为一个综合性的设计往往是由多个图层组成的，只有对图层进行多次编辑修改才能达到理想的效果。本节将介绍图层的各种编辑方法。

4.2.1 移动、复制、删除、锁定图层

图层的移动、复制和删除是编辑图层过程中最常用的方法，下面分别进行讲解。

1. 图层的移动

在编辑图像过程中，有时要调整各个图层的相对位置，利用图层的移动功能就可以达到这个目的。移动一个图层的具体操作步骤如下：

（1）打开一幅图像，其中包含几个图层，如图 4.21 所示。在【图层】面板中选中要移动的图层，如图 4.22 所示，选中“形状 3”图层。在这里要注意一点，如果图层被锁定，应该单击锁定图层工具解除锁定。

图 4.21 3 个形状图片

图 4.22 【图层】面板

（2）选择工具箱中的移动工具，将鼠标移动到图像窗口中，按住鼠标并拖动，效果如图 4.23（左）所示。也可以直接按住【Ctrl】键，移动鼠标到图像窗口，再拖动图像。

图 4.23　移动一个图层

同时移动多个图层：在【图层】面板上单击要一起移动的图层前面的第二个小方框，这时小方框出现图标，进行图层链接，如图 4.24（右）所示，选择移动工具，在图像窗口拖动图像，得到如图 4.24（左）所示效果。

图 4.24　同时移动三个图层

如果要在不同图像之间进行图层移动，可以使用移动工具直接把相应的图层拖动到另一个图像窗口。如果有多个图层链接在一起，那么链接的图层也一起移动，原来的图像窗口并不会发生变化，相当于把原来的图层复制到另外一张图像上去。

2. 图层的复制

在【图层】面板中选中需要复制的图层，按住鼠标左键，拖动到【图层】面板的【创建新图层】按钮，即可复制选中图层到原来图层的上方，如图 4.25 所示，复制的图层副本与原图层完全相同，我们可以使用工具箱中的“移动”工具，将图层副本移动到相应的位置，即可看到复制的效果。

图 4.25　复制图层效果

3. 图层的删除

删除图层有如下几种方法：

1 在【图层】面板中，选中要删除的图层，选择【图层】→【删除】命令。

2 在【图层】面板中，选中要删除的图层，用鼠标右击，在弹出的快捷菜单中选择【删除图层】命令。

3 在【图层】面板中，选中要删除的图层，单击面板底部的删除图层 按钮 。

4 在【图层】面板中，将要删除的图层拖动到删除图层按钮 上。

4. 锁定与释放图层内容

在 Photoshop CS5 中具有锁定图层的功能，可以用来锁定某一个图层和图层组，使它在编辑修改图像时不受影响，锁定图层的具体项目可详见 4.1.1 节中的介绍。

要释放已锁定图层的内容，只须再次单击图层面板上锁定工具栏上相应的锁定按钮即可。

4.2.2 调整图层叠放次序

图像中的图层是按一定的顺序叠放在一起的，所以图层的叠放顺序决定了图像的显示效果，在编辑图像时，经常需要调整图层的叠放顺序，具体的操作方法如下：

STEP 1 在【图层】面板中用鼠标将需要调整顺序的图层向上或向下拖动，这时【图层】面板会有相应的线框随鼠标一起移动，当线框调整到合适位置后，再释放鼠标即可。

STEP 2 选择【图层】→【排列】命令，弹出如图 4.26 所示的“排列”子菜单，其中“置为顶层”命令将当前选中的图层移动到【图层】面板的最顶层；“前移一层”命令将选中的图层向前移动一层，若该图层已经处于最顶层，则无效；“后移一层”命令将选中的图层向后移动一层，若该图层已处于最底层，即背景层的上一层，则无效；“置于底层”命令将选中的图层移动到最底层，也就是背景层的上一层。

置为顶层(F)	Shift+Ctrl+]
前移一层(W)	Ctrl+]
后移一层(K)	Ctrl+[
置为底层(B)	Shift+Ctrl+[
反向(R)	

图 4.26 “排列”子菜单

4.2.3 图层的链接与合并

要把几个图层链接起来，先选定要链接的图层，然后单击【图层】面板中的链接图层按钮 。要将链接的图层取消链接时，只需再次单击该按钮。对链接中的任何图层进行移动、旋转或自由变形等操作，此时这一组链接在一起的图层都会同时进行相应的变换，若这组链接图层中有一个图层被锁定，那么这一组图层也相应被锁定。

Photoshop CS5 中进行图层合并，可以单击图层面板的按钮，在弹出的菜单中有【向下合并】、【合并可见层】和【拼合图像】三个合并图层的命令。也可以在【图层】面板中选中要合并的图层右击，在弹出的菜单中同样有这 3 个命令，如图 4.27 所示。

【向下合并】：将当前选中的图层与它的下一层图像合并，如果要合并图层的下一层是多个图层链接在一起的，那么此命令变成合并层命令，如图 4.28 所示，将把所有选中的图层合并。

【合并可见图层】：把所有可见图层全部合并。

【拼合图像】：将图像中所有图层合并，并会弹出对话框，提示是否舍弃不可见图层。

选择【图像】→【复制】命令，打开如图 4.29 所示的【复制图像】对话框，对话框中有“仅复制合并的图层”选项，选中此选项，可以复制当前图像，同时又合并所有处于可见状态的图层。

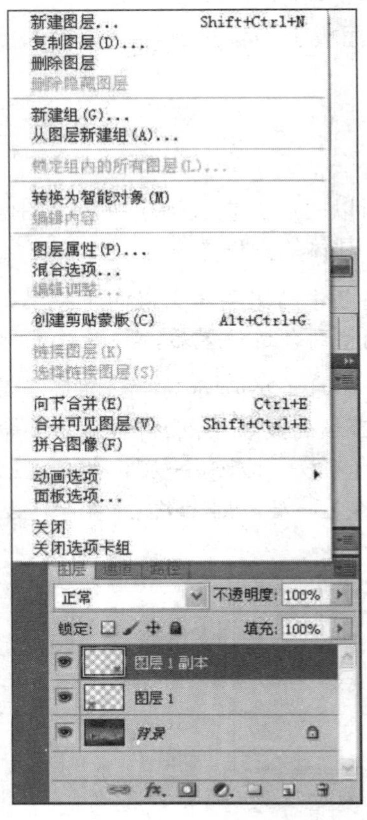

图 4.27　合并选中的图层

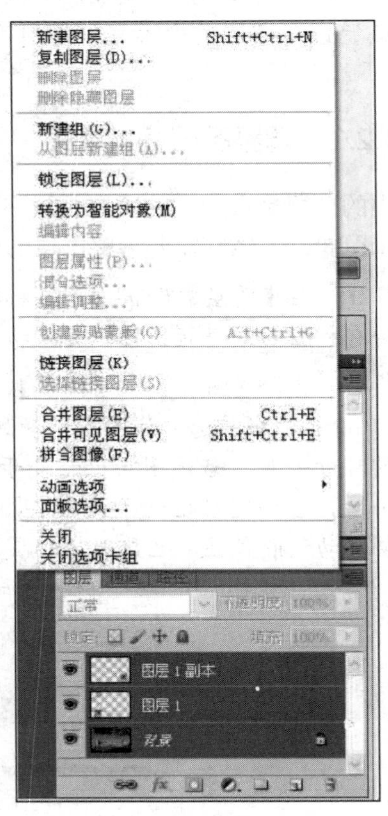

图 4.28　合并选中的链接图层

图 4.29　复制图像的同时又合并图层

1. 链接图层的对齐

链接在一起的几个图层可以按照一定的规则来对齐，选中链接的图层，选择【图层】→【对齐】命令，将弹出如图 4.30 所示菜单，选择相应的对齐方式，将图层中的图像对齐，而图层中的透明部分不作为对齐的对象。在使用对齐命令之前，必须先选中两个或两个以上的图层，否则此命令无效。

当在图像中建立一个选区时，【对齐】命令将变成【将图层与选区对齐】，可以将选定的图层和选区对齐。

图 4.30 “图层对齐”菜单

2. 图层的分布

选择【图层】→【分布】命令，弹出如图 4.31 所示分布菜单，这个命令的作用是把与当前图层相链接的层按一定的规则分布在画布上的不同地方，一共有六种方式：“顶边”、“垂直居中”、“底边”、“左边”、“水平居中”和“右边”，分别表示将链接的图层按照顶边、竖直方向的中心线、底边、左边、水平方向的中心线和右边，在原位置附近作较小的调整，以使各个图层内容等距分布。在使用【分布】命令之前，必须选中三个或三个以上的图层，否则此命令无效。

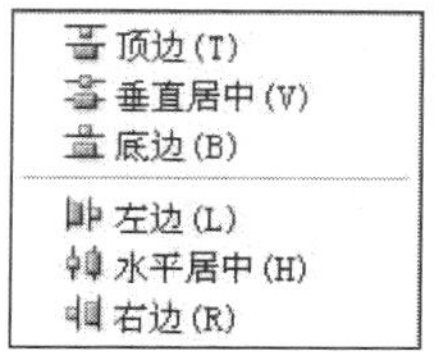

图 4.31 “图层分布”菜单

4.2.4 创建和使用剪贴组图层

剪贴组图层的作用就是把两个图层组合成为一个剪贴组图层，在最下端图层的透明部分将盖住上一个图层的内容，而不透明部分则显示上一图层的内容。只有连续的图层才能编入一个剪贴组图层。如图 4.32 所示，有 3 个图层，一个是心形图层，一个是图层 1，选中“图层 1”，选择【图层】→【创建剪贴蒙版】命令，这时“图层 1”与“形状 1”建立了剪贴组图层的关系，如图 4.33 所示。建立剪贴组图层之后，在【图层】面板中“图层 1”有一个向下的箭头，在“形状 1”上出现一条下画线。

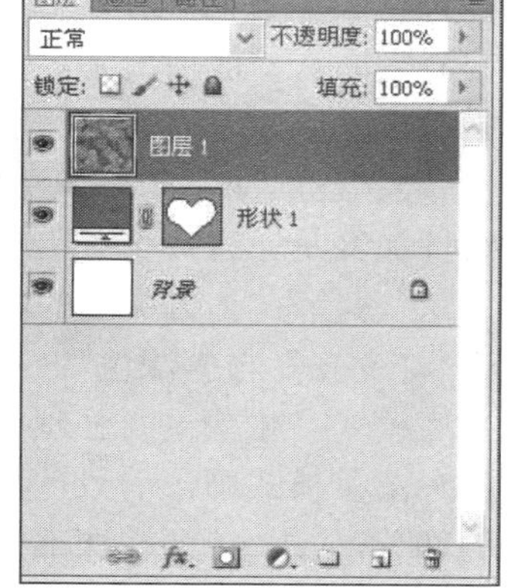

图 4.32 建立剪贴组前的图层关系

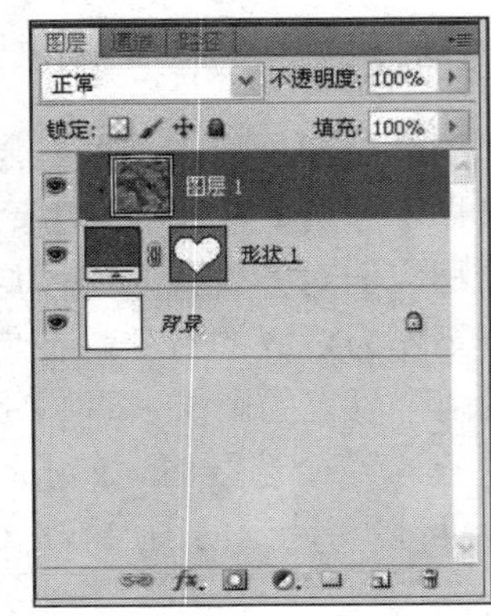

图 4.33 建立剪贴组图层后的效果

要取消剪贴图层，可以选择【图层】→【释放剪贴蒙版】命令即可。

4.2.5 混合图层

1. 一般图层混合方式

在【图层】面板上，“图层混合模式”下拉列表中有 27 种混合模式，利用图层混合模式和不透明度的功能，可以完成多种图像合成效果。下面分析图层各混合模式的作用：

“正常”：图层的标准模式，也是绘图与合成的基本模式。在此模式中，一个层上的像素遮盖了后面所有图层的像素，可以通过修改它的不透明度来调整下一个图层的显示效果。

“溶解”：此模式下的图像以颗粒形式来分布。当图层的不透明度为 100%时，可见像素呈原色效果，当不透明度低于 100%时，合成效果才显示。

“变暗”：通过此模式能够查找各个颜色通道内的颜色信息，并按照像素对比的底色和绘图的颜色，将较暗的颜色作为混合模式，从而得到最终效果。在这个模式下，比背景亮的颜色被替换，暗色则保持不变。

“正片叠底”：此模式下，前景色与下面的图像色调结合起来，降低绘图区域的亮度，在筛选背景图像时突出色调较深的部分，减少色调较浅的部分。像素的颜色值范围是在 0～255 之间。一般情况下，黑色的像素值为 0，白色的像素值为 255，将两个颜色的像素值相乘，再除以 255 后得到的值就是正片叠底模式下的像素值。

“颜色加深”与“线性加深”：颜色加深模式是通过增加对比度使底色变暗的一种模式。线性加深是通过减少对比度使底色变暗。这两种模式与白色混合时不会发生任何变化。

“深色”：上方图层的颜色覆盖到下方图层中暗色调区域中去。

“变亮”与“滤色”：变亮模式中亮颜色被保留，暗颜色被替换掉，它比滤色模式、正片叠底模式产生效果要强烈些，它只对图像中比前景色更深的像素有作用，和变暗模式是相反的。滤色模式中，前景色与下面的图像色调相结合，来提高绘图区域的亮度，突出色调较浅的部分，减少色调较深部分，滤色与正片叠底模式功能相反，在滤色模式下，任何颜色与白色相作用，得到的结果是白色，任何颜色与黑色相作用，原来的颜色不发生改变。

“颜色减淡”与“线性减淡（添加）”：颜色减淡模式是通过降低对比度使颜色变亮，它与颜色加深模式相反。线性减淡模式是通过增加对比度使颜色变亮，它与线性加深模式相反。图像与黑色相混合，在这两种模式下，都不会发生变化。

“浅色”：上方图层的颜色覆盖到下方图层中高光区域颜色中去。

“叠加”：用来加强绘图区域和阴影区域，它通过屏幕模式和正片叠底模式来达到效果，其效果保留了其像素和混合像素的强光、阴影等。

“柔光”与“强光”：柔光模式的效果是根据明暗程度来确定图像是变亮还是变暗，如果图像比 50%灰度要暗，效果则变暗，如果比 50%灰度要亮，则变亮，如果底色是黑色或白色，则效果不变。它还能够形成光幻效果。 强光模式对浅色图像的效果更亮，对暗色更暗，它可以使图像产生强烈的照射效果。

“亮光”：若混合色比 50%灰度亮，图像通过降低对比度来加亮图像，反之通过提高对比度来使图像变暗。

“线性光”：根据要作用的颜色来确定增加或减低亮度，达到加深或减淡颜色的目的，如果要作用的颜色比 50%的灰度要亮，则降低亮度。

“点光”：根据要作用的颜色来决定是否替换颜色。如果要作用的颜色比 50%的灰度要亮，则替换，而比作用颜色亮的颜色不发生改变。这种模式常用来对图像增加特殊效果。

“差值”与“排除”：差值模式对图像区域与前景色进行估算，使图像呈现出与每个通道计算的混合层亮度的相反值。排除模式可产生与差值模式相类似的效果，但是这种模式下生成的颜色对比度较小，比较柔和。这两种模式与黑色相作用，不会发生改变，与白色相作用会出现相反的效果。

“减去”：上方图层中亮色调内容隐藏下方图层内容。

“划分”：上方图层中内容叠加下方图层相应颜色值，通常用于变亮处理。

“色相”与“饱和度”：使用色相模式，用当前图层的色相值去替换下一层图像的色相值，而饱和度与亮度不变。饱和度模式是通过使用亮度、色相和饱和度来创建最终模式效果的，若饱和度为 0，则结果无变化。在前景色为淡色调的情况下，饱和度模式将增大背景像素的色彩饱和度，如果前景色是深色调，则降低饱和度。

“颜色”与“明度”：颜色模式可以同时改变图像的色调与饱和度，但不改变背景的色调成分，通常用在微调或着色上。明度模式会增加图像亮度的特点，但不改变色调，它与颜色模式相反。

“实色混合”：使两个图层叠加的效果具有很强的硬性边缘，类似色块的混合效果。

2. 高级图层混合方式

除了使用图层的一般混合模式之外，在 Photoshop CS5 中还有一种高级图层混合方式，使用图层的混合选项来进行设置，但是这些功能只对一般的图层有效，如果要为其他类型的图层设置效果，则必须将之转化为普通图层后再使用。

在【图层】面板中选中要设置的混合选项图层，鼠标右击，或者单击【添加图层样式】按钮，在弹出的菜单中选择【混合选项】命令，将打开【图层样式】对话框，如图 4.34 所示。在对话框左侧可以设置混合选项，右侧设置各项参数。

“常规混合”包括“混合模式”和“不透明度”，它们与【图层面板】中的图层混合模式和不透明度调整功能相同。

“高级混合”中提供了各种高级混合选项。

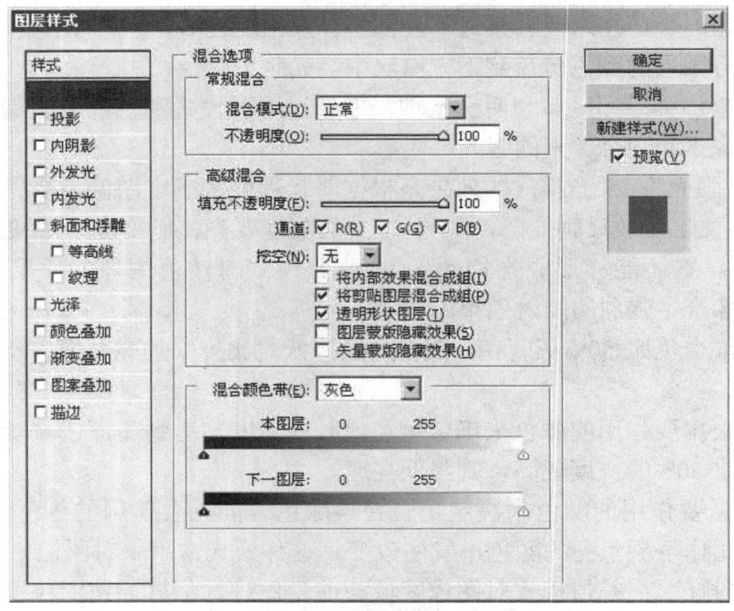

图 4.34 【图层样式】对话框

"填充不透明度"：用于设置不透明度，其填充的内容由通道选项中的 R、G、B 复选框来控制。若取消 G、B 复选框，那么图像中就只显示红通道中的内容，而绿、蓝通道的内容被隐藏。

"挖空"：用来指定哪一个图层被穿透，显示出下一层的内容，如果在下拉列表框中选"无"，则不挖空任何图层，如果选"浅"，则挖空当前图层组最底层或剪贴图层的最底层，如果选"深"，则挖空背景图层。

"混合颜色带"：选择指定混合效果对哪一个通道起作用。选择"灰色"，则作用于所有通道，若选择"红"，则作用于红通道，以此类推。下方的两根滑动条用来设置当前图层中哪一些像素与下一图层进行色彩混合。

△ 应用举例——图像合成实例

本实例通过两幅图像的图层复制、移动等操作，达到一幅图像的合成效果。

STEP 1 在 Photoshop CS5 中打开云彩与城市两张图片,如图 4.35 和图 4.36 所示。

STEP 2 选中图 4.35 中的云彩图片，选择【选择】→【全部】命令，再选择【编辑】→【拷贝】命令，再选中图 4.36 中的城市图片，选择【编辑】→【粘贴】命令，这时【图层】面板增加了一个新的图层（图层 1），如图 4.37 所示。

STEP 3 再选择【编辑】→【自由变换】命令，将云彩调整到恰当的大小。

STEP 4 使用【图层】面板上的“不透明度”选项，将云彩的不透明度设为 32%，或选择【图像】→【调整】→【色阶】命令进行调整，使两张图像看起来相互融合。

STEP 5 处理图像得到效果满意之后，最后合并图层，得到了两张图片的合成效果，如图 4.38 为最终图像合成效果图。

图 4.35 云彩

图 4.36 城市

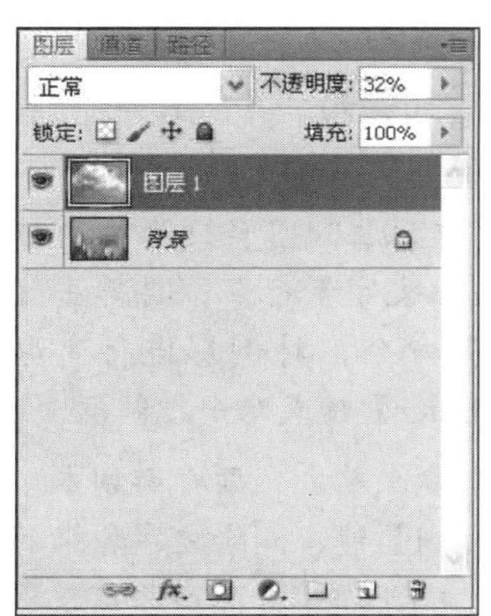

图 4.37 【图层】面板状态

图 4.38 图像合成效果图

☆ 课堂练习——制作倒影文字

要制作倒影字的效果，最好选取一张在水边的图片作为背景。

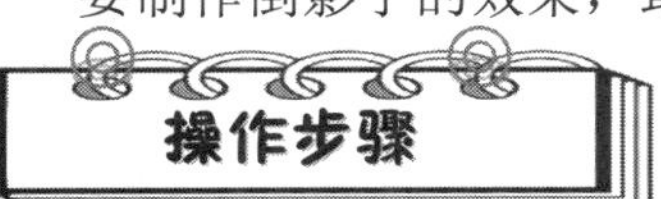

STEP 1 打开带有水面的背景图片，选择工具箱中的横排文字工具 T，在图片上输入一行文字“画中游”，如图 4.39 所示。图 4.40 所示为其所对应的【图层】面板，共有两个图

层，其中一个是文字图层“画中游”。

图 4.39　林中水景图

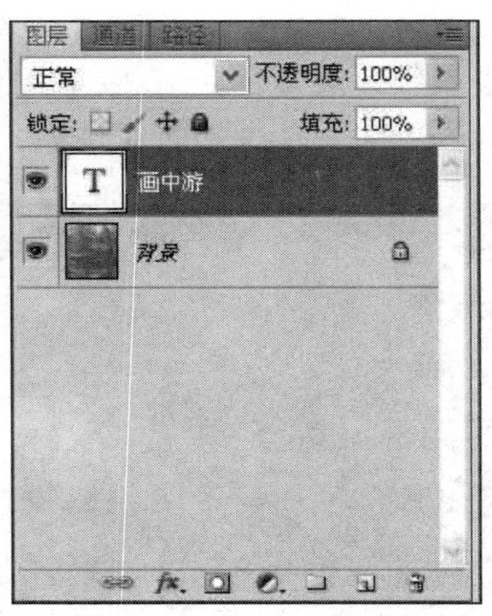

图 4.40　【图层】面板状态

STEP 2　在【图层】面板中选中 “画中游”图层并右击鼠标，在弹出的对话框中选择【复制图层】命令，将生成图层“画中游副本”。再选中 “画中游副本” 图层，选择【编辑】→【变换】→【垂直翻转】命令，将该图层中的文字垂直翻转。

图 4.41　建立倒影文字

STEP 3　选择工具箱中的移动工具，将“画中游副本”中的文字移动到合适的位置，如图 4.41 所示。

STEP 4　选中“画中游副本”图层，右击鼠标，在弹出的菜单中选择【栅格化文字】命令，再单击【编辑】→【变换】→【扭曲】命令，对倒影进行变形处理，达到满意效果后，按【Enter】键或双击控制框。

STEP 5　按住【Ctrl】键，单击“画中游副本”图层，选中倒影文字，再按【Del】键，删除文字原来的颜色，只留下字体选区，如图 4.42 所示。然后将前景色设成与文字相同的颜色，再选择“渐变”工具中的“线性变换”工具，单击工具属性栏上的“点按可编辑渐变”框边的倒三角形，在弹出的对话框中单击右上部的小三角形，在弹出的菜单中选择【纯文本】，在【纯文本】内容的列表框中选择“前景到透明”，然后在倒影文字框中从上到下拉一条直线，使文字的渐变颜色由前景色渐变为透明，看起来像逐渐被淹没的感觉，如图 4.43 所示。

STEP 6　选中“画中游副本”图层，按【Ctrl+D】组合键，取消选区，再选择【滤镜】→【扭曲】→【波纹】命令，在弹出的【波纹】对话框中，设置“数量”为 85%，“大小”为中，单击【确定】按钮，得到的最终效果如图 4.44 所示。

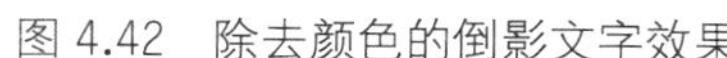
图 4.42　除去颜色的倒影文字效果

图 4.43　文字被淹没的效果

图 4.44　最终文字倒影效果图

4.3 使用样式制作图像特效

Photoshop CS5 中可以利用样式来制作图像特效，下面将详细介绍几种不同风格图层样式的用法。

4.3.1 投影与内阴影效果

[例 4.1]　为文字制作投影及内阴影效果，先来看一个例子。

1．新建一个空白文档，选择工具箱中的横排文字工具 T，在图像上输入“生日快乐”，如图 4.45 所示。

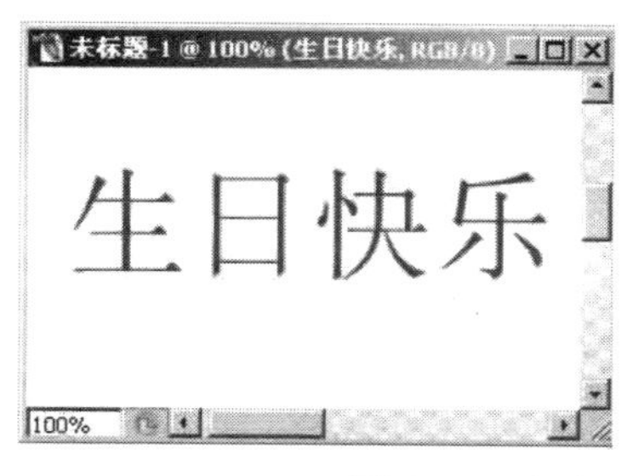

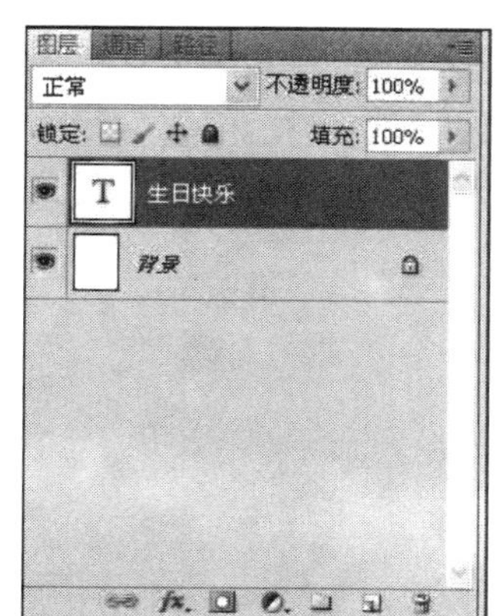

图 4.45　文字及【图层】面板状态

2．选中“生日快乐”图层并单击鼠标右键，在弹出的快捷菜单中选【混合选项】命令，在【图层样式】对话框左端的“样式”栏中勾选“投影”，如图 4.46 所示，设置好各项参数，单击【确定】按钮，得到的投影效果如图 4.47 所示，此时【图层】面板如图 4.48 所示。

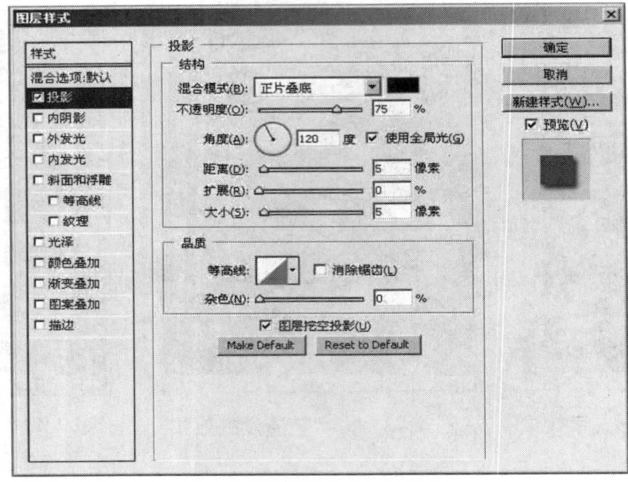

图 4.46 【图层样式】对话框中的“投影”

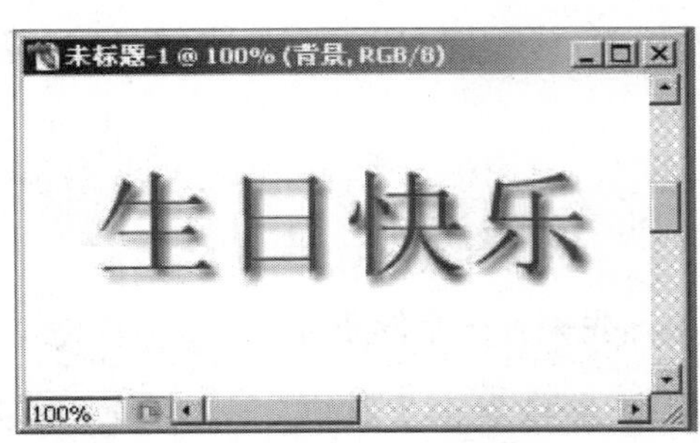

图 4.47 投影效果图

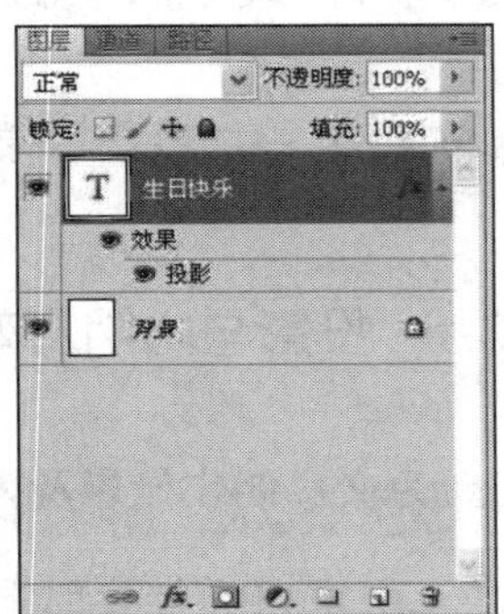

图 4.48 【图层】面板状态

3．要设置图层的“内阴影”样式，在【图层样式】对话框中勾选“内阴影”，如图4.49所示。在对话框中设置相应的参数，单击【确定】按钮，最后效果如图4.50所示。

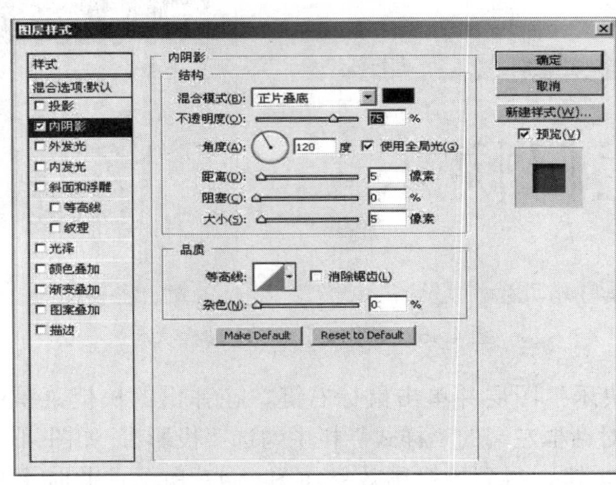

图 4.49 【图层样式】对话框中的“内阴影”

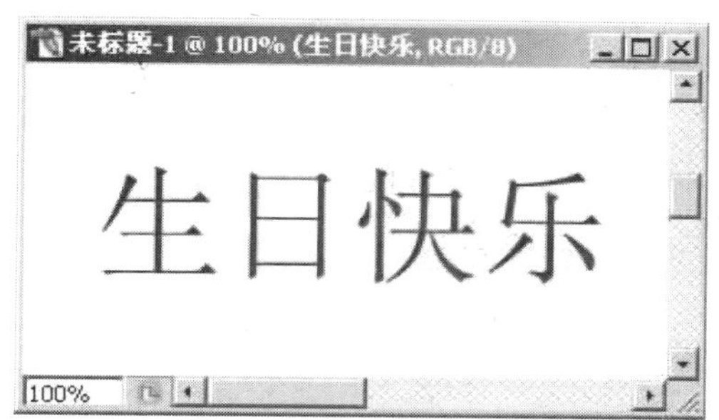

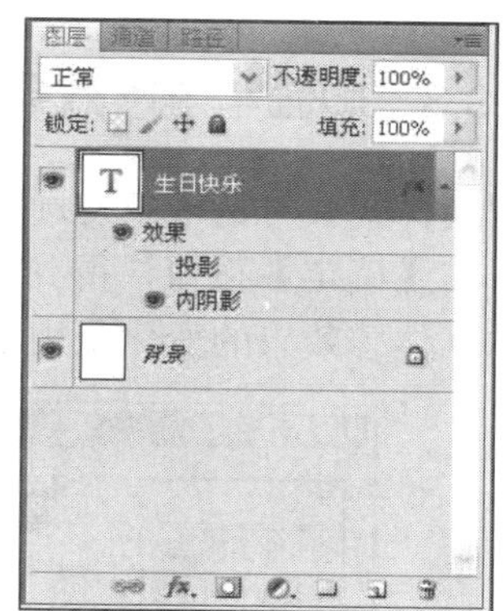

图 4.50 最终效果图及【图层】面板状态

4.3.2 外发光与内发光效果

打开“卡通不倒翁”图片，图片及其对应的【图层】面板如图 4.51 所示。选中“图层 1”，右击鼠标，在弹出的【图层样式】对话框中勾选“外发光”，在出现的对话框中设置相应的参数，单击【确定】按钮，得到的外发光效果如图 4.52 所示。同样，可在【图层样式】对话框中勾选“内发光”，得到内发光效果，如图 4.53 所示。

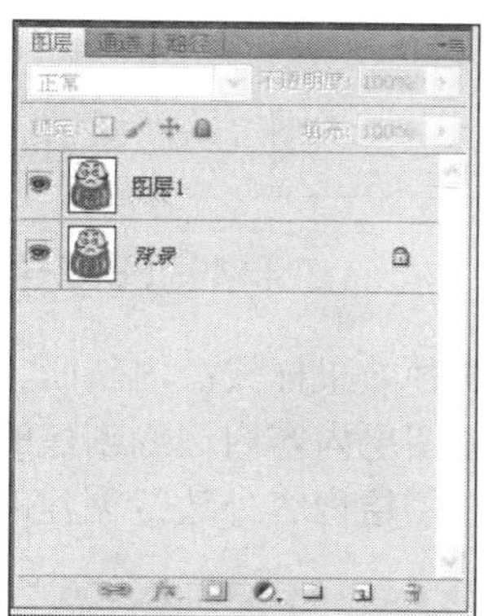

图 4.51 卡通不倒翁及【图层】面板状态

图 4.52 外发光效果图

图 4.53 内发光效果图

4.3.3 斜面与浮雕效果

在【图层样式】对话框中勾选“斜面与浮雕”，将出现如图 4.54 所示对话框，设置相应的参数，单击【确定】按钮，得到的斜面与浮雕效果。从对话框中可以看出，斜面与浮雕使图像产生的立体感效果的变化是由“结构”选项来进行设置的。

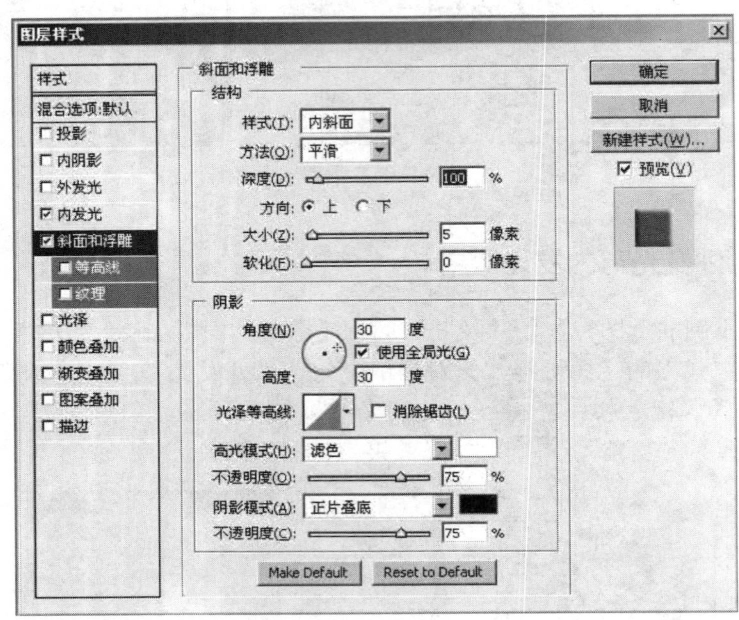

图 4.54 【图层样式】对话框中“斜面与浮雕”

“样式”包括 5 种效果样式：内斜面、外斜面、浮雕、枕状浮雕及描边浮雕。

“内斜面”是在图层内容内边缘创建的斜面，效果如图 4.55 所示；

“外斜面”是在图层内容外边缘创建的斜面，效果如图 4.56 所示；

图 4.55 斜面与浮雕(内斜面)效果

图 4.56 斜面与浮雕(外斜面)效果

“浮雕”使该图层内容相对下层图层呈现浮雕效果；

“枕状浮雕”创建出来的浮雕效果是将该图层内容的边缘压入到下层图层中；

“描边浮雕”是将浮雕效果应用于该图层的描边效果上，如果图层没有应用描边样式（详见 4.3.6 节描边效果），则描边浮雕不可见。

“方法”包含了平滑、雕刻清晰、雕刻柔和 3 个选项，其中“平滑”是使用模糊的平滑技术，适用于所有类型的边缘；“雕刻清晰”是使用一种距离测量的技术，主要用来消除锯齿，性能比平滑要好；“雕刻柔和”介于平滑与雕刻清晰之间，对范围较大的边缘较为有效。

“深度”是一个调节大小比例的参数，通过滑动条或直接输入数据来确定斜面的大小。

“方向”有“上”和“下”两个参数，用来改变光和阴影的位置。

“软化”是利用模糊来减少不需要的效果，增加真实感。

“高光模式”用来设置高光部分的颜色、透明度和模式。

“阴影模式”用来设置暗调部分的颜色、透明度和模式。

4.3.4 光泽效果

在【图层样式】对话框中勾选“光泽”，在出现的对话框中设置相应的参数，单击【确定】按钮，得到的光泽效果如图 4.57 所示。光泽的效果主要是在图像上填充颜色和使图像边缘部分产生柔化。

图 4.57 光泽效果图

4.3.5 叠加效果

叠加效果分为颜色叠加、渐变叠加、图案叠加 3 种，下面将一一介绍。

1. 颜色叠加

在图层样式对话框中勾选“颜色叠加”，将出现如图 4.58 所示对话框，设置相应的参数，单击【确定】按钮，得到的颜色叠加效果如图 4.59 所示。

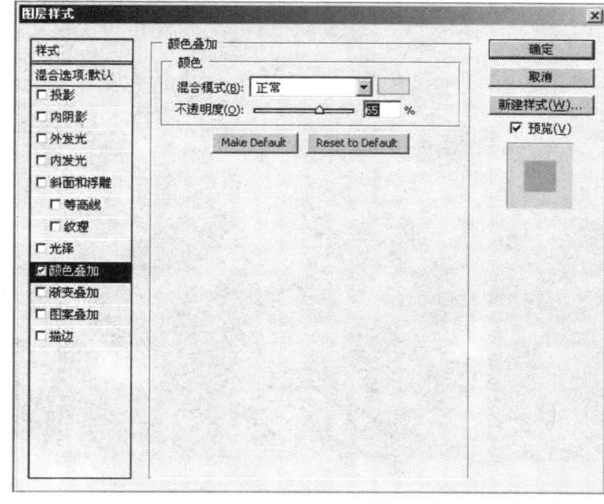

图 4.58 【图层样式】对话框中“颜色叠加”

图 4.59 颜色叠加效果图

2. 渐变叠加

打开原图，如图 4.61 所示，选中图层，再打开【图层样式】对话框并勾选“渐变叠加”，弹出如图 4.60 所示的对话框，设置相应的参数，单击【确定】按钮，得到渐变叠加效果如图 4.62 所示。

渐变叠加的参数设置：

“渐变”用来选择渐变的颜色，用法与工具箱中的“渐变”工具的用法相同；

“样式”是指渐变的样式，包括“线性渐变”、“径向渐变”、“角度渐变”、“对称渐变”和“菱形渐变”；

“缩放”用来调节渐变颜色之间的融合程度，数值越大，融合程度越高。

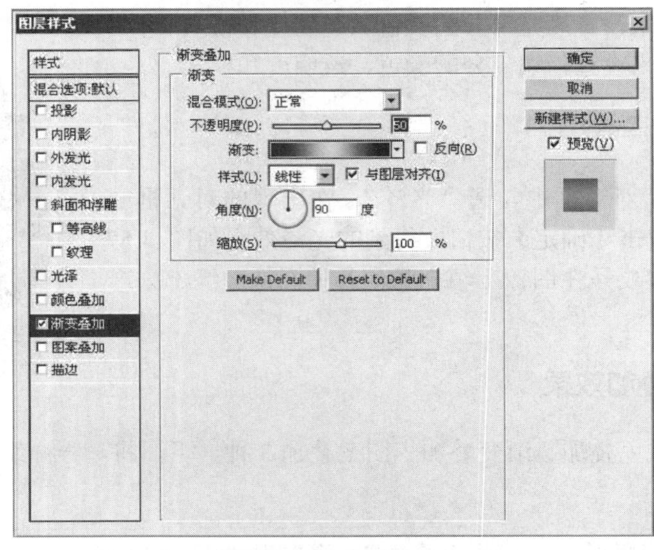

图 4.60 【图层样式】对话框中“渐变叠加”

图 4.61 渐变叠加前原图

图 4.62 渐变叠加效果图

3. 图案叠加

在【图层样式】对话框中勾选“图案叠加”，弹出如图 4.63 所示对话框，设置相应参数后单击【确定】按钮，得到的图案叠加效果如图 4.64 所示。

图案叠加的参数设置：“图案”用来选择与该图层相叠加的图案；“缩放”用来设置叠加图案的大小。

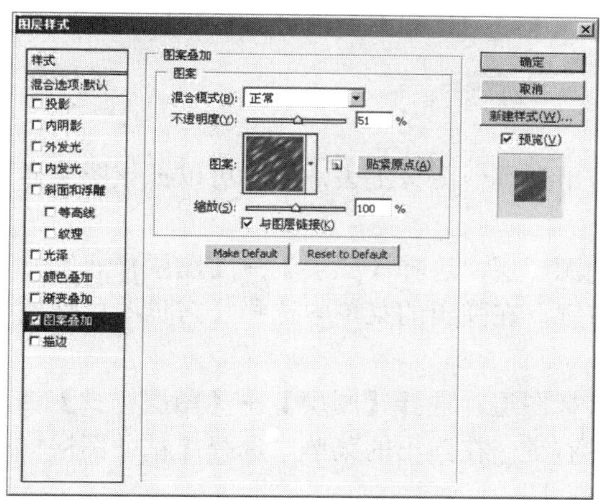

图 4.63 【图层样式】中对话框“图案叠加”

图 4.64 图案叠加效果图

在运用这 3 种效果时，恰当使用“不透明度”参数可以将颜色、渐变颜色、图案与图层相互融合，能够达到很好的效果。

4.3.6 描边效果

打开【图层样式】对话框并勾选“描边”，在如图 4.65 所示对话框中，设置相应参数，单击【确定】按钮，得到的描边效果如图 4.66 所示。

描边的参数设置：“位置”用来设置描边的位置，有外部、内部和居中 3 种；“填充类型”用来设置描边填充内部，有颜色、渐变和图案 3 种。

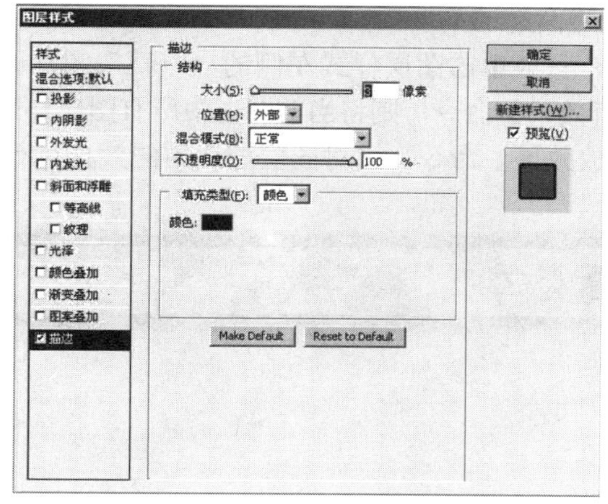

图 4.65 【图层样式】中对话框的“描边”

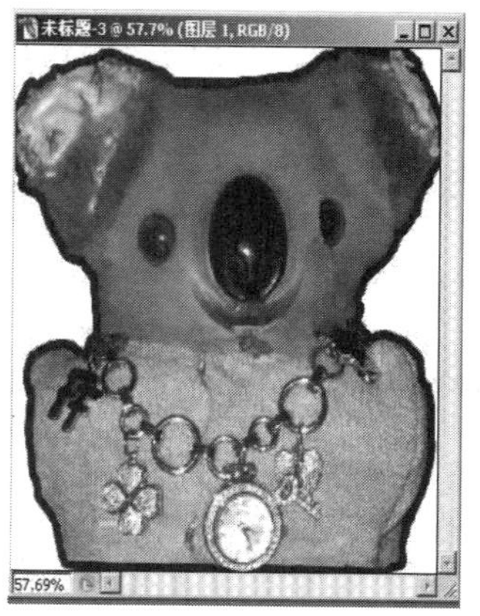

图 4.66 描边效果图

4.3.7 编辑图层样式

前面介绍了使用图层样式制作图像特殊效果，下面将讲述怎样对已经应用的图层样式进行修改和编辑。

1. 修改图层样式

对原来已经应用的样式进行修改，只须打开【图层样式】对话框，在对话框中取消或修改原来设定的参数，重新调整，达到满意结果为止。

2. 图层效果的复制、清除与隐藏

如果一个图层样式已经制作完成，需要应用到其他图像上去，这时可以把该图层样式保存到【样式】面板中或复制到其他图层上。

复制图层样式：先选中要复制图层样式的源图层，选择【图层】→【图层样式】→【拷贝图层样式】命令，或在源图层上单击鼠标右键，在弹出的菜单中选择【拷贝图层样式】命令，这样就可复制图层样式。

粘贴图层样式：选中要粘贴图层样式的目标图层，选择【图层】→【图层样式】→【粘贴图层样式】命令，或在目标图层上单击鼠标右键，在弹出的菜单中选择【粘贴图层样式】命令即可。

清除图层样式：选中要删除图层样式的图层，选择【图层】→【图层样式】→【清除图层样式】命令，可将选中图层所应用的图层样式全部删除，还原图像的初始效果。

隐藏图层样式：选中要隐藏图层样式的图层，选择【图层】→【图层样式】→【隐藏所有效果】命令即可。

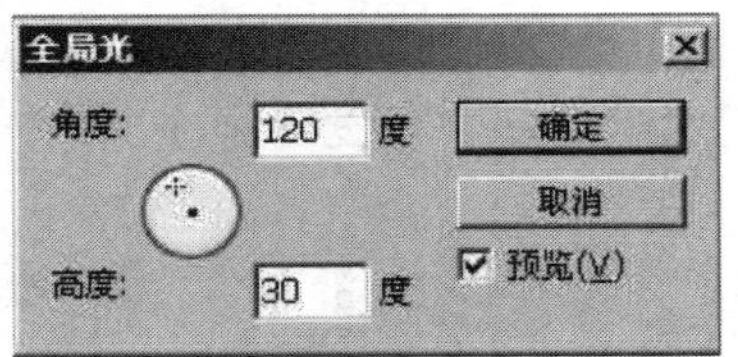

图 4.67 【全局光】对话框

3. 图层样式的其他操作

【全局光】命令：为所有图层效果设置统一的加亮角度，以使光线照明合乎逻辑。选择【图层】→【图层样式】→【全局光】命令，打开如图 4.67 所示的【全局光】对话框。其中“角度”用来设置光照射的位置，“高度”用来表示浮雕凸起的高度。

图层样式也可以像图层一样进行隐藏，只要单击图层样式左侧的“眼睛”图标即可。若选择【图层】→【图层样式】→【隐藏所有效果】命令，则将当前图层中所有图层样式隐藏。

选择【图层】→【图层样式】→【缩放效果】命令，可对图层样式中的效果进行缩放。

△ 应用举例——制作金属汽车

STEP 1 选择【文件】→【新建】命令，在弹出的【新建】对话框中，设置各项参

数，如图 4.68 所示，单击【确定】按钮。

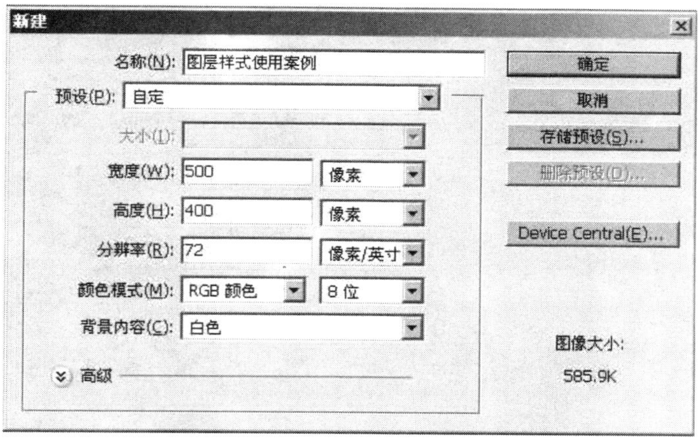

图 4.68 【新建】对话框

STEP 2 选择工具箱中的自定形状，并在工具属性栏中选“形状图层”且“形状”项选择“小汽车”，如图 4.69 所示。然后用鼠标在图像中单击并拖动，效果如图 4.70 所示。

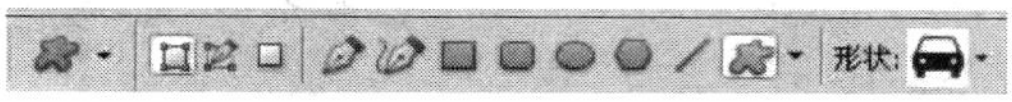

图 4.69 自定义工具属性栏

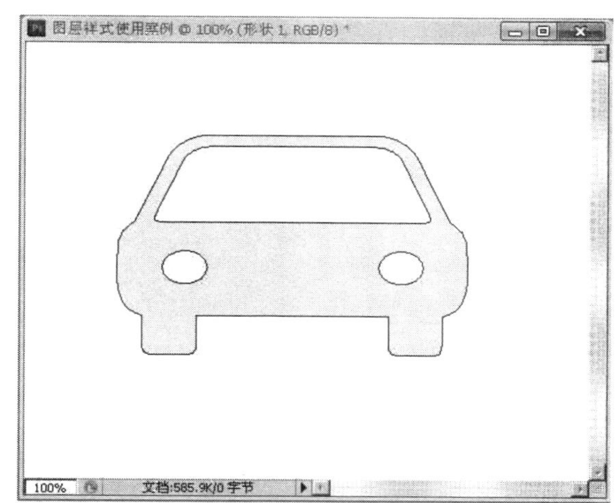

图 4.70 小汽车初图

STEP 3 单击【图层】面板中的添加图层样式按钮，在弹出的下拉菜单中选择【内阴影】命令，在弹出的【图层样式】对话框中设置参数，如图 4.71 所示，单击【确定】按钮。再单击添加图层样式按钮，在弹出的下拉菜单中选择【斜面与浮雕】命令，在弹出的【图层样式】对话框中设置参数，如图 4.72 所示，单击【确定】按钮。再单击添加图层样式按钮，在弹出的下拉菜单中选择【颜色叠加】命令，在弹出的【图层样式】对话框中设置参数，如图 4.73 所示，单击【确定】按钮，再单击背景图层，得到最终的金属汽车效果如图 4.74 所示。

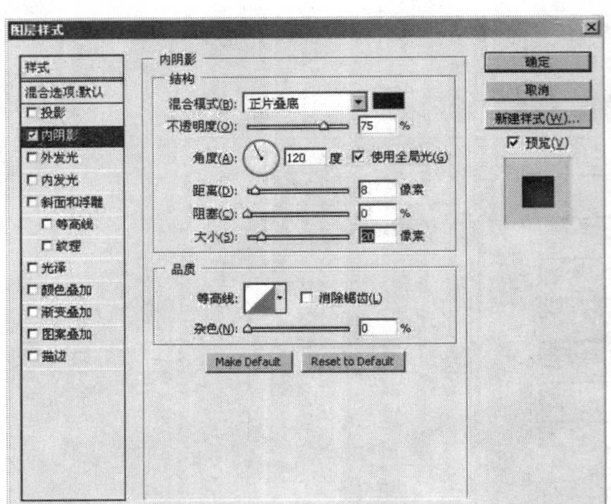

图 4.71　设置内阴影效果

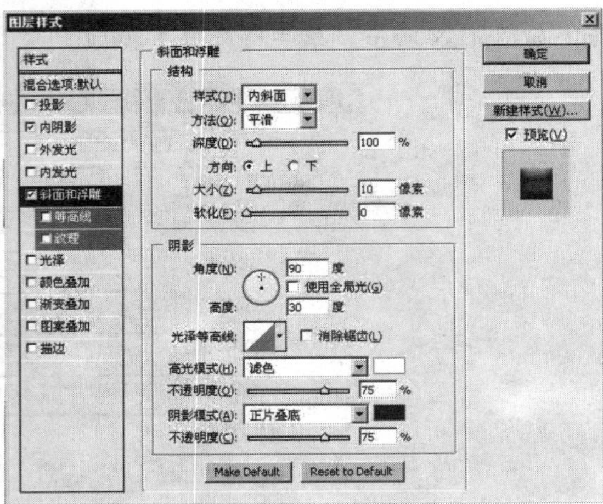

图 4.72　设置斜面与浮雕效果

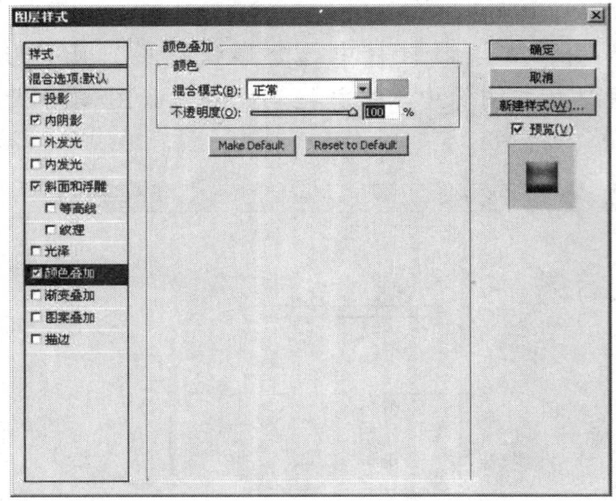

图 4.73　设置颜色叠加效果

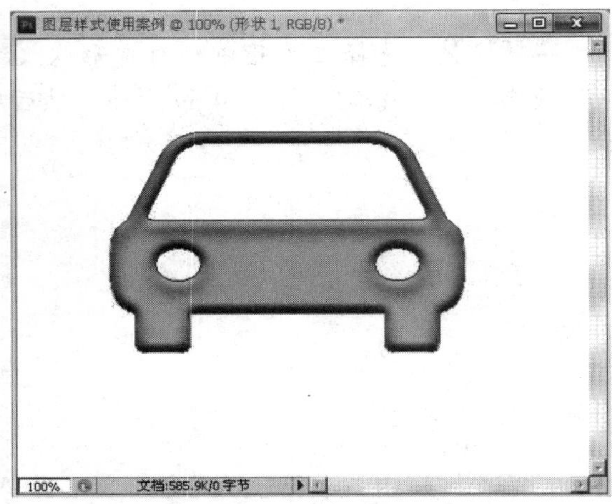

图 4.74　最终金属汽车效果图

☆ 课堂练习——制作环保公益海报

STEP 1　新建一个宽、高分别为“500 像素”和“650 像素”的空白文档，“名称”为“环保海报”，“背景内容”为“白色,”“分辨率”为“72 像素/英寸”，“颜色模式”为“RGB 颜色”。打开如图 4.75 所示的地球图片，选择椭圆选框工具，建立一个圆形选区，将地球的图像抠出，如图 4.76 所示。

图 4.75　地球图片

图 4.76　抠出地球图像

STEP 2　分别全选图 4.76 和图 4.77 所示的图片，选择【编辑】→【拷贝】和【编辑】→【粘贴】命令，将两个图片粘贴到“环保海报”文档中，将这两个图层分别命名为“山水域” 图层和“地球”图层。将“地球”图层的不透明度设为“56%”，调整两个图层的相应位置，得到如图 4.78 所示的效果。

图 4.77　水环风景图

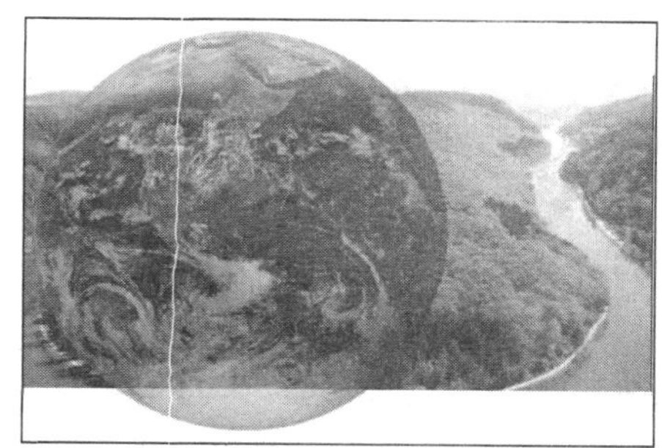

图 4.78　粘贴图层后的效果

STEP 3　再新建一个空白文档，命名为“抽线效果”，高、宽均设为“6 像素”，“分辨率”为“72 像素/英寸”，“颜色模式”为“RGB 颜色”，“背景内容”为“透明”。单击工具箱中的缩放工具，将图像放大。

单击工具箱中的矩形选框工具，对其对应的属性栏参数进行设置，“样式”为“固定大小”，“宽度”为“6 像素”，“高度”为“3 像素”，设置前景色为“#cefbfa”，单击“抽线效果”文档中的区域建立一个选区，然后使用油漆桶工具填充选区，如图 4.79 所示。

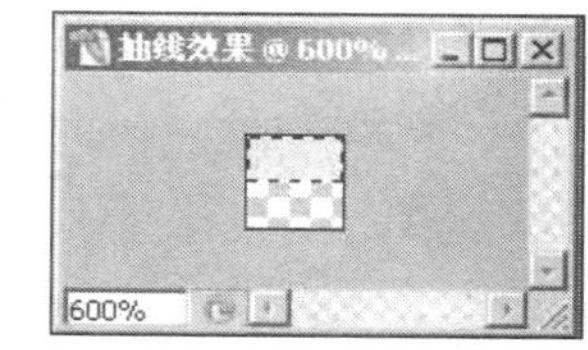

图 4.79　填充选区

STEP 4　按【Ctrl+D】组合键，取消选区，选择【编辑】→【定义图案】命令，打开【图案名称】对话框，设置图案“名称”为“抽线效果”，如图 4.80 所示，单击【确定】按钮。

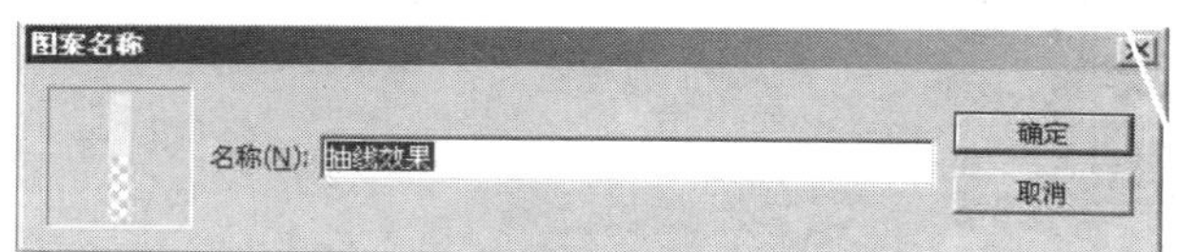

图 4.80　设置图案名称

STEP 5 选中“环保海报”图像文件，新建一个图层，命名为“抽线效果”，将它放在最上层。利用矩形选框工具建立一个选区，如图 4.81 所示。选择【编辑】→【填充】命令，打开如图 4.82 所示对话框，在自定图案中选择刚才定义的“抽线效果”图案，然后单击【确定】按钮。

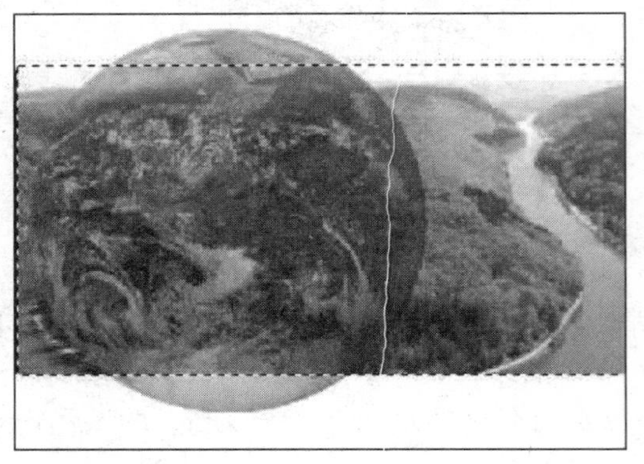
图 4.81 建立选区

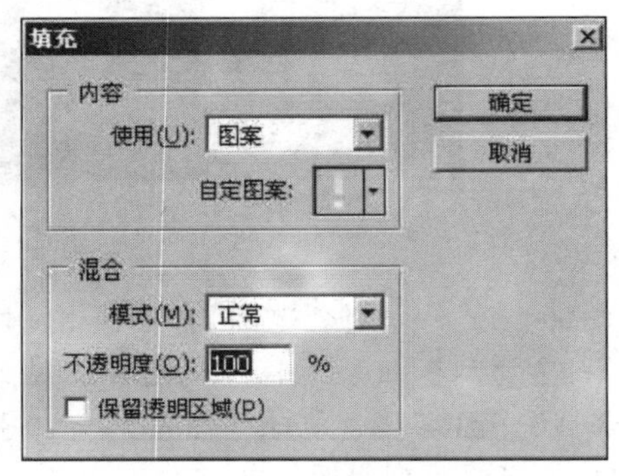

图 4.82 【填充】对话框

STEP 6 在【图层】面板中选中“抽线效果”图层，设置其不透明度为“56%”。选择横排文字工具，在文档的右上角输入文字“爱护环境”，设置其字体为“华文行楷”；在右下角输入文字“保护地球”，字体为“华文彩云”，字体大小均为“36”，颜色均为“#f80729”。

STEP 7 设置前景色为“#f80729”，选择工具箱中的自定形状工具，设置其属性为“填充像素”，在“形状”下拉菜单中选择“画框 7”，如图 4.83 所示，拖拉建立图像并移动到适当位置。最后合并所有图层，得到最终环保公益海报的效果如图 4.84 所示。

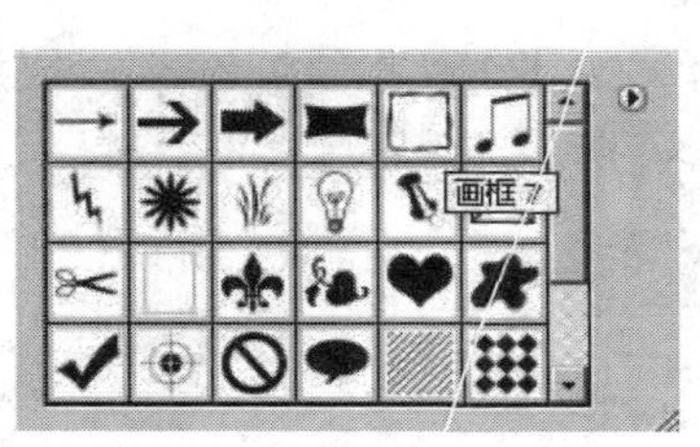

图 4.83 “形状”下拉菜单图

图 4.84 环保公益海报效果图

4.4 智能对象

智能对象指的是智能对象图层，与图层组类似，区别在于图层组中的各个图层的样式调整、不透明度、应用滤镜效果等操作是独立的，而在智能对象图层组中，各个图层可以应用其他类型图层的特性。

智能对象图层组的优点在于：

（1）可以支持矢量图形的编辑，并且可以保持矢量图形的属性，便于回到矢量软件中编辑。

（2）可以利用智能滤镜，智能滤镜是指对智能对象图层应用的滤镜，并能够保留滤镜的参数，便于编辑与修改。

（3）可以记录下智能对象图层变形的参数，便于编辑。

（4）便于管理图层，降低图层的复杂程度。

4.4.1 创建智能对象

创建智能对象的方法有 3 种：

1 选择一个或多个图层，然后右击，在快捷菜单中选择【转换为智能对象】命令，或者选择【图层】→【智能对象】→【转换为智能对象】命令。

2 选择【文件】→【打开为智能对象】命令，将符合条件的文件打开。

3 先打开一个图像，然后选择【文件】→【置入】命令，可以选择一个图像作为智能对象置入到当前文档中。

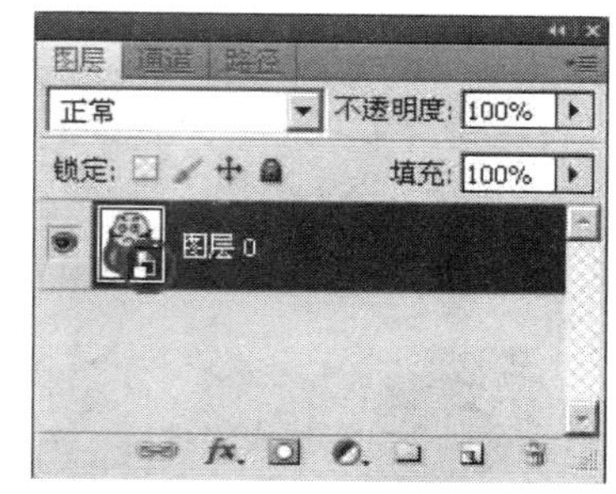

图 4.85　智能对象图层

当使用以上 3 种方法打开以后，在【图层】面板中的智能对象图层的缩览图右下角会出现一个智能对象图标，如图 4.85 所示。

4.4.2 编辑智能对象

智能对象是由一个或多个图层组成的，在进行编辑与设置图层属性时，和普通图层一样，如添加图层样式，修改不透明度等。

4.4.3 导出智能对象

在【图层】面板中选择智能对象，然后执行【图层】→【智能对象】→【导出内容】命令，可以智能对象以原始置入格式导出。如果智能对象是利用图层来创建的，那么导出时应以 PSB 格式导出。

4.4.4 智能对象转换为普通图层

要将智能对象转换为普通图层，可以选择【图层】→【智能对象】→【格式化】命令，转换为普通图层以后，原始图层缩览图上的智能对象标志也会消失。

4.4.5 为智能对象添加智能滤镜

应用于智能对象的任何滤镜都是智能滤镜，智能滤镜属于“非破坏性滤镜”。由于智能滤镜的参数是可以调整的，因此可以调整智能滤镜的作用范围，或将其进行移除、隐藏等操作。除了【抽出】滤镜、【液化】滤镜和【镜头模糊】滤镜以外，其他滤镜都可以作为智能滤镜应用。

△ 应用举例——制作艺术人像

STEP 1 新建一个宽、高为“1350*760 像素”，分辨率为“72 像素/英寸”，颜色模式为“RGB”的文档，选择【文件】→【置入】命令，置入素材中的“人物.jpg”，如图 4.86 所示。

STEP 2 选择【滤镜】→【艺术效果】→【海报边缘】命令，打开【海报边缘】对话框，设置“边缘厚度”为“4”，“边缘强度”为“2”，“海报化”为“2”，单击【确定】按钮，得到的最终效果如图 4.87 所示。

图 4.86 置入人物.jpg

图 4.87 最终效果

4.5 典型实例剖析——制作金属边框按钮

下面我们来制作一个金属边框按钮。

STEP 1　打开背景图片，选择工具箱中的椭圆选框工具，按住【Shift】键，绘制选区，如图 4.88 所示。

STEP 2　新建“图层 1”，设置前景色为白色，按【Alt+Delete】组合键，填充前景色。按【Ctrl+D】组合键，取消选区，添加【投影】和【斜面和浮雕】图层样式，在弹出的【图层样式】对话框中，设置参数，如图 4.89 和图 4.90 所示，单击【确定】按钮，得到的图像效果如图 4.91 所示。

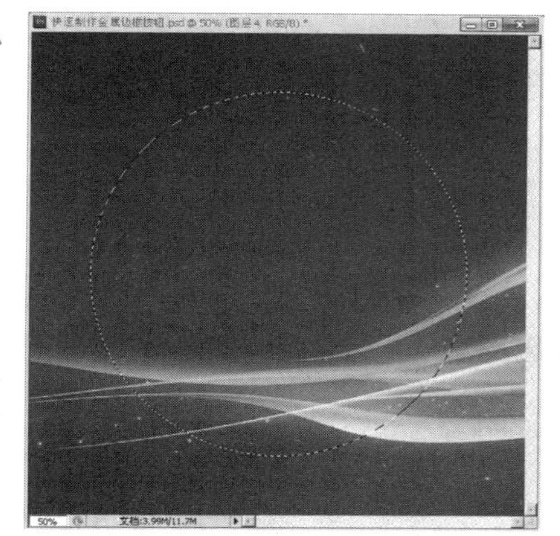

图 4.88　选框工具效果图

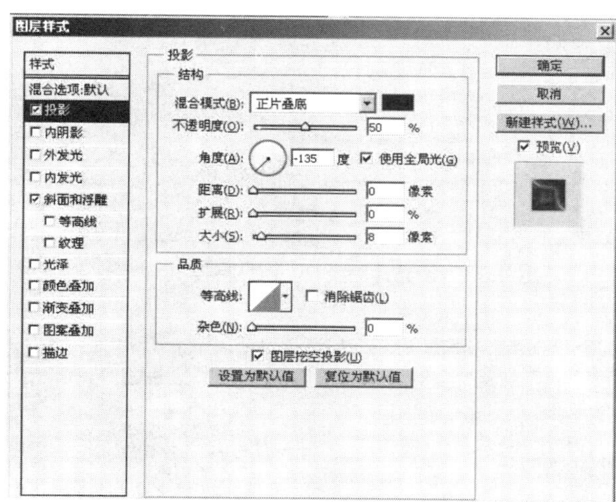

图 4.89　设置【投影】图层样式

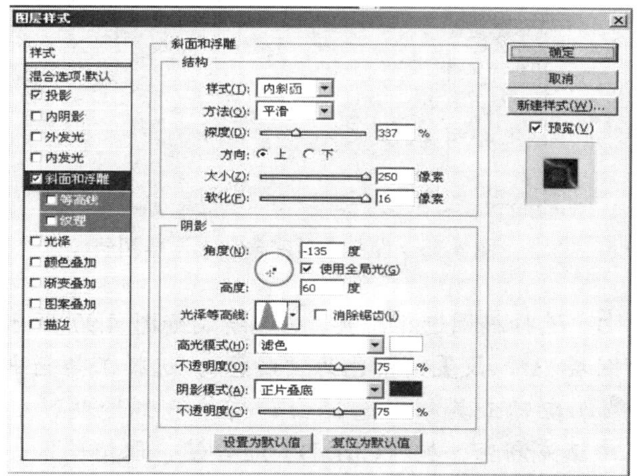

图 4.90　设置【斜面和浮雕】图层样式

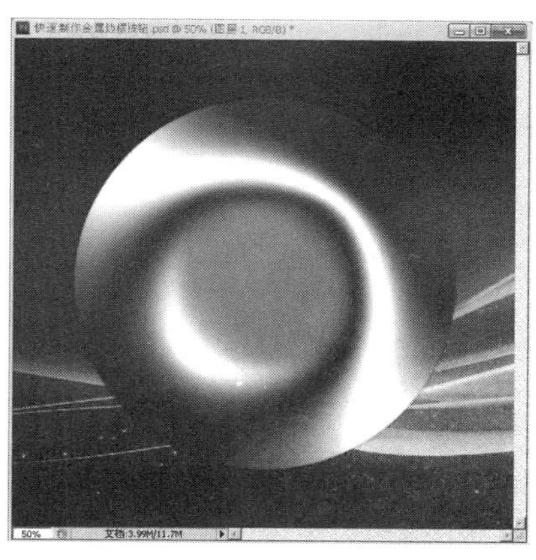

图 4.91　“图层 1”效果图

STEP 3　按住【Ctrl】键单击“图层 1”，选择【选择】→【修改】→【收缩】命令，设置“收缩量”为“80 像素”。新建“图层 2”，设置前景色值为“R: 233、G: 66、B:

0”，按【Alt+Delete】组合键，填充前景色，按【Ctrl+D】组合键，取消选区。

STEP 4 为“图层 2”添加【内阴影】、【斜面和浮雕】、【外发光】、【渐变叠加】4 种图层样式，在弹出的【图层样式】对话框中，设置参数，如图 4.92～图 4.95 所示，单击【确定】按钮，得到的图像效果如图 4.96 所示。

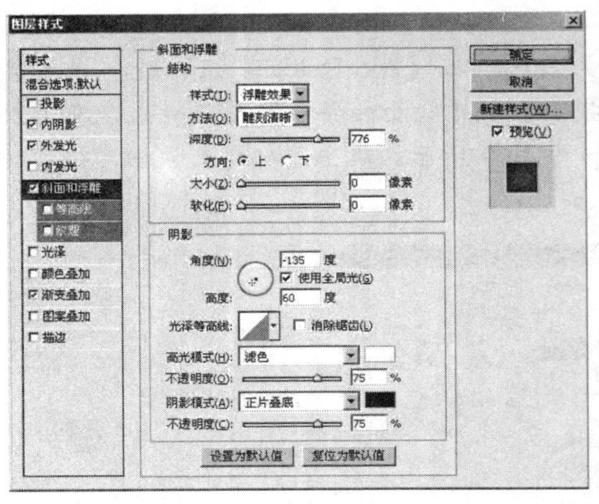
图 4.92 设置【内阴影】图层样式

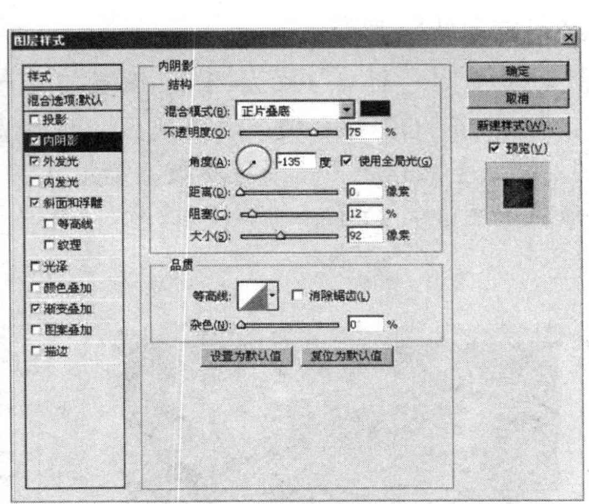
图 4.93 设置【斜面和浮雕】图层样式

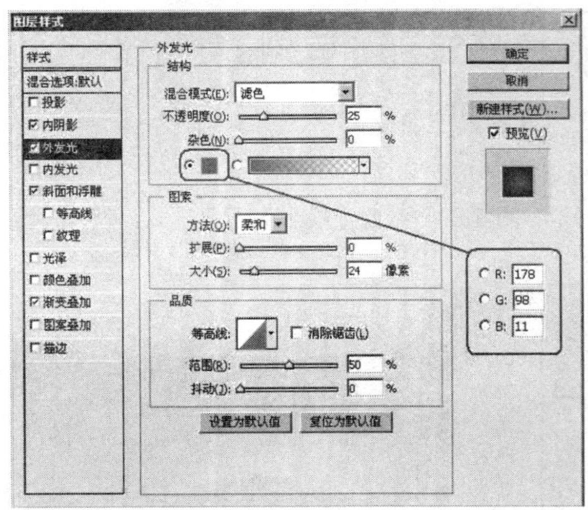

图 4.94 设置【外发光】浮雕图层样式

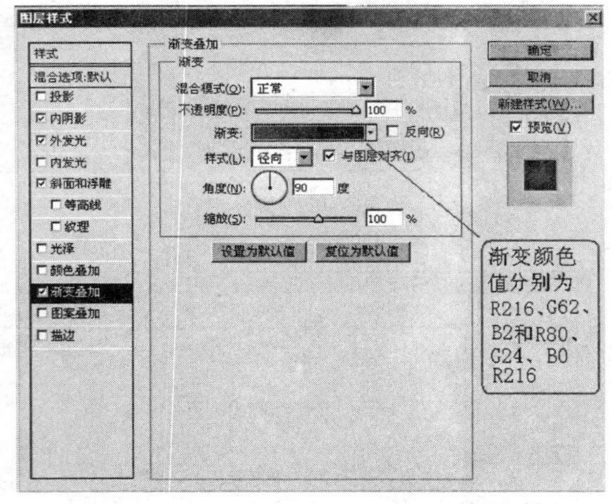

图 4.95 设置【渐变叠加】浮雕图层样式

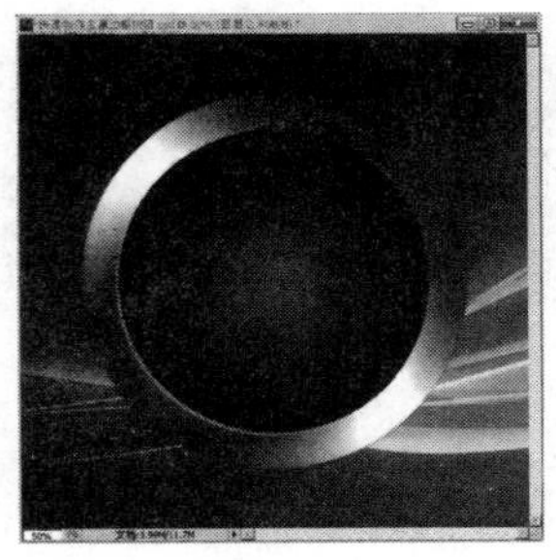
图 4.96 “图层 2”效果图

STEP 5 选择椭圆选框工具，绘制如图 4.97 所示选区。新建“图层 3”，设置前景色为“白色”，选择工具箱中的渐变工具，在其工具栏中选择由“前景色到透明”的渐变，在图像中填充渐变，按【Ctrl+D】组合键，取消选区，得到的效果如图 4.98 所示。

STEP 6 复制“图层 3”，得到“图层 3 副本”图层，对“图层 3 副本”中的渐变圆使用【Ctrl+T】组合键进行变形，如图 4.99 所示，变形完成后按【Enter】键确认，并将

“图层 2”和“图层 3”的图层“不透明度”均改为“20%”，得到的效果如图 4.100 所示。

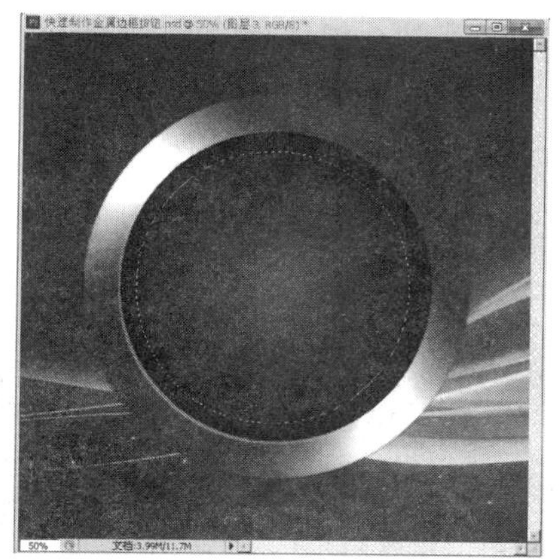

图 4.97 绘制圆形选区

图 4.98 填充渐变

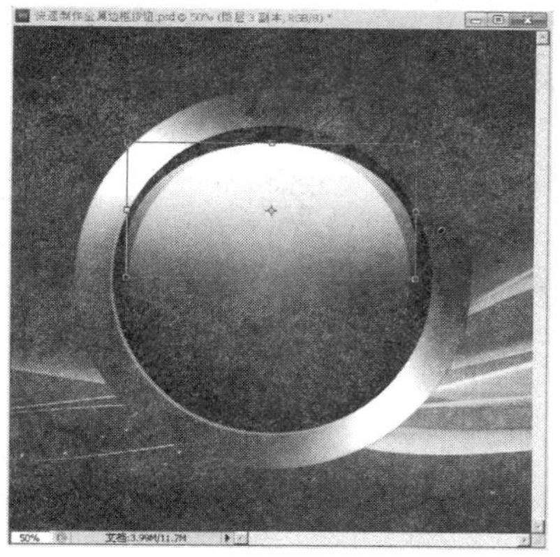

图 4.99 对图层 3 的渐变圆进行变形

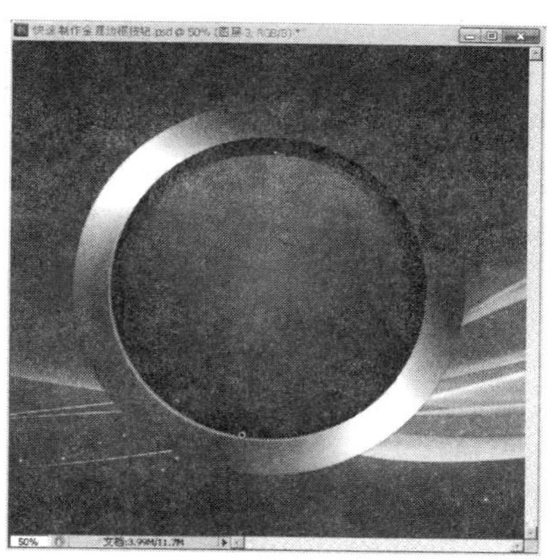

图 4.100 图层不透明度为 20%的效果

STEP 7 用选区相减法绘制如图 4.101 所示的月牙形选区。新建“图层 4”，为月牙形选区填充白色到透明的渐变，如图 4.102 所示，按【Ctrl+D】组合键，取消选区。

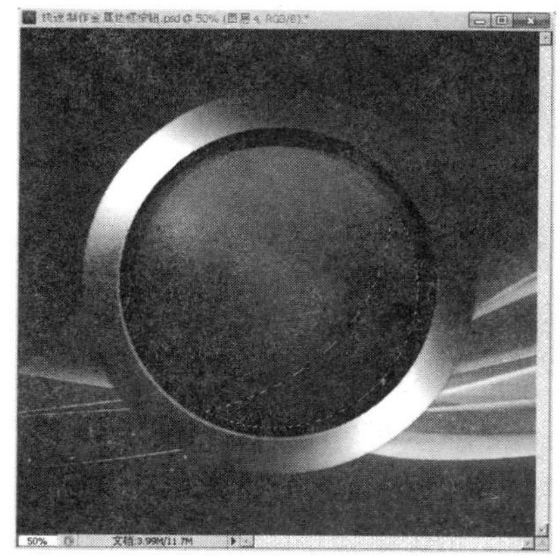

图 4.101 月牙形选区

图 4.102 月牙形选区填充渐变色

STEP 8 设置“图层 4”的图层“不透明度”为“15%”，复制“图层 4”得到“图层 4 副本”，对“图层 4 副本中”的渐变月牙形使用【Ctrl+T】组合键进行变形，得到如图 4.103 所示效果。

STEP 9 选择椭圆选区工具，在图像中绘制选区，新建“图层 5”，将其填充为白色，设置图层“不透明度”为“60%”，按【Ctrl+D】组合键，取消选区。得到如图 4.104 所示效果。

图 4.103 双月牙形效果图

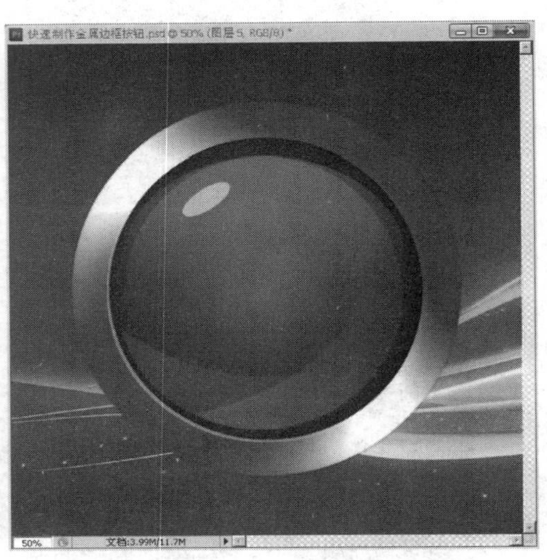

图 4.104 椭圆效果图

STEP 10 复制“图层 5”，得到“图层 5 副本”，按【Ctrl+T】组合键，调整椭圆的大小和位置，并将其图层的“不透明度”设置为“15%”，得到的最终效果如图 4.105 所示。

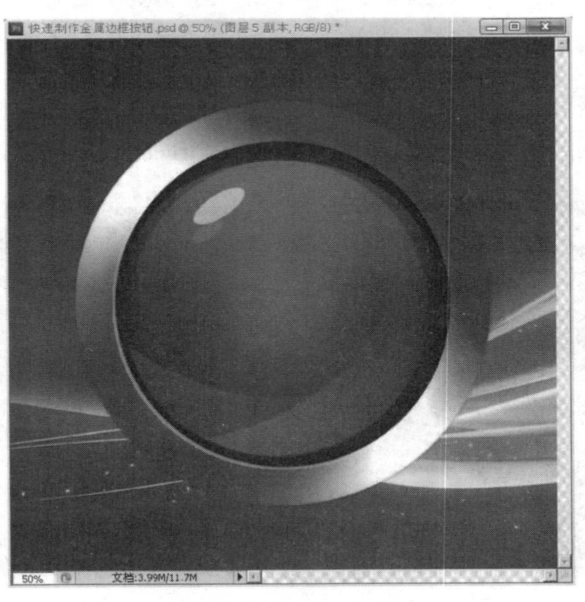

图 4.105 最终效果

◎ 复习思考题

一、单选题

1. 文字图层中的文字信息哪些不可以进行修改和编辑？（　　）

   A. 文字颜色　　B. 文字内容，如加字或减字

   C. 文字大小　　D. 将文字图层转换为像素图层后可以改变文字的字体

2. 如何复制一个图层？（　　）

   A. 选择【编辑】→【复制】命令　　B. 选择【图像】→【复制】命令

   C. 选择【文件】→【复制图层】命令　　D. 将图层拖放到【图层】面板下方创建新图层按钮 上

3. 如何改变图层的名称？（　　）

   A. 在【图层】面板上直接修改某图层的名称

   B. 在【图层】面板上，双击某图层，弹出图层对话框，在对话框中修改该图层的名称

   C. 在【图层】面板上，选中图层后按【Return】键就可给这个图层重新命名

   D. 图层的名称是不能重新命名的

4. 单击【图层】面板上“眼睛”图标右侧的方框，出现一个链条的图标，表示（　　）：

   A. 该图层被锁定

   B. 该图层被隐藏

   C. 该图层与激活的图层链接，两者可以一起移动和变形

   D. 该图层不会被打印

5. 如何将背景层转变为一个普通图层？（　　）

   A. 选择【图层】→【新建】→【背景图层】命令

   B. 选择【图层】→【排列】命令

   C. Alt(Win) +单击【图层】面板上的预览图

   D. 单击【图层】面板上的背景层

6. 下列哪些方法不可以产生新图层？（　　）

   A. 双击【图层】面板的空白处，在弹出的对话框中进行设定选择新图层命令

   B. 单击【图层】面板下方的创建新图层按钮

   C. 使用鼠标将图像从当前窗口中拖动到另一个图像窗口中

   D. 使用文字工具在图像中添加文字

7. 下面哪个效果不是【图层】→【效果】菜单中的命令？（　　）

   A. 内阴影　　B. 模糊　　C. 内发光　　D. 外发光

8. 以下关于调整图层的描述不正确的是：（　　）

   A. 可通过创建“曲线”调整图层或通过【图像】→【调整】→【曲线】命令对图像进行色彩调整，两种方法都对图像本身没有影响，而且方便修改

   B. 可以在【图层】面板中更改透明度

   C. 可以在【图层】面板中更改图层混合模式

   D. 可以在【图层】面板中添加图层蒙版

9.【描边】命令使用的是何处的颜色？（　　）

A. 工具箱中的前景色　　B. 工具箱中的背景色

C. 色板中随机选取颜色　　D. 颜色面板中随机选取颜色

10. 你如何旋转一个图层或选区？（　　）

A.【选择】→【旋转】命令　　B. 单击鼠标并拖拉旋转工具

C.【编辑】→【变换】→【旋转】命令　　D. 按住【Ctrl】键并拖移动工具

二、多选题

1. 关于图层的描述哪个是正确的？（　　）

A. 任何一个图像图层都可以转换为背景层　　B. 图层透明的部分是有像素的

C. 背景层不能转换为其他类型的图层　　D. 图层透明的部分是没有像素的

2. 欲把背景层转换为普通图层，以下哪种做法是可行的？（　　）

A. 通过拷贝粘贴的命令可将背景层直接转换为普通图层

B. 通过图层菜单中的命令将背景层转换为图层

C. 双击【图层】面板中的背景层，并在弹出的对话框中输入图层名称

D. 背景层不能转换为其他类型的图层

3. 在 Photoshop CS5 中有哪几种锁定图层功能？（　　）

A. 透明编辑锁定　　B. 图像编辑锁定

C. 移动编辑锁定　　D. 锁定全部链接图层

4. 下列哪些操作不能删除当前图层？（　　）

A. 在【图层】面板上，将此图层用鼠标拖至垃圾桶图标上

B. 在【图层】面板的弹出菜单中选【删除图层】命令

C. 直接按【Delete】键

D. 直接按【Esc】键

5. 下面对图层的合并描述哪些是正确的？(　　)

A. 显示或隐藏的图层都可以执行【向下合并】命令

B. 图层的合并通常有三个可执行的命令:【向下合并】.【合并可见层】.【拼合图层】

C.【拼合图层】命令可将所有的可见图层和隐藏图层合并到背景层上。

D. 如果所有图层和背景都处于显示状态，那么选择【合并可见图层】和【拼合图层】命令的结果是一样的

三、判断题

1. 背景层始终在最底层，可以改变其“不透明度”。（　　）

2. 单击【图层】面板上图层左边的“眼睛”图标，结果是该图层被锁定。（　　）

3. 在 Photoshop 中背景层与新建层是不同的，背景层不是透明的，新建层是透明的。（　　）

4. 同一个图像文件中的所有图层具有相同的分辨率。（　　）

5. 选择【图层】→【向上对齐】命令或【向下对齐】命令可以改变图层排列顺序。（　　）

四、操作题

设计一张宣传画或海报，要求应用图层的混合模式.图层特效和调节图层等操作。

路径的应用

应知目标

了解路径的基本功能，熟悉路径的基本操作。

应会要求

掌握使用工具箱中的工具创建路径，调节路径形状和对路径进行变形等操作；掌握路径的复制、删除、调整等路径的基本操作。

5.1 路径功能概述

路径是由多个矢量线条构成的图形，是 Photoshop CS5 矢量设计功能的充分体现。使用路径可以精确定义一个区域，并可以将其保存以便重复使用。

5.1.1 路径的基本元素

路径是由贝塞尔曲线构成的线条或图形。与其他图形软件相比，Photoshop 中的路径是不可打印的矢量形状，主要用于勾画图像区域的轮廓，用户可以对路径进行填充或描边，也可以将其转换为选区。

一个路径主要由线段、锚点以及控制句柄等组成，如图 5.1 所示。

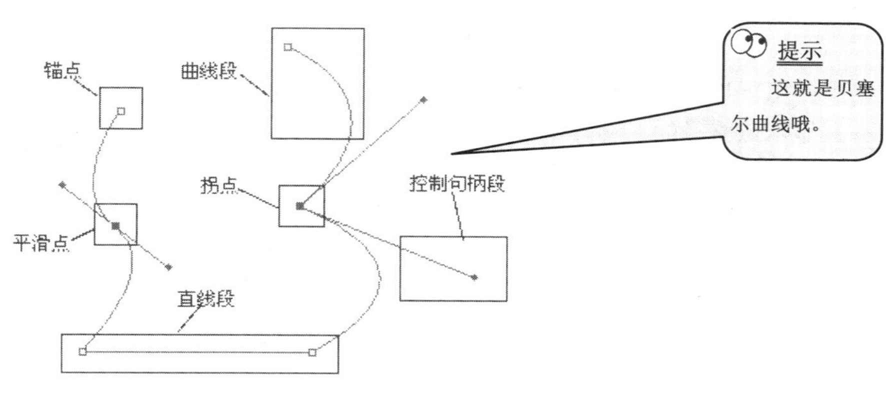

图 5.1 路径的基本元素

提示

这就是贝塞尔曲线哦。

（1）线段。一条路径是由多个线段依次连接而成，线段分为直线段和曲线段两种。

（2）锚点。路径中每条线段两端的点是锚点，由小正方形表示，而黑色实心的小正方形表示该锚点为当前选择的定位点。

（3）拐点。拐点是非平滑连接两个线段的定位点。

（4）角点。由钢笔工具创建，是一个路径中两条线段的交点。

（5）控制句柄。当选择一个锚点后，会在该锚点上显示 0～2 条控制句柄，拖动控制句柄一端的小圆点就可以修改与之关联的线段的形状和曲率。

（6）贝塞尔曲线。贝塞尔曲线是一种由三点定义的曲线，一点在曲线上，另外两点是曲线的两端端点，拖动曲线上的一点可以改变曲线的曲率。

5.1.2 路径面板的使用

选择【窗口】→【路径】命令，可弹出【路径】控制面板，如图 5.2 所示。单击【路径】面板右上角的▾≡，将弹出路径命令菜单，如图 5.3 所示，其中的命令可以对路径做各种填充、描边及选区间的转换等操作。【路径】面板中各选项的含义如下。

图 5.2 【路径】面板

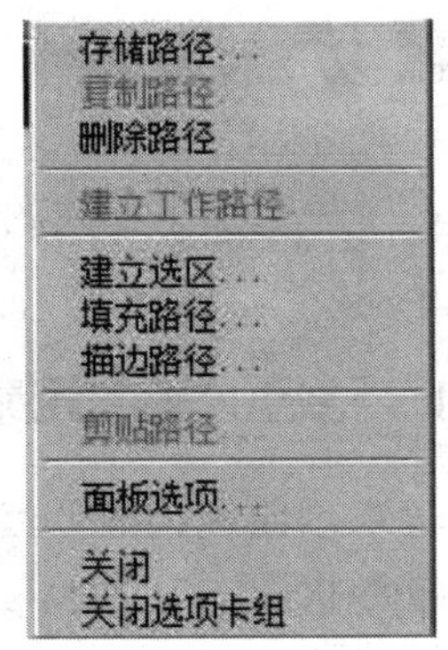

图 5.3 【路径】快捷菜单

当前路径：面板中以蓝色条显示的路径为当前活动路径，用户所作的操作都是针对当前路径的。

路径缩略图：用于显示该路径的缩略图，可以在这里查看路径的大致样式。

路径名称：显示该路径的名称，用户可以对其进行修改。

填充路径按钮●：单击该按钮，用前景色在选择的图层上填充该路径。

描边路径按钮○：单击该按钮，用前景色在选择的图层上为该路径描边。

将路径转换为选区按钮◌：单击该按钮，可以将当前路径转换成选区。

将选区转换为路径按钮：单击该按钮，可以将当前选区转换成路径。

新建路径按钮：单击该按钮，将建立一个新路径。

删除路径按钮：单击该按钮，将删除当前路径。

5.2 创建路径

5.2.1 使用钢笔工具创建路径

Photoshop 中的路径是使用“钢笔”工具绘制的线段和使用“形状”工具绘制的图形。路径既可以是闭合曲线，也可以是开放的曲线段。在工具箱中用鼠标右击“钢笔”工具的图标，系统将会弹出隐藏工具菜单。菜单中包含 5 个工具，分别为：钢笔工具、自由钢笔工具、添加锚点工具、删除锚点工具和转换点工具。其工具属性栏如图 5.4 所示，各选项参数如下。

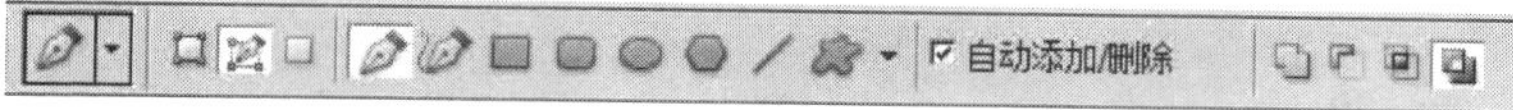

图 5.4 “钢笔”工具属性栏

：分别用于创建形状图层、创建工作路径和填充区域，其作用与形状工具类似。

：该组按钮用于在各种形状工具间进行切换。

自动添加/删除：选中该复选框，当鼠标移动到路径上时，鼠标光标右侧将有一个小加号，此时单击，可以添加一个锚点；当鼠标移动到一个锚点上时，鼠标光标右侧将有一个小减号，此时单击，可以删除该锚点。

（1）使用“钢笔”工具绘制直线路径。首先在工具箱中选择钢笔工具，然后移动鼠标到图像窗口中单击创建第一个锚点，接着移动鼠标到第二个要创建的锚点位置单击，即可在第二个锚点与第一个锚点之间以直线连接，如图 5.5 所示。重复该操作即可创建一条由多条直线线段构成的折线路径，最后将鼠标移到路径的起点处，此时鼠标光标变为形状，单击鼠标即可创建一条封闭的路径，如图 5.6 所示。

图 5.5 创建直线路径

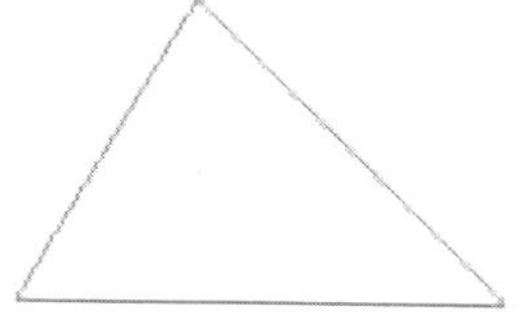

图 5.6 直线封闭路径

注意

使用钢笔工具创建直线路径时，按下【Shift】键不放，可以创建水平、垂直或 45°方向的直线路径。

（2）使用钢笔工具绘制曲线路径。首先在工具箱中选择钢笔工具，然后移动鼠标到图像窗口单击并拖动鼠标制作出路径开始的锚点，接着移动鼠标到要建立第二个锚点的位置单击并拖动，即可在两点之间创建一条曲线路径，如图 5.7 所示。重复该操作即可创建一条由多条曲线线段构成的路径，最后将鼠标移到路径的起点处，此时鼠标光标变为形状，单击鼠标即可创建一条封闭的路径，如图 5.8 所示。

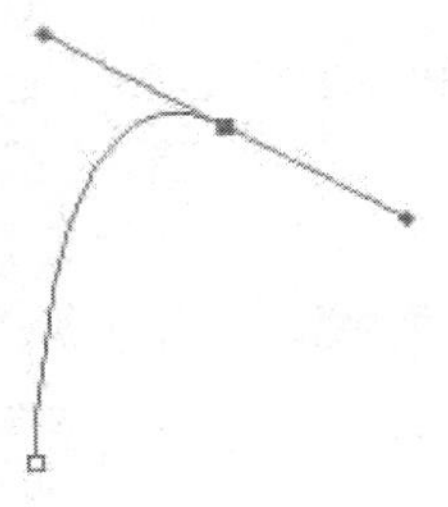
图 5.7　创建曲线路径

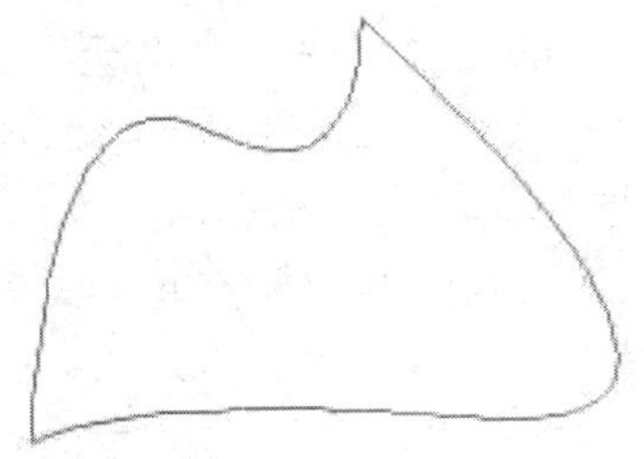
图 5.8　曲线封闭路径

5.2.2　使用自由钢笔工具创建路径

使用“自由钢笔”工具可以沿鼠标移动的轨迹自动生成路径，或沿图像的边缘自动产生路径。选择工具箱中的自由钢笔工具，然后在图像窗口中按住鼠标左键并自由拖动，即可沿鼠标的移动轨迹绘制一条路径，如图 5.9 所示。

选中工具属性栏中的☑磁性的复选框，然后在图像的边缘处单击鼠标，沿着图像的边缘移动鼠标，即可沿图像的边缘自动产生一条路径，如图 5.10 所示。

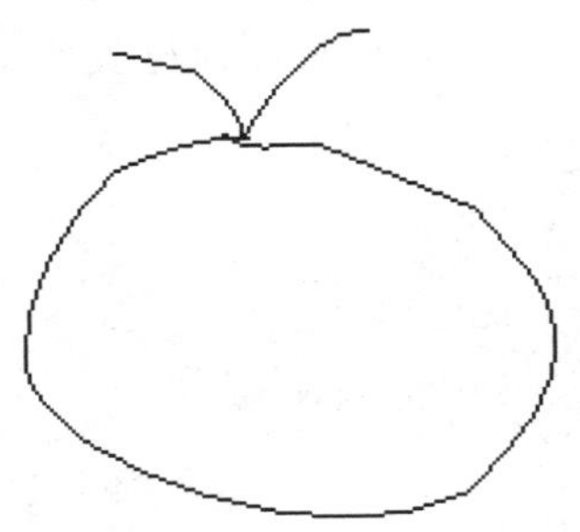
图 5.9　用自由钢笔工具创建路径

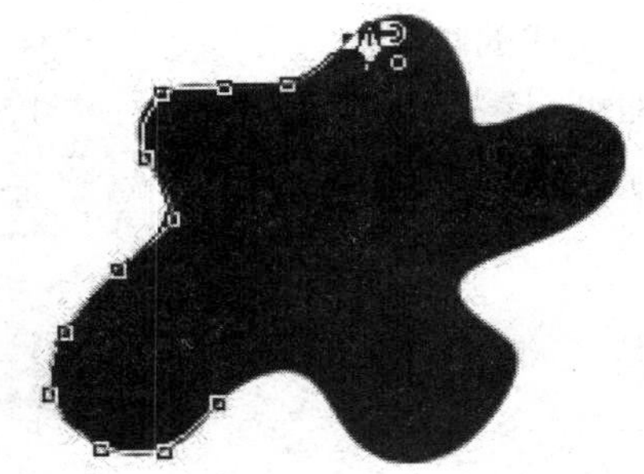
图 5.10　沿图像的边缘自动产生路径

5.2.3　使用形状工具创建路径

利用“形状”工具可以迅速制作出某些特定造型的路径。“形状”工具包括矩形工具、圆角矩形工具、椭圆工具、多边形工具、自定形状工具。选择一个形状工具后，在工具属性栏中单击路径按钮，然后在图像窗口中拖动鼠标即可创建一条封闭的路径。

5.3 编辑路径

5.3.1 增加和删除锚点

1. 增加锚点

选择添加锚点工具后，将光标置于要增加锚点的位置，在光标的右下角出现一个"＋"号，单击鼠标，即可在此处增加一个锚点，如图 5.11 所示。

2. 删除锚点

选择删除锚点工具后，将光标置于要删除锚点的位置，在光标的右下角出现一个"－"号，单击鼠标，即可在此处删除一个锚点，如图 5.12 所示。

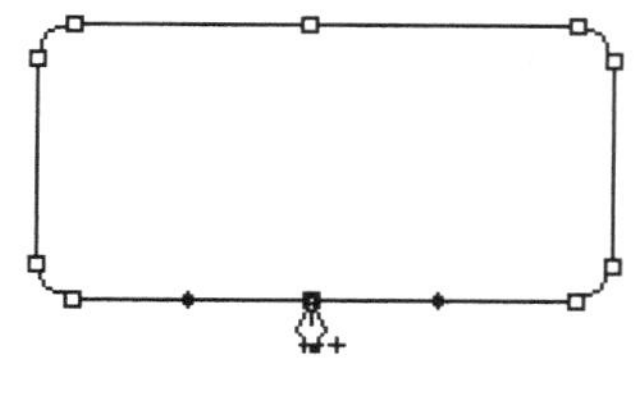

图 5.11　添加路径锚点

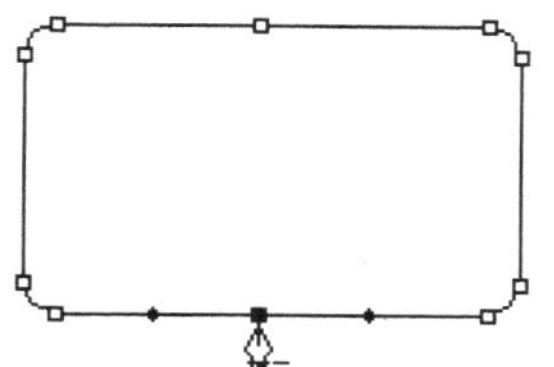

图 5.12　删除路径锚点

5.3.2 调整路径与路径变形

1. 调整路径

使用转换点工具，可以将图像上的平滑点转换成拐点或将拐点转换为平滑点，以达到调整路径的目的。单击路径上已有的锚点，可以改变锚点的方向线，可以将曲线路径上的平滑点转换为角点，角点两边的路径由曲线变为直线；也可以将直线路径上的角点转换为平滑点，角点两边的路径由直线变为曲线段。如图 5.13 所示，选择转换点工具依次单击圆角三边形的三个平滑点将它们转换为角点，圆角三边形将变为一个三角形，其结果如图 5.14 所示。

图 5.13　转换前的圆角三边形

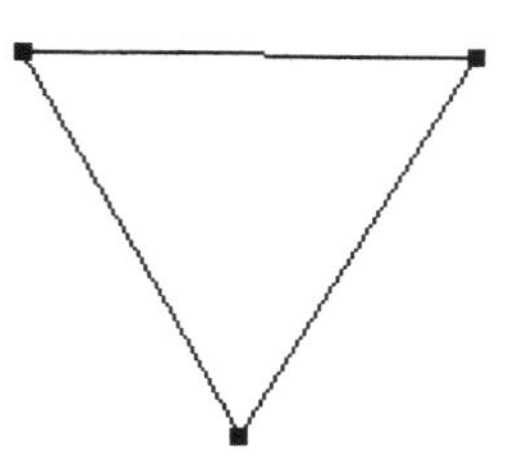

图 5.14　转换后的三角形

2. 路径变形

路径可以通过变形来改变自身形状，路径的变形处理操作和一般图形的变形相差不大。首先用路径选择工具，选中将要变形的路径，然后选择【编辑】→【自由变换路径】命令或者【编辑】→【变换路径】命令子菜单中的各种变形命令对路径进行变形处理，如图 5.15 和图 5.16 所示。

图 5.15　建立路径

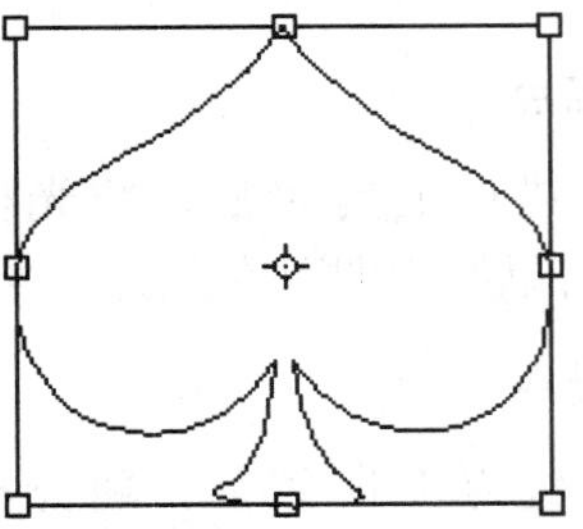

图 5.16　对路径进行变形

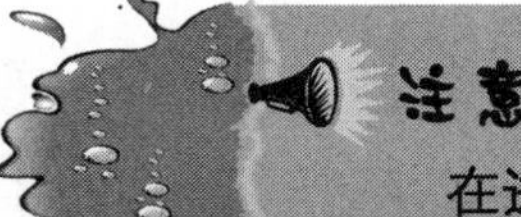

注意

在进行缩放时，按住【Shift】键不放，并拖动 4 个角上的控制点可以等比例缩放路径。

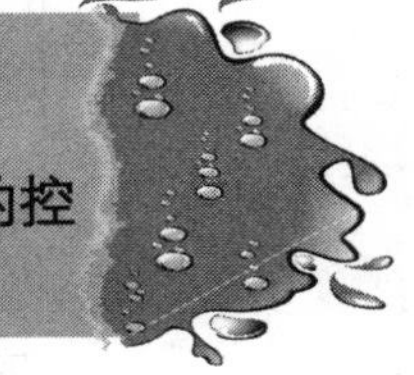

5.3.3　复制、删除、输出路径

1. 复制路径

复制已创建的路径，可以先将路径选中，然后在路径控制面板的下拉列表中选择【复制路径】命令；也可以在【路径】面板中选中要复制的路径，并将其拖至【路径】面板底部的新建路径按钮上。

2. 删除路径

删除已创建的路径，可以先将路径选中，然后在路径控制面板的下拉列表中选择【删除路径】命令；也可用鼠标将路径直接拖到删除路径按钮上删除。

3. 输出路径

Photoshop 中的路径可以输出为 Adobe Illustrator 的格式（.ai 文件），这样就可以使用 Adobe Illustrator 或其他矢量图形软件进行处理。具体操作如下：

（1）打开一幅图像文件，绘制路径，如图 5.17 所示。

（2）选择【文件】→【导出】→【路径到 Illustrator…】命令，在弹出的【导出路径】对话框中，设置“文件名”为“少年”，如图 5.18 所示，然后单击【保存】按钮即可。

图 5.17　绘制少年轮廓路径

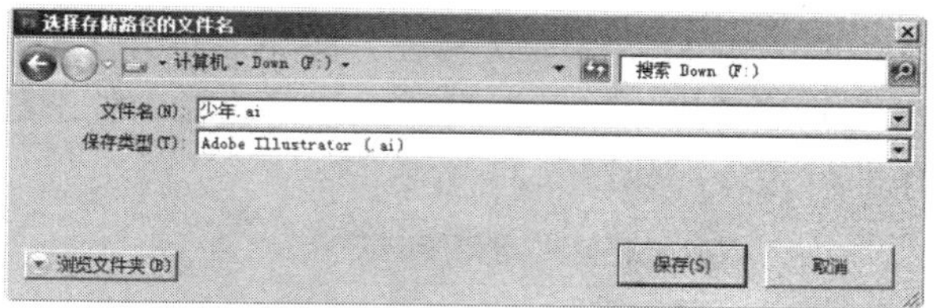

图 5.18　【选择存储路径的文件名】对话框

5.3.4　填充路径与描边路径

1. 填充路径

路径在图像上只是记录一个轨迹，可以对其进行填充和描边操作。填充路径是指用指定的颜色、图案或历史纪录的快照填充路径的区域。填充路径的具体方法如下：

（1）打开要进行填充的路径，选择路径面板菜单中的【填充路径】命令，如图 5.19 所示。

（2）打开【填充路径】对话框，如图 5.20 所示，在“内容”、“混合”选项组中设置填充内容、模式与不透明度，在“渲染”选项组中设置是否具有羽化功能和削除锯齿的功能，设置完毕后，单击【确定】按钮，如图 5.21 所示。

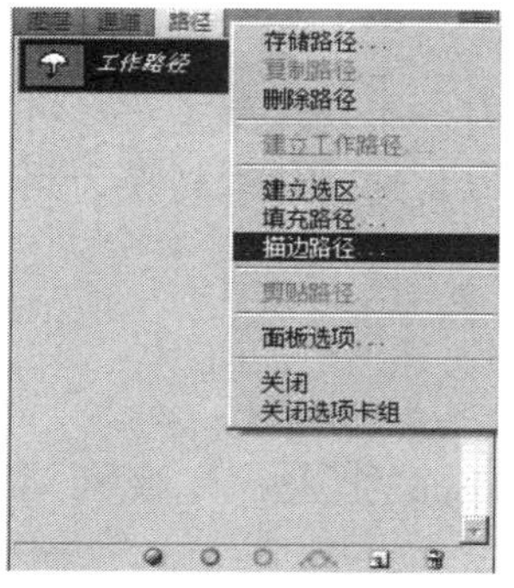

图 5.19　【路径】菜单

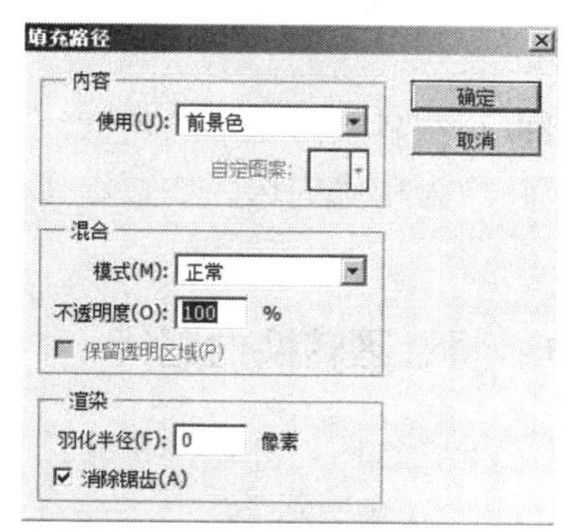

图 5.20　【填充路径】对话框

（a）填充前

（b）填充后

图 5.21　填充路径前后的效果对比

2. 描边路径

描边路径可以指定一种绘图工具来进行描边，具体方法如下：

（1）打开需要描边的路径，然后选择【路径】面板菜单中的【描边路径】命令，或者按住【Alt】键再单击【描边路径】按钮，打开【描边路径】对话框，如图 5.22 所示。

（2）在【描边路径】对话框中，选择一种工具进行描边，然后单击【确定】按钮，描边操作即可完成，如图 5.23 所示。

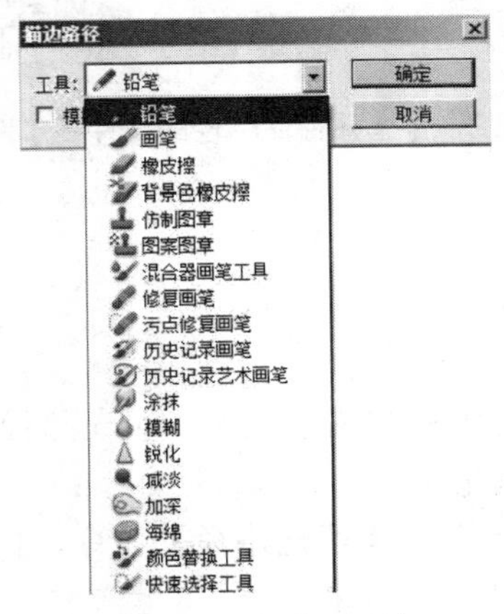

图 5.22 【描边路径】对话框

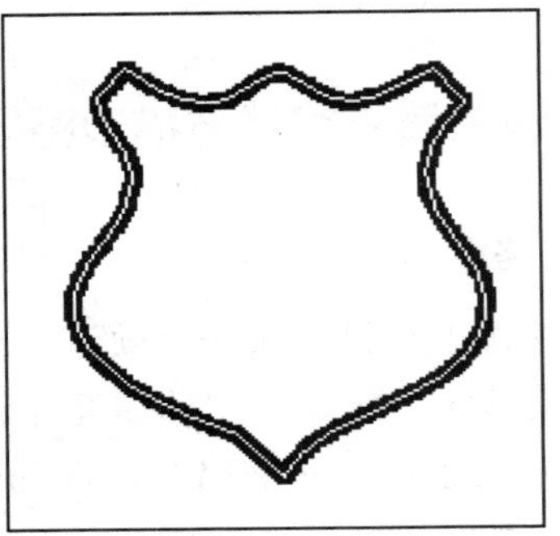

图 5.23 路径描边后的效果

5.4 路径与选区的转换

使用路径可以绘制复杂而平滑的轮廓线，路径还有一个功能就是可以将其转换为选区范围，即路径能被转换为精确的选区边框。反之，也可以将选区边框转换为路径，再使用直接选择工具进行微调。

5.4.1 将选区转换为路径

在图像中建立一个选区，然后单击【路径】面板底部的按钮，即可将选区边框转换为路径曲线，效果如图 5.24 所示。

图 5.24 将选区转换为路径前后的对比效果

从【路径】面板的菜单中选择【建立工作路径】命令，可打开如图 5.25 所示的对话框。在“容差”文本框中可以设置一个容差值，它决定建立工作路径命令对选区形状的细微变化的敏感度。容差值设置得越大，生成的路径就越平滑，如图 5.26 所示为将选区转换为工作路径后的效果对比。

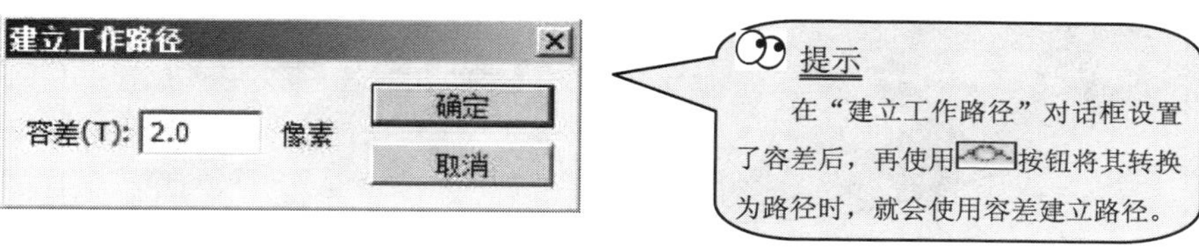

图 5.25 【建立工作路径】对话框

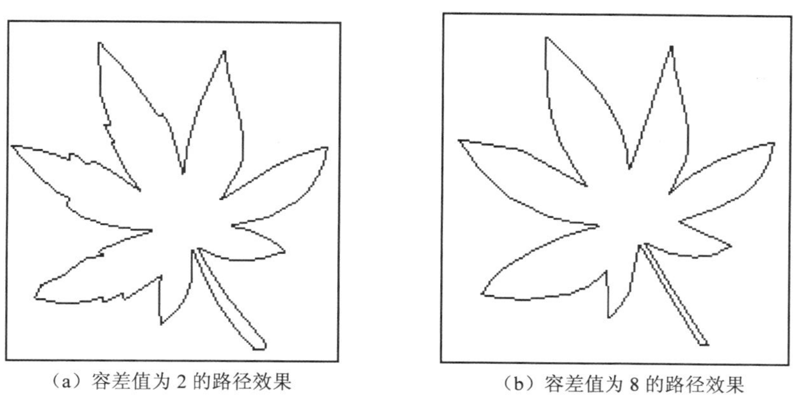

（a）容差值为 2 的路径效果　（b）容差值为 8 的路径效果

图 5.26 不同容差值的路径效果对比

5.4.2 将路径转换为选区

在【路径】面板中，选择要转换为选区的路径名，然后单击【路径】面板底部的按钮或从【路径】面板的菜单中选择【建立选区】命令，即可打开如图 5.27 所示的对话框。

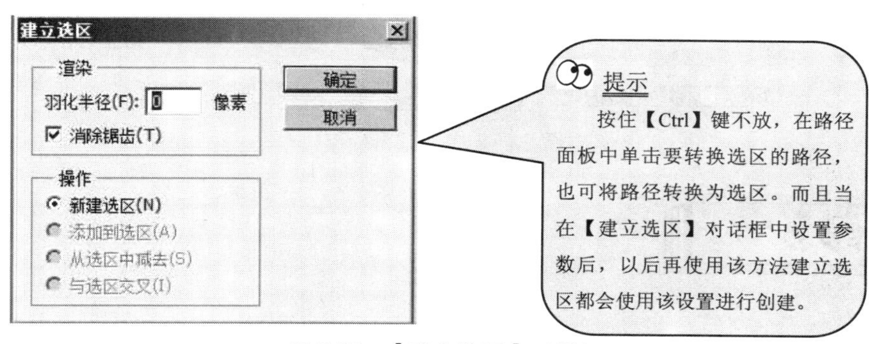

图 5.27 【建立选区】对话框

在【建立选区】对话框中可以设置产生选区的羽化半径、是否消除锯齿等参数，如图 5.28 所示为设置羽化半径为“3”后，创建的选区并进行填充后的效果。

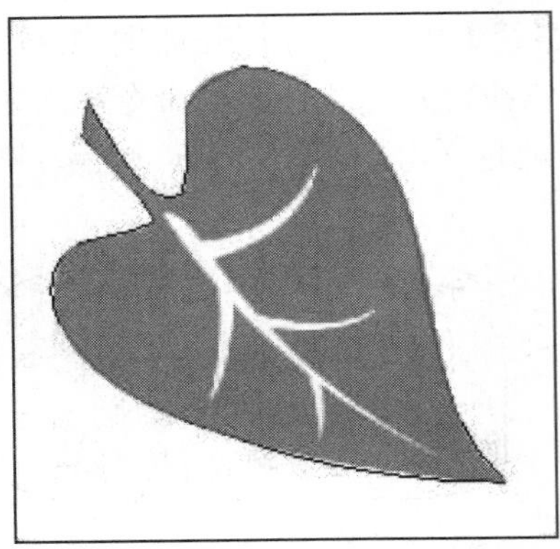

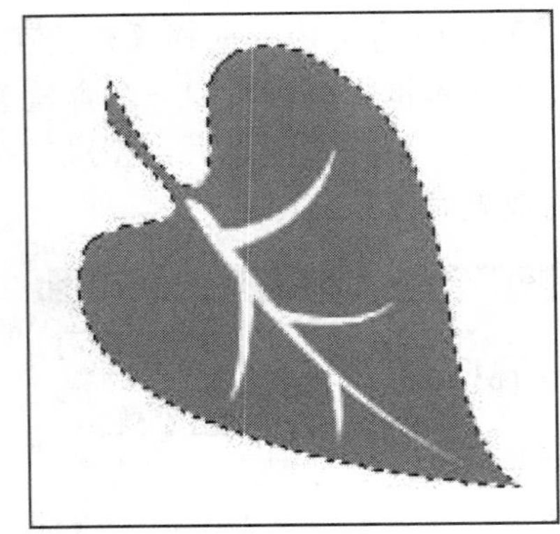

图 5.28　设置羽化半径为“3”后的效果

△ 应用举例——绘制标志路径

绘制如图 5.29 所示的中国银行的标志路径。

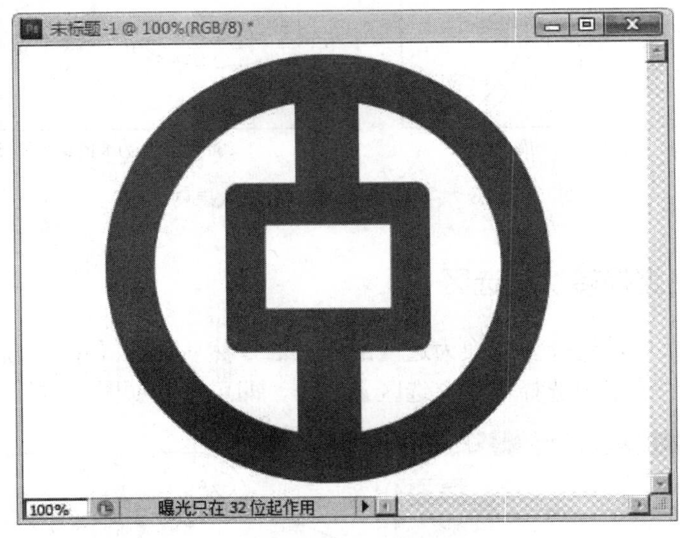

图 5.29　中国银行标志

STEP 1　启动 Photoshop CS5，在新建文档中使用椭圆工具，在图像中绘制一大一小两个圆形，如图 5.30 所示。用路径选择工具选中两个圆形，单击工具属性栏中的【垂直居中对齐】和【水平居中对齐】按钮，将两个圆形居中对齐。然后选择【重叠形状域除外】方式，单击【组合】按钮，效果如图 5.31 所示。

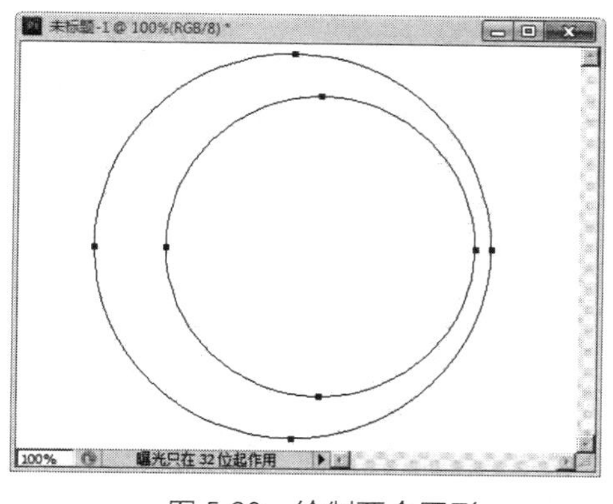

图 5.30　绘制两个圆形

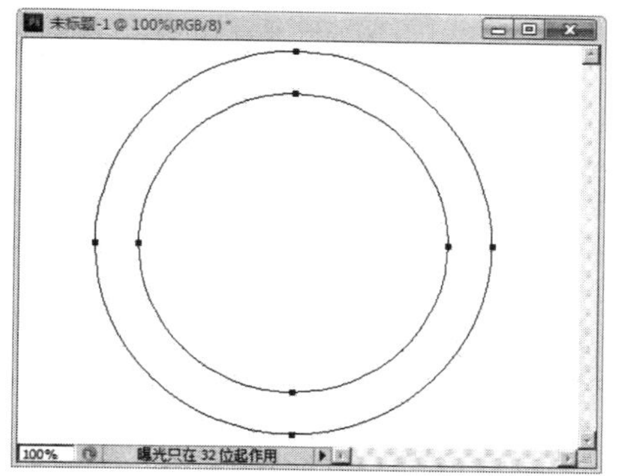

图 5.31　对齐两个圆形并组合

STEP 2　选择工具箱中的矩形工具，绘制一个垂直矩形，注意宽度要与圆环宽度相等。将矩形与两个圆形对齐，方法同上，如图 5.32 所示。用路径选择工具选中矩形，选择【添加到形状区域（+）】方式，单击【组合】按钮。效果如图 5.33 所示。

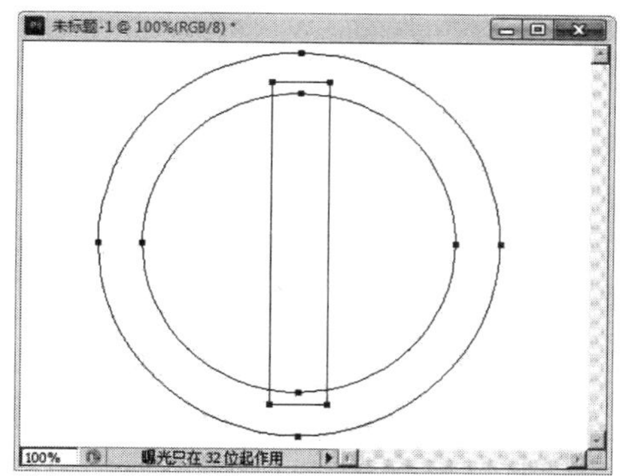

图 5.32　添加垂直矩形

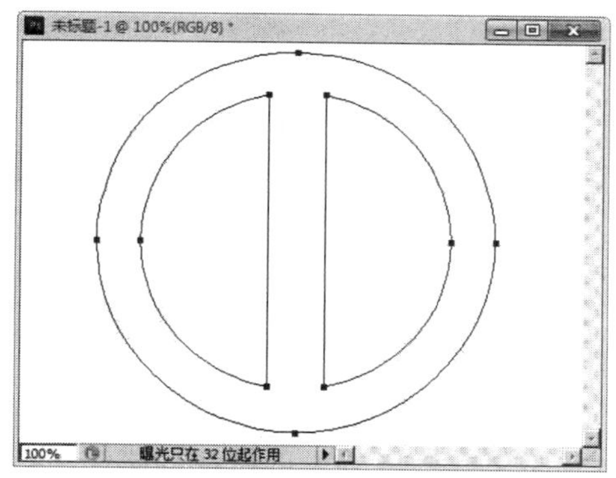

图 5.33　矩形组合后的效果

STEP 3　选择工具箱中的圆角矩形工具，绘制一个圆角矩形，并居中对齐，如图 5.34 所示。用路径选择工具选中圆角矩形，然后选择【添加到形状区域（+）】方式，单击【组合】按钮，效果如图 5.35 所示。

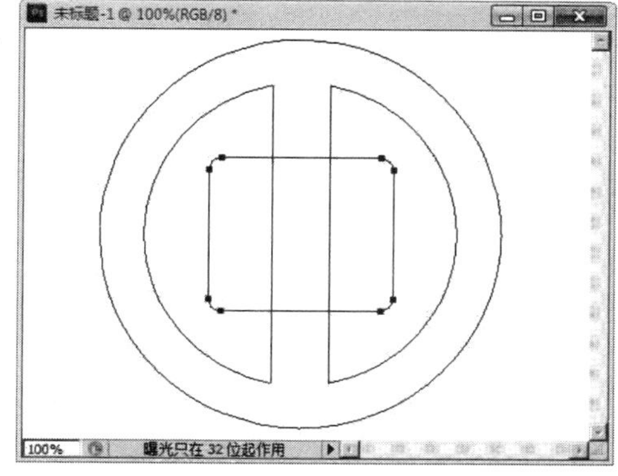

图 5.34　绘制圆角矩形

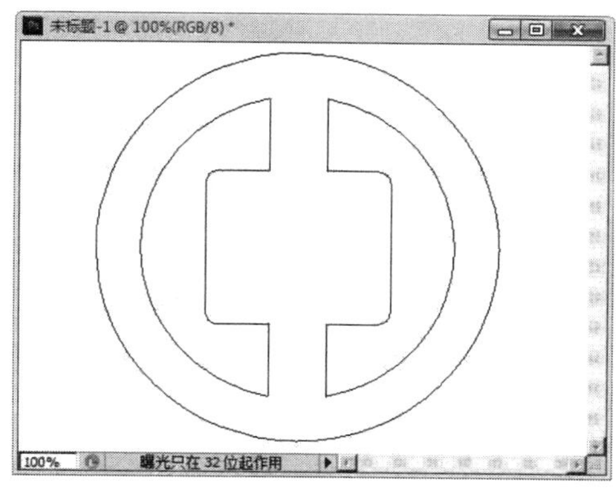

图 5.35　圆角矩形组合的效果

STEP 4 最后绘制一个矩形对齐到中心，然后用直接选择工具选中全部路径，如图 5.36 所示。将前景色设置为“红色”，然后在【路径】面板上单击填充按钮，最终效果如图 5.29 所示。

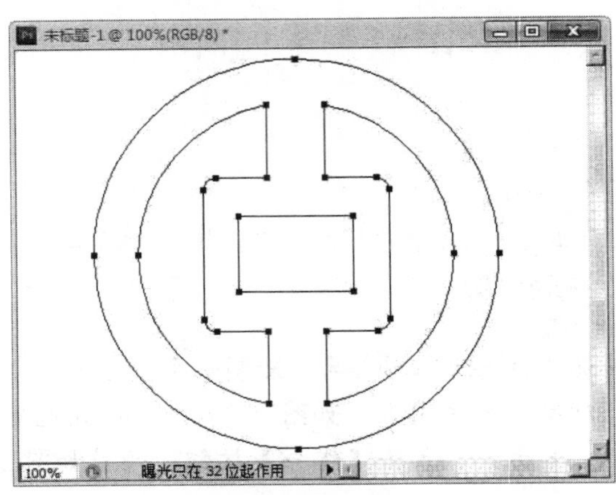

图 5.36 选中全部路径

5.5 利用路径制作文字效果

5.5.1 沿路径排列的文字

可以使文字沿着路径的方向排列，具体方法为：先绘制一条路径，再选择工具箱中的横排文字工具，然后将鼠标移动到路径上，当光标形状发生改变后，单击鼠标，输入文字即可，如图 5.37 所示。

选择工具箱中的“路径选择”工具，将其移动到文字上并拖动，可以移动文字在路径上的位置。

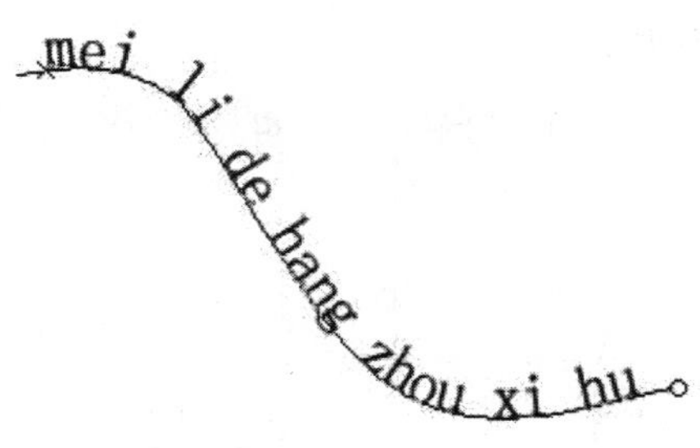

图 5.37 沿路径排列的文字

5.5.2 路径内部文字

在 Photoshop CS5 中可以在封闭的路径内部输入文字，此时输入的文字范围将只能在封闭路径内。具体方法为：先绘制一条封闭路径，再单击工具箱中的横排文字工具T，将鼠标移动到封闭路径内部，当光标形状发生变化后，单击鼠标，输入文字即可，如图 5.38 所示。

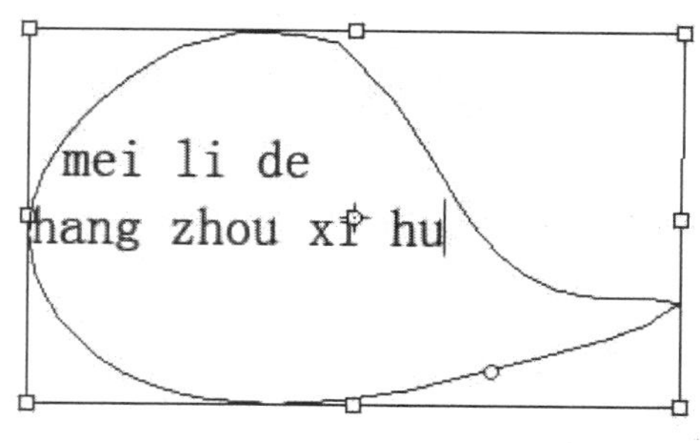

图 5.38 路径内部文字

☆ 课堂练习——制作弹簧字效果

用 Photoshop 实现弹簧字效果，主要是用钢笔工具，然后通过用圆形画笔填充路径的方法实现，效果如图 5.39 所示。

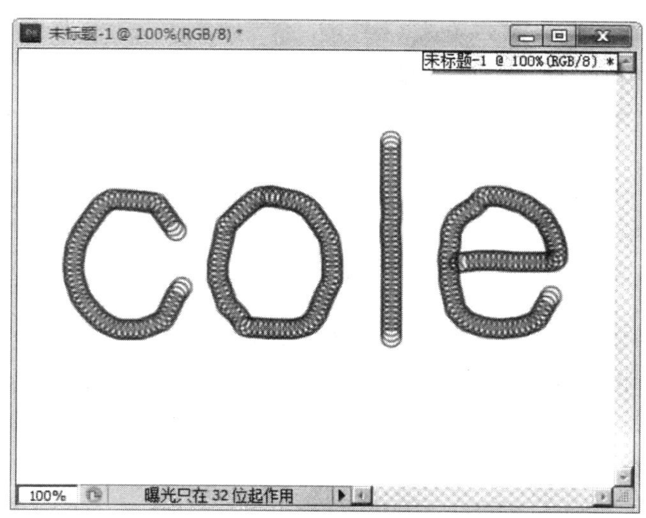

图 5.39 弹簧字效果

STEP 1 新建一个宽高为“600 × 450”像素，“颜色模式”为“RGB 颜色”，“分辨率”为“72 像素/英寸”，“背景内容”为“白色”的图像文件。选择工具箱中的横排文字工具T，将字体设置为“Arial”，大小为“220 点”，输入文字“cole”，并移动到所需位置，如图 5.40 所示。

图 5.40 输入文字

STEP 2 选择工具箱中的钢笔工具，沿着“cole”的笔画勾勒出每个字母的中心线。每勾勒完一个字母后，按【Ctrl】键单击空白处，然后再继续勾勒下一个字母，如图 5.41 所示。再在【图层】面板中将文字层删除，留下路径即可，如图 5.42 所示。

图 5.41 用钢笔工具勾勒文字

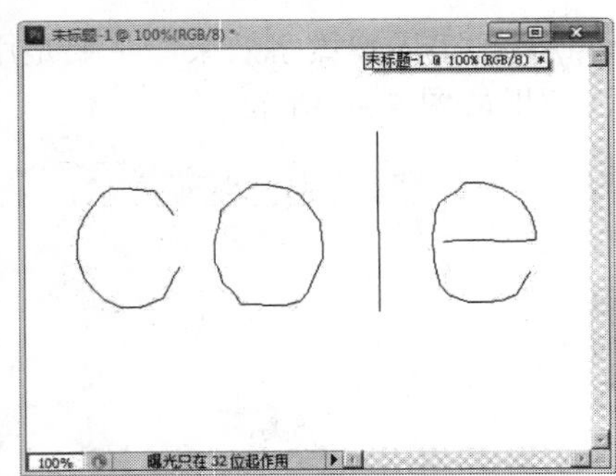

图 5.42 删除文字后的路径

STEP 3 选择直接选择工具，按住【Shift】键不放，用鼠标先后单击使得路径中所有的点都被选中，如图 5.43 所示。选择工具箱中的画笔工具，在其工具属性栏中的【画笔】列表框中单击向右的箭头，选择“混合画笔”追加到当前的画笔列表中，这里选择合适的圆形画笔，如图 5.44 所示。

图 5.43 选中文字路径

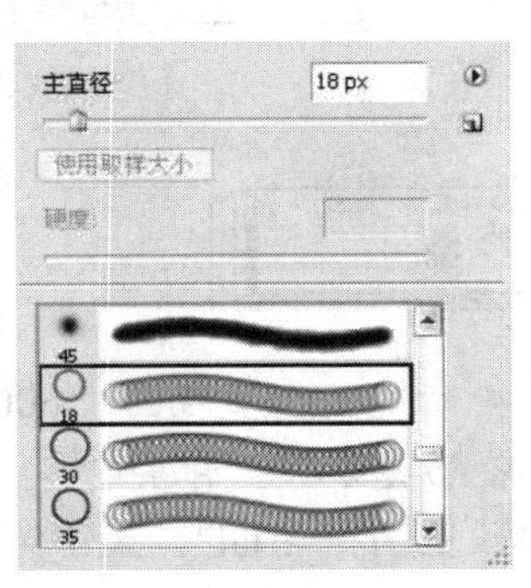

图 5.44 画笔列表

STEP 4 将前景色设置为“黑色”，然后在【路径】面板单击描边按钮 。取消路径显示，最终效果如图 5.39 所示。

5.6 典型实例剖析——绘制邮票效果图

绘制一枚如图 5.45 所示的邮票效果图。

图 5.45 邮票效果图

STEP 1 打开“鹰.jpg”图像文件，如图 5.46 所示。将图层背景拖动到创建新图层按钮 上，生成背景层副本，然后将背景层填充成 50%灰度（为背景填充颜色是为了方便观察），如图 5.47 所示。

图 5.46 原始图像

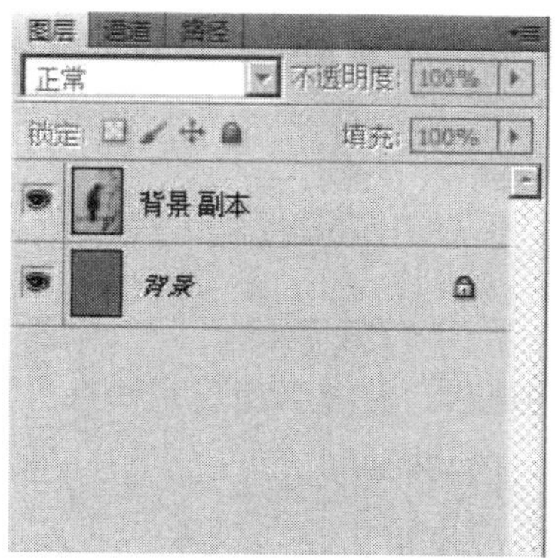

图 5.47 图层面板效果图

STEP 2 选择工具箱中的自定形状工具，单击自定义形状选项栏的【路径】按钮，在自定形状工具栏的形状列表中选择“邮票 1”形状，如图 5.48 所示。若形状列表中没有，则单击列表右上角的小三角，在下拉菜单中选择“全部”选项进行追加，然后绘制邮票形状，如图 5.49 所示。

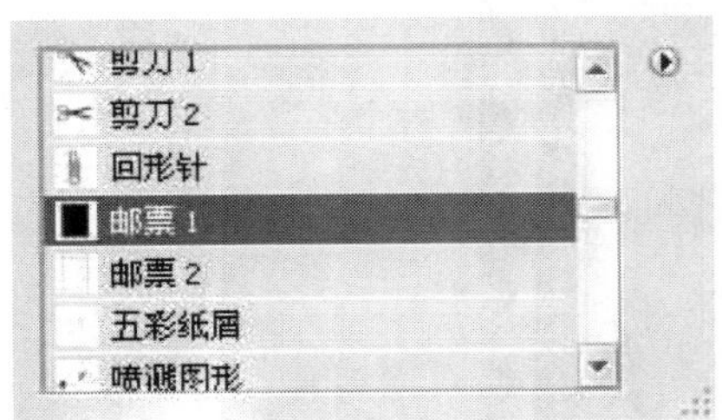

图 5.48 选择“邮票 1”形状

图 5.49 绘制邮票形状

STEP 3 在【路径】面板中单击将路径转为选区按钮，如图 5.50 所示。按【Ctrl+Shift+I】组合键反选选区，然后按【Delete】键删除选区中的内容，效果如图 5.51 所示。

图 5.50 将路径转换选区

图 5.51 删除选区内容

STEP 4 按住【Ctrl】键单击“背景 副本”图层，载入图片选区，然后按住【Alt】键减选一个矩形选区，将选区填充成白色，如图 5.52 所示。

STEP 5 选择横排文字工具，为邮票添加文字，然后双击图片所在图层，打开【图层样式】对话框，为图片添加投影，设置适当的参数后，单击【确定】按钮，投影效果如图 5.53 所示，最终邮票效果就制作完成了。

图 5.52　将选区填充白色

图 5.53　添加投影效果

◎ 复习思考题

一、选择题

1．下面工具中的（　　）工具不能创建路径。

A．矩形　　B．钢笔　　C．自定形状　　D．铅笔

2．要在曲线锚点和直线锚点之间进行转换，可以使用（　　）工具。

A．添加锚点　　B．删除锚点　　C．转换点　　D．自由钢笔

3．在移动路径的操作中，只要同时按（　　）键就可以在水平、垂直或者 45°方向上移动。

A．【Ctrl】　　B．【Shift】　　C．【Alt】　　D．【Ctrl+H】

4．若用直接选择工具，一次性选中整个路径，可以按下（　　）键进行选取。

A．Tab　　B．Shift　　C．Ctrl　　D．Alt

5．当将选区转换为路径时，所创建的路径的状态是（　　）。

A．工作路径　　B．开放的子路径　　C．剪贴路径　　D．填充的子路径

6．固定路径的点通常被称为（　　）。

A．端点　　B．锚点　　C．拐点　　D．角点

7．对同一个图像分别增加一个图层、通道、路径和选区，（　　）情况下占硬盘最大。

A．图层　　B．通道　　C．路径　　D．选区

8．“直线”工具可以画出带有箭头的直线，在【箭头形状】对话框中“凹度”的数值范围是（　　）。

A．0～100　　B．-50～50　　C．0～10　　D．-100～100

9．下列（　　）可绘制精确的路径。

A．“铅笔”工具　　B．“笔刷”工具　　C．“钢笔”工具　　D．“光滑”工具

10．下面（　　）内容在执行填充路径时不能使用。

A．图案　　B．快照　　C．黑色　　D．白色

二、多选题

1．若将曲线点转换为直线点，下列操作不正确的是（　　）。

A．使用“选择”工具单击曲线点　　B．使用“钢笔”工具单击曲线点

C．使用“转换点”工具单击曲线点　　D．使用“铅笔”工具单击曲线点

2．下面不能创建直线点的操作是（　　）。

A．用“钢笔”工具直接单击

B．用“钢笔”工具单击并按住鼠标键拖动

C．用“钢笔”工具单击并按住鼠标键拖动使之出现两个把手，然后按住【Alt】键单击

D．按住【Alt】键的同时用“钢笔”工具单击

3．以下（　　）操作将会产生临时路径。

A．用“钢笔”工具创建新的工作路径　　B．建立一个形状图层

C．将选区转换成路径　　D．添加图层剪贴路径

4．下面对路径的描述（　　）是正确的。

A．路径可分为开放路径和封闭路径

B．锚点通常被分为直线点和曲线点

C．锚点是不能移动的

D．开放路径和封闭路径都可以执行【建立选区】的命令

5．下列关于路径的描述正确的是（　　）。

A．路径可以用“画笔”工具描边

B．当对路径进行填充颜色的时候，路径不可以创建镂空的效果

C．【路径】面板中路径的名称可以随时修改

D．路径可以随时转化为浮动的选区

三、判断题

1．工作路径是一种暂时性的路径，一旦有新的路径建立，则马上被新的工作路径锁覆盖，原来创建的路径将会丢失。（　　）

2．选择区域是无法转换成路径的。（　　）

3．路径必须在一般图层中，如果在形状图层中，则不能进行路径填充。（　　）

4．“自由钢笔”工具也是通过创建锚点来建立路径的。（　　）

5．若路径是隐藏的，则不能进行填充和描边操作。（　　）

四、操作题（实训内容）

1．利用“自定形状”工具绘制下面的路径，然后将路径转换为选区，如图5.54所示。

图5.54　自定义形状

2. 制作如图 5.56 所示的霓虹灯效果（提示：首先绘制如图 5.55 所示的路径，然后设置画笔大小为 9 像素且前景色为紫色并对路径进行描边，再设置画笔大小为 5 像素且前景色为白色并对路径进行描边）。

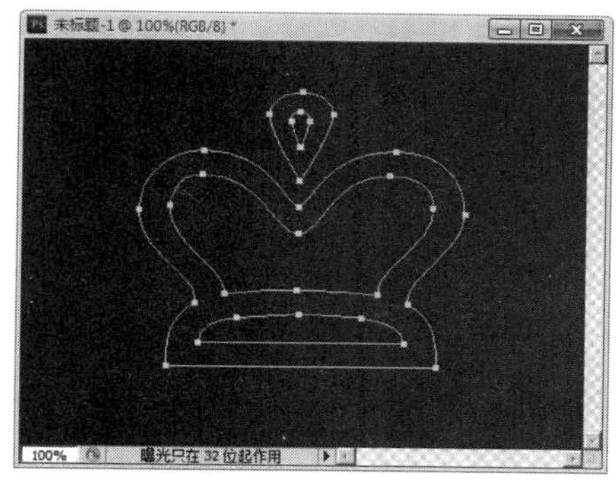

图 5.55　绘制路径

图 5.56　最终效果

通道与蒙版的使用

应知目标

了解通道的作用，懂得各种蒙版的使用。

应会要求

掌握通道的基本操作；掌握快速蒙版、图层蒙版、矢量蒙版和剪贴蒙版的使用方法；掌握使用命令编辑通道的方法。

通道和蒙版与图层一样，在 Photoshop 中起着非常重要的作用。通道主要用于保存颜色数据，在通道上同样可以进行一些绘图、编辑和滤镜处理。蒙版是 Photoshop 中的一个重要概念，只有借助蒙版，才能使 Photoshop 的各项调整功能全面发挥出来。在平面设计过程中，将通道和蒙版结合起来使用，可以制作出许多奇特的效果。

6.1 通道的基本概念

通道这一概念在 Photoshop 中是非常独特的，它是基于色彩模式而衍生出的简单化操作工具。譬如说，一幅 RGB 三原色图有三个默认通道：Red（红）、Green（绿）、Blue（蓝），以及一个用于编辑图像的复合通道。如果是一幅 CMYK 图像，就有了四个默认通道：Cyan（青）、Magenta（洋红）、Yellow（黄）、Black（黑），以及一个用于编辑图像的复合通道，如图 6.1 所示。由此看出，每一个通道其实就是一幅图像中某一种基本颜色的单独通道。

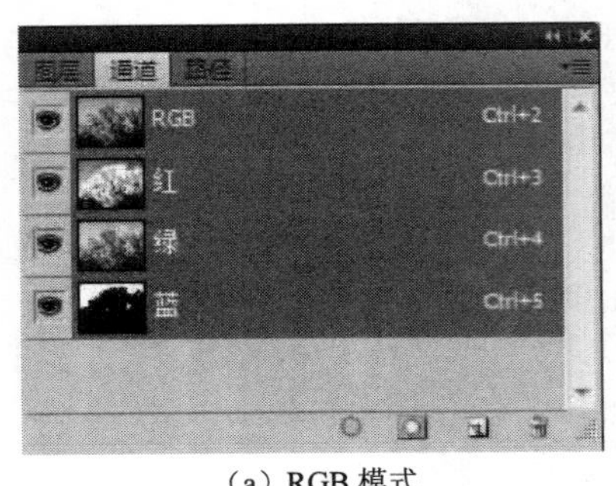

（a）RGB 模式

（b）CMYK 模式

图 6.1 【通道】面板

其实，通道就是存储不同颜色信息的 8 位灰度图像，只有 0～255 共 256 个色阶的变

化，是记录和保存信息的载体。调整图像的过程，实质就是改变通道的过程。我们可以在通道中对各原色通道进行明暗度、对比度的调整，还可以对原色通道单独执行滤镜命令，从而制作出多种特殊效果。

6.1.1 通道类型

由图 6.1 我们注意到，当图像的色彩模式不同时，通道的数量和模式也会不同，在 Photoshop 中，通道主要分为 3 类，如图 6.2 所示。

（1）颜色通道：可以分为复合通道和单色通道。复合通道不包含任何信息，它只是同时预览并编辑所有颜色通道的一个快捷方式；单色通道，就是一些普通的灰度图像，它通过 0～255 级亮度的灰色来表示颜色。在 Photoshop 中编辑图像时，实际上就是在编辑颜色通道。图像的色彩模式决定了颜色通道的数量。

（2）Alpha 通道：用于保存蒙版，存储选区信息，让被屏蔽的区域不受任何编辑操作的影响，从而增强图像的可编辑性。

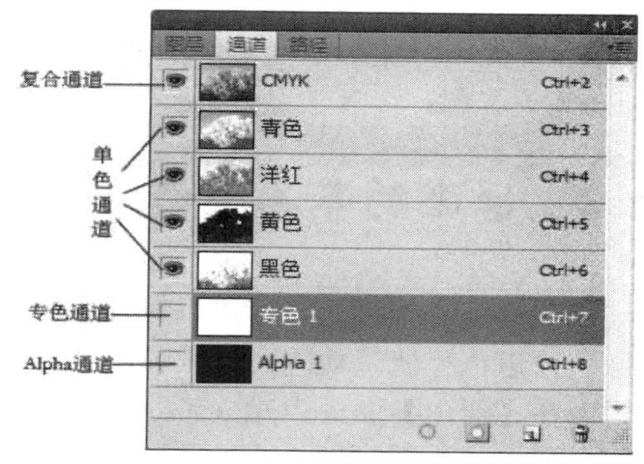

图 6.2　通道类型

（3）专色通道：在进行颜色较多的特殊印刷时，除了默认的颜色通道外，还可以在图像中创建专色通道。例如，印刷中常见的烫金、烫银或企业专有色等都需要在图像处理时，进行通道专有色的设定。在图像中添加专色通道后，必须将图像转换为多通道模式才能进行印刷输出。

6.1.2 通道面板的操作

利用【通道】面板可以完成创建、合并以及拆分通道等所有的通道操作。在工作区中打开一幅采用 RGB 色彩模式的图像文件，其【通道】面板如图 6.3 所示。

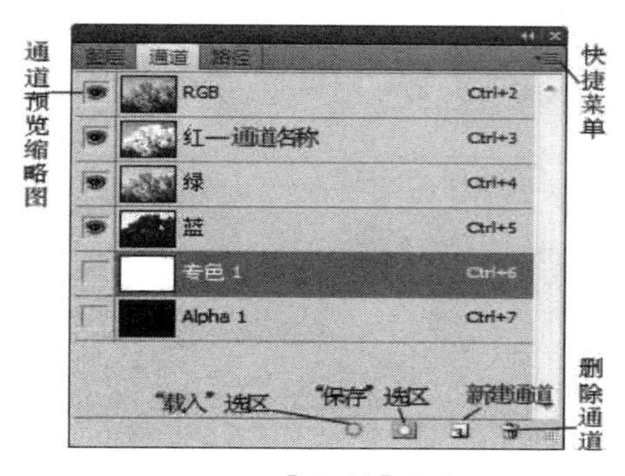

图 6.3　【通道】面板

- 显示/隐藏通道图标：用于显示或隐藏当前通道，切换时只需单击该图标即可。需要注意的是，由于复合通道与单色通道的关系特殊，因此当单击隐藏某单色通道时，复合通道也会自动隐藏；若显示复合通道，则各单色通道又会同时显示。
- 载入选区按钮：单击该按钮可以根据当前通道中颜色的色阶值转化为选区。该按钮与【选择】→【载入选区】 菜单命令功能相同。
- 保存选区按钮：单击该按钮可以将当前选择区域转化为一个 Alpha 通道。该按钮与【选择】→【保存选区】菜单命令功能相同。

- 新建选区按钮：单击该按钮可新建一个 Alpha 通道。
- 删除选区按钮：单击该按钮可删除当前选择的通道。
- 通道快捷菜单：单击该按钮，将弹出一个快捷菜单，用来执行与通道有关的各种操作。
- 通道预览缩略图：用于显示该通道的预览缩略图。单击右上角的，在弹出的快捷菜单中选择【面板选项】命令，在打开的对话框中可以调整预览缩略图的大小，如果选中“无”单选按钮，则在通道面板中将不会显示通道预览缩略图。

6.2 通道的基本操作

在对通道进行操作时，可以对各原色通道进行亮度和对比度的调整，甚至可以单独为某一原色通道执行滤镜功能，这样可以产生许多特殊的效果。

若在【通道】面板中建立了 Alpha 通道，则可以在该通道中编辑出一个具有较多变化的蒙版，然后再由蒙版转换为选取范围应用到图像中，有关“在通道中编辑蒙版”的内容将在 6.3 节中介绍，本节只介绍【通道】面板的一些基本操作，如新建、复制、删除通道等。

6.2.1 创建、复制、删除通道

单击【通道】面板底部的【新建通道】按钮，可以快速新建一个 Alpha 通道。另外，也可以单击右上角的，在弹出的快捷菜单中选择【新建通道】命令，将打开如图 6.4 所示的【新建通道】对话框。在“名称”文本框中输入新通道的名称，在“色彩指示”栏中设置色彩的显示方式，单击“颜色”栏下的颜色方框可以设定填充的颜色，在“不透明度”文本框中可以设定不透明度的百分比。设置完成后单击【确定】按钮，即可新建一个 Alpha 通道。

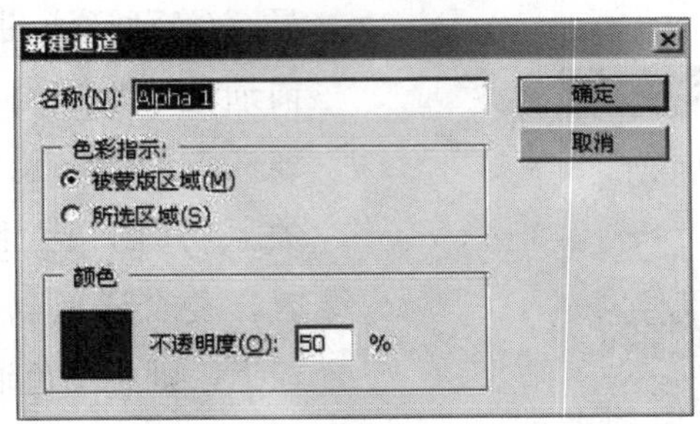

图 6.4 【新建通道】对话框

如果我们要直接对通道进行编辑，最好是先将该通道复制后再进行编辑，以免编辑后不能还原。在需要复制的通道上单击鼠标右键，在弹出的快捷菜单中选择【复制通道】命令即可打开如图 6.5 所示的【复制通道】对话框，在文本框中输入复制通道名称，单击【确定】按钮，即复制出一个通道。

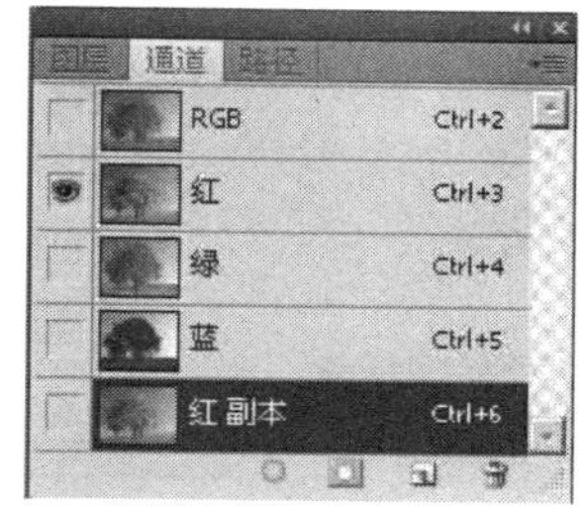

图 6.5　复制通道

在完成我们的图片编辑后，由于包含 Alpha 通道的图像会占用更多的磁盘空间，所以存储图像前，应删除不需要的 Alpha 通道，在要删除的通道上单击鼠标右键，在弹出的快捷菜单中选择【删除通道】命令即可。

6.2.2　分离和合并通道

在 Photoshop 中可以将一幅图像文件的各个通道分离成单个文件分别存储，也可以将多个灰度文件合并成一个多通道的彩色图像，这就需要使用通道的分离和合并进行操作。

1. 分离通道

打开“卡通.jpg”图像，单击【通道】面板右上角按钮，在弹出的快捷菜单中选择【分离通道】命令，即可分离通道。分离生成的文件数与图像的通道数有关。如将图 6.6（a）分离后将生成 3 个独立的文件，如图 6.6（b）所示。

（a）原图

（b）分离通道后形成的 3 个灰度图像

图 6.6　原图和分离通道后形成的灰度图像

2. 合并通道

使用合并通道可以将多个灰度文件合并成一个多通道的彩色图像。单击【通道】面板右上角的按钮，在弹出的快捷菜单中选择【合并通道】命令，按着操作提示选择需要合并通道的图像对象，即可将图 6.6（b）中的 3 个灰度图像合并成一幅多通道彩色图像。

6.2.3　专色通道的使用

专色通道的作用在软件中和原色通道一样。如果作图时用到了专色，则在通道面板中会出现专色通道。专色通道仅在 Photoshop 中有，其他软件没有。

单击【通道】面板右上角的按钮，在弹出的快捷菜单中选择【新建专色通道】命令，打开如图 6.7 所示的【新建专色通道】对话框。

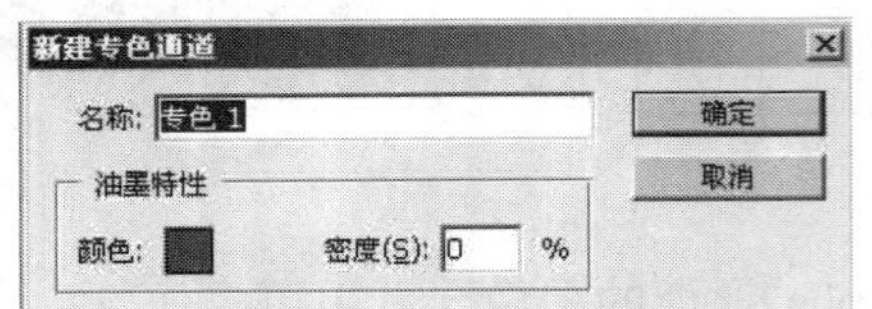

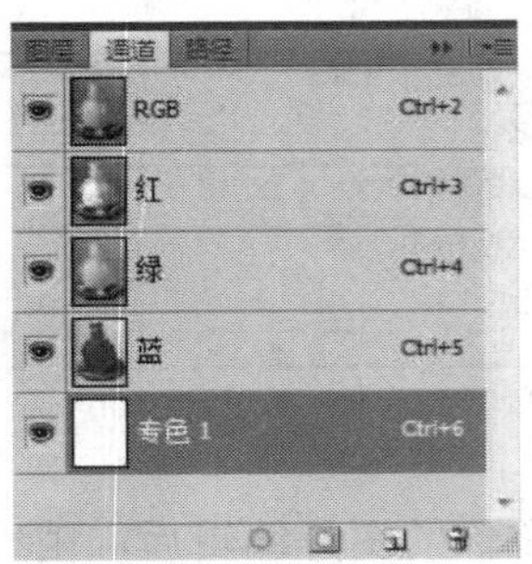

图 6.7　新建专色通道

6.3　通道的编辑

通道的功能非常强大，它不仅可以用来存储选区，还可以用来混合图像、制作选区、调色抠图等。

6.3.1　使用【应用图像】命令编辑通道

【应用图像】命令可以将本图像的图层和通道进行混合，同时也可将两幅图像的图层和通道混合。打开“女孩.psd”文件，选择【图像】→【应用图像】命令，可以打开【应用图像】对话框，如图 6.8 所示。

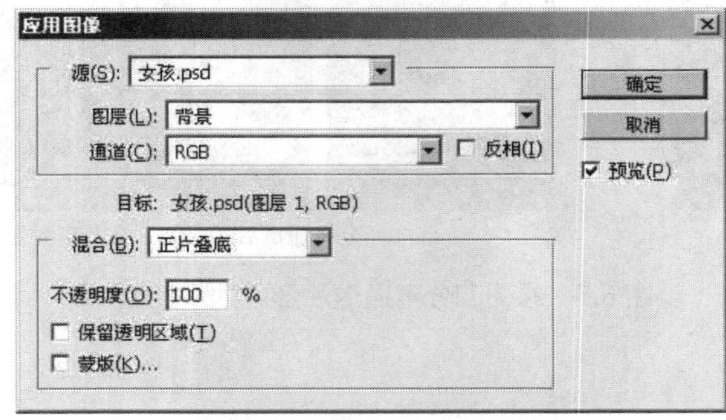

图 6.8　【应用图像】对话框

【源】：主要用来设置参与混合的源对象。这里必须是打开的文件才能进行选择。

“图层”：用来选择参与混合的图层。

“通道”：用来选择参与混合的通道。

“反相”：可以是通道先反相再进行混合。

【目标】：显示被混合的对象。

“混合”：设置混合模式。

“不透明度”：控制混合的程度。

“保留透明区域”：选中该复选框则可将混合效果限定在图层的不透明区域范围内。

“蒙版”：可以显示“蒙版”的相关选项。

6.3.2 使用【计算】命令编辑通道

通道计算是指将两个来自同一或多个源图像以一定的模式进行混合。对图像进行通道运算，能得到较为特殊的选区，同时也能通过运用混合模式，将一幅图像合到另一幅图像中，方便用户快速得到富于变幻的图像效果。打开“女孩.psd”文件，选择【图像】→【计算】命令，可以打开【计算】对话框，如图 6.9 所示。

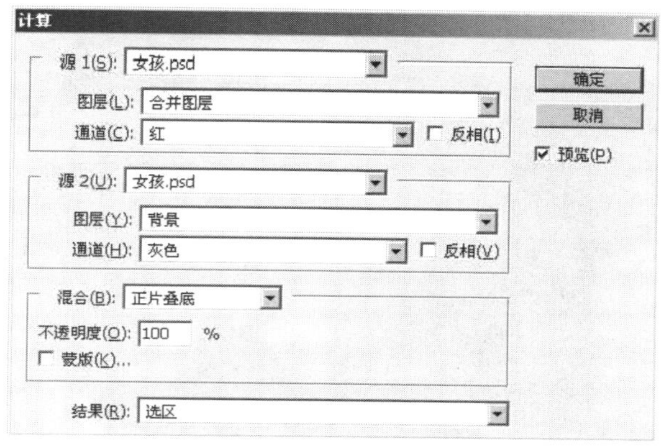

图 6.9　【计算】对话框

【源 1】：用于选择参与计算的第 1 个源图像、图层及通道。

“图层”：如果源图像具有多个图层可以在这里进行图层的选择。

【混合】：与【应用图像】命令的【混合】选项同。这里不再赘述。

“结果”：选择计算完成后生成的结果。选择【新建文档】方式，可以得到一个灰度图像，如图 6.10 所示；选择“新建通道”方式，可以将结果保存到一个新的通道中，如图 6.11 所示；选择“选区”方式，可以生成一个新的选区，如图 6.12 所示。

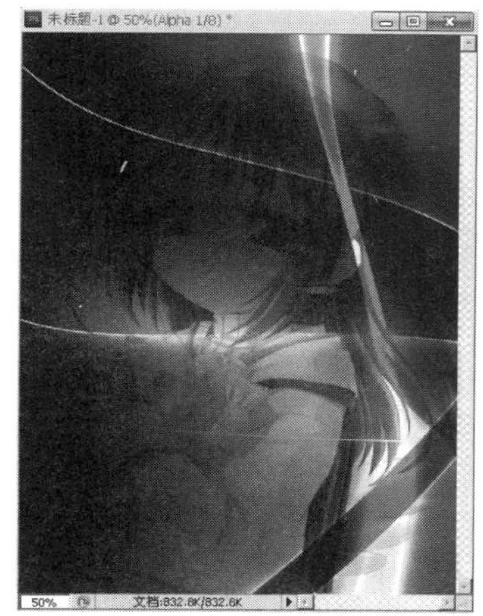

图 6.10　新的灰度图像

图 6.11　新生成的通道

图 6.12　新生成的选区

6.3.3 使用【调整】命令编辑通道

使用【调整】命令能对图像进行相应的颜色调整，而在通道中也可使用如曲线、色戒、反相、色调分离、色调均化、亮度/对比度、阈值、变化、替换颜色等调整命令对通道进行调整，从而对图像的颜色进行调整。在通道中使用【调整】命令调整出的图像色感较为奇特，具有非常特殊的视觉效果。

打开“卡通.jpg”，我们就用这张图像和“曲线”命令来介绍如何使用通道调整颜色。

单独选择“红”通道，按【Ctrl+M】组合键打开【曲线】对话框，将曲线向上调节，可以增加图像中红色的数量，如图 6.13 所示；将曲线向下调节，可以减少图像中红色的数量，如图 6.14 所示。

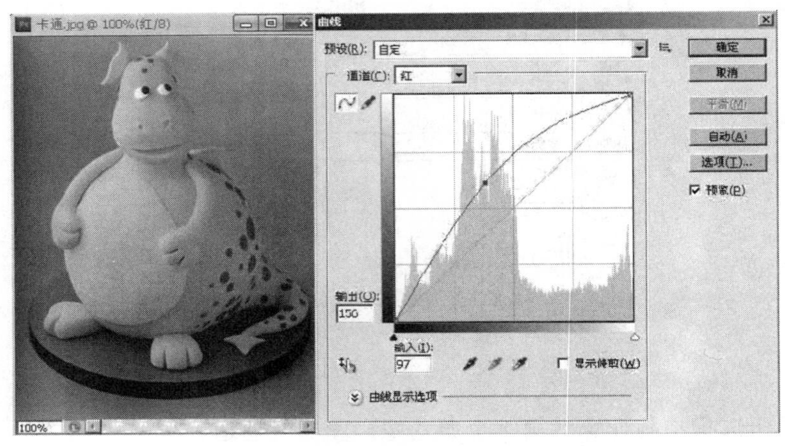

图 6.13 “红”通道曲线上调

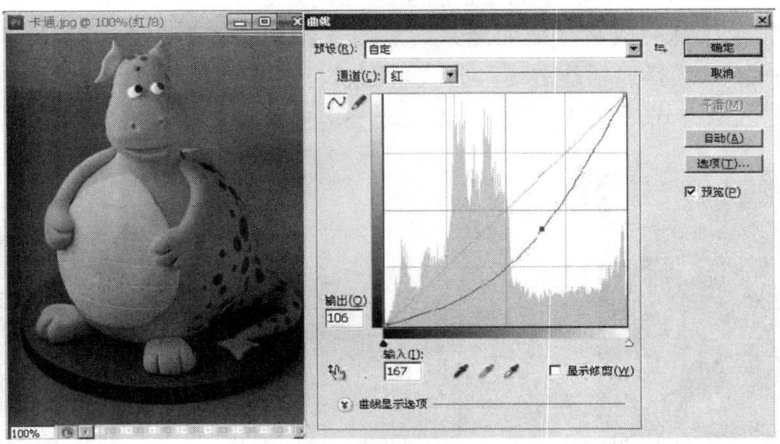

图 6.14 “红”通道曲线下调

单独选择“绿”通道，将曲线向上调节，可以增加图像中绿色的数量，如图 6.15 所示；将曲线向下调节，可以减少图像中绿色的数量，如图 6.16 所示。

单独选择“蓝”通道，将曲线向上调节，可以增加图像中蓝色的数量，如图 6.17 所示；将曲线向下调节，可以减少图像中蓝色数量，如图 6.18 所示。

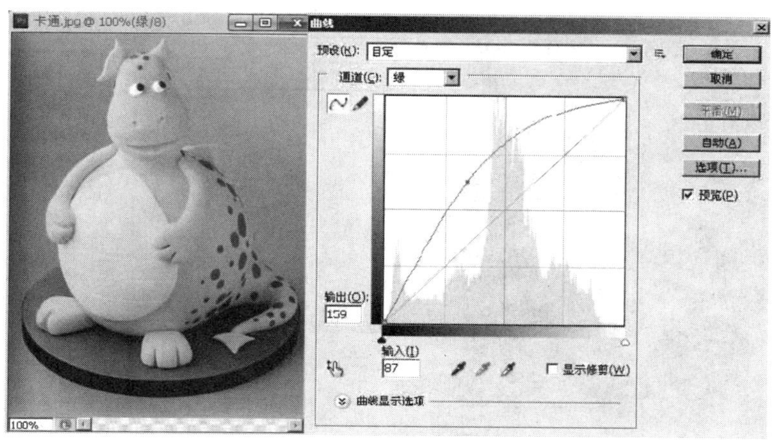

图 6.15 “绿”通道曲线上调

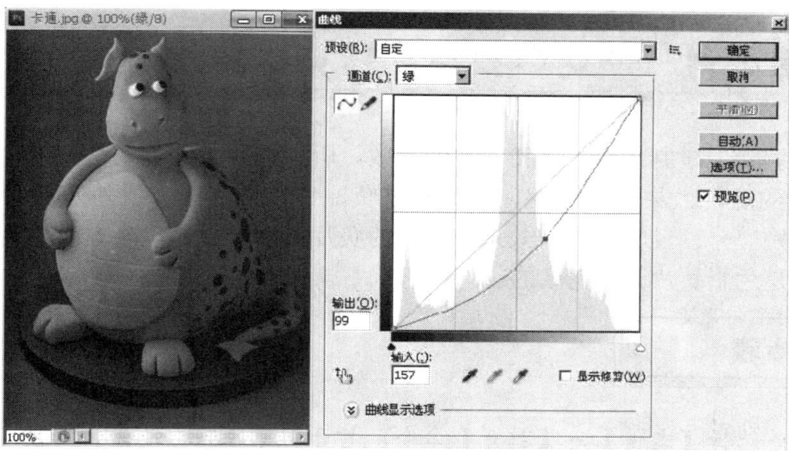

图 6.16 “绿”通道曲线下调

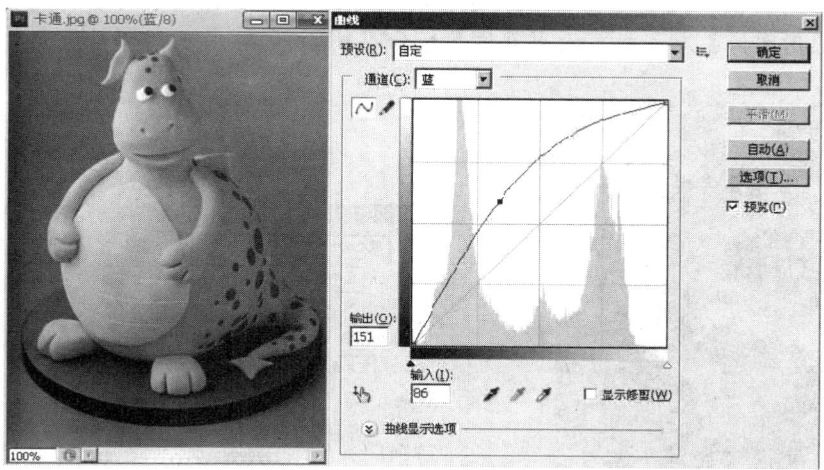

图 6.17 “蓝”通道曲线上调

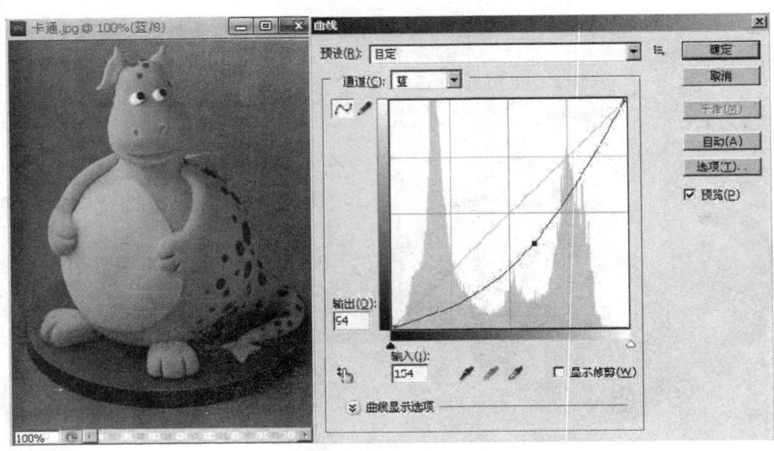

图 6.18 “蓝”通道曲线下调

△ 应用举例——制作照片反转负冲特效

本例通过编辑通道制作照片反转负冲的特效。所谓反转负冲效果是指正片使用了负片的冲洗工艺得到的照片效果。反转相、胶片经过负冲后色彩艳丽，反差差别大，景物的红、蓝、黄三色特别夸张。反转负冲的效果比普通的负片负冲效果在色彩方面更具表现力，其色调的夸张表现是色彩负片无法完成的。

STEP 1 选择【文件】→【打开】命令，打开“艺术照片.jpg”，如图 6.19 所示。将“背景”图层拖到【图层】面板中的创建新图层按钮上，得到“背景副本”图层。

STEP 2 切换到【通道】面板，选择“蓝”通道，选择【图像】→【应用图像】命令，弹出【应用图像】对话框，设置具体参数如图 6.20 所示。

图 6.19 打开照片

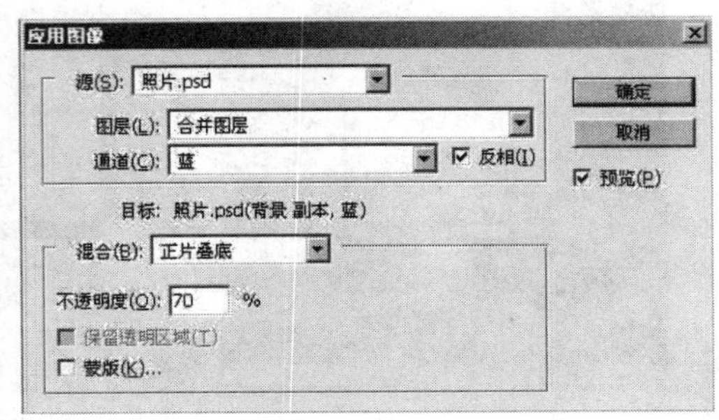

图 6.20 “蓝”通道【应用图像】对话框

STEP 3 选择“绿”通道，选择【图像】→【应用图像】命令，弹出【应用图像】对话框，设置具体参数如图 6.21 所示。

STEP 4 选择“红”通道，选择【图像】→【应用图像】命令，弹出【应用图像】对话框，设置具体参数如图 6.22 所示。

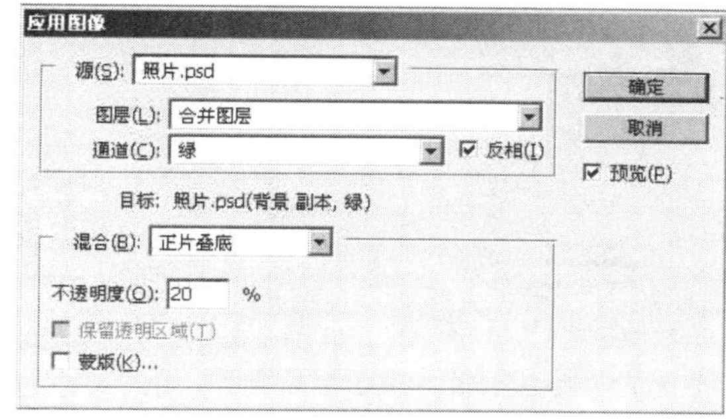

图 6.21 “绿”通道【应用图像】对话框

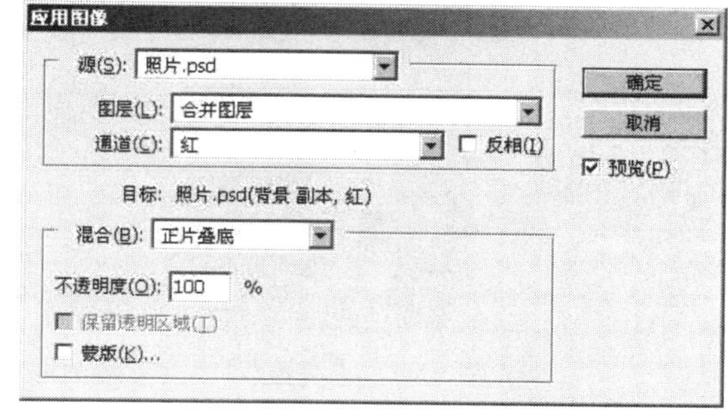

图 6.22 “红”通道【应用图像】对话框

STEP 5 单击“RGB”复合通道，切换回【图层】面板，得到的图像效果如图 6.23 所示。

STEP 6 单击【图层】面板上创建新的填充或调整图层按钮，在下拉菜单中选择【色阶】命令，弹出【色阶】对话框，设置具体参数如图 6.24 所示。

图 6.23 设置【应用图像】后的效果

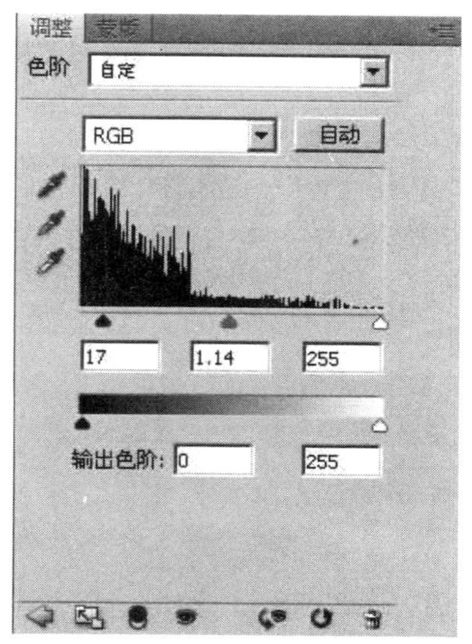

图 6.24 【色阶】对话框

STEP 7 单击【图层】面板上创建新的填充或调整图层按钮，在下拉菜单中选择【亮度/对比度】命令，弹出【亮度/对比度】对话框，设置具体参数如图 6.25 所示。

STEP 8 单击【图层】面板上创建新的填充或调整图层按钮，在下拉菜单中选择【色相/饱和度】命令，弹出【色相/饱和度】对话框，设置具体参数如图 6.26 所示。

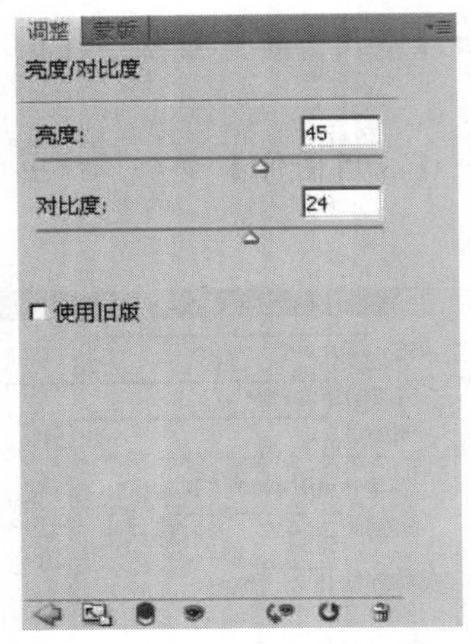

图 6.25 【亮度/对比度】对话框

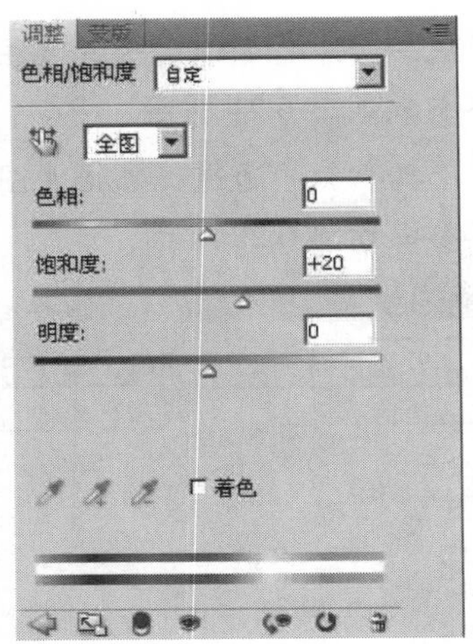

图 6.26 【色相/饱和度】对话框

STEP 9 单击【图层】面板上的创建新的填充或调整图层按钮，在下拉菜单中选择【可选颜色】命令，弹出【可选颜色】对话框，设置具体参数如图 6.27 所示。

STEP 10 单击“选取颜色 1”图层，调整图层的图层蒙版，将前景色设置为黑色，按【Alt+Delete】组合键，填充前景色，再将前景色设置为“白色”，选择工具箱中的画笔工具，在其工具选项栏中设置柔角笔刷，将笔刷“不透明度”设置为“100%”，在人物皮肤处涂抹，图层蒙版状态如图 6.28 所示。得到最终效果如图 6.29 所示。

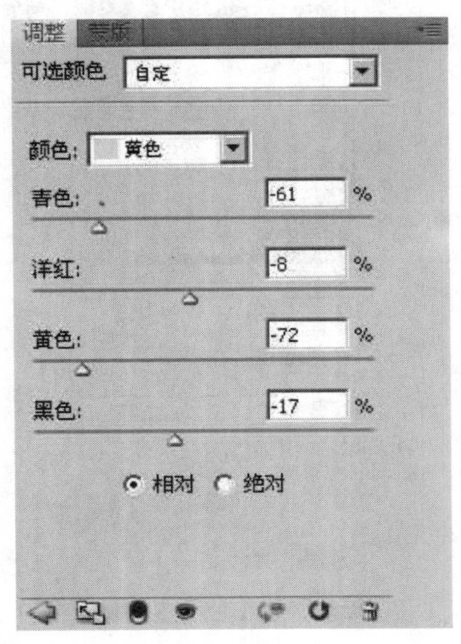

图 6.27 【可选颜色】对话框

图 6.29 最终效果

图 6.28 蒙版状态

6.4 蒙版

图像的裁切和选取是图像处理最基本的操作，但有时直接删除的方法会导致没有了修改的可能。在 Photoshop 中，常常使用蒙版来解决这个问题，既可以局部隐藏图像，又不会对图像造成伤害，也方便再次修改。

在 Photoshop 中蒙版的应用非常广泛，产生蒙版的方法也很多，通常有以下几种方法：

（1）使用【通道】面板上的【将选区存储为通道】按钮，可以将选区范围保存为蒙版，也可以使用【选择】→【存储选区】命令。

（2）利用【通道】面板的功能先建立一个 Alpha 通道，然后使用绘图工具或其他编辑工具在该通道上编辑也可以产生一个蒙版。

（3）使用图层蒙版功能，也可以在【通道】面板中产生一个蒙版。

（4）单击工具箱中【以快速蒙版模式编辑】按钮，也能产生一个快速蒙版。

6.4.1 使用快速蒙版

快速蒙版功能可以快速地将一个选取范围变成一个蒙版，然后对这个快速蒙版进行编辑，以完成精确的选取范围，此后再转换为选取范围使用。工具箱的按钮状态，表示未进入快速蒙版状态，当按钮显示为状态，表示图像进入快速蒙版状态。双击这两个按钮，可以打开如图 6.30 所示的【快速蒙版选项】对话框。

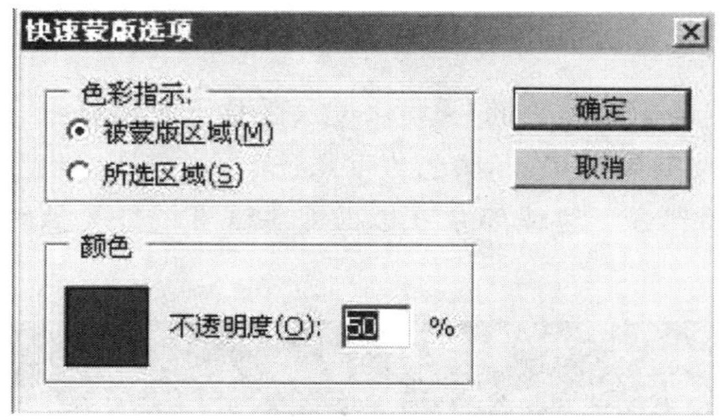

图 6.30 【快速蒙版选项】对话框

当图像进入快速蒙版编辑状态后，即可使用各种“绘图”工具在图像窗口进行绘制，被绘制的地方将会以蒙版颜色进行覆盖。

6.4.2 使用图层蒙版

使用图层蒙版可以控制图层中不同区域的透明度，通过编辑图层蒙版，可以为图层添加很多特殊效果，而且不会影响图层本身的任何内容。

图层蒙版的原理其实很简单，其本身就是一幅灰度图像，黑色隐藏图像，白色显示图像，灰色则根据其灰度值为图像调整相应的不透明度。

△ 应用举例——使用图像蒙版合成图像

STEP 1 按【Ctrl+O】组合键，打开“湖泊.jpg”与“海豚.jpg”两张图片，选择工具箱中的移动工具把“海豚.jpg”图片移动到“湖泊.jpg”图像窗口，形成“图层 1”。按【Ctrl+T】组合键进行图像大小的调整，使整个画面比例协调，如图 6.31 所示。

图 6.31 合成图片

STEP 2 单击【图层】面板上的按钮进入图层蒙版编辑状态，选择工具箱中的画笔工具，并调整其笔触大小为“30”，颜色为“黑色”，在“图层 1”上按照海豚的轮廓进行涂抹，只留下我们需要的部分，边缘部分可根据需要适当调整笔触的大小进行涂抹，最终效果如图 6.32 所示。

图 6.32 图层蒙版合成图像

6.4.3 使用矢量蒙版、剪贴蒙版

矢量蒙版与图层蒙版相类似，都可以控制图层中不同区域的透明度，不同的是图层蒙版是使用一个灰度图像作为蒙版，而矢量蒙版是利用路径作为蒙版，路径内的图像将被保留，路径外的图像将被隐藏，可以为图层添加边缘清晰的蒙版。

具体操作步骤如下：

STEP 1 选择工具箱中的钢笔工具，在图像窗口中沿图像轮廓绘制一条路径。

STEP 2 在【图层】面板中选择要创建矢量蒙版的图层，按住【Ctrl】键不放，单击【图层】面板上的按钮即可。

如果要为多个图层使用相同的透明效果，为每一个图层都创建一个图层蒙版就会非常麻烦，而且也容易出现不一致的情况，这时就可以使用剪贴蒙版来解决这个问题。剪贴蒙版是利用一个图层作为蒙版，在该图层上的所有被设置了剪贴蒙版的图层都将以该图层的透明度为标准。

△ 应用举例——利用蒙版制作“梦幻云海”效果

本实例将通过图像的“蒙太奇”式合成处理，来熟悉蒙版的使用。

STEP 1 按【Ctrl+O】组合键开启【打开】对话框，打开素材 “云海.jpg”，并调整适当大小，这里把图片的大小调整为“450 像素*338 像素”，如图 6.33 所示。

图 6.33 打开“云海”素材图片

STEP 2 打开素材“山峦.jpg”，将其移动到“云海.jpg”图像窗口中，将该图层命名为“山峰”。双击背景图层，使之转变成为普通图层，并重命名为“云海”，调整图层顺序，使“云海”图层为显示图层。

STEP 3 使用【图层】面板上的按钮为“云海”图层添加图层蒙版，调整画笔笔触大小为“30 像素”，颜色为“黑色”，将该图层上方的天空隐藏，显露出“山峰”图层中的山峦部分，效果如图 6.34 所示。

图 6.34　添加图层蒙版

STEP 4 选中“云海”图层，单击【图层】面板中的按钮，执行弹出菜单中的【混合选项】命令，开启【图层样式】对话框。拖曳“混合颜色带”选项栏中的“下一图层”滑块，按住【Alt】键拆分滑块，如图 6.35 所示，将图层中的部分图像隐藏，效果如图 6.36 所示。

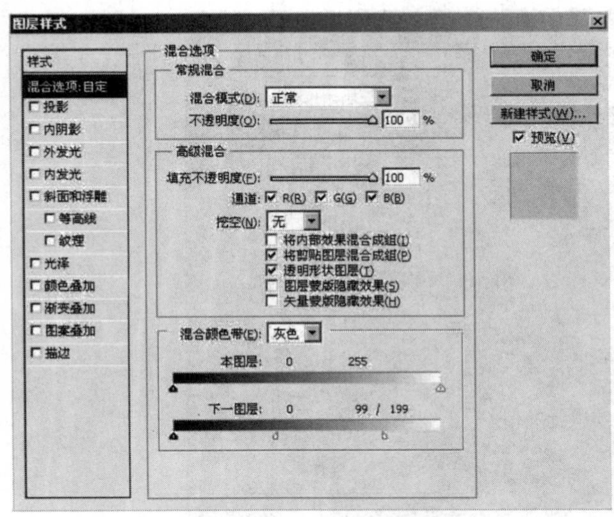

图 6.35　【图层样式】对话框

图 6.36　使用图层“混合颜色带”后的效果图

STEP 5 单击【图层】面板中的【创建新图层】按钮，新建“图层 1”，选择工具箱中的渐变工具，单击选项栏中“渐变编辑器”按钮右侧的按钮，执行弹出菜单中的【特殊效果】命令，选择特殊效果中的“罗索彩虹”渐变方式，再单击选项栏中的径向渐变。在文件窗口中拖曳填充“罗索彩虹”渐变，效果如图 6.37 所示。

图 6.37 添加罗索彩虹后的效果图

STEP 6 单击【图层】面板中的按钮，为“图层 1”添加蒙版，选择工具箱中的画笔工具，在【色板】面板中选择使用“65%灰度”，对“图层 1”调整其不透明度，最终效果如图 6.38 所示。

图 6.38 对图层蒙版调整其不透明度

☆ 课堂练习——破碎照片的效果

下面将练习制作一张撕碎照片的效果，其效果图如图 6.39 所示。其中主要运用到 Alpha 通道来建立选区。

图 6.39　撕碎照片效果图

STEP 1　按【Ctrl+O】组合键打开素材“照片.jpg”，在【图层】面板中将背景图层复制两次，并分别重命名为“左”和 “右”，将背景图层填充为“白色”，如图 6.40 所示。

STEP 2　单击【通道】面板，单击下方的按钮，新建一个“Alpha1”通道，将其填充为“白色”。

STEP 3　选择工具箱中的画笔工具，将前景色设置成“黑色”，选择画笔笔触大小为“30 像素”，硬度为“100%”的圆形画笔，在画面上绘制一条曲折的笔触，其弯曲程度可根据实际调整，如图 6.41 所示。

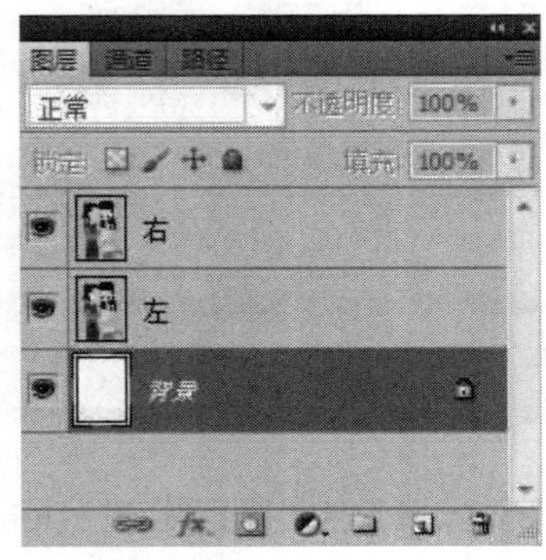

图 6.40　复制背景图层

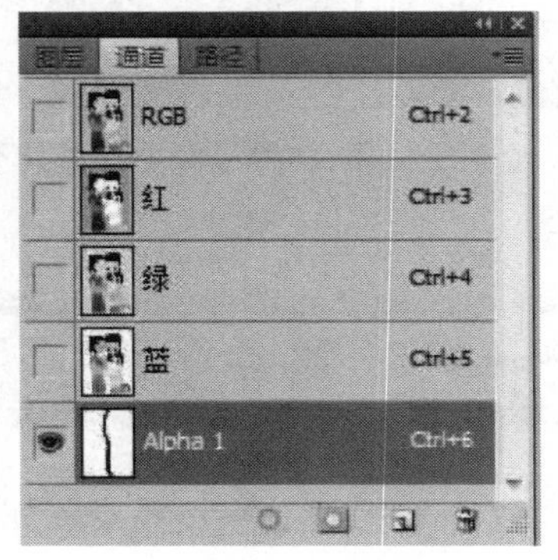

图 6.41　新建 Alpha 通道绘制笔触

STEP 4 选择【滤镜】→【画笔描边】→【喷溅】命令，打开【喷溅】对话框，将其“喷色半径”设置为“20”，“平滑度”设置为“5”，如图 6.42 所示，单击【确定】按钮。

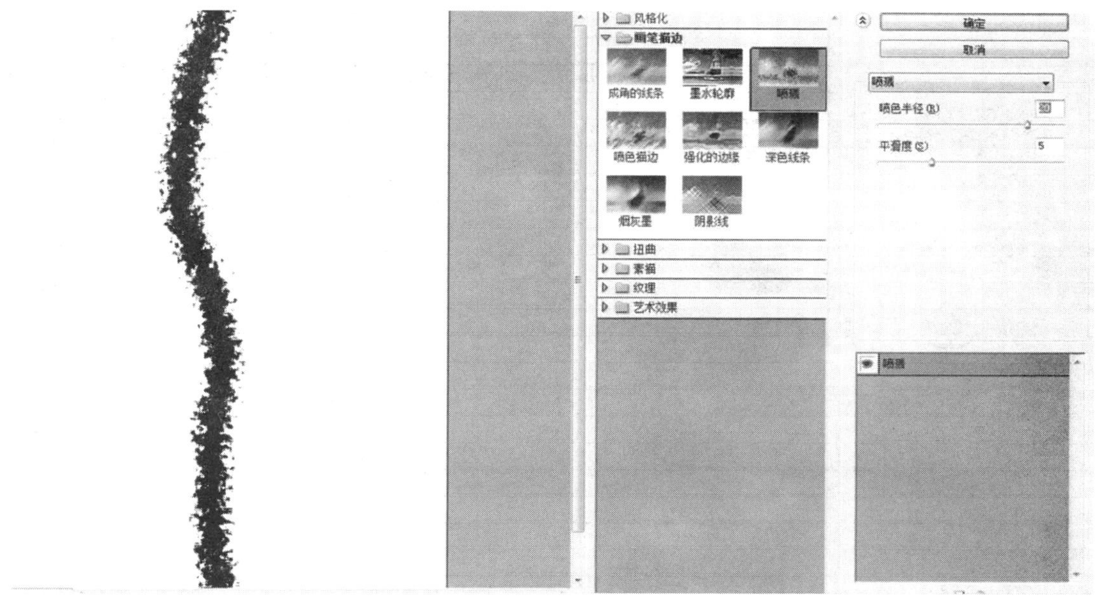

图 6.42 使用【喷溅】滤镜

STEP 5 将前景色设置成“黑色”，选择工具箱中的油漆桶工具，将图像左侧填充为黑色，如图 6.43 示，将中间白色的杂点用“黑色笔触”将其抹掉，如图 6.44 示。

图 6.43 填充黑色

图 6.44 去除白色杂点

STEP 6 按住【Ctrl】键，再单击【通道】面板中的 Alpha 通道，将选区载入窗口中，再单击【图层】面板中的“左”图层，使用【Delete】键将选区内的图像删除，再按【Ctrl+Shift+I】组合键进行反选，然后选择“右”图层，使用【Delete】键将选区内的图像删除，取消选区。将“右”图层使用移动工具向右移动一定距离，形成撕纸效果，如图 6.45 所示。

STEP 7 选中“左”图层，选择【图层】→【图层样式】→【投影】命令，打开【投影】对话框，其参数设置如图 6.46 所示。单击【确定】按钮，形成的最终效果如图 6.39 所示。

图 6.45 形成撕纸效果图

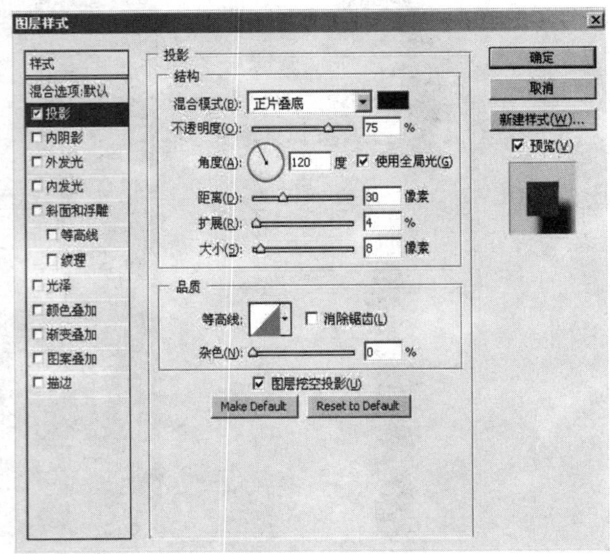

图 6.46 【图层样式】对话框

6.5 典型实例剖析——制作精美手镯图像

本案例将介绍如何制作精美的手镯图像，最终效果如图 6.47 所示。

图 6.47 精美手镯

注意

建立选区要注意与手镯的形状相吻合，以及用渐变色填充时注意渐变的程度与浓度。

STEP 1　打开素材“火焰.jpg”，鼠标单击【通道】面板，切换到通道状态。选择【新建通道】，新建通道“Alpha1”。

STEP 2　用椭圆选框工具，画一个椭圆。选择“渐变填充”工具，填充多彩渐变色，效果如图 6.48 所示。

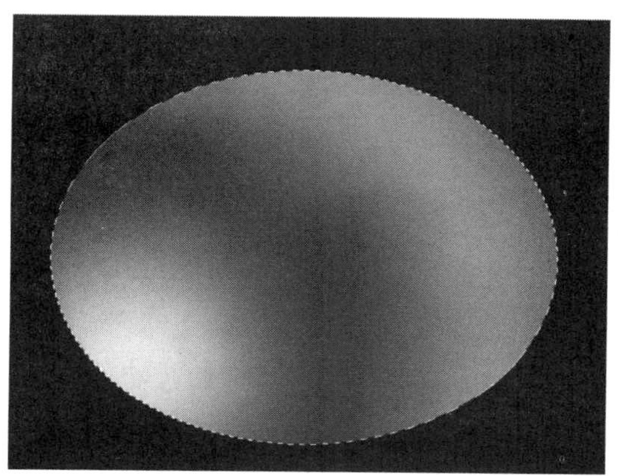

图 6.47　填充多彩渐变色

STEP 3　再用椭圆选框工具，选择渐变填充后的椭圆中间下半部分，选择【选择】→【羽化】命令，在弹出的【羽化选区】对话框中，设置“羽化半径”为“2 像素”，单击【确定】按钮，使选区边缘光滑，如图 6.49 所示。

STEP 4　按【Delete】键删除选区中的部分。利用“魔棒”工具将环行区域选中，建立环形选区，回到【图层】面板，得到的效果如图 6.50 所示。

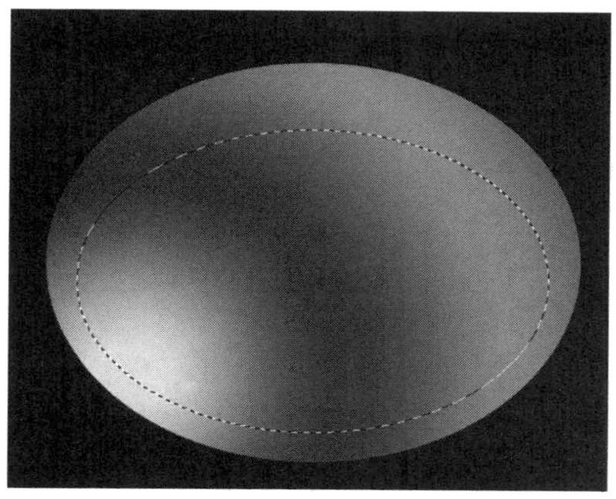

图 6.49　羽化选区

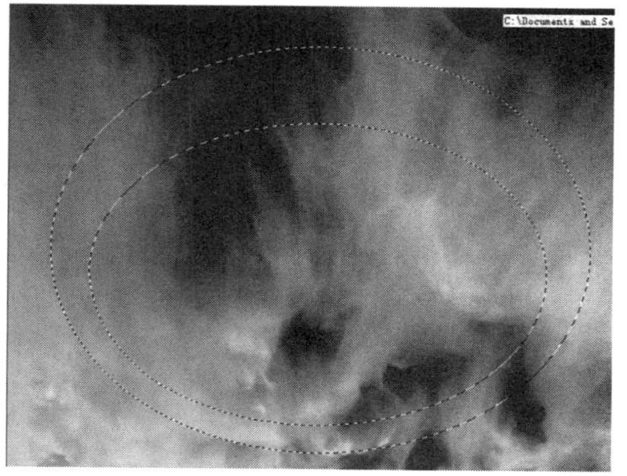

图 6.50　对素材图进行选区的建立

STEP 5　将选区建立一个“通过拷贝的图层”，使其单独成为一个“图层 1”，并将原背景层删除。

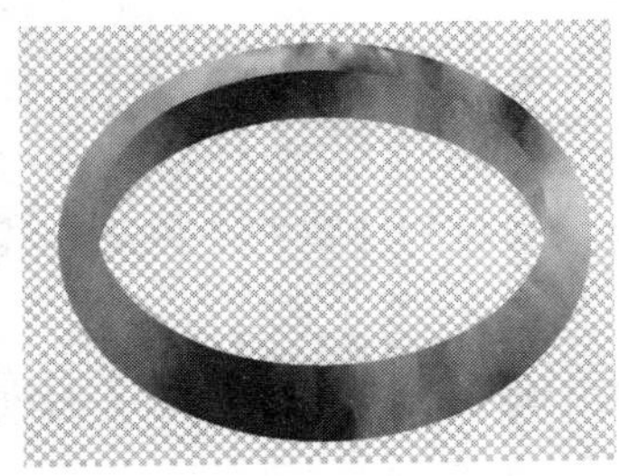

图 6.51　建立手镯的外侧面

STEP 6　将“图层 1”复制，得到“图层 1 副本”，对“图层 1 副本”执行【图像】→【变换】→【水平翻转】命令,这样手镯的外侧面就出来了，如图 6.51 所示。

STEP 7　双击“图层 1 副本”，在弹出的【图层样式】对话框中选择“外发光”、“斜面和浮雕”、“光泽”，并设置其参数，具体设置如图 6.52 所示。

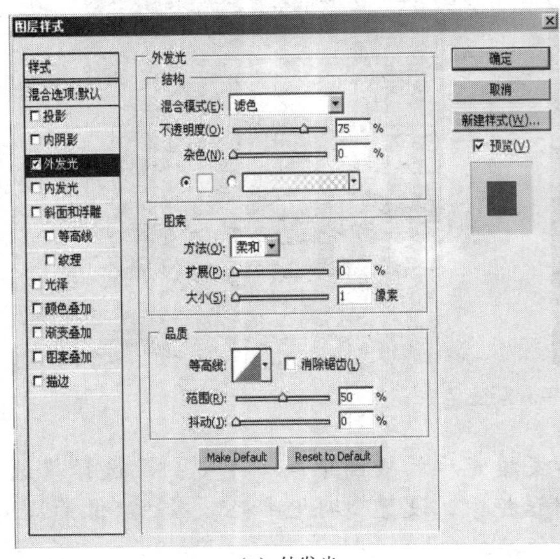

（a）外发光

（b）斜面和浮雕

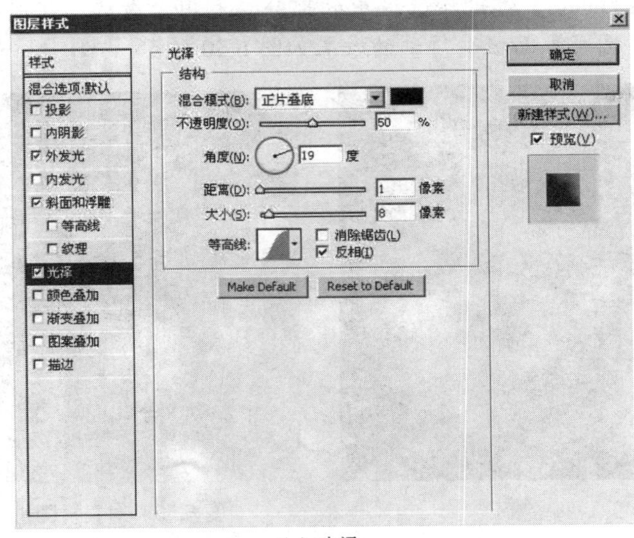

（c）光泽

图 6.52　“外发光”、“斜面和浮雕”、“光泽”图层样式的使用

STEP 8 将“图层1”与“图层1副本”合并。双击合并后的图层，在弹出的【图层样式】对话框中选择“内发光”、“外发光”，其参数设置如图6.53所示。

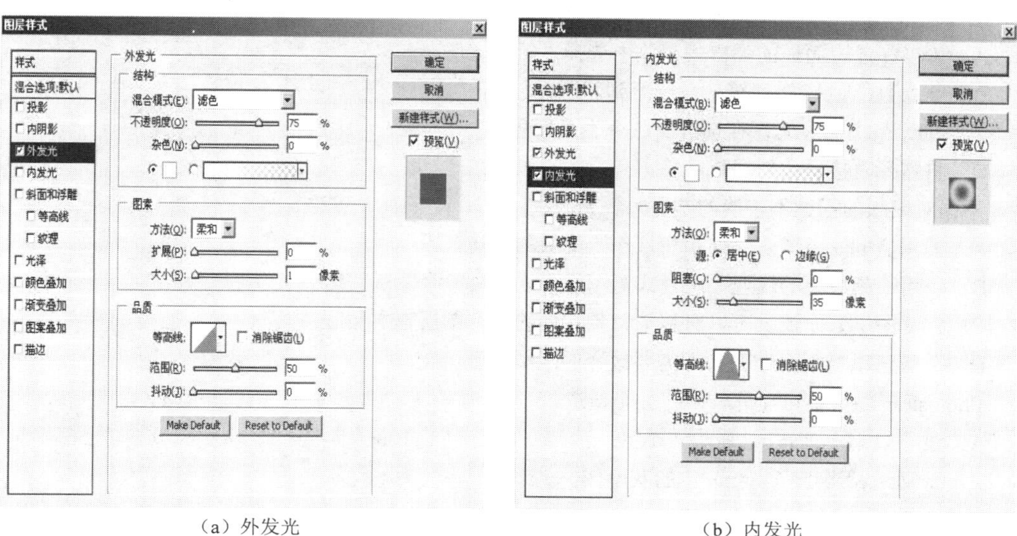

(a) 外发光　　(b) 内发光

图6.53 “内发光”、“外发光”图层样式的使用

STEP 9 至此，手镯的制作即可完成，有些角度调整可以自己适当进行设置。最终得到如图6.47所示的效果图。

◎ 复习思考题

一. 单选题

1．当将CMYK模式的图像转换为多通道模式时，产生的通道名称是（　　）。

A．用数字1,2,3,4,表示四个通道　　B．四个通道名称都是Alpha通道

C．四个通道名称为“黑色”的通道　　D．青色．洋红．黄色和黑色

2．下列关于图层蒙版的说法正确的是（　　）。

A．用黑色的毛笔在图层蒙版上涂抹，图层上的像素就会被遮住

B．用白色的毛笔在图层蒙版上涂抹，图层上的像素就会显示出来

C．用灰色的毛笔在图层蒙版上涂抹，图层上的像素就会出现渐隐的效果

D．图层蒙版一旦建立，　就不能被修改

3．CMYK模式中共有（　　）个单独的颜色通道。

A．1个　　B．2个　　C．3个　　D．4个

4．一幅CMYK图像，其通道名称分别为CMYK、青色、洋红、黄色、黑色，当删除黄色通道后通道面板中的各通道名为（　　）。

A．CMYK、青色、洋红、黑色　　B．~1、~2、~3、~4

C．青色、洋红、黑色　　D．~1、~2、~3

5．按什么字母键可以使图像的“快速蒙版”状态变为“标准模式”状态？（　　）

A．A　　B．C　　C．Q　　D．T

6．在下列操作中哪个是不正确的？（　　）

A．可以在通道面板的弹出式菜单中选择“新通道”

B．可以通过“图像/计算”命令得到新通道

C．可以通过“选择/保存选区”命令生成新通道

D．将路径直接生成新通道

7．下面对蒙版的描述不正确的是（　　）。

A．使用 Alpha 通道来存储和载入作为蒙版的选择范围

B．使用工具箱中的快速蒙版模式对图像可以建立一个蒙版通道

C．在【图层】面板上可以对包括背景在内的所有图层建立蒙版

D．蒙版可以将需要改变和不需要改变的区域分开

8．Photoshop 中最多可建立（　　）个通道。

A．没有限制　　B．24 个　　C．100 个　　D．以上都不对

9．Alpha 通道相当于（　　）位的灰度图。

A．4　　B．8　　C．16　　D．32

10．为一个名称为“图层 2”的图层增加一个图层蒙版，【通道】面板中会增加一个临时的蒙版通道，名称会是（　　）。

A．图层 2 蒙版　　B．通道蒙版　　C．图层蒙版　　D．Alpha 通道

二、多选题

1．在 Photoshop 中有（　　）通道。

A．颜色通道　　B．Alpha 通道　　C．专色通道　　D．无色通道

2．以下关于通道的说法中，哪些是正确的？（　　）

A．通道可以存储选择区域

B．通道中的白色部分表示被选择的区域，黑色部分表示未被选择的区域，无法倒转过来

C．Alpha 通道可以删除，颜色通道和专色通道不可以删除

D．快速蒙版是一种临时的通道

3．下面对创建图层蒙版的描述，哪些是正确的？（　　）

A．可以直接单击【图层】面板上面的蒙版图标　　B．背景层上不能建立蒙版

C．蒙版一旦建立是不能被删除的　　D．以上全对

4．下面对通道的描述哪些是正确的？（　　）

A．色彩通道的数量是由图像阶调，而不是因色彩模式的不同而不同

B．当新建文件时，颜色信息通道已经自动建立了

C．同一文件的所有通道都有相同数目的素点和分辨率

D．在图像中除了内定的颜色通道外，还可生成新的 Alpha 通道

5．下列哪两个面板可制作蒙版？（　　）

A．图层面板　　B．路径面板　　C．通道面板　　D．画笔面板

三、判断题

1．背景图层可以设置图层蒙版。　　（　　）

2. 图像文件存储为 PSD 格式时，可保留专色通道。 ( )
3. 通道的用途是用来复制图像的。 ( )
4. Adobe Photoshop 提供一种创建蒙版的方法。 ( )
5. Alpha 通道可以删除，颜色通道和专色通道不可以删除。 ( )

四、操作题（实训内容）

利用调整图层中的蒙版，进行风景照片，如图 6.54 所示，虚拟化的制作（适用于有突出主题的风景照片,制作过程中用到的画笔见“素材”中第 6 章内容）。实训效果图如图 6.55 所示。

图 6.54 实训素材图

图 6.55 实训效果图

第7章 滤镜的使用

应知目标

了解滤镜的基本概念，熟悉 Photoshop CS5 所有内置滤镜的功能；了解外挂滤镜的使用方法。

应会要求

掌握 Photoshop CS5 内置滤镜的应用操作；会进行外挂滤镜的使用操作。

7.1 滤镜基础知识

在 Photoshop CS5 中，滤镜是图像处理的神奇工具，它可以对图像的像素数据进行合理的更改，快速实现抽象化、艺术化的效果。

滤镜主要按照不同的处理效果进行分类，同时，还包括一些特殊的效果，如【液化】、【消失点】等。

7.1.1 滤镜使用规则

Photoshop CS5 中的所有滤镜都按类别置于【滤镜】菜单中，它们的使用相当方便，只需用鼠标单击菜单中相应的滤镜命令，在打开的对话框（有些滤镜没有）中设置参数，再单击【确定】按钮即可完成。

滤镜的使用有以下一些基本方法和技巧。

（1）滤镜不能应用于位图和索引模式的图像，很多滤镜只能作用于 RGB 模式的图像。

（2）如果定义了选区，滤镜的作用范围为图像选区，否则为整个图像；如果当前选中的是一个图层或通道，滤镜只应用于当前图层或通道。

（3）滤镜以像素为单位进行处理，滤镜处理的效果与图像的分辨率有关，同样的滤镜，同样的参数设置值，不同分辨率的图像会产生不同的效果。

（4）图像分辨率较高时，应用一些滤镜要占用较大的内存空间，因而运行时间较长。

（5）对图像的一部分使用滤镜时，应先对选区进行羽化，使得滤镜处理过的区域与图像的其他部分平滑过渡。

（6）重复执行相同的滤镜可按【Ctrl+F】组合键。

（7）执行过滤镜效果后，如果需要部分原图像的效果，可使用【编辑】菜单中的【渐隐】命令。

7.1.2 滤镜库

Photoshop CS5 的许多常用滤镜已经被存放在一个称作【滤镜库】的界面中，用户可以从【滤镜】菜单访问到该滤镜库。如图 7.1 所示，左面的区域是当前图像的预览，中间区域显示滤镜类型列表，提供了【风格化】、【画笔描边】、【扭曲】、【素描】、【纹理】和【艺术效果】等 6 个滤镜组。

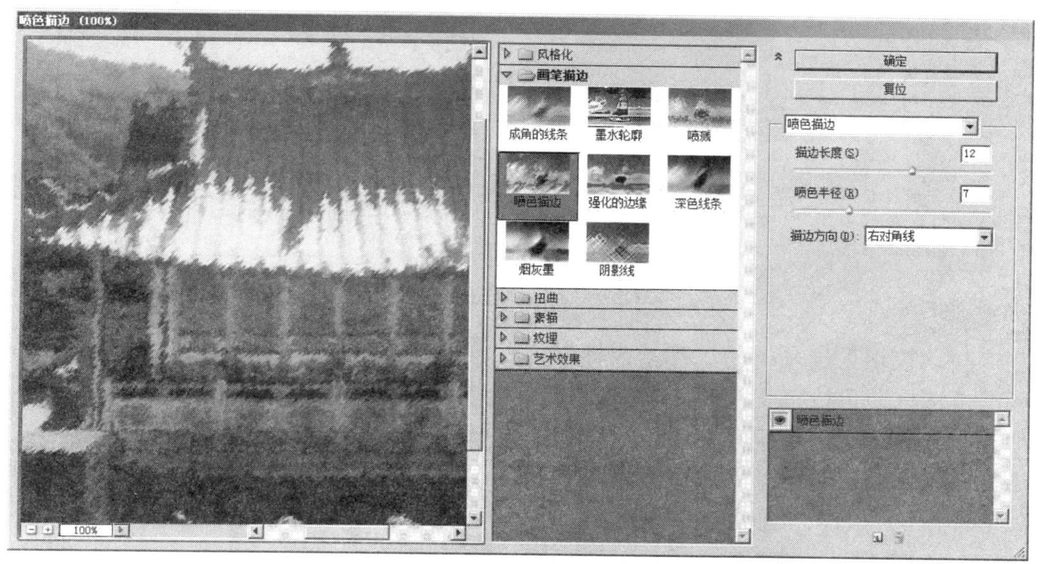

图 7.1 【喷色描边】对话框

打开“建筑.jpg”，选择【滤镜】→【滤镜库】命令，展开【画笔描边】滤镜组，显示该组常用滤镜的效果缩览图。单击其中的【喷色描边】，右区域激活，可进行相应的参数设置，左边的图像预览区域立即显示该滤镜的效果。

对话框的右下方显示已经得到应用的滤镜名称。如果需要同时应用多个滤镜，单击右下角的“新建效果图层”按钮，并选择一个滤镜；如要删除某个滤镜效果，选中该效果图层，单击下方的按钮即可。最后单击【确定】按钮，应用设定的滤镜效果。

7.1.3 镜头校正

【镜头校正】滤镜可修正常见的镜头缺陷，例如桶状和枕状扭曲、晕影和色差等。该滤镜只适用于 RGB 或灰度模式。

打开有桶状失真的图，如图 7.2 所示，选择【滤镜】→【镜头校正】命令，弹出的【镜头校正】对话框，如图 7.3 所示。

图 7.2 桶状失真的图像

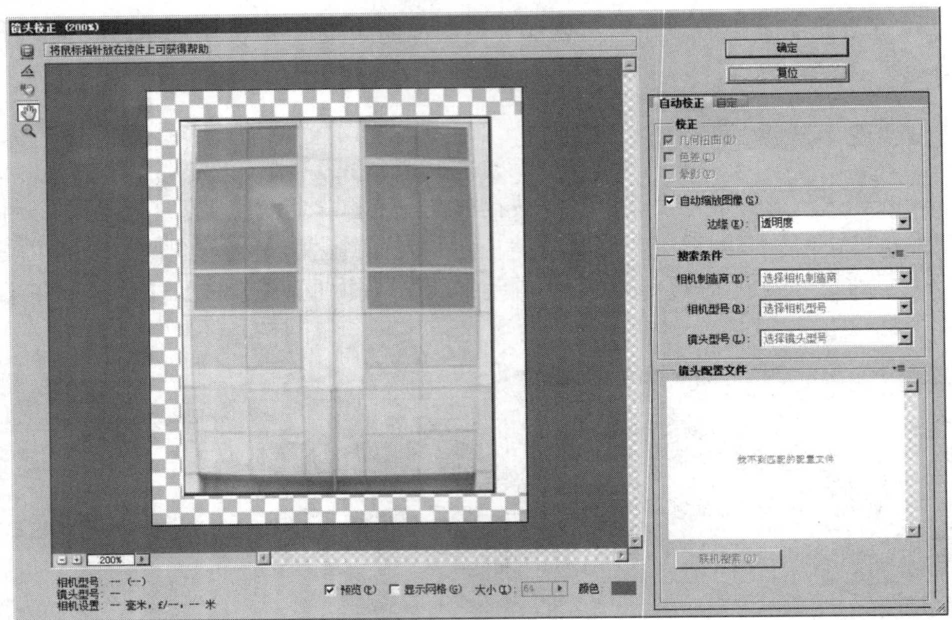

图 7.3 【镜头校正】对话框

在“自动校正”选项下的“搜索条件”中，可以设置相机的品牌、型号和镜头型号，勾选相应的复选框即可校正相应的选项。

如果单击“自定”选项，可通过调整各个滑块的数值，对图像进行变形修复、色差调整、透视修正以及旋转图像等。如图 7.4 所示，调整“移去扭曲”参数，可以改善原图中的桶状变形，修正后的效果如图 7.5 所示。

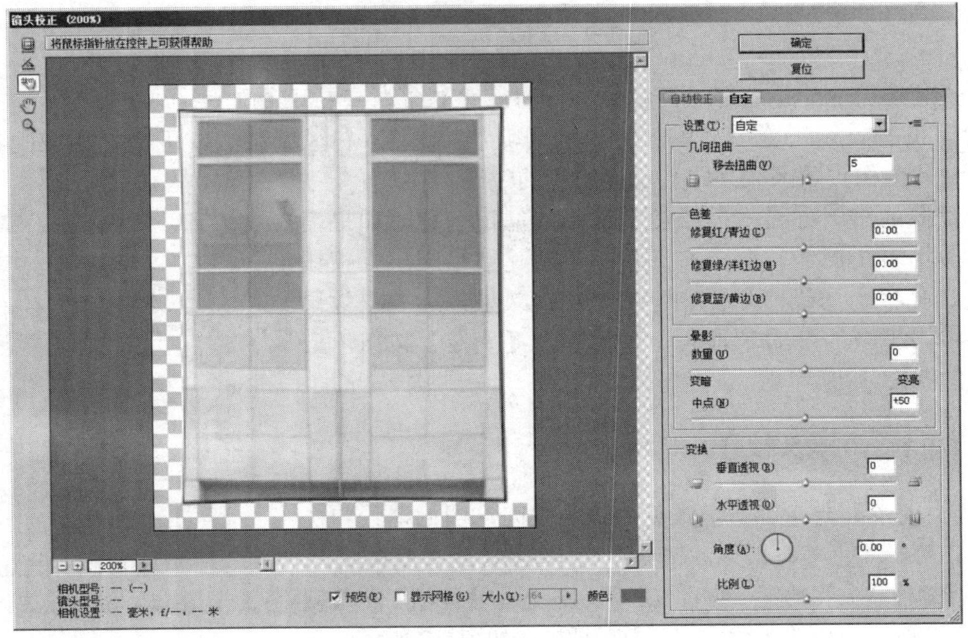

图 7.4 【镜头校正】对话框“自定”选项

图 7.5　应用【镜头校正】后的效果

7.1.4　液化

使用【液化】命令可以对图像进行类似液化效果的变形，其变形的程度可以随意控制，其中包括向前变形、旋转扭曲、褶皱、膨胀等工具。

打开要变形的图像，选择【滤镜】→【液化】命令，对话框如图 7.6 所示，单击其左边相应的工具，然后在图像窗口中拖动鼠标即可产生所需的变形。

图 7.6　【液化】对话框

7.1.5　消失点

使用【消失点】命令，在编辑透视平面（如延伸的路面或墙面）上的图像时，可以保留其透视效果。如图 7.7 所示，可以使用该命令消除地板的杂物。

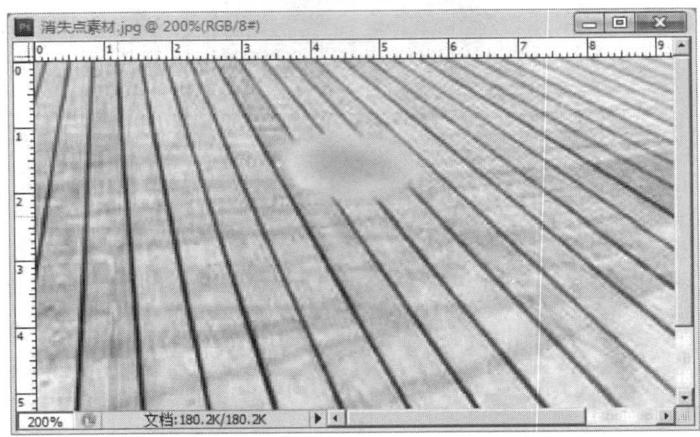

图 7.7　原地板图

选择【滤镜】→【消失点】命令，在弹出的【消失点】对话框中，用创建平面工具在预览区域合适的位置连续单击以创建透视框，结合编辑平面工具适当调整透视框，如图 7.8 所示。

图 7.8　创建并调整透视框

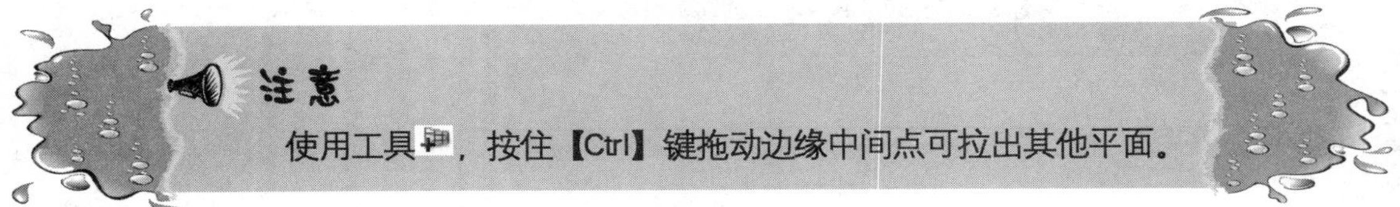

注意

使用工具，按住【Ctrl】键拖动边缘中间点可拉出其他平面。

选择矩形选框工具，在透视框中拖出矩形选区，可在对话框上部的选项栏中设定合适的羽化值、不透明度及选择修复选项，如图 7.9 所示。按【Alt】键按下鼠标左键并拖曳，可将选区内的图像移动目标位置，利用变换工具，能进一步调整选区内的图像，以符合目标要求，如图 7.10 所示,最后单击【确认】按钮。

图 7.9　拖出矩形选区图

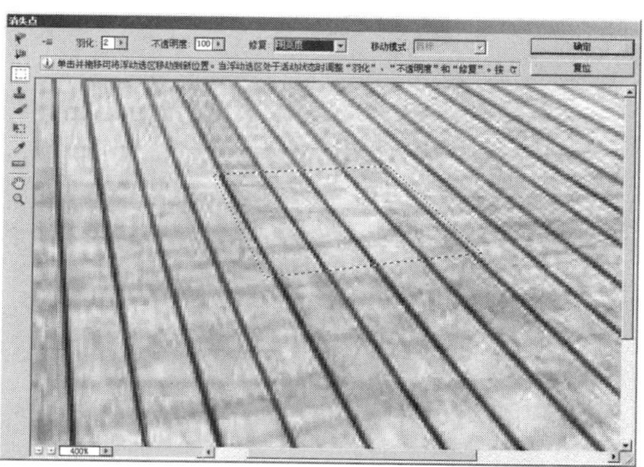

图 7.10　移动选区内的图像

7.2　像素化滤镜组的使用

像素化滤镜组可以将图像中的颜色值相近的像素连成块，产生一种图像分块或平面化的效果。在像素化滤镜菜单中包括【彩块化】、【彩色半调】、【晶格化】、【点状化】、【碎片】、【铜版雕刻】、【马赛克】滤镜。

1.　彩块化

【彩块化】滤镜类似手工着色，使纯色或相近颜色的像素结成相近颜色的像素块，强调的是原色与相近颜色，而不改变原图像轮廓。可以使用此滤镜使扫描的图像看起来像手绘图像。该滤镜没有对话框。

2. 彩色半调

【彩色半调】滤镜模拟在图像的每个通道上使用放大的半调网屏的效果，使每一种颜色通过彩色半调处理变成着色网点。选择【滤镜】→【像素化】→【彩色半调】命令，打开【彩色半调】对话框，如图 7.11 所示，各参数含义如下：

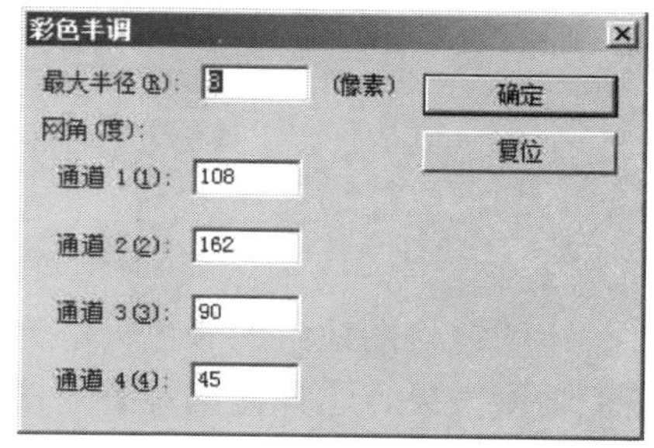

图 7.11　【彩色半调】对话框

（1）“最大半径”：设置网点大小，以像素为单位，范围为 4～127。

（2）“网角（度）”：在下面设置每个颜色通道的挂网角度。

① 对于灰度图像，只使用通道 1。

② 对于 RGB 图像，使用通道 1、2、3，分别对应红、绿和蓝色通道。

③ 对于 CMYK 图像，使用四个通道，对应青、洋红、黄和黑色通道。

设置好参数后，单击【确定】按钮，得到彩色半调滤镜效果。如图 7.12 所示为应用该滤镜前后的效果比较。

图 7.12　应用【彩色半调】滤镜前后的效果比较

3. 晶格化

该滤镜使图像中相近的像素结块形成单一颜色的多边形。选择【滤镜】→【像素化】→【晶格化】命令，弹出【晶格化】对话框，如图 7.13 所示，其中“单元格大小”用来控制分块的大小，取值范围 3～300。设置好参数后单击【确定】按钮，得到晶格化滤镜效果，如图 7.14 所示。

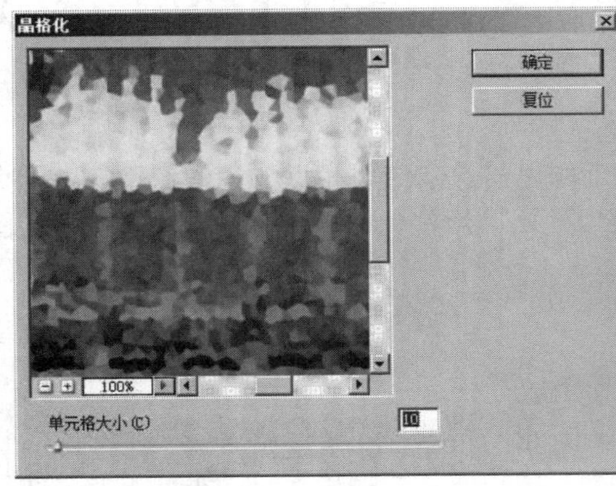

图 7.13　【晶格化】对话框

图 7.14　【晶格化】滤镜效果

4. 点状化

该滤镜将图像中的颜色分解为随机分布的网点，点与点之间的间隙使用背景色填充，产生点画派效果。选择【滤镜】→【像素化】→【点状化】命令，弹出【点状化】对话框，如图 7.15 所示，其中“单元格大小”用来控制色点的大小。设置好参数后单击【确定】按钮，得到如图 7.16 所示的效果。

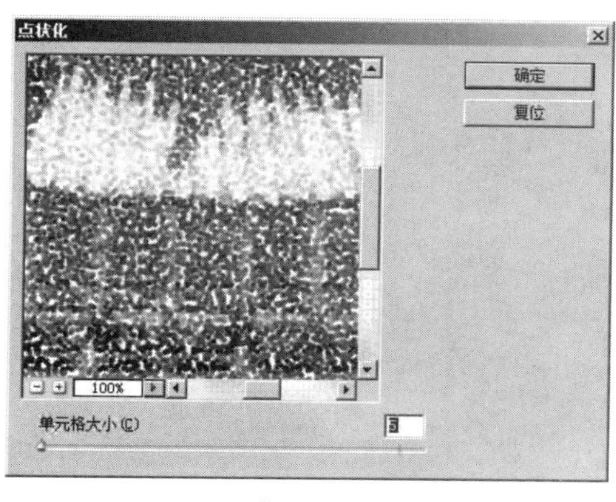

图 7.15 【点状化】对话框

图 7.16 【点状化】滤镜效果

5. 碎片

该滤镜将图像的像素复制 4 次，然后将它们平均移位并降低不透明度，产生不聚焦的效果，该滤镜无参数设置对话框。

6. 铜版雕刻

该滤镜将图像转换为黑白区域的随机图案或彩色图像中完全饱和颜色的随机图案。即在图像中添加随机分布的不规则的点、线或划痕，把灰度图像转变成黑色和白色，RGB 图像被降低到 6 色(红色、绿色和蓝色，以及它们的补色，即青色、洋红色和黄色)，另加黑色和白色。选择【滤镜】→【像素化】→【铜版雕刻】命令，弹出【铜版雕刻】对话框，如图 7.17 所示，其中“类型”中列出了可供选用的点和线条类型，设置“类型”为“中长直线”，单击【确定】按钮，得到铜版雕刻滤镜效果，如图 7.18 所示。

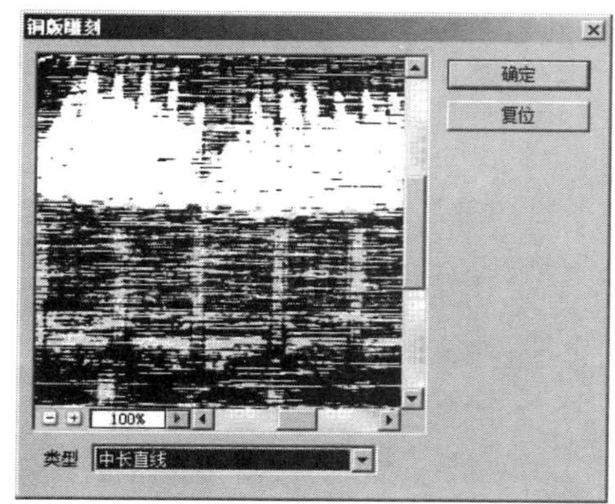

图 7.17 【铜版雕刻】对话框

图 7.18 【铜版雕刻】滤镜效果

7. 马赛克

该滤镜可以使图像中相似像素结为方块，使方块中的像素颜色相同，从而产生模糊的效果。选择【滤镜】→【像素化】→【马赛克】命令，弹出【马赛克】对话框，如图 7.19 所示，设置好参数后单击【确定】按钮，效果如图 7.20 所示。

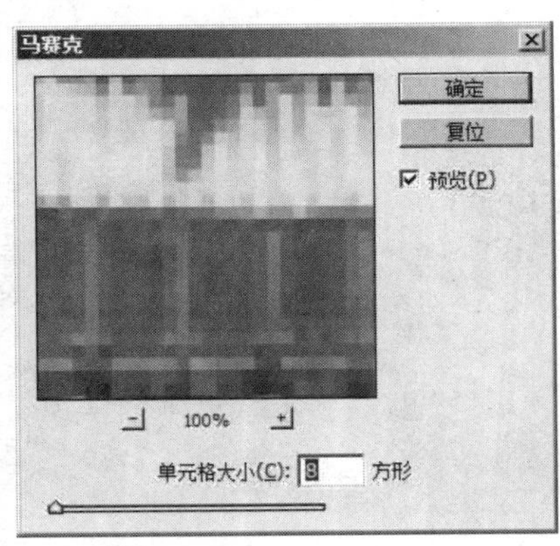

图 7.19 【马赛克】对话框

图 7.20 【马赛克】滤镜效果图

7.3 扭曲滤镜组的使用

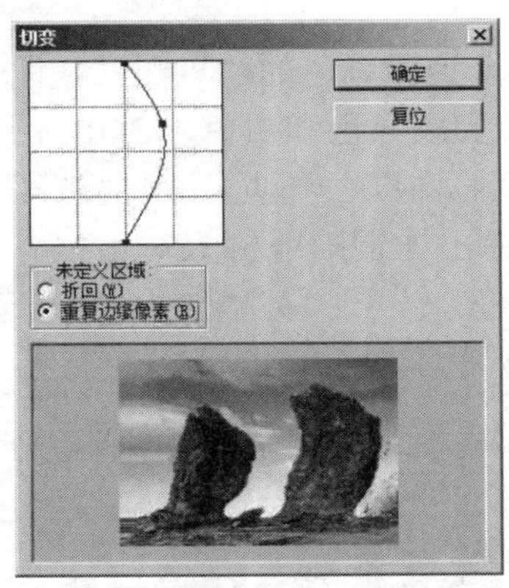

图 7.21 【切变】对话框

扭曲滤镜是一组功能强大的滤镜，可对图像进行几何扭曲变形等操作，使图像产生水波、挤压、旋转等不同程度的变形效果。其中包括【切变】、【扩散亮光】等 12 种滤镜效果。

1. 切变

该滤镜沿一条曲线扭曲图像。通过拖移框中的线条，可以调整曲线上的任何一点。单击【默认】按钮，可将曲线恢复为直线。选择【滤镜】→【扭曲】→【切变】命令，弹出【切变】对话框，如图 7.21 所示，效果如图 7.22 所示。

图 7.22 应用【切变】滤镜前后的效果对比

2. 扩散亮光

该滤镜将图像渲染成光热弥漫的效果，用来表现强烈的光线和烟雾效果。所添加的光线颜色与工具箱中的背景色相同。如背景色设定为红色，选择【滤镜】→【扭曲】→【扩散亮光】命令，弹出【扩散亮光】对话框，如图 7.23 所示，效果如图 7.24 所示。

图 7.23 【扩散亮光】对话框

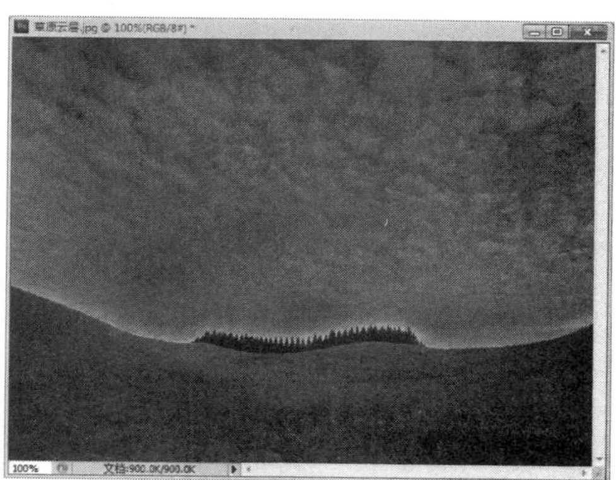

图 7.24 应用【扩散亮光】滤镜前后的效果对比

3. 挤压

该滤镜可以使图像产生从内到外或从外到内的挤压效果。选择【滤镜】→【扭曲】→【挤压】命令，弹出的【挤压】对话框如图 7.25 所示，设置好参数后，单击【确定】按钮，效果如图 7.26 所示。

4. 旋转扭曲

该滤镜可以使图像从中心向外产生一种旋转扭曲的风轮效果。选择【滤镜】→【扭曲】→【旋转扭曲】命令，在弹出的【旋转扭曲】对话框中，“角度”为正值时，图像顺时针旋转扭曲；为负值时，图像逆时针旋转扭曲，如设置“角度”为 720 度，单击【确定】按钮，效果如图 7.27 所示。

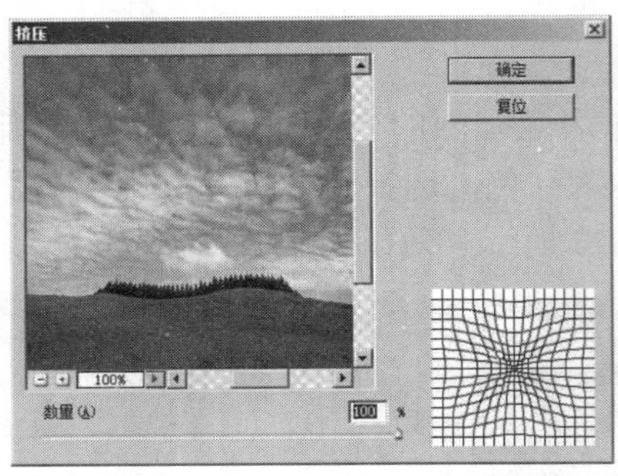

图 7.25 【挤压】对话框

图 7.26 【挤压】滤镜效果

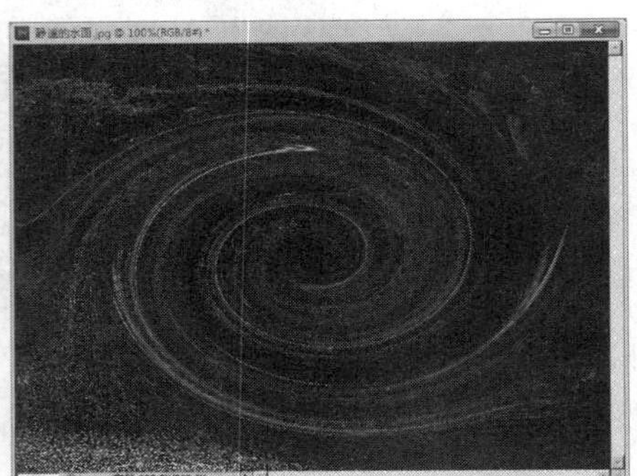

图 7.27 应用【旋转扭曲】滤镜前后的效果对比

5. 极坐标

使用【极坐标】滤镜可以将图像从平面坐标转换为极坐标，也可将图像从极坐标转换为平面坐标，从而使图像产生极端弯曲变形的效果。选择【滤镜】→【扭曲】→【极坐标】，在弹出的【极坐标】对话框中的“平面坐标到极坐标”表示将图像从直角坐标系转化到极坐标系，“极坐标到平面坐标”表示将图像从极坐标系转化到直角坐标系，如选择“平面坐标到极坐标”，单击【确定】按钮，效果如图 7.28 所示。

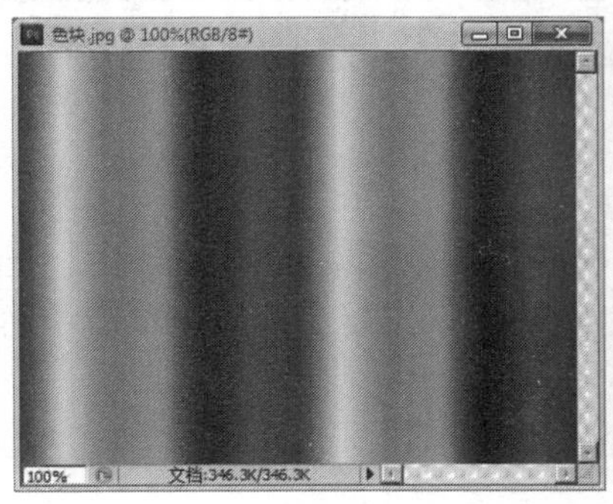

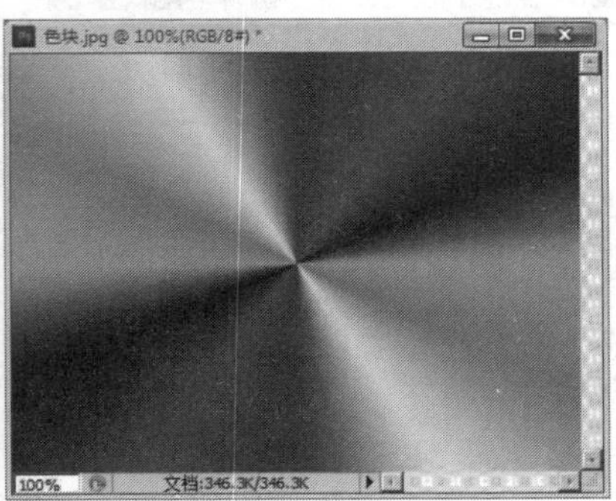

图 7.28 应用【极坐标】滤镜前后的效果对比

6. 水波

该滤镜可产生类似水面上起伏的水波纹和旋转效果。选择【滤镜】→【扭曲】→【水波】命令，弹出的【水波】对话框如图 7.29 所示。

7. 波纹

该滤镜可产生水波荡漾的涟漪效果，但要产生进一步的起伏效果，应使用【波浪】滤镜。

8. 波浪

该滤镜产生的效果类似于波纹滤镜效果，但【波浪】滤镜能够以不同的波长使图像产生不同形状的波动效果。选择【滤镜】→【扭曲】→【波浪】命令，弹出的【波浪】对话框如图 7.30 所示。

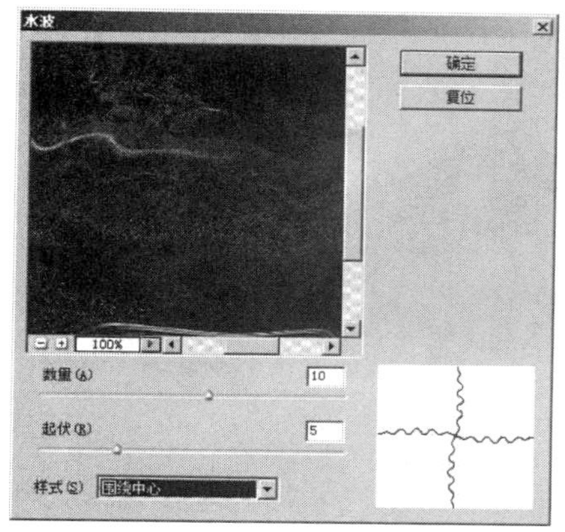

图 7.29 【水波】对话框

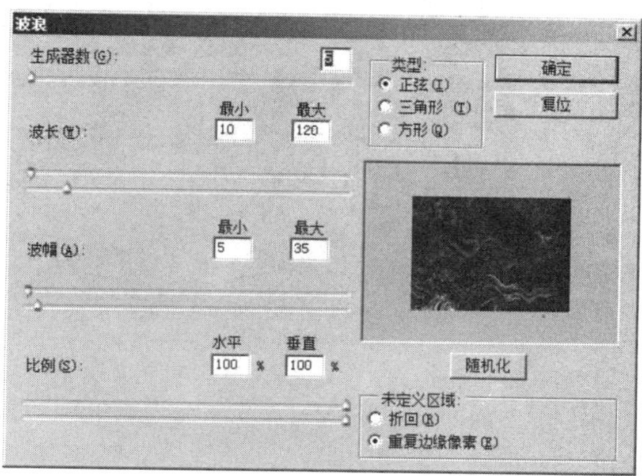

图 7.30 【波浪】对话框

9. 海洋波纹

该滤镜将随机分隔的波纹添加到图像表面，使图像产生类似海洋表面的波纹效果。选择【滤镜】→【扭曲】→【海洋波纹】命令，弹出的【海洋波纹】对话框如图 7.31 所示。其中“波纹大小”和“波纹幅度”用来控制图像扭曲的程度，当波纹幅度为“0”时，无论波纹大小的值为多少，图像都无变化。

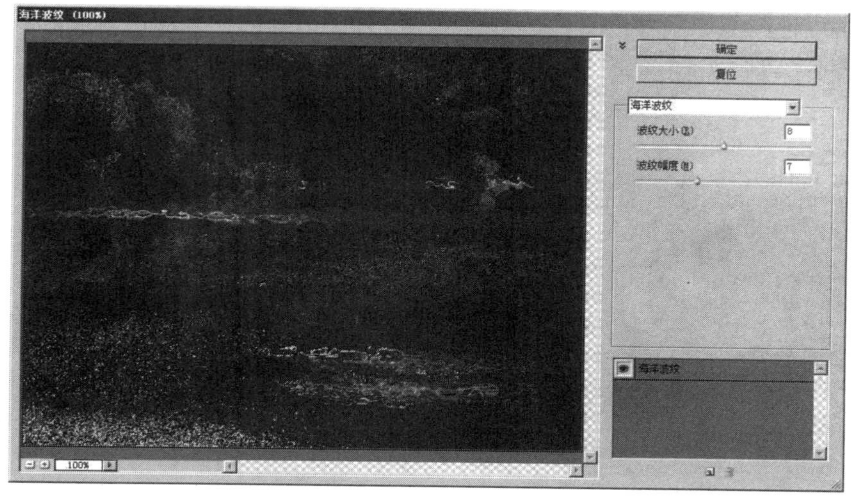

图 7.31 【海洋波纹】对话框

10. 玻璃

该滤镜使图像看起来像是透过不同类型的玻璃来观看的。选择【滤镜】→【扭曲】→【玻璃】，可从弹出的【玻璃】对话框中选取一种玻璃效果，如图 7.32 所示。

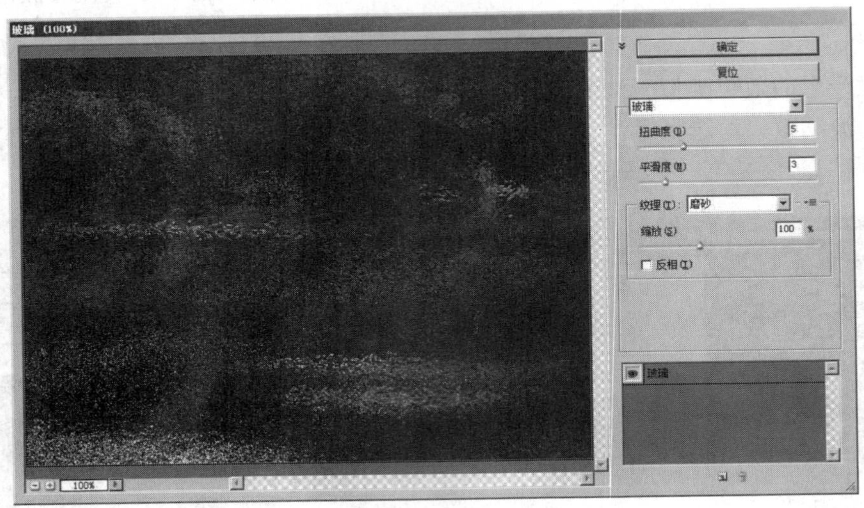

图 7.32 【玻璃】对话框

11. 球面化

该滤镜将图像映射到一个球体上，在球面上扭曲和伸展图像，并可以将滤镜效果约束在水平或垂直轴上。其效果与【挤压】滤镜相似。选择【滤镜】→【扭曲】→【球面化】命令，弹出的【球面化】对话框如图 7.33 所示，其中“数量”用于设置球面化效果的程度，“模式”提供了三种挤压方式，可以同时在“水平”和“垂直”方向上挤压，也可单独在一个方向上挤压。

12. 置换

该滤镜可以使图像产生移位变形，而移位的方向由另外的一张图决定，因此该滤镜的使用需要两个图像文件，一个是需要变形的图像，另外一个是决定如何移位的“位移图”。选择【滤镜】→【扭曲】→【置换】，弹出的【置换】对话框，如图 7.34 所示。

图 7.33 【球面化】对话框

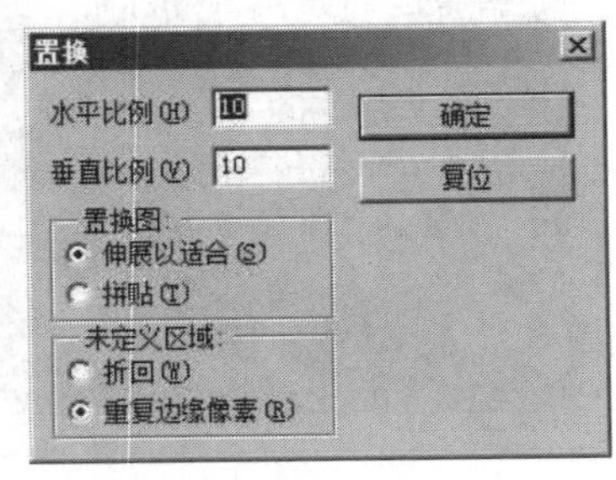

图 7.34 【置换】对话框

7.4 杂色滤镜组的使用

杂色滤镜组可以添加或减少图像中的杂点，也可以用来生成一些特殊的底纹效果。其中包括【中间值】、【减少杂色】、【去斑】、【添加杂色】以及【蒙尘与划痕】五种滤镜效果。

1. 中间值

该滤镜利用平均化手段，即采用杂点和其周围像素的中间颜色来平滑图像中的区域，消除干扰色。此滤镜在消除或减少图像的动感效果时非常有用。

2. 减少杂色

【减少杂色】滤镜可以减少照片由于不良光照和其他情况而出现的图像杂色，以及扫描图像所产生的杂色。图像的杂色一般有两种形式：亮度杂色和颜色杂色。亮度杂色通常在一个或两个颜色通道中较明显，可以选取颜色通道，直接减少该通道中的杂色。选择【滤镜】→【扭曲】→【减少杂色】命令，弹出的【减少杂色】对话框图如 7.35 所示。

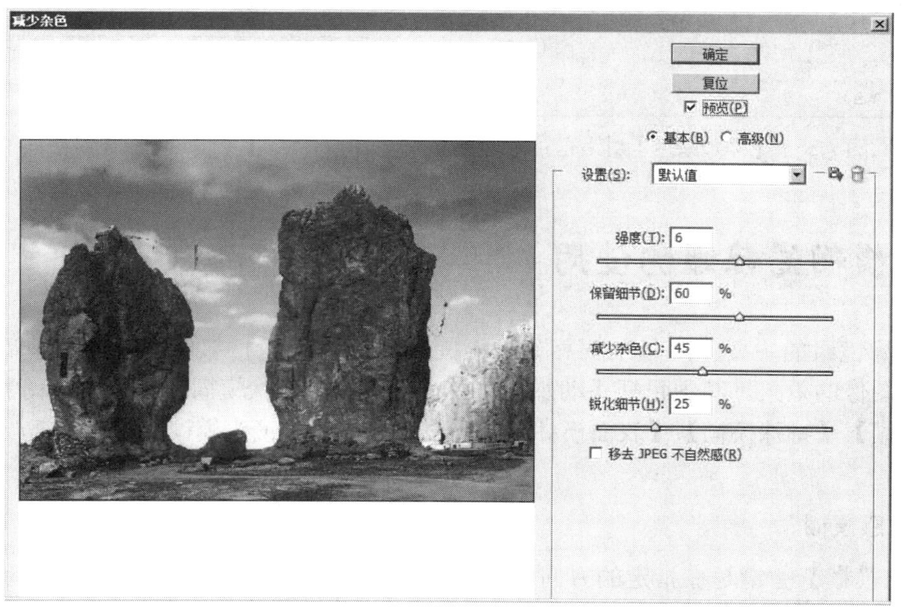

图 7.35 【减少杂色】对话框

3. 去斑

【去斑】滤镜可以去除图像中一些有规律的杂点，如细小的斑点或轻微的折痕，但同时会使图像的清晰度受到损失，该滤镜常用来处理老照片中的斑点。

4. 添加杂色

【添加杂色】滤镜可在图像中添加一些随机分布的杂点，使图像看起来有沙石的质感效果。选择【滤镜】→【扭曲】→【添加杂色】命令，弹出的【添加杂色】对话框如图 7.36 所示。

5. 蒙尘与划痕

【蒙尘与划痕】滤镜可以将图像中没有规律的杂点或划痕融合到周围的像素中，从而将图像中的蒙尘与划痕区域除去。选择【滤镜】→【扭曲】→【蒙尘与划痕】命令，弹出的【蒙尘与划痕】对话框如图 7.37 所示。

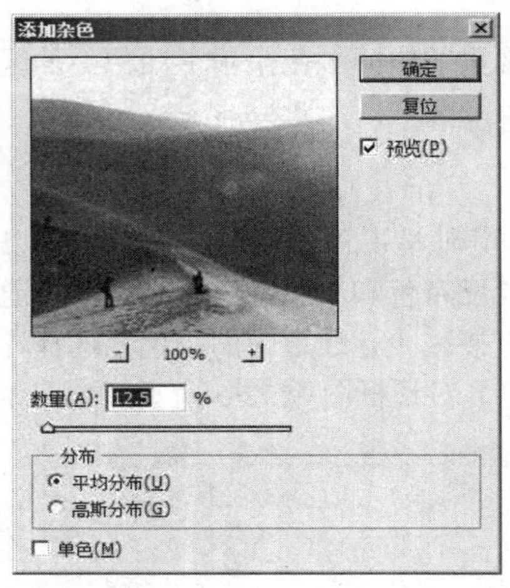

图 7.36 【添加杂色】对话框

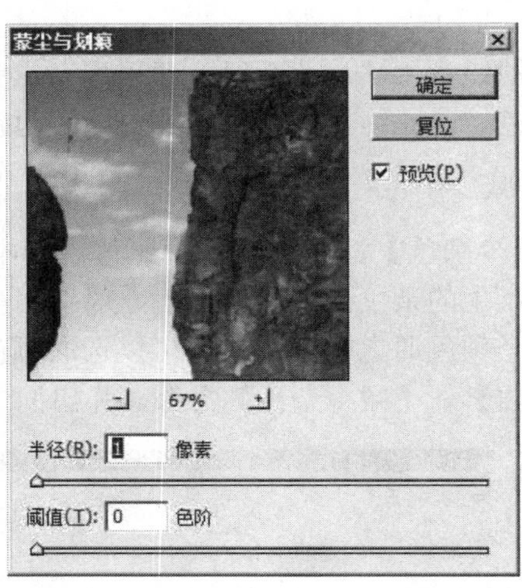

图 7.37 【蒙尘与划痕】对话框

7.5 模糊滤镜组的使用

模糊滤镜组的主要作用是削弱相邻像素间的对比度，使相邻像素间过渡平滑，达到柔化、模糊图像的效果。其中包括【动感模糊】、【平均】、【形状模糊】、【径向模糊】、【方框模糊】、【模糊】、【特殊模糊】、【表面模糊】、【进一步模糊】、【镜头模糊】和【高斯模糊】11 种滤镜效果。

1. 动感模糊

【动感模糊】滤镜是在指定的方向上对像素进行线性移动，使其产生一种运动模糊的效果，类似于以固定的曝光时间给一个移动的对象拍照。选择【滤镜】→【模糊】→【动感模糊】命令，在弹出的【动感模糊】对话框中，“角度”用于控制运动模糊的方向，“距离”用于控制像素移动的大小即模糊强度。设置“角度”为“0”度，【距离】为“188 像素”，单击【确定】按钮，其滤镜效果如图 7.38 所示。

2. 平均

使用【平均】滤镜找出图像或选区的平均颜色，然后用该颜色填充图像或选区以创建平滑的外观。例如，在“奔跑.jpg”中，如果选择草坪区域，该滤镜会将该区域用一个均匀的绿色替换。

图 7.38　应用【动感模糊】滤镜前后的效果比较

3. 形状模糊

【形状模糊】滤镜是使用指定的形状来创建模糊效果。选择【滤镜】→【模糊】→【形状模糊】命令，弹出的【形状模糊】对话框如图 7.39 所示，用户可以从形状预设列表中选取一种形状，并使用“半径”选项来调整其大小，半径越大，模糊效果越好。通过单击列表旁边的按钮，可以载入不同的形状库。

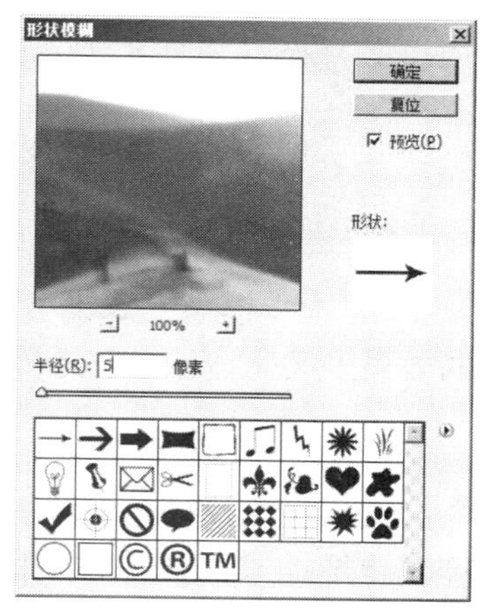

图 7.39　【形状模糊】对话框

4. 径向模糊

使用【径向模糊】滤镜产生一种镜头聚焦效果，可以为图像添加旋转与缩放两种模式的模糊效果。选择【滤镜】→【模糊】→【径向模糊】命令，弹出的【径向模糊】对话框如图 7.40 所示。图 7.41 是将人物背景应用【径向模糊】滤镜前后的效果对比图，采用的是“缩放模糊”方法。

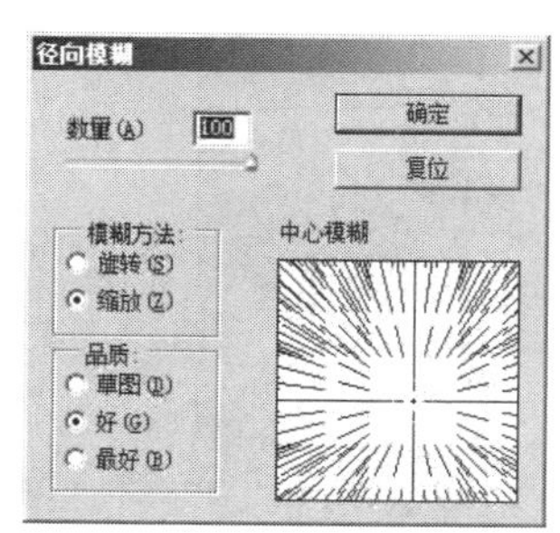

图 7.40　【径向模糊】对话框

图 7.41　应用【径向模糊】滤镜前后的效果对比

5. 方框模糊

【方框模糊】滤镜是基于相邻像素的平均颜色值来模糊图像，其效果类似于【高斯模糊】滤镜，但速度更快。

6．模糊

【模糊】滤镜可以使图像或选区产生虚化的效果，平滑图像中生硬的部分。该滤镜效果不是很明显时，要重复使用多次。

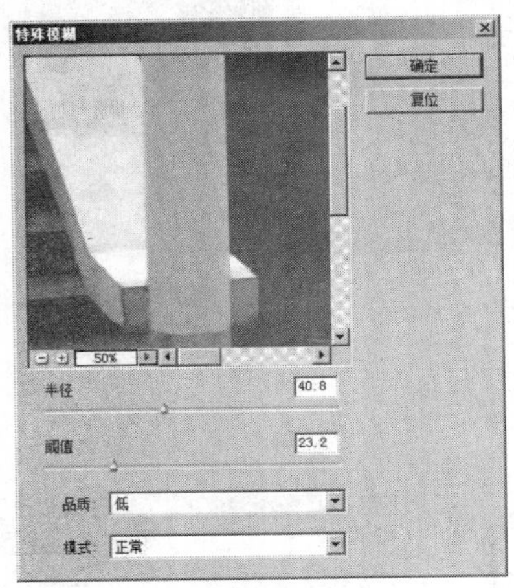

图 7.42 【特殊模糊】对话框

7．特殊模糊

【特殊模糊】滤镜可以添加特殊的模糊效果，如减少图像中的褶皱或去除图像中多余的边缘，使图像产生一种清晰边界的模糊效果。选择【滤镜】→【模糊】→【特殊模糊】命令，弹出的【特殊模糊】对话框，如图 7.42 所示。

8．表面模糊

【表面模糊】类似于【特殊模糊】滤镜，能够在保留边缘细节不动的同时模糊图像， 常用于创建特殊效果并消除杂色或粒度。与【特殊模糊】不同的是，【表面模糊】可以用在 16 位和 32 位图像上。

9．进一步模糊

【进一步模糊】滤镜可用于平滑图像中边缘过于清晰或对比过于强烈的区域，产生模糊的效果来柔化边缘。与【模糊】滤镜相比，模糊效果强三四倍。

10．镜头模糊

在拍摄照片时，景深由焦距的变化来体现，而【镜头模糊】滤镜是向图像中添加模糊以产生更窄的景深效果，使图像中的一些对象在焦点内，而使另一些区域变模糊。选择【滤镜】→【模糊】→【镜头模糊】命令，弹出的【镜头模糊】对话框如图 7.43 所示。

图 7.43 【镜头模糊】对话框

如图 7.44 显示了应用【镜头模糊】滤镜后的效果，选取女孩背后的部分区域，然后将选区存储为 Alpha 通道，再以这个通道作为景深图。

图 7.44　应用【镜头模糊】滤镜前后的效果对比

11. 高斯模糊

【高斯模糊】滤镜是利用高斯曲线的分布模式，有选择地模糊图像，模糊程度可以通过选项中的“半径”值进行控制，半径值越大，模糊效果越强烈。

△ 应用举例——制作大雪纷飞效果

本例将为一幅残雪图添加大雪纷飞的效果，其中运用了【点状化】、【动感模糊】两个滤镜以及【阈值】命令等。

STEP 1　打开一幅雪后拍摄的图片，如图 7.45 所示。新建图层（图层 1），并用“白色”填充图层。

图 7.45　雪景图片

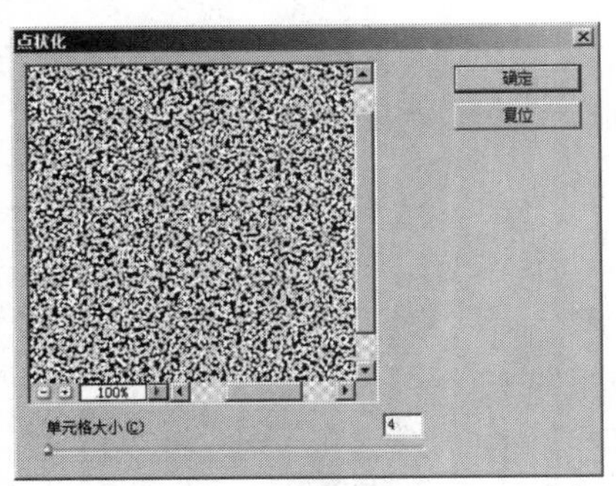

图 7.46 【点状化】对话框

STEP 2 选中“图层 1”，设置前景色为白色，背景色为黑色，选择【滤镜】→【点状化】命令，在弹出如图 7.46 所示的【点状化】对话框中，设置“单元格大小”为“4”（注意：值越大，雪花越大，应根据图片、景物的大小决定雪花的大小），单击【确定】按钮，则新建的图层中充满了彩色的小点。

STEP 3 选择【图像】→【调整】→【阈值】命令，打开如图 7.47 所示的【阈值】对话框，设置“阈值色阶”为“255”，单击【确定】按钮，得到的效果如图 7.48 所示。

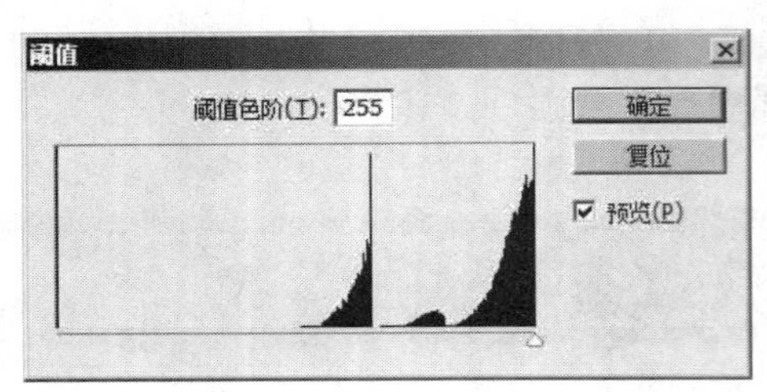

图 7.47 【阈值】对话框

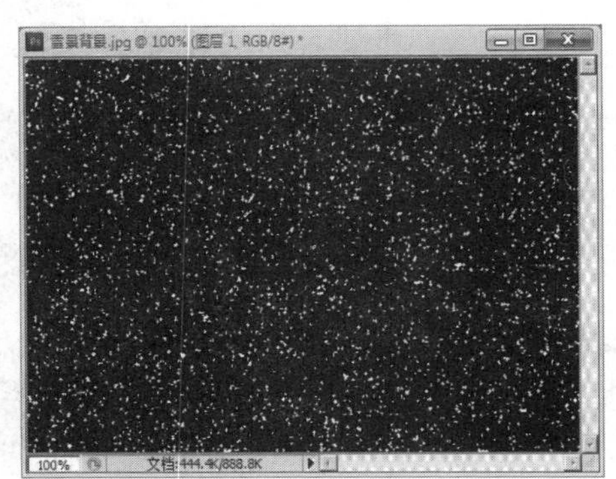
图 7.48 设置阈值后的效果

STEP 4 选择【滤镜】→【模糊】→【动感模糊】命令，弹出如图 7.49 所示的【动感模糊】对话框中，设置雪花飘落的“角度”和“距离”（距离数值过大，会变成下雨效果）参数，单击【确定】按钮。

STEP 5 在【图层】面板中，设置“图层 1”的图层模式为“滤色”（该模式运算的特点是：任何颜色与黑色运算结果保持不变，与白色运算结果为白色，任意两种颜色运算的结果一般比原色浅），如图 7.50 所示，最终得到如图 7.51 所示的大雪纷飞的效果。

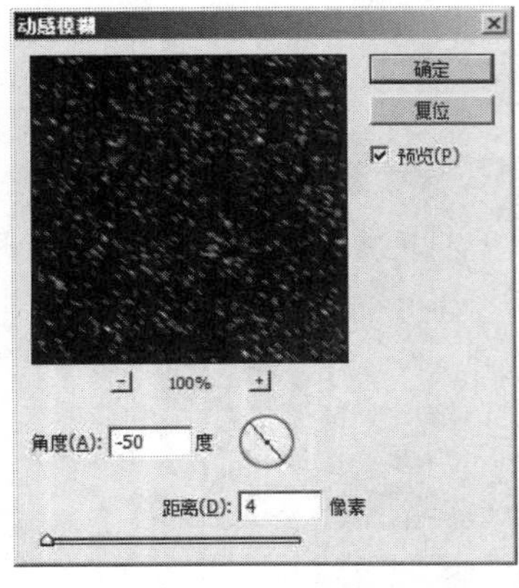

图 7.49 【动感模糊】对话框

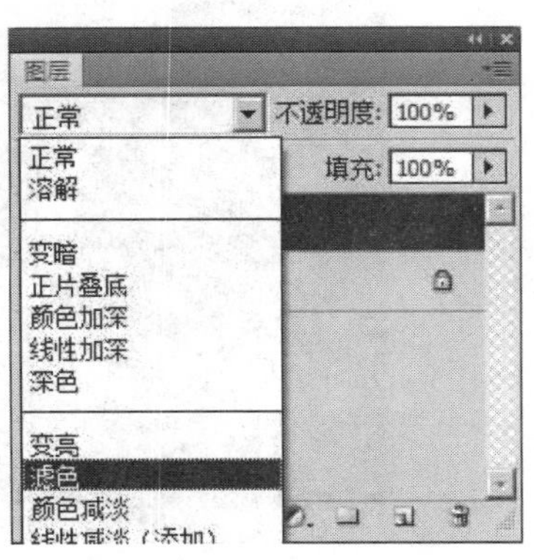

图 7.50 修改图层混合模式

图 7.51　大雪纷飞效果

7.6　渲染滤镜组的使用

渲染滤镜组主要是模拟光线照明效果，在图像中产生云彩图案、光照或光晕等特殊效果，包括【云彩】、【光照效果】、【分层云彩】、【纤维】和【镜头光晕】5 种滤镜效果，其中【光照效果】和【镜头光晕】仅对 RGB 图像有效。

1. 云彩

【云彩】滤镜可在图像的前景色与背景色之间随机地抽取像素值，生成一个柔和的云彩图案来替换原图像，如图 7.52 所示。

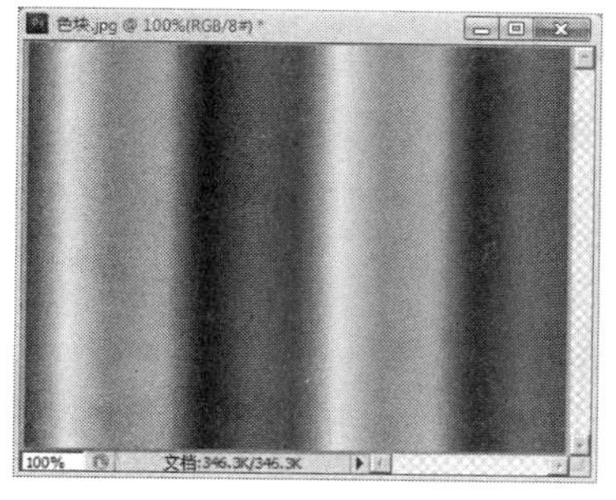

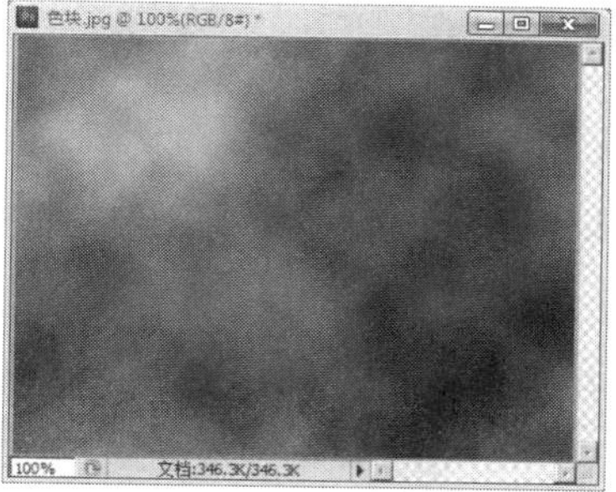

图 7.52　应用【云彩】滤镜前后的效果对比

注意

如果按住【Alt】键再选择【云彩】，会生成色彩较为分明的云彩图案。

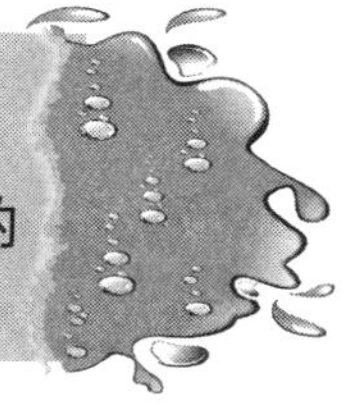

2．光照效果

【光照效果】滤镜模仿聚光灯或泛光灯照射在物体上的色彩变化。在图像上产生无数种光照效果，该滤镜是 Photoshop CS5 中比较复杂的滤镜。选择【滤镜】→【渲染】→【光照效果】命令，弹出的【光照效果】对话框，如图 7.53 所示。

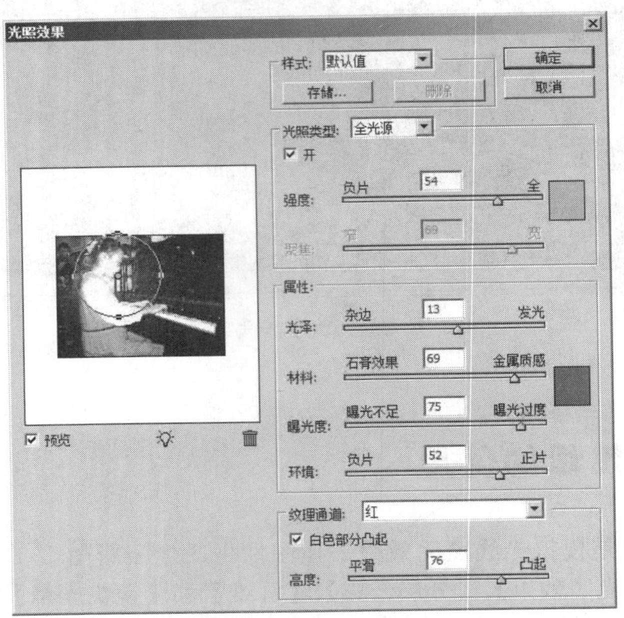

图 7.53 【光照效果】对话框

应用【光照效果】滤镜的图像效果如图 7.54 所示。

图 7.54 应用【光照效果】滤镜前后的效果对比

3．分层云彩

【分层云彩】滤镜在前景色与背景色之间随机抽取像素生成云彩图案，并将云彩数据和现有的图像像素混合，其方式与“差值”模式混合颜色的方式相同。与【云彩】滤镜的区别是，【云彩】滤镜生成的云彩完全覆盖了原图像。

4．纤维

【纤维】滤镜是利用当前的前景色和背景色来创建类似纤维的纹理效果。选择【滤镜】→【渲染】→【纤维】命令，弹出的【纤维】对话框如图 7.55 所示。

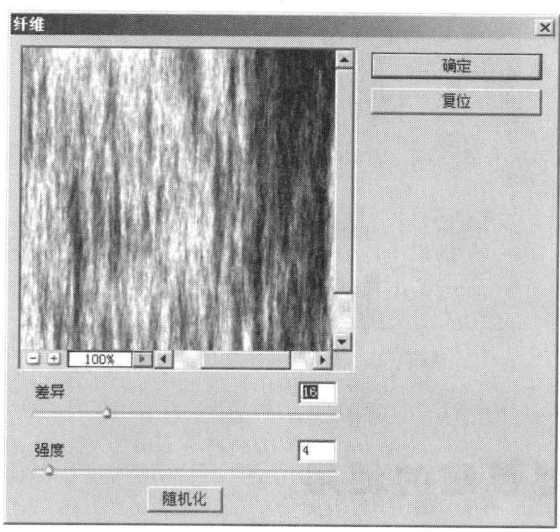

图 7.55 【纤维】对话框

应用【纤维】滤镜时，当前图层上的图像会被滤镜效果所取代替换。如果使用该滤镜后，用户要减轻滤镜效果并把纤维叠加在原图像上，可选择【编辑】→【渐隐纤维滤镜】命令，弹出的【渐隐】对话框如图 7.56 所示，其中减小“不透明度”值，可降低滤镜效果，同时还可以选择纤维效果与原图层的混合模式，效果如图 7.57 所示。

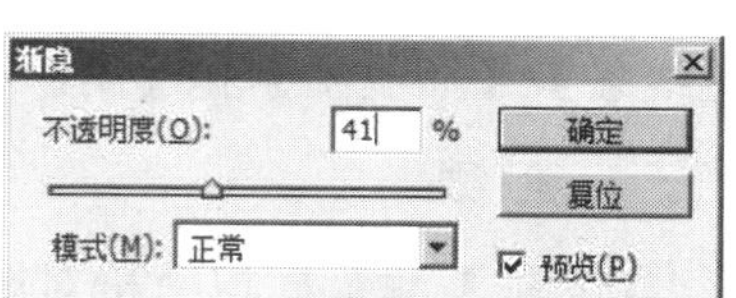

图 7.56 【渐隐】对话框

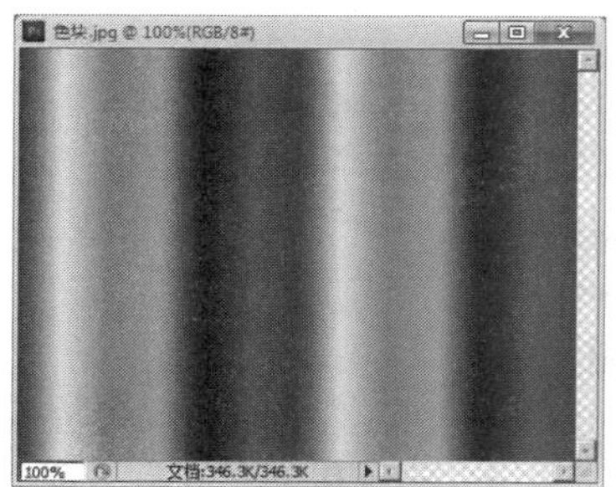

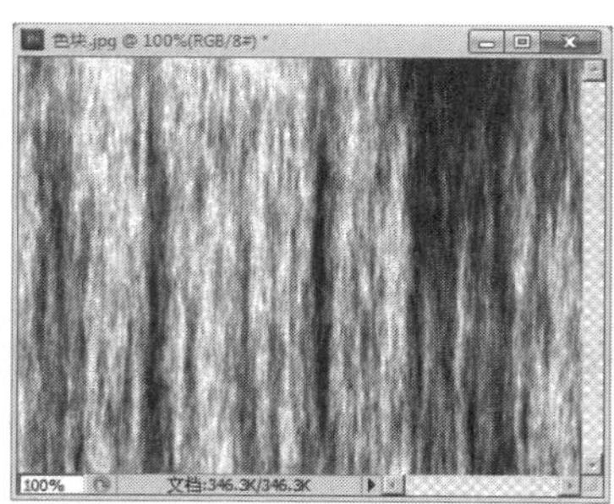

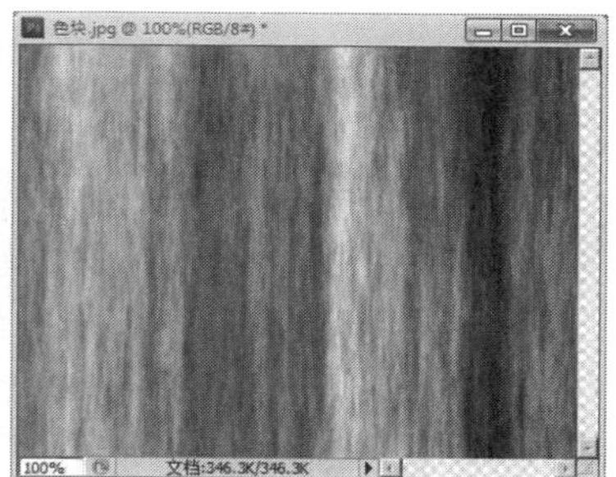

图 7.57 应用【纤维】滤镜前后以及【渐隐纤维滤镜】后的效果比较

5．镜头光晕

【镜头光晕】滤镜是模拟强亮光照射到相机镜头所产生的折射效果。选择【滤镜】→【渲染】→【镜头光晕】命令，弹出的【镜头光晕】对话框如图 7.58 所示。

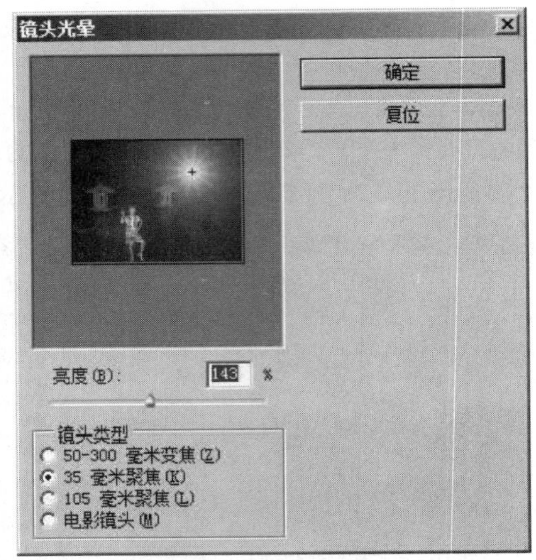

图 7.58 【镜头光晕】对话框

7.7 画笔描边滤镜组的使用

画笔描边滤镜组使用不同的画笔笔触和油墨效果对图像进行处理，创造出各种各样的手绘效果，其中包括【喷溅】、【喷色描边】、【墨水轮廓】、【强化的边缘】、【成角的线条】、【深色线条】、【烟灰墨】和【阴影线】8 种滤镜。

1. 喷溅

【喷溅】滤镜模拟喷枪对图像进行处理，使图像产生笔墨喷溅的效果。选择【滤镜】→【画笔描边】→【喷溅】命令，弹出的【喷溅】对话框如图 7.59 所示，应用【喷溅】滤镜后的效果如图 7.60 所示。

图 7.59 【喷溅】对话框

图 7.60　应用【喷溅】滤镜前后的效果对比

2. 喷色描边

【喷色描边】滤镜与【喷溅】滤镜类似，此外，它可用一定角度的、喷溅的颜色线条重新绘制图像。选择【滤镜】→【画笔描边】→【喷色描边】命令，弹出的【喷色描边】对话框如图 7.61 所示。

图 7.61　【喷色描边】对话框

3. 墨水轮廓

【墨水轮廓】滤镜能在图像的颜色边界部分模拟油墨勾画出图像轮廓，产生钢笔画的效果。选择【滤镜】→【画笔描边】→【墨水轮廓】命令，弹出的【墨水轮廓】对话框如图 7.62 所示。

4. 强化的边缘

【强化的边缘】滤镜可以强化图像中不同颜色的边缘，减少图像中的细节，使处理后的图像边缘与色彩的边界更加突出。选择【滤镜】→【画笔描边】→【强化的边缘】命令，弹出的【强化的边缘】对话框如图 7.63 所示。如图 7.64 所示为应用【强化的边缘】滤镜前后的效果对比图。

图 7.62 【墨水轮廓】对话框

图 7.63 【强化的边缘】对话框

图 7.64 应用【强化的边缘】滤镜前后的效果对比

5. 成角的线条

【成角的线条】滤镜是以对角线方向的线条来描绘图像，在图像中的高光区和阴暗区分别用方向相反的两种线条描绘，使其产生倾斜的笔触效果。选择【滤镜】→【画笔描边】→【成角的线条】命令，弹出的【成角的线条】对话框如图 7.65 所示。

图 7.65 【成角的线条】对话框

6. 深色线条

【深色线条】滤镜用短的深色线条绘制暗区，用长的白色线条绘制亮区。选择【滤镜】→【画笔描边】→【深色线条】命令，弹出的【深色线条】对话框如图 7.66 所示。

图 7.66 【深色线条】对话框

7. 烟灰墨

【烟灰墨】滤镜是利用黑色油墨，在图像的颜色边界部分勾画出柔和的模糊边缘，使图像看起来像是用一种饱含黑色墨水的画笔在宣纸上绘画的效果。选择【滤镜】→【画笔描边】→【烟灰墨】命令，弹出的【烟灰墨】对话框如图 7.67 所示。

图 7.67 【烟灰墨】对话框

8. 阴影线

【阴影线】滤镜可以在保持图像细节的前提下，模拟铅笔绘制的交叉线效果，对图像颜色的边缘进行纹理化，使图像中彩色区域的边缘变得较粗糙。该滤镜与【成角的线条】滤镜相似。

7.8 素描滤镜组的使用

素描滤镜组可以为图像添加各类纹理，产生类似于素描、徒手速写或艺术图像的效果。【素描】滤镜包括 14 种滤镜，大多数滤镜需要前景色与背景色的配合来产生各种效果。

1. 便条纸

【便条纸】滤镜是模拟凹陷压印图案，产生凹凸不平的草纸画效果，并以当前的前景色和背景色为图像着色。其中前景色为凹陷部分，背景色为凸出部分。选择【滤镜】→【素描】→【便条纸】命令，弹出的【便条纸】对话框如图 7.68 所示。其中的参数含义如下：

"图像平衡"：调整前景色和背景色之间的比例，该值越大，颜色越突出。

"粒度"：调节图像产生颗粒的多少。

"凸现"：调节图像的凹凸程度，该值越大，凹凸效果越明显。

图 7.68 【便条纸】对话框

2．半调图案

【半调图案】滤镜使用前景色和背景色在图像中产生网板图案效果。选择【滤镜】→【素描】→【半调图案】命令，弹出的【半调图案】对话框如图 7.69 所示。

图 7.69 【半调图案】对话框

3．图章

【图章】滤镜是模拟橡皮或木质印章作画，产生较模糊的图章效果。其中印章区域用前景色代替，其他区域用背景色代替。选择【滤镜】→【素描】→【图章】命令，弹出的【图章】对话框如图 7.70 所示。各选项含义如下：

“明/暗平衡”：设置前景色和背景色的混合比例。当该值为 0 时，图像显示为背景色。

“平滑度”：调节图章效果的锯齿程度，该值越大，印章边缘越光滑。

图 7.70 【图章】对话框

4. 基底凸现

【基底凸现】滤镜可使图像产生粗糙的浮雕效果。图像中较暗的区域用前景色填充，较亮的区域用背景色填充。选择【滤镜】→【素描】→【基底凸现】命令，弹出的【基底凸现】对话框如图 7.71 所示。

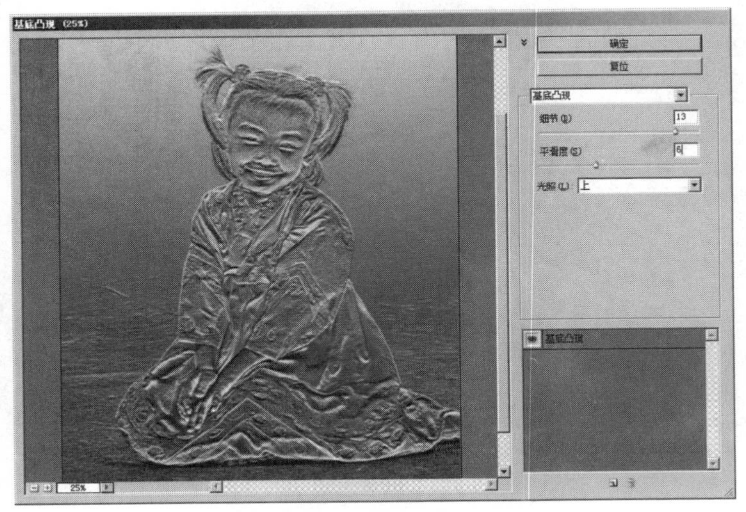

图 7.71 【基底凸现】对话框

5. 石膏效果

【石膏效果】滤镜产生一种立体浮雕效果，用前景色和背景色为图像着色，使暗区凸起，亮区凹陷。选择【滤镜】→【素描】→【石膏效果】命令，弹出的【石膏效果】对话框如图 7.72 所示。

图 7.72 【石膏效果】对话框

6. 影印

【影印】滤镜模拟影印效果，用前景色填充图像的高亮区，用背景色填充图像的暗区。选择【滤镜】→【素描】→【影印】命令，弹出的【影印】对话框如图 7.73 所示。各选项的含义如下。

图 7.73 【影印】对话框

“细节”：调节图像变化的层次。

“暗度”：调节图像阴影部分黑色的深度。

7．撕边

【撕边】滤镜可以将图像在前景色和背景色交界处生成粗糙的类似撕破纸片似的效果。选择【滤镜】→【素描】→【撕边】命令，弹出的【撕边】对话框如图 7.74 所示。

图 7.74 【撕边】对话框

8．水彩画纸

【水彩画纸】滤镜是模仿在粗糙、潮湿的纸上绘画而产生画面浸湿的效果。选择【滤镜】→【素描】→【水彩画纸】命令，弹出的【水彩画纸】对话框如图 7.75 所示。各选项的含义如下。

“纤维长度”：控制边缘扩散的程度以及笔触的长度；

“亮度”：调节图像亮度；

“对比度”：调整图像与笔触的对比度，该值越大，图像明暗程度越明显。

图 7.75 【水彩画纸】对话框

9．炭笔

【炭笔】滤镜是模拟炭笔画的效果，前景色代表笔触的颜色，背景色代表纸张的颜色。主要边缘以粗线条绘制，而中间色调用对角线条进行素描。选择【滤镜】→【素描】→【炭笔】命令，弹出的【炭笔】对话框如图 7.76 所示。

图 7.76 【炭笔】对话框

10．炭精笔

【炭精笔】滤镜是模仿蜡笔涂抹绘制的效果。图像的暗区使用前景色，亮区使用背景色。 为获得逼真效果，可以在应用滤镜之前将前景色改为常用的【炭精笔】颜色（黑色、深褐色和血红色）；若要获得减弱的效果，可将背景色改为白色，在白色背景中添加一些前景色，然后再应用滤镜。选择【滤镜】→【素描】→【炭精笔】命令，弹出的【炭精笔】对话框如图 7.77 所示。

图 7.77 【炭精笔】对话框

11．粉笔和炭笔

【粉笔和炭笔】滤镜可以产生粉笔和炭笔涂抹的草图效果。其中粉笔使用背景色来处理图像的亮区，而炭笔使用前景色来处理图像的暗区。

12．绘图笔

【绘图笔】滤镜以前景色和背景色生成一种钢笔画素描效果，图像中没有轮廓，只有变化的笔触效果，并且笔触使用前景色，纸张使用背景色。选择【滤镜】→【素描】→【绘画笔】命令，弹出的【绘画笔】对话框如图 7.78 所示。

图 7.78 【绘图笔】对话框

13．网状

【网状】滤镜使用前景色作为颜料，背景色作为画布，在图像中产生一种网眼覆盖的效果。选择【滤镜】→【素描】→【网状】命令，弹出的【网状】对话框如图 7.79 所示。各选项的含义如下。

图 7.79 【网状】对话框

“浓度”：用于设置网眼密度；
“前景色阶”：设置前景色的层次；
“背景色阶”：设置背景色的层次。

14．铬黄

【铬黄】滤镜是用来模拟液态金属效果的。选择【滤镜】→【素描】→【铬黄】，弹出的【铬黄】对话框如图 7.80 所示，其中“细节”选项用来设置液态细节部分的模拟程度，该值越大，铬黄效果越细致。如图 7.81 所示为应用【铬黄】滤镜前后的效果对比图。

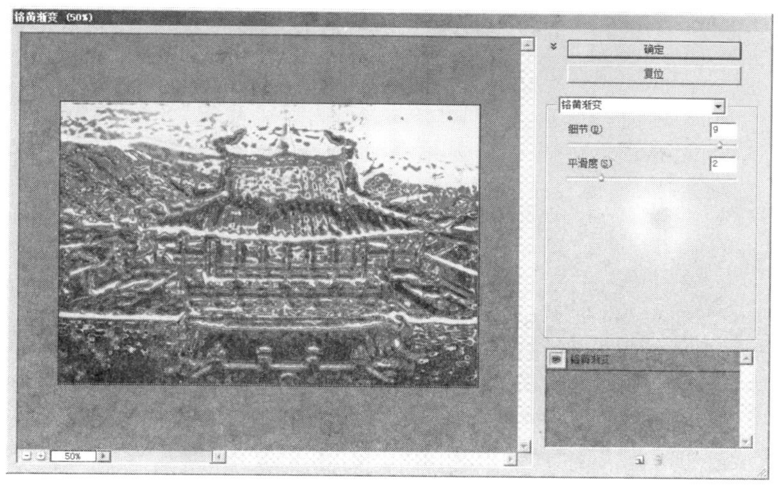

图 7.80 【铬黄】对话框

图 7.81 应用【铬黄】滤镜前后的效果对比

△ 应用举例——制作液态金属效果

本例将制作液态金属图，其中运用了【云彩】、【分层云彩】和【铬黄】滤镜以及【色相饱和度】【亮度对比度】等命令。各参数设置仅供参考，实际操作中可自行设置。

操作步骤

STEP 1 新建一文件，宽高为“400 像素×400 像素”，RGB 颜色，背景为“白色”。设置前景色为“黑色”，背景色为“白色”，选择【滤镜】→【渲染】→【云彩】命令，效果如图 7.82 所示。再选择【滤镜】→【渲染】→【分层云彩】命令，加强云彩效果，反复应用【分层云彩】滤镜，直到达到满意效果为止，得到如图 7.83 所示的效果。

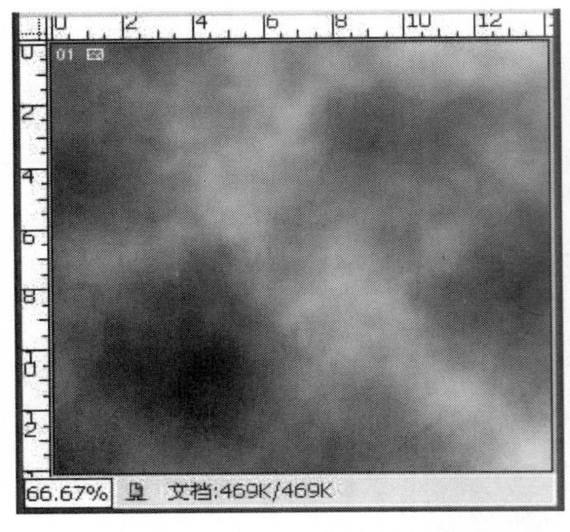

图 7.82 【云彩】滤镜效果

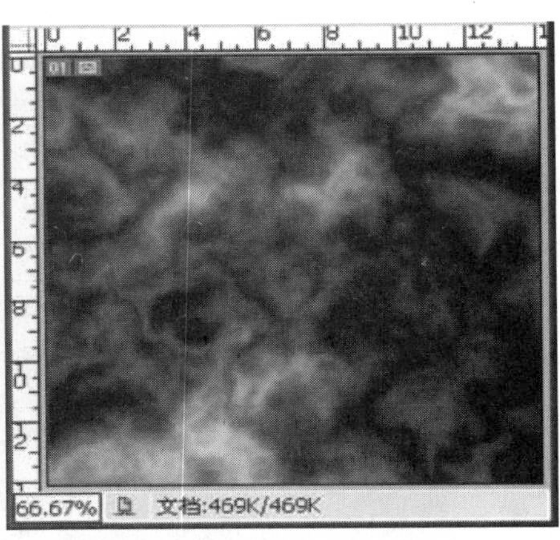

图 7.83 【分层云彩】滤镜效果

STEP 2 选择【滤镜】→【素描】→【铬黄】命令，在弹出的【铬黄】对话框中，设置“细节”为“6”，“平滑度”为“10”，单击【确定】按钮，效果如图 7.84 所示。再选择【图像】→【调整】→【色相饱和度】，在对话框中，选中着色，设置“色相”为“62”，“饱和度”为“50”，单击【确定】按钮，效果如图 7.85 所示。

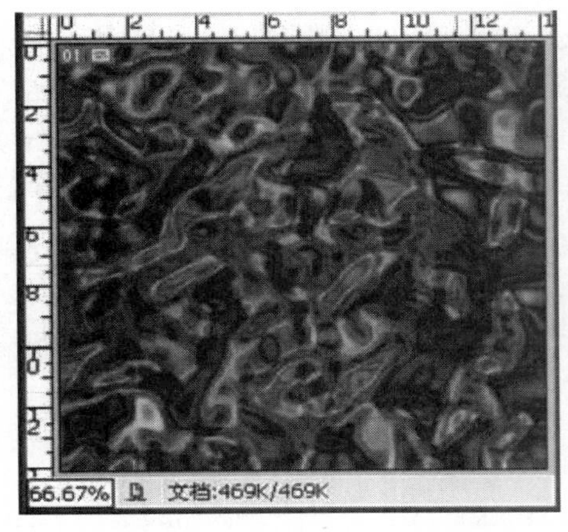

图 7.84 【铬黄】滤镜效果

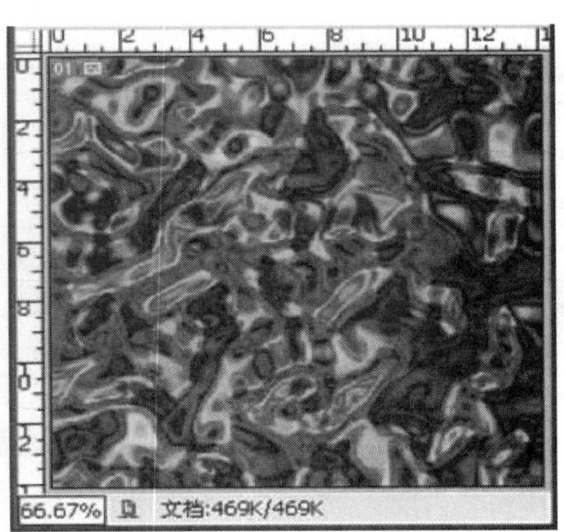

图 7.85 着色后的效果

STEP 3 由于得到的图像比较暗，需要调节亮度，选择【图像】→【调整】→【亮度对比度】命令，在弹出的【亮度对比度】对话框中，设置“亮度”、“对比度”均设为“25”，单击【确定】按钮，得到最终液态金属效果图。

☆ 课堂练习——制作眩目的花朵

本例将在一新建的空白图像文件上，运用【波浪】、【扭曲】、【铬黄】滤镜和“渐变工具”，制作出一幅绚丽多彩的花朵效果图。

操作步骤

STEP 1 新建一文件，宽高为“12cm × 12cm”，RGB 颜色，背景为“白色”。选择渐变工具，模式为“线性渐变”，在图像中从下到上拉一线性渐变填充，效果如图 7.86 所示。再选择【滤镜】→【扭曲】→【波浪】命令，在弹出的【波浪】对话框中，设置“生成器数”为“3”，“波长最小”为“50”，“波长最大”为“50”，“波幅最小”为“50”，“波幅最大”为“100”，“比例”的“水平”与“垂直”均为“100%”，“类型”选择“三角形”，“未定义区域”选择“重复边缘像素”，单击【确定】按钮，效果如图 7.87 所示。

图 7.86　线性渐变填充

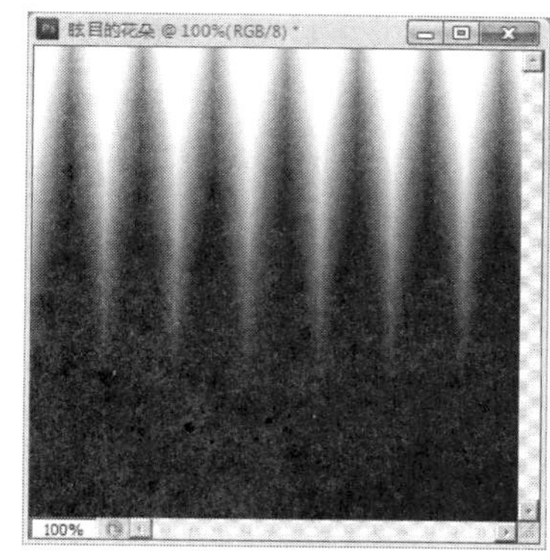

图 7.87　【波浪】滤镜效果

STEP 2 选择【滤镜】→【扭曲】→【极坐标】命令，在弹出的【极坐标】对话框中设置参数，如图 7.88 所示，单击【确定】按钮，效果如图 7.89 所示。

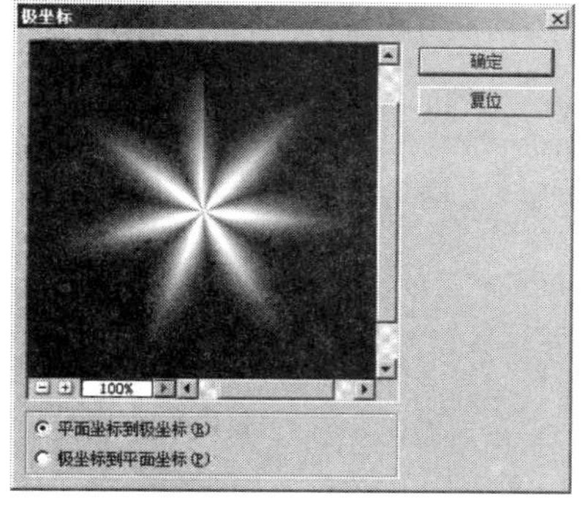

图 7.88　【极坐标】对话框

图 7.89　【极坐标】滤镜效果

STEP 3 选择【滤镜】→【素描】→【铬黄】命令，在弹出的【铬黄】对话框中，设置“细节”为“8”，“平滑度”为“10”，单击【确定】按钮，效果如图 7.90 所示。再新建图层（图层 1），选择渐变工具，模式为“线性渐变”，并选择合适的渐变色（本例为“红色、蓝色、白色”），在图像中从左上向右下拉渐变，然后将“图层 1”的“混合模式”设置为“颜色”，最终得到眩目的花朵效果如图 7.91 所示。

图 7.90 【铬黄】滤镜效果

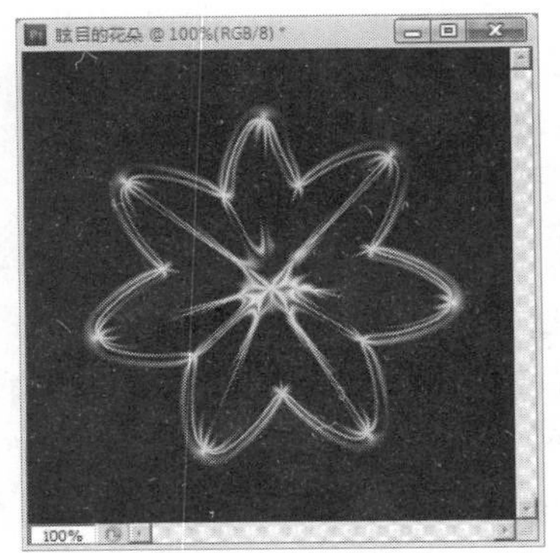
图 7.91 眩目的花朵效果

7.9 纹理滤镜组的使用

纹理滤镜组在图像上产生各种各样的纹理图案效果，使图像产生深度感和材质感。其中包括【拼缀图】、【染色玻璃】、【纹理化】、【颗粒】、【马赛克拼贴】和【龟裂缝】6 个滤镜。

1. 拼缀图

【拼缀图】滤镜可将图像分割成多个规则的小方块，并用每个小方块内像素的平均颜色作为该方块的颜色，模拟拼贴瓷砖的效果。此滤镜能随机减少或增加拼贴的大小与深度。选择【滤镜】→【纹理】→【拼缀图】命令，弹出的【拼缀图】对话框如图 7.92 所示。应用【拼缀图】滤镜的效果如图 7.93 所示。

图 7.92 【拼缀图】对话框

图 7.93　应用【拼缀图】滤镜前后的效果对比

2．染色玻璃

【染色玻璃】滤镜可以在图像中产生不规则的彩色玻璃格子，以前景色作为单元格的边框色，每个单元格的填充色是该单元格的平均颜色。选择【滤镜】→【纹理】→【染色玻璃】命令，弹出的【染色玻璃】对话框如图 7.94 所示。

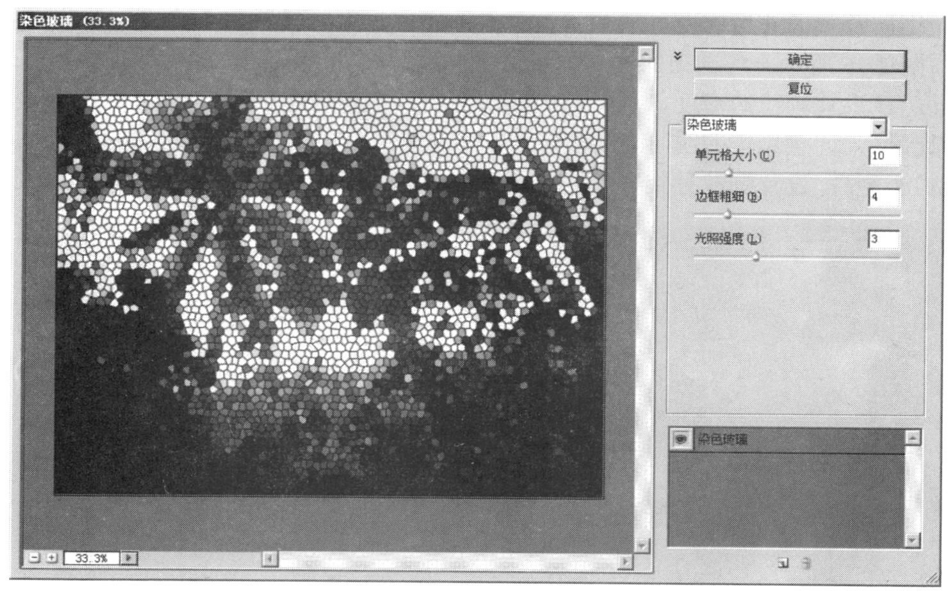

图 7.94　【染色玻璃】对话框

3．纹理化

【纹理化】滤镜可以在图像中加入各种纹理。选择【滤镜】→【纹理】→【纹理化】命令，弹出的【纹理化】对话框如图 7.95 所示，可以设置纹理的类型、纹理的缩放比例、纹理的凸现程度以及光照方向。

图 7.95 【纹理化】对话框

4. 颗粒

【颗粒】滤镜可以模拟不同种类的颗粒，为图像添加各种纹理效果，其中可以设置颗粒的类型、密度及图像的对比度。选择【滤镜】→【纹理】→【颗粒】命令，弹出的【颗粒】对话框如图 7.96 所示。各选项的含义如下。

"强度"：设置颗粒的密度，该值越大，图像中的颗粒越多；

"对比度"：调整颗粒的明暗对比度；

"颗粒类型"：设置颗粒种类，有"常规"、"柔和"等 10 种类型。

图 7.96 【颗粒】对话框

5. 马赛克拼贴

【马赛克拼贴】滤镜可将图像分割成若干不同形状的小块，并加深小块之间的颜色，使之显出缝隙效果。选择【滤镜】→【纹理】→【马赛克拼贴】命令，弹出的【马赛克拼贴】对话框如图 7.97 所示。各选项的含义如下。

"拼贴大小"：设置贴块的大小，该值越大，贴块越大；

"缝隙宽度"：设置贴块之间的间隔大小；

"加亮缝隙"：设置间隔的明暗度。

图 7.97 【马赛克拼贴】对话框

6. 龟裂缝

【龟裂缝】滤镜可以在图像中随机产生龟裂纹理，使图像产生浮雕效果。选择【滤镜】→【纹理】→【龟裂缝】命令，弹出的【龟裂缝】对话框如图 7.98 所示。

图 7.98 【龟裂缝】对话框

7.10 艺术效果滤镜组的使用

艺术效果滤镜组模仿人工绘画的手法，使图像产生传统、自然的艺术效果。其中包含【塑料包装】、【壁画】、【干画笔】等15种滤镜。

1. 塑料包装

【塑料包装】滤镜可以给图像添加一层发光的塑料质感效果，可以调整图像的光亮强度，使塑料的反光看起来更加强烈，具有鲜明的立体感。选择【滤镜】→【艺术效果】→【塑料包装】命令，弹出的【塑料包装】对话框如图7.99所示。图7.100所示为应用【塑料包装】滤镜前后图像效果的对比图。

图7.99 【塑料包装】对话框

图7.100 应用【塑料包装】滤镜前后的效果对比

2. 壁画

【壁画】滤镜是用单一的颜色代替相近的颜色，加上粗糙的颜色边缘，使图像具有早期古壁画的粗犷效果，或印象派效果。选择【滤镜】→【艺术效果】→【壁画】命令，弹出的【壁画】对话框如图 7.101 所示。

图 7.101 【壁画】对话框

3. 干画笔

【干画笔】滤镜可以使图像产生一种不饱和的、干燥的油画效果。

4. 底纹效果

【底纹滤镜】模拟在带纹理的背景上绘制图像，产生粗犷的纹理喷绘效果。选择【滤镜】→【艺术效果】→【底纹效果】命令，弹出的【底纹效果】对话框如图 7.102 所示。

图 7.102 【底纹效果】对话框

5. 彩色铅笔

【彩色铅笔】滤镜模拟美术中的彩色铅笔在纸上绘画的效果，在图像中主要由灰色和背景色组成的十字斜线。选择【滤镜】→【艺术效果】→【彩色铅笔】命令，弹出的【彩色铅笔】对话框如图 7.103 所示。

图 7.103　【彩色铅笔】对话框

6. 木刻

【木刻】滤镜将图像中相近的颜色用一种颜色代替，以减少颜色数量，使图像产生木刻画的效果。选择【滤镜】→【艺术效果】→【木刻】命令，弹出的【木刻】对话框如图 7.104 所示。各选项的含义如下。

"色阶数"：设置图像中色彩的层次，该值越大，图像色彩越丰富；

"边缘简化度"：设置颜色边缘的简化程度，该值越大，边缘越简化；

"边缘逼真度"：设置保持原图轮廓的精确度，值越大，原轮廓保持越多。

图 7.104　【木刻】对话框

7. 水彩

【水彩】滤镜可以简化图像细节，模拟水彩画的效果。

8. 海报边缘

【海报边缘】滤镜可减少图像中的颜色数量，并查找颜色差异较大的区域，在其边缘填充黑色阴影，使图像产生海报画效果。选择【滤镜】→【艺术效果】→【海报边缘】命令，弹出的【海报边缘】对话框如图 7.105 所示。

图 7.105 【海报边缘】对话框

9. 海绵

【海绵】滤镜模拟海绵吸收颜料绘画，使图像产生浸湿的效果。选择【滤镜】→【艺术效果】→【海绵】命令，弹出的【海绵】对话框如图 7.106 所示。

图 7.106 【海绵】对话框

10. 涂抹棒

【涂抹棒】滤镜模拟使用绘图工具在纸上涂抹，产生涂抹画的效果。

11．粗糙蜡笔

【粗糙蜡笔】模拟蜡笔在带纹理的背景上绘画，产生一种浮雕效果。选择【滤镜】→【艺术效果】→【粗糙蜡笔】命令，弹出的【粗糙蜡笔】对话框如图 7.107 所示。

图 7.107 【粗糙蜡笔】对话框

12．绘画涂抹

【绘画涂抹】滤镜可以选用不同类型的画笔进行绘画，产生在湿纸上涂抹的模糊效果。

13．胶片颗粒

【胶片颗粒】滤镜可以在图像上产生细小的颗粒效果，使处理后的图像更加饱和。

14．调色刀

【调色刀】滤镜使相近的颜色相互融合，以产生一种国画中大写意的笔法效果。选择【滤镜】→【艺术效果】→【调色刀】命令，弹出的【调色刀】对话框如图 7.108 所示。

图 7.108 【调色刀】对话框

15. 霓虹灯光

【霓虹灯光】滤镜首先以前景色为基色将图像单色化，再使用对话框中的【发光颜色】添加辉光效果，使图像产生类似霓虹灯的发光效果。选择【滤镜】→【艺术效果】→【霓虹灯光】命令，弹出的【霓虹灯光】对话框如图7.109所示。各选项的含义如下。

“发光大小”：设置霓虹灯的照射范围，该值越大，照射范围越广；

“发光亮度”：设置霓虹灯光的亮度；

“发光颜色”色块：单击色块，可以选择霓虹灯的发光颜色。

图7.109 【霓虹灯光】对话框

7.11 锐化滤镜组的使用

锐化滤镜组通过增加图像中相邻像素间的对比度来减弱或消除图像的模糊程度，使其轮廓分明。其中包括【USM锐化】、【智能锐化】、【进一步锐化】、【锐化】和【锐化边缘】5种滤镜。

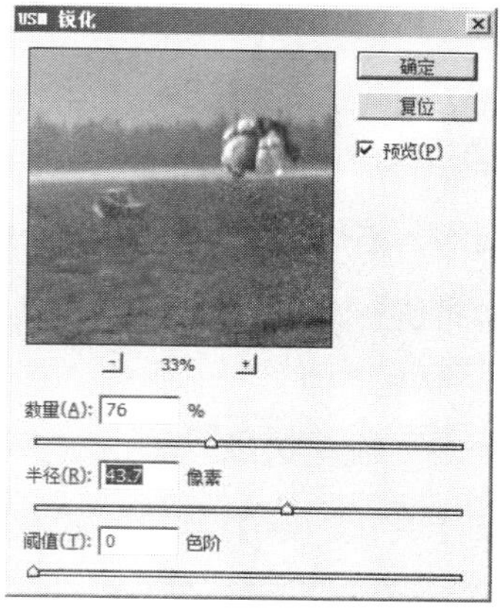

图7.110 【USM锐化】对话框

1. USM锐化

【USM锐化】滤镜可以调整图像边缘细节的对比度，通过在边缘的两侧分别生成一条亮线和一条暗线，使得边缘突出，造成图像锐化的错觉。选择【滤镜】→【锐化】→【USM锐化】，弹出的【USM锐化】对话框如图7.110所示。应用【USM锐化】滤镜后的效果如图7.111所示。

图 7.111　应用【USM 锐化】滤镜前后的效果对比

2. 智能锐化

【智能锐化】滤镜通过消除指定的模糊类型来锐化照片。该滤镜具有【USM 锐化】滤镜所没有的锐化控制功能。选择【滤镜】→【锐化】→【智能锐化】命令，弹出的【智能锐化】“基本”和“高级”对话框分别如图 7.112 和图 7.113 所示。

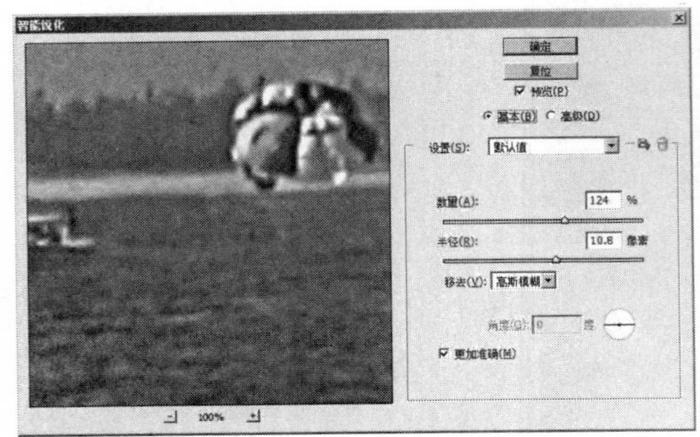

图 7.112　【智能锐化】“基本”对话框

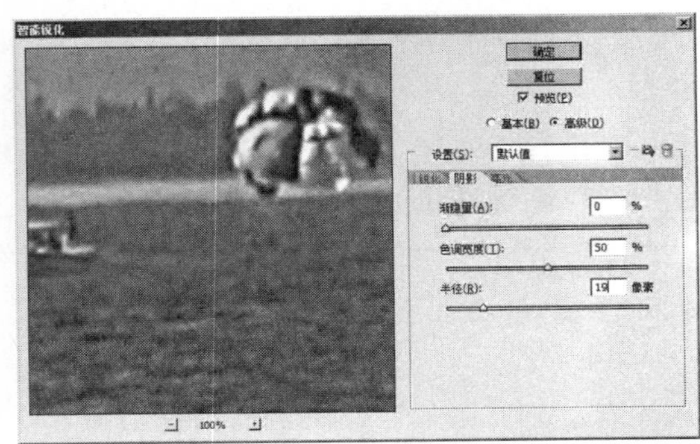

图 7.113　【智能锐化】“高级”对话框

3. 锐化

【锐化】滤镜通过增加相邻像素间的对比度来提高图像的清晰度。该滤镜无参数设置对话框。

4. 进一步锐化

【进一步锐化】滤镜与【锐化】滤镜相似，只是锐化效果更强烈。该滤镜也无参数设置对话框。

5. 锐化边缘

【锐化边缘】滤镜只锐化图像的边缘，使得不同颜色之间的分界更加清晰。该滤镜同样没有参数设置对话框。

△ 应用举例——“绿色·生命”海报制作

本例将制作一幅公益海报，效果如图 7.114，其中运用了【光照效果】、【纹理化】、【画笔描边】滤镜以及“图层蒙版”、“图层混合模式”、【自由变换】等命令。参数仅供参考。

图 7.114　公益海报效果

操作步骤

STEP 1　打开素材文件“生命树.jpg”,复制背景图层,在背景图层副本上选择【滤镜】→【渲染】→【光照效果】命令，弹出的【光照效果】对话框如图 7.115 所示，在预览视图中调整光照位置和范围，设置参数，其中光照颜色为“RGB(121,247,100)”，单击【确定】按钮，得到如图 7.116 所示的效果。

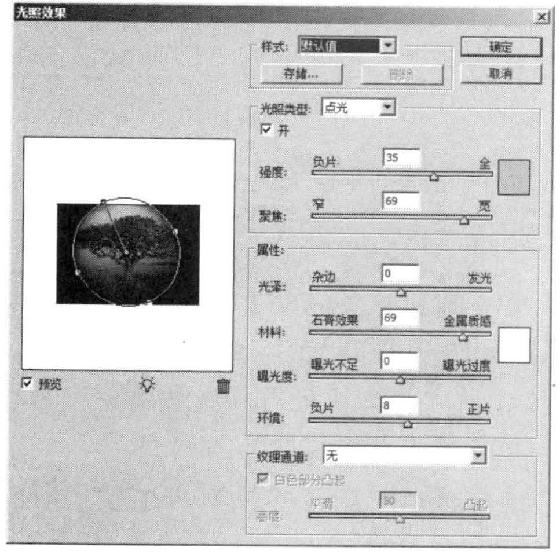

图 7.115　【光照效果】对话框

图 7.116　应用【光照效果】滤镜后的效果

STEP 2 在"背景副本"图层上添加图层蒙版，然后选择渐变工具，在蒙版上做"径向渐变"，显示树的主体部分，再用"移动"工具将该图层左移，得到如图 7.117 所示的效果。

图 7.117 添加图层蒙版并移动图层

STEP 3 新建图层，绘制如图 7.118 所示的矩形框，并填充绿色"RGB(0,145,33)"。

图 7.118 画矩形并填充绿色

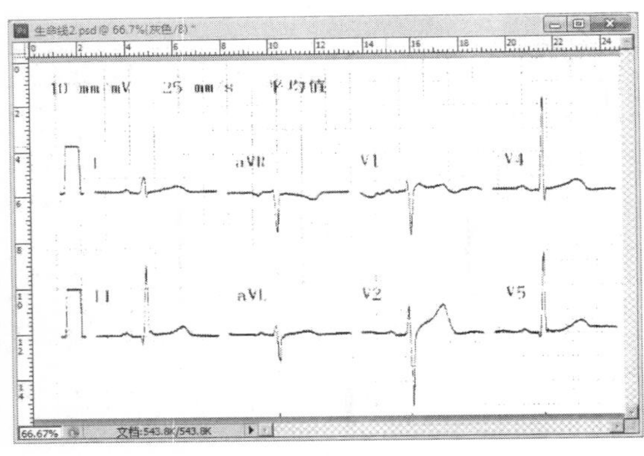

图 7.119 执行【阈值】命令后的效果

STEP 4 打开素材"生命线.jpg"，选择【图像】→【调整】→【阈值】命令，设置"色阶值"约为"115"，单击【确定】按钮，效果如图 7.119 所示。选择【滤镜】→【画笔描边】→【强化的边缘】命令，弹出的【强化的边缘】对话框如图 7.120 所示，再用画笔和橡皮擦处理断线和多余的点，效果如图 7.121 所示，存储为"生命线 2.psd"文件。

STEP 5 回到"生命树"图像窗口，在矩形图层选择【滤镜】→【纹理】→【纹理化】命令，弹出的【纹理化】对话框如图 7.122 所示，载入纹理"生命线 2.psd"，并调整参数。

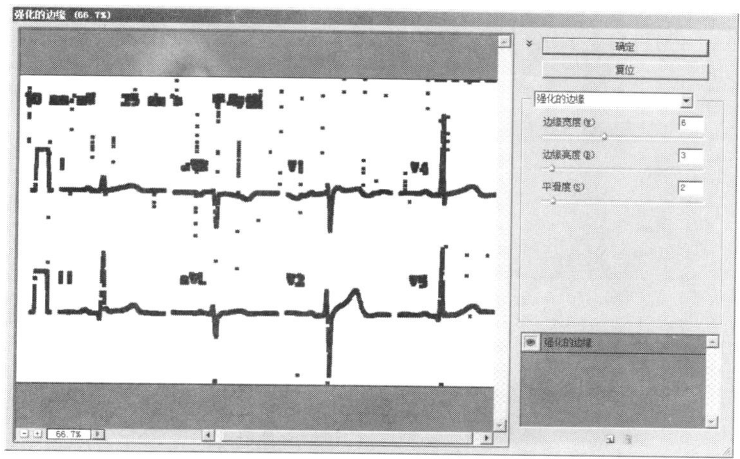

图 7.120 【强化的边缘】对话框

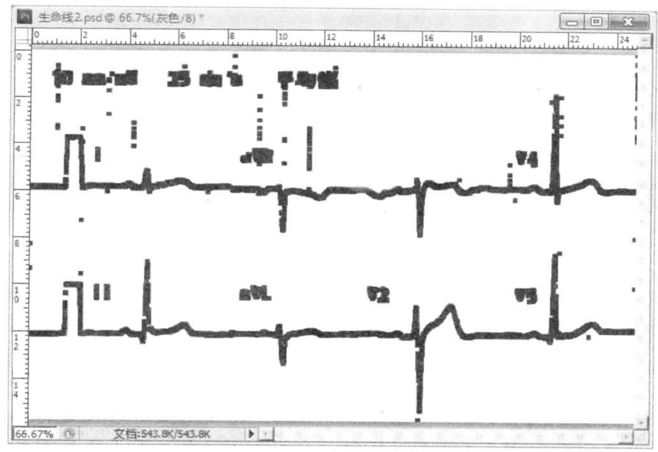

图 7.121 用画笔和橡皮擦修补后的“生命线”

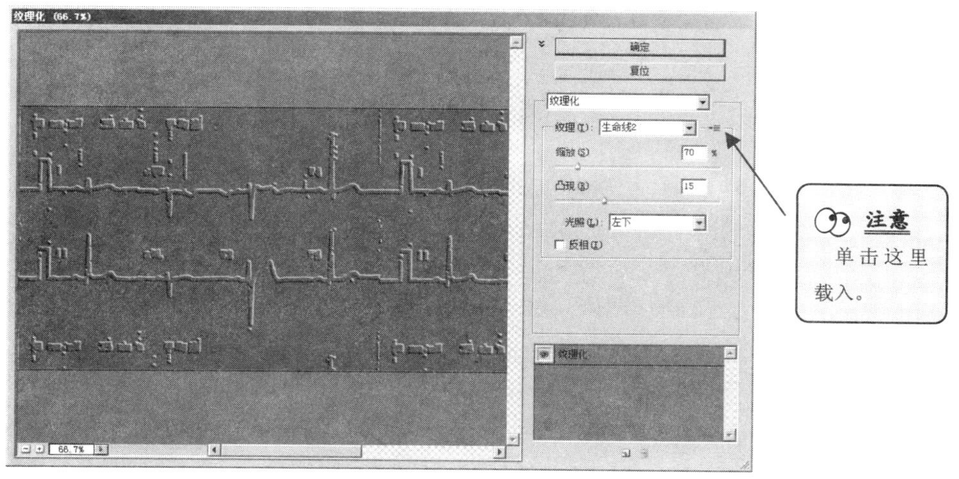

注意
单击这里载入。

图 7.122 【纹理化】对话框

STEP 6 按【Ctrl+D】组合键，取消选区，在矩形图层做光照效果，【光照效果】对话框如图 7.123 所示。

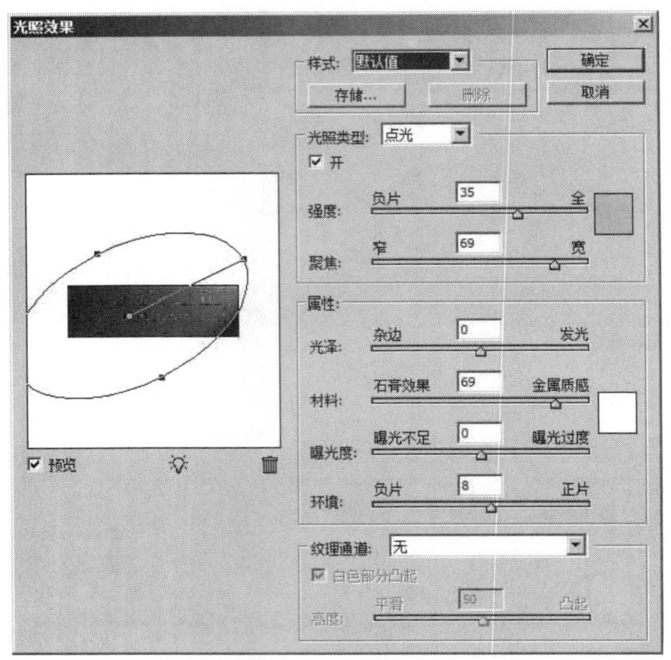

图 7.123 【光照效果】对话框

STEP 7 添加图层蒙版，再进行如图 7.124 所示的“径向渐变”，效果如图 7.125 所示，再调整图层的“混合模式”为“颜色减淡”，得到如图 7.126 所示的效果。

图 7.124 在图层蒙版上填充“径向渐变”

图 7.125　添加渐变后的效果

图 7.126　调整图层混合模式后的效果

STEP 8　打开素材"叶子.jpg"，将叶片选中并移到"生命树"窗口，通过【自由变换】调整其大小和位置，如图 7.127 和图 7.128 所示。

图 7.127　选中叶片

图 7.128　移动叶片到目标图并进行变换

STEP 9　复制叶子图层为"叶子副本"，对"叶子"图层进行变换，如图 7.129 所示。

图 7.129　复制图层并变换

STEP 10 选中“叶子”图层，按【Ctrl】键，载入叶子选区，适当调整边缘，填充“黑色”，并调低“不透明度”，如图 7.130 所示，做出叶子的投影效果。

图 7.130 叶子的投影效果

STEP 11 在图像右上角添加文字“绿色生命”，并添加“斜面和浮雕”图层样式，然后新建图层，用画笔工具在文字中间画个圆点，得到的效果如图 7.114 所示。

☆ 课堂练习——制作沙滩字效果

本例将制作沙滩字效果，其中运用了【添加杂色】、【高斯模糊】滤镜以及其他相关命令。

STEP 1 新建一文件，宽高为“800 像素 × 600 像素”，分辨率为“72 像素/英寸”，模式为“RGB 颜色”。在工具箱中设置前景色 R、G、B 分别为“217”、“205”、“163”，背景色的 R、G、B 值分别为“113”、“84”、“19”，并用前景色进行填充，效果如图 7.131 所示。选择【滤镜】→【杂色】→【添加杂色】命令，在弹出的【添加杂色】对话框中设置参数，如图 7.132 所示，单击【确定】按钮。

STEP 2 新建图层，选择工具箱中的画笔工具，在画面中写一个字，效果如图 7.133 所示。按【Ctrl】键单击文字层，为文字建立选区，然后将文字层删除，效果如图 7.134 所示。

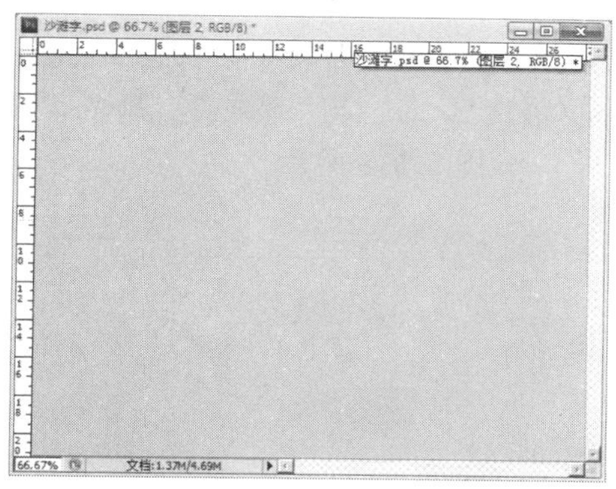

图 7.131　新建文件并填充

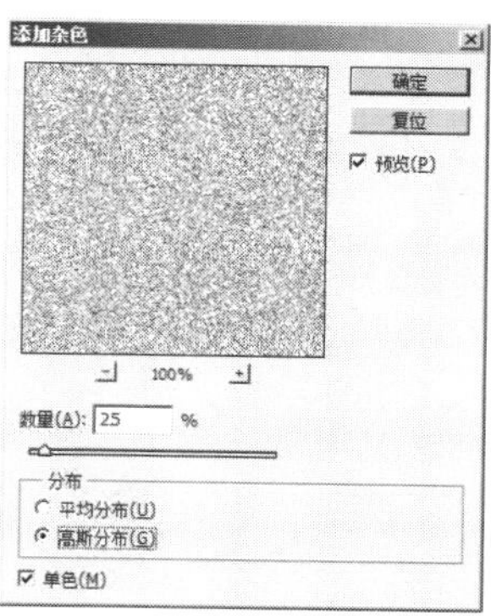

图 7.132　【添加杂色】对话框

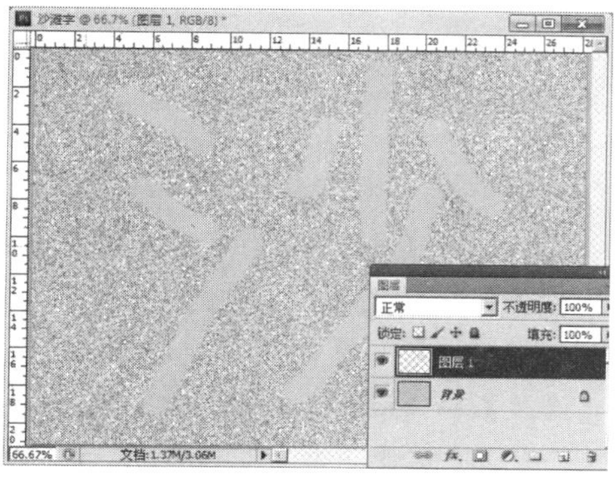

图 7.133　新建图层并用画笔写字

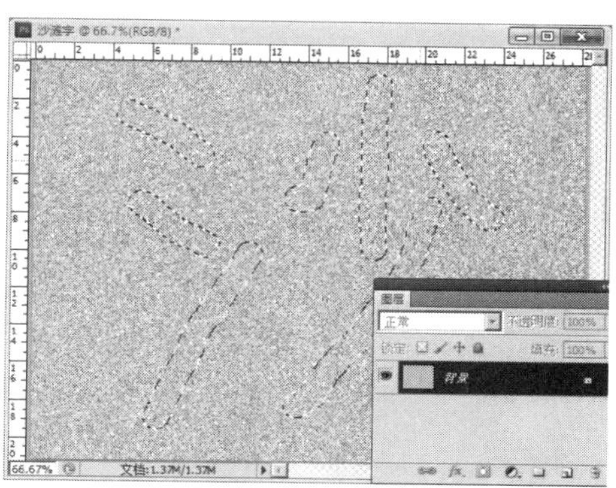

图 7.134　选择文字区域并删除文字图层

STEP 3　按【Ctrl+J】组合键，将文字选区复制到“图层 1”，再将“图层 1”复制生成“图层 1 副本”。双击“图层 1”，在弹出的【图层样式】对话框中选择“斜面和浮雕”，设置等高线为“环形”，高光颜色为“暗灰色”，其他参数设置如图 7.135 所示，单击【确定】按钮。再双击“图层 1 副本”，在【图层样式】对话框中选择“斜面和浮雕”，参数为默认值，单击【确定】按钮。效果如图 7.136 所示。

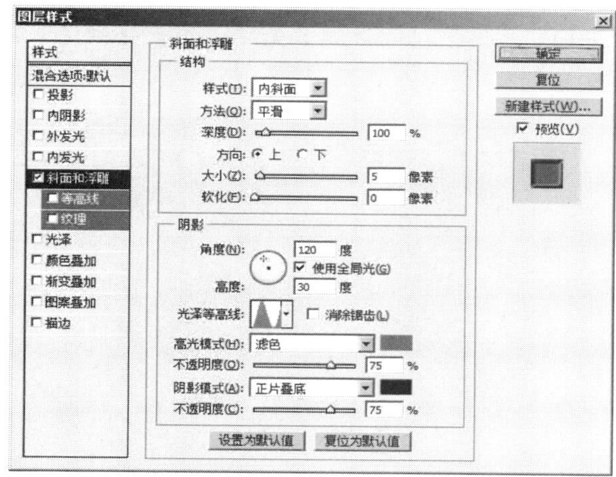

图 7.135　【图层样式】对话框中“斜面与浮雕”

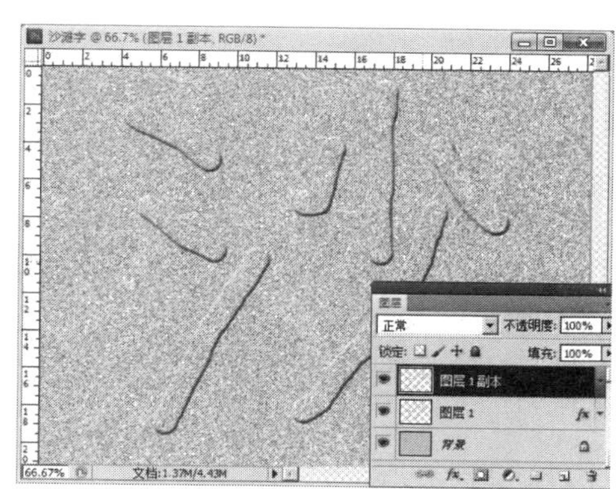

图 7.136　两个图层添加【斜面与浮雕】后的效果

STEP 4 按【Ctrl】键单击“图层 1 副本”，选中该层的文字，按【Delete】键清除，然后将背景图层隐藏，效果如图 7.137 所示。取消选区，选择“喷溅类”画笔，调整粗细略大于原文字，在“图层 1 副本”中重新描写文字，如图 7.138 所示。

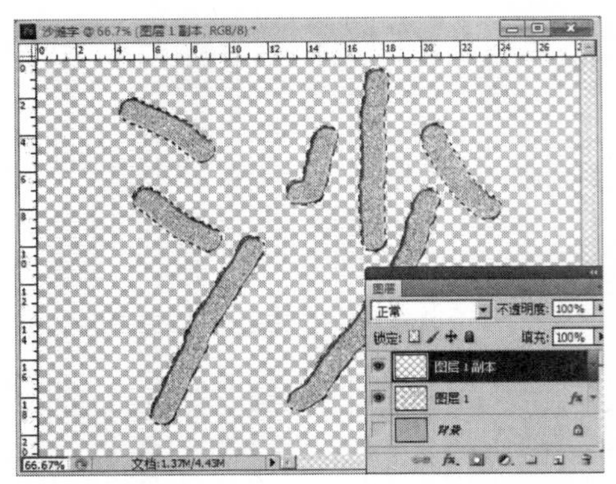
图 7.137 删除图层 1 副本的文字并隐藏背景图层

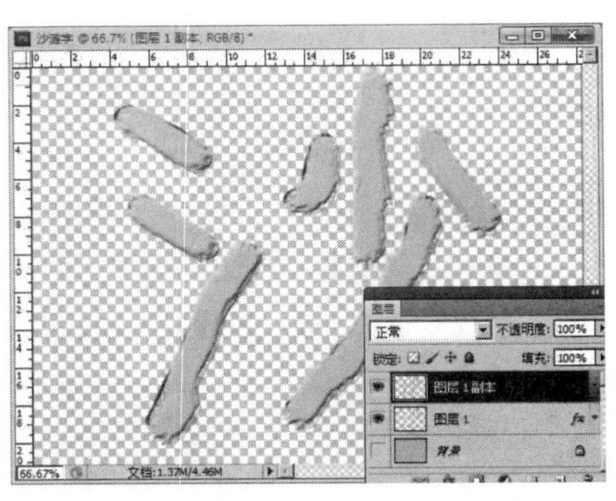
图 7.138 用“喷溅类”画笔描写文字

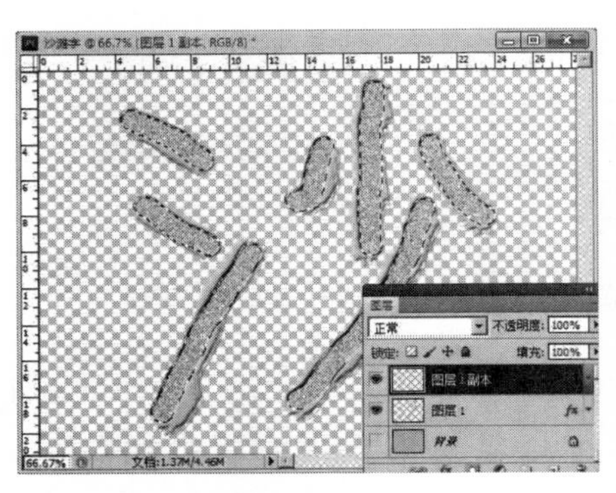
图 7.139 删除所描文字的中间部分

STEP 5 选择【选择】→【重新选择】命令，恢复原来的选区，然后选择【羽化】命令，设置“羽化半径”为“1 像素”，单击【确定】按钮。再选择【选择】→【修改】→【收缩】命令，在弹出的【收缩】对话框中，设置“收缩量”为“3 像素”。按【Delete】键，删除所描文字的中间部分，效果如图 7.139 所示。按【Ctrl+D】组合键，取消选区，选择“图层 1”为当前图层，选择【滤镜】→【模糊】→【高斯模糊】命令，在弹出的【高斯模糊】对话框中，设置“半径”为“5 像素”，单击【确定】按钮。

STEP 6 分别对“图层 1”和“图层 1 副本”执行【添加杂色】命令，参数与原来相同，并显示背景图层，效果如图 7.140 所示。选择“图层 1”，选择【图像】→【调整】→【亮度/对比度】命令，在弹出的【亮度/对比度】对话框中，适当调低亮度，单击【确定】按钮，得到如图 7.141 所示的沙滩字效果。

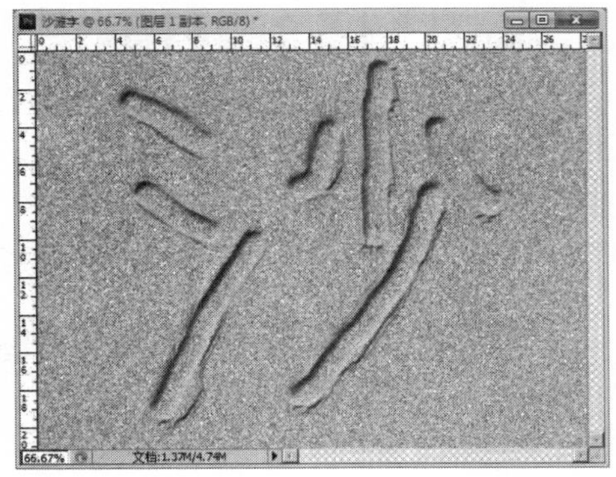
图 7.140 对两个图层【添加杂色】

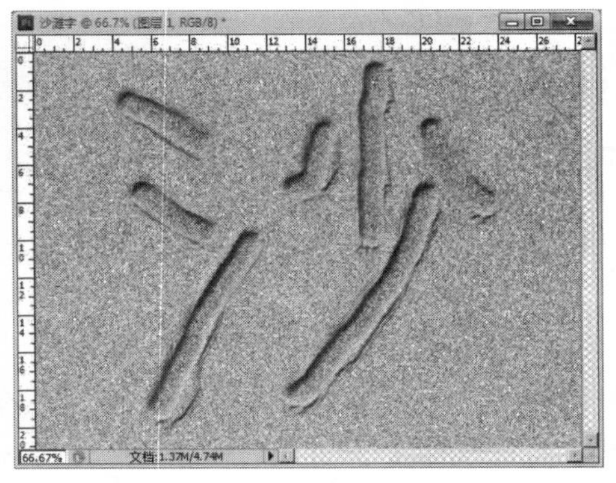
图 7.141 沙滩字效果

7.12 风格化滤镜组的使用

风格化滤镜组主要用于移动图像或选区内的像素，提高像素的对比度，产生印象派作品的艺术效果。其中包括【凸出】、【扩散】、【拼贴】、【曝光过度】、【查找边缘】、【浮雕效果】、【照亮边缘】、【等高线】、【风】9 种滤镜。

1. 凸出

【凸出】滤镜可以将图像分解为一系列大小相同且凸出的三维锥体或立方体，使其产生 3D 纹理效果。选择【滤镜】→【风格化】→【凸出】命令，弹出的【凸出】对话框如图 7.142 所示。图像应用【凸出】滤镜后的效果如图 7.143 所示。

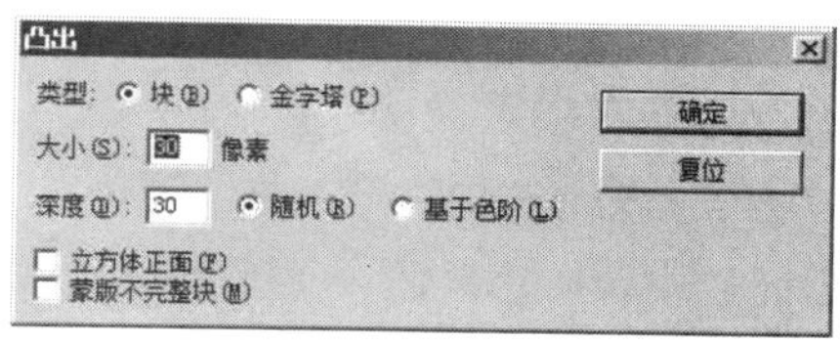

图 7.142 【凸出】对话框

图 7.143 应用【凸出】滤镜前后的效果对比

2. 扩散

【扩散】滤镜类似于“溶解”画笔或混合模式，可以按照用户所选模式打乱并扩散图像中的像素，使图像产生一种好像透过磨砂玻璃观看的模糊效果，在文字处理上有很好的效果。

3. 拼贴

【拼贴】滤镜可将图像分割成多个小贴块，每一个小贴块都有一定的位移，使图像产生一种平铺的瓷砖效果。选择【滤镜】→【风格化】→【拼贴】命令，弹出的【拼贴】对话框如图 7.144 所示。图像应用【拼贴】滤镜的效果如图 7.145 所示。

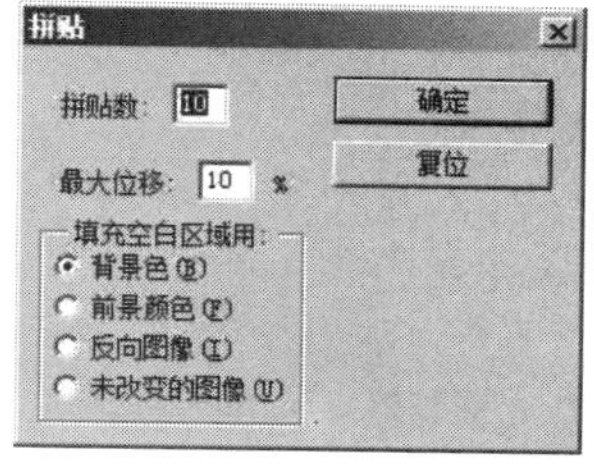

图 7.144 【拼贴】对话框

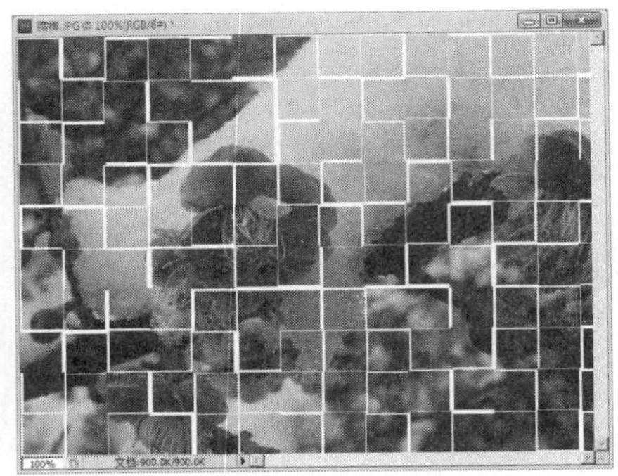

图 7.145 应用【拼贴】滤镜前后的效果对比

4. 曝光过度

【曝光过度】滤镜可产生图像的正片与负片相互混合的效果，其中黑色和白色均变成黑色，灰色仍保持灰色，而其他颜色则变成它们的负片等效颜色。该滤镜没有参数设置对话框。应用【曝光过度】滤镜的效果如图 7.146 所示。

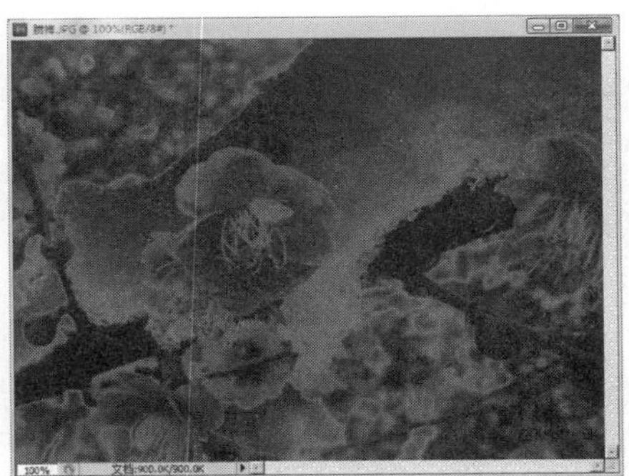

图 7.146 应用【曝光过度】滤镜前后的效果对比

5. 查找边缘

【查找边缘】滤镜查找图像中颜色变化的区域，并以突出的颜色强调过渡像素，使图像看起来好像用铅笔勾勒过轮廓。该滤镜没有参数设置对话框。应用【查找边缘】滤镜的效果如图 7.147 所示。

图 7.147 应用【查找边缘】滤镜前后效果对比

6. 浮雕效果

【浮雕效果】滤镜通过勾划颜色边界并降低周围的颜色值来产生凹凸不平的浮雕效果。

7. 照亮边缘

【照亮边缘】滤镜可以描绘图像的轮廓，并向其添加类似霓虹灯的光亮，与查找边缘滤镜相似。选择【滤镜】→【风格化】→【照亮边缘】命令，弹出的【照亮边缘】对话框如图 7.148 所示。

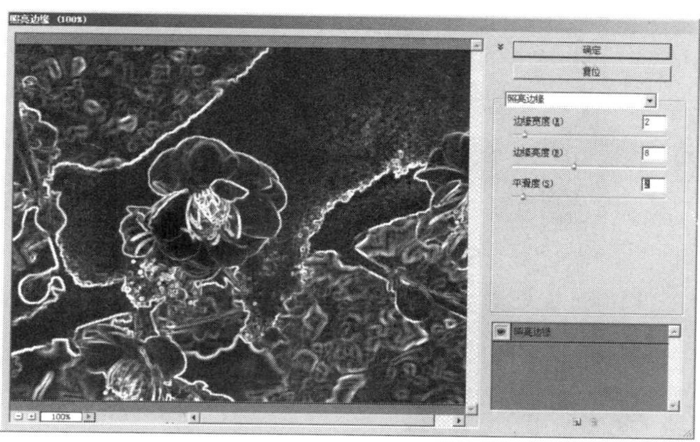

图 7.148 【照亮边缘】对话框

8. 等高线

【等高线】滤镜沿图像的亮区和暗区边界勾划出较细的、颜色较浅的线条。选择【滤镜】→【风格化】→【等高线】命令，弹出的【等高线】对话框如图 7.149 所示。

9. 风

【风】滤镜在图像中添加一些细小的水平线条，使图像产生快速移动像素的效果。选择【滤镜】→【风格化】→【风】，弹出的【风】对话框如图 7.150 所示。

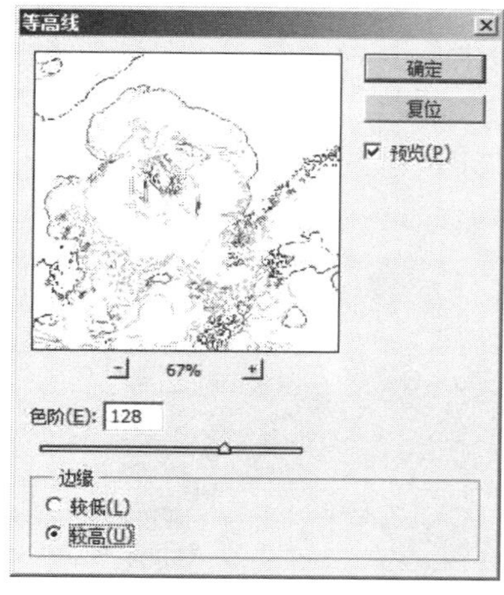

图 7.149 【等高线】对话框

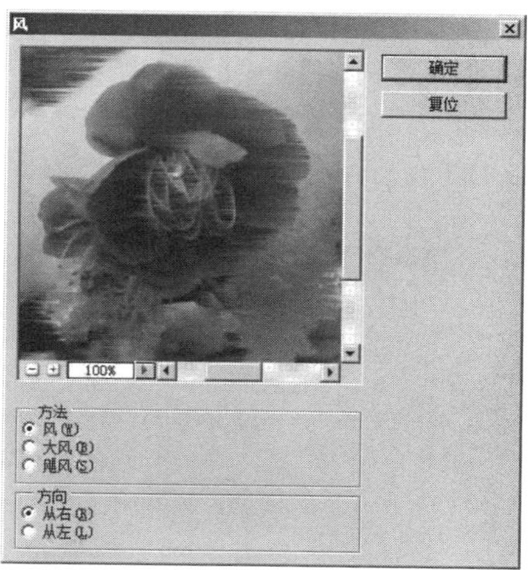

图 7.150 【风】对话框

7.13 视频滤镜组的使用

视频滤镜组主要解决与视频图像交换时产生的系统差异问题，如从摄像机输入图像或将图像输出到录像带。其中包括【NTSC 颜色】和【逐行】两个滤镜。

1. NTSC 颜色

【NTSC 颜色】滤镜把 RGB 图像转换成符合 NTST(全美电视系统委员会)制式的颜色，以便在普通电视机上显示。该滤镜无参数设置对话框。

2. 逐行

【逐行】滤镜在视频抓取的图像中重新生成缺少的交错行，消除隔行跳动，使图像显得更为平滑。选择【滤镜】→【视频】→【逐行】命令，弹出的【逐行】对话框如图 7.151 所示。

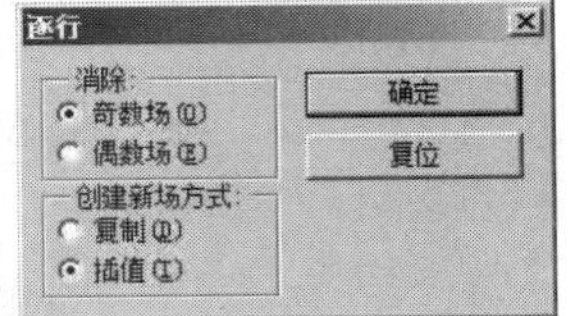

图 7.151 【逐行】对话框

7.14 其他滤镜组的使用

这组滤镜主要是修饰图像的某些细节部分，还可以创建自己的特殊效果滤镜。其中包括【位移】、【最大值】、【最小值】、【自定】和【高反差保留】5 种滤镜。

1. 位移

【位移】滤镜可以将图像水平或垂直移动一定的数量，移动留下的空白区域可用当前的背景色或图像的折回部分或图像边缘像素填充。

2. 最大值

该滤镜可将图像中较亮的区域扩大，较暗的区域缩小。选择【滤镜】→【其他】→【最大值】命令，弹出的【最大值】对话框如图 7.152 所示，其中"半径"指亮部区域扩大的范围。图 7.153 为应用【最大值】滤镜前后的图像效果对比图。

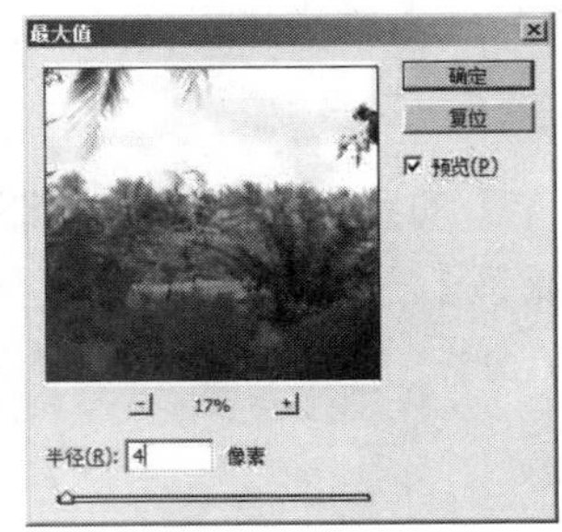

图 7.152 【最大值】对话框

图 7.153 应用【最大值】滤镜前后的效果对比

3. 最小值

【最小值】滤镜与【最大值】滤镜功能相反，该滤镜用来缩小较亮的区域，扩大图像中较暗的区域。

4. 自定

【自定】滤镜可以让用户创建自定义滤镜，如锐化、模糊、浮雕等效果。选择【滤镜】→【其他】→【自定】命令，弹出的【自定】对话框中有一个 5×5 的文本框矩阵，如图 7.154 所示。最中间的文本框代表要进行计算的像素，其余的文本框代表周围对应位置上的像素，在文本框中输入恰当的值（–999～ +999）以改变图像的整体色调（不必在所有文本框中都输入值），该值表示所在位置像素亮度改变的倍数。

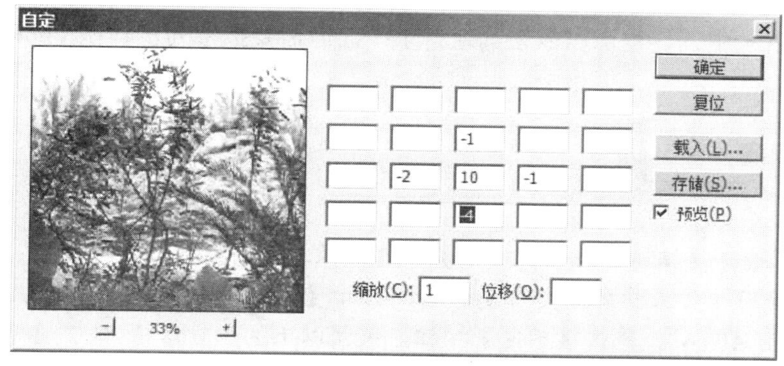

图 7.154 【自定】对话框

该滤镜使用时，系统将各像素的亮度值与矩阵相对应位置的数值相乘，然后将所得的值相加，再除以“缩放”的比例，最后与“位移”值相加，即得到目标像素的最终亮度。

自定义滤镜可以“存储”，以便日后通过“载入”重复使用。

5. 高反差保留

【高反差保留】滤镜用于删除图像中色调变化较缓的部分，保留色彩变化最大的部分。选择【滤镜】→【其他】→【高反差保留】命令，在弹出的【高反差保留】对话框中设置“半径”为“10 像素”，单击【确定】按钮，效果如图 7.155 所示。

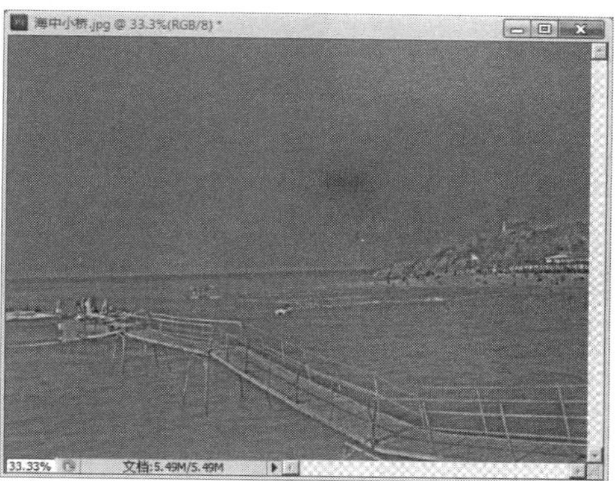

图 7.155 应用【高反差保留】滤镜前后的效果对比

7.15 外挂滤镜的使用

Photoshop 中除了自带的滤镜外，还允许使用第三方厂商提供的滤镜，这些滤镜通常称为外挂滤镜。外挂滤镜种类繁多、功能强大，能够制作出各种神奇的变幻效果。其中较为著名的有 KPT 系列滤镜、Eye Candy 和 Ulead Effects 等。其中 Metatools 公司开发 KPT 系列滤镜，从 KPT3，到 KPT5.、KPT6、KPT7，功能并不重合，不是简单的升级版本。

1. 外挂滤镜的安装

外挂滤镜需要手动安装后才能在 Photoshop 中使用。可以直接安装到 Photoshop 所在路径的**Plug-Ins** 目录中下，也可以放在其他目录中，但需要按下列步骤在 Photoshop 中进行设定。

操作步骤

STEP 1 选择【编辑】→【首选项】→【增效工具】命令，打开如图 7.156 所示对话框。选中“附加的增效工具文件夹”复选框，打开【浏览文件夹】，如图 7.157 所示，选择其他路径（如 H:\KPT6），单击【确定】按钮，关闭以上两个对话框。

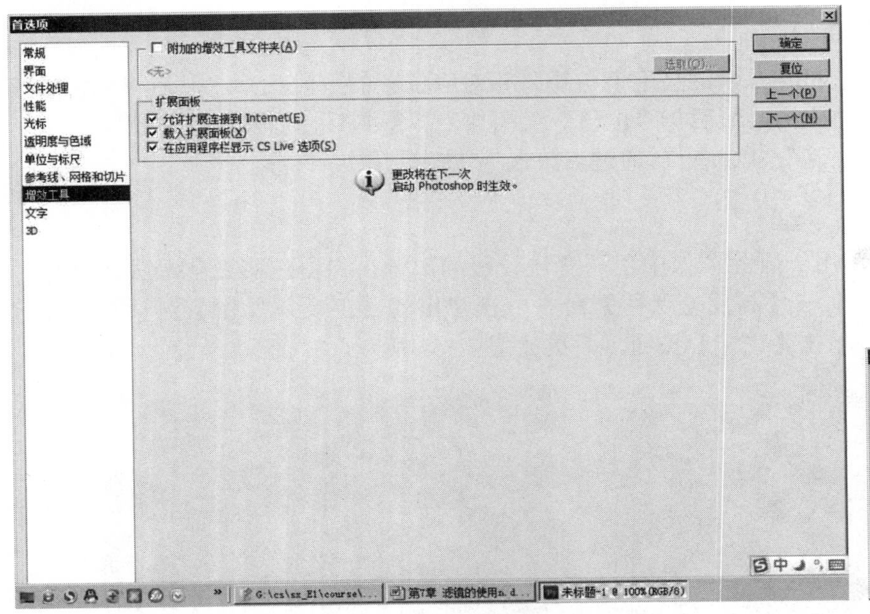

图 7.156 【首选项】对话框

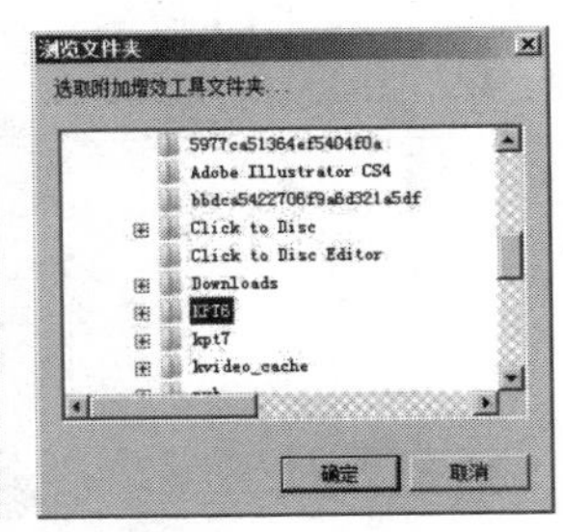

图 7.157 【浏览文件夹】对话框

（2）重新启动 Photoshop CS5，将外挂滤镜安装到其他目录，不会影响 Plug-Ins 目录中的滤镜。

注意

- 外挂滤镜不能脱离 Photoshop 环境独立运行，因此在安装外挂滤镜之前，应确认 Photoshop 已正确安装。
- 安装完毕后，需要重新启动 Photoshop，新安装的外挂滤镜会出现在【滤镜】菜单的底部，此时便可像使用内置滤镜一样使用外挂滤镜。

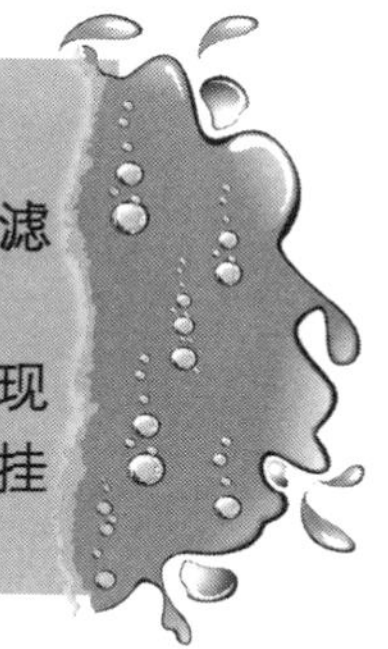

2. KPT6.0 滤镜

KPT6.0 共有 10 个滤镜，其各自的作用分别为：

KPT Equalizer：对图像进行调节，设置图像的锐化和柔化效果；

KPT Gel：用设置在图像上涂抹一层不同颜色液体涂料的效果；

KPT Goo：对图像进行像流质一样的涂抹，设置在图像中的变形效果；

KPT LensFlare：设置图像被灯光照射的效果，创造反射、光晕与透镜反射等效果；

KPT Materializer：用于描绘图像轮廓的效果；

KPT Projector：设置图像 2D 或 3D 变换效果，也可以用来制作变换动画；

KPT Reaction：用于设置图像各种重叠效果；

KPT SceneBuilder：设置图像场景效果，插入三维模型，并渲染着色等；

KPT SkyEffects：用于制作逼真天空效果；

KPT Turbulence：用于输出动画效果。

3. Eye Candy 4000 滤镜

Alien Skin 公司生产的 Eye Candy 4000 滤镜，又名“眼睛糖果”滤镜，其中包括 23 种滤镜，功能更强大，能在极短的时间内生成各种不同的效果。

△ 应用举例——制作霞光映照效果

本例将利用外挂滤镜 KPT6.0 为图像添加霞光映照效果。

STEP 1 打开一幅图片（海景图），如图 7.158 所示。新建图层，并随意填充一个颜色，如图 7.159 所示。

STEP 2 选择【滤镜】→【kpt6】→【KPT SkyEffects】命令，在弹出的【KPT SkyEffects】对话框中设置参数，如图 7.160 所示，单击【OK】按钮，制作霞光效果。对以上参数作适当的调节后，得到如图 7.161 所示的霞光效果。

图 7.158　海景图

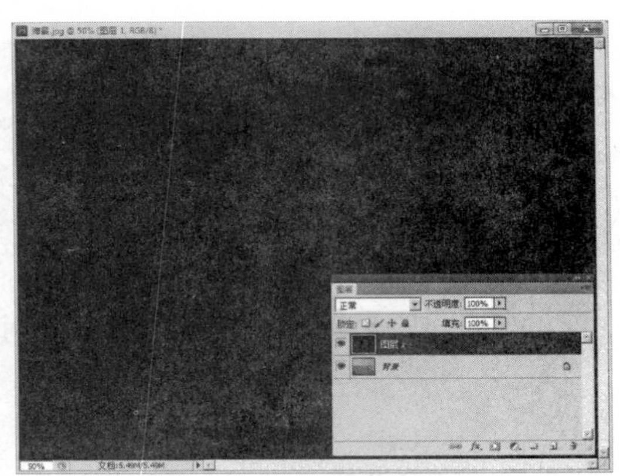
图 7.159　新建图层并填充颜色

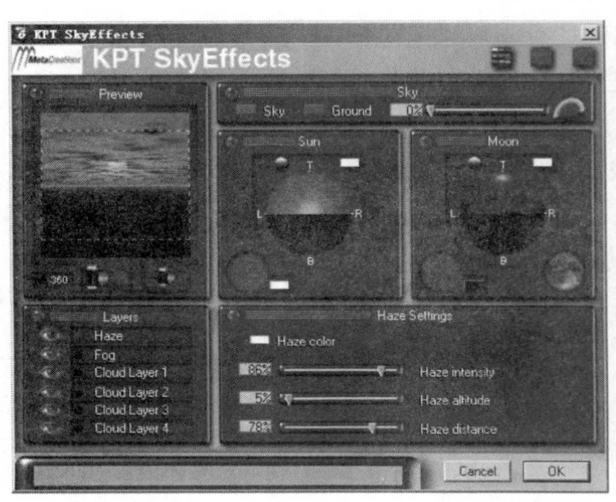

图 7.160　【KPT SkyEffects】对话框

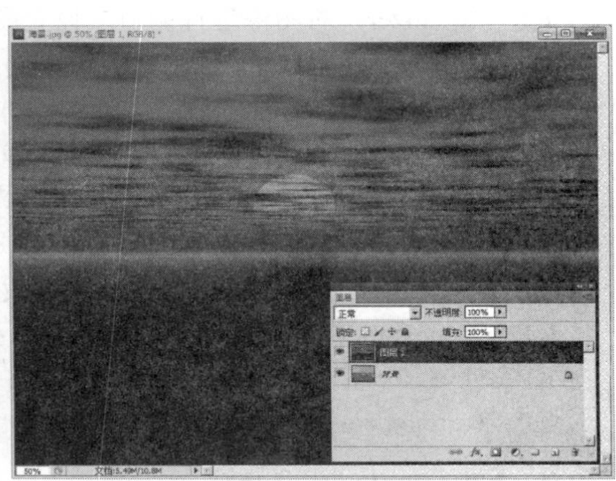
图 7.161　SkyEffects 滤镜产生的效果

STEP 3　设置【图层】面板上的"混合模式"，如选"滤色"，效果如图 7.162 所示。

图 7.162　图层混合模式设为"叠加"的效果

STEP 4 调整背景图层的颜色，可以得到霞光映照效果。选择【图像】→【调整】→【变化】命令，在弹出的【变化】对话框中，将图像颜色调暗，并适当增加“红色”和“黄色”，如图 7.163 所示，单击【确定】按钮，最终效果如图 7.164 所示。

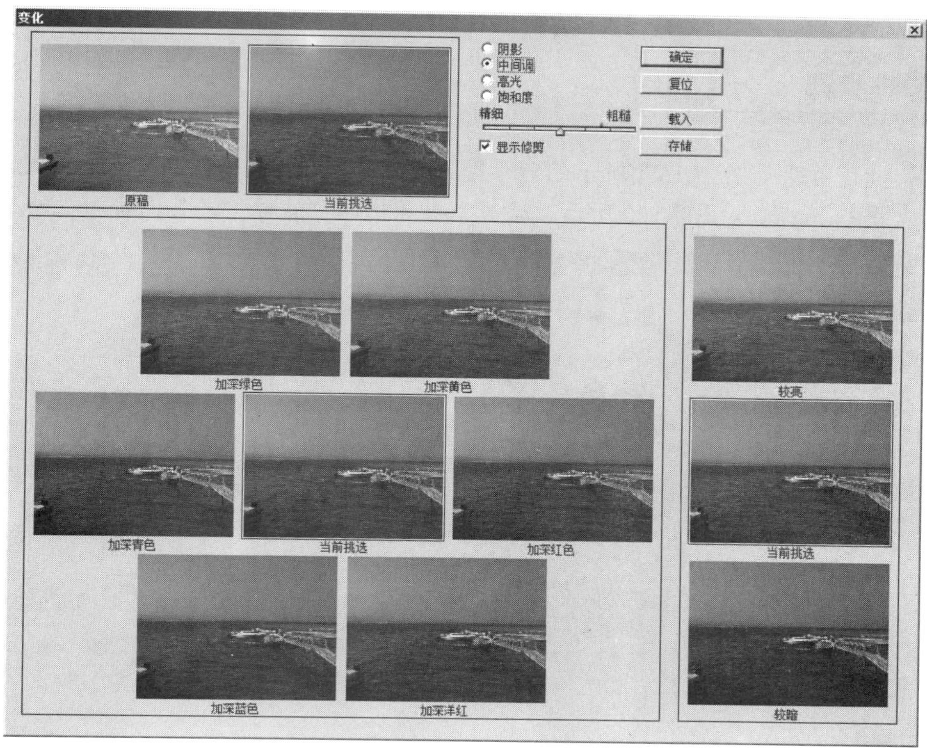

图 7.163 【变化】对话框

图 7.164 霞光映照效果

☆ 课堂练习——制作手机海报

本例将制作一幅手机海报，其中运用了【动感模糊】和文字效果。

STEP 1 打开如图 7.165 所示的背景图片（花篮），复制“背景图层”并隐藏复制图层。打开“手机.jpg”，如图 7.166 所示，选择工具箱中的“魔棒”工具，将手机轮廓选中。

图 7.165 花篮

图 7.166 选取手机轮廓

STEP 2 使用移动工具将选中的手机移至背景图片中，自动生成“图层 1”，按【Ctrl+T】组合键，调整好图片的大小及位置，并调整图层的不透明度，如图 7.167 所示。复制“图层 1”得到“图层 1 副本”，选择“图层 1”为当前图层，选择【滤镜】→【模糊】→【动感模糊】命令，在弹出的【动感模糊】对话框中设置参数，如图 7.168 所示，单击【确定】按钮。

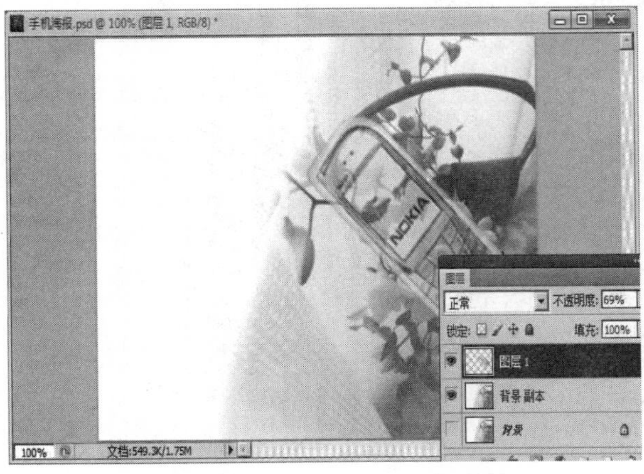

图 7.167 将手机移入背景图片

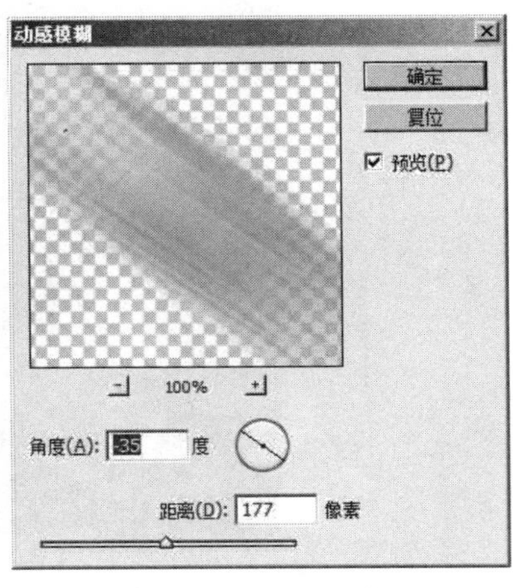

图 7.168 【动感模糊】对话框

STEP 3 按住【Ctrl】键单击"图层 1 副本"，将"图层 1 副本"选区载入到"图层 1"中，按【Delete】键，仅保留模糊效果中手机两头的拖影，并适当调整透明度，得到效果如图 7.169 所示。在左边的空白处分写上文字"沟通从"、"心"和"开始"，并选择适当的大小和字体，"心"字的颜色与手机中手的颜色相近并作"花冠"变形，其余的字与叶子的颜色相近并作"扇形"变形，然后再给文字加入【基本投影】样式，效果如图 7.170 所示。

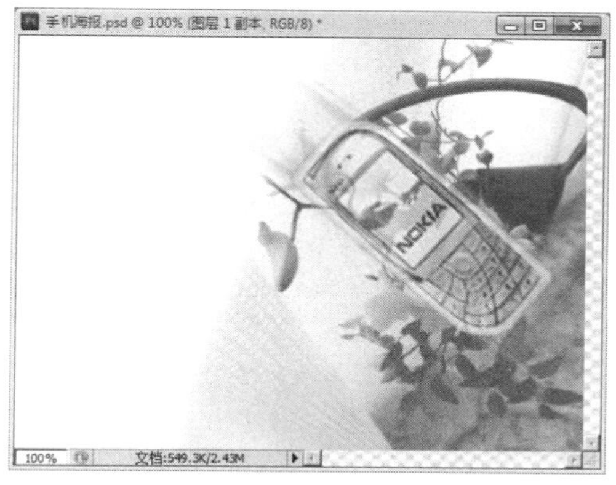

图 7.169 模糊处理后的效果

图 7.170 加入文字后的效果

STEP 4 选择工具箱中自定形状工具，在"心"上画一个红色的心形形状，调整"不透明度"并移到图层"心"下面，得到最终的手机海报效果如图 7.171 所示。

图 7.171 手机海报效果图

7.16 典型实例剖析——制作"飞向月球"效果

本案例将利用【光照效果】、【杂色】、【模糊】滤镜及路径工具制作"飞向月球"效果图，如图 7.172 所示。

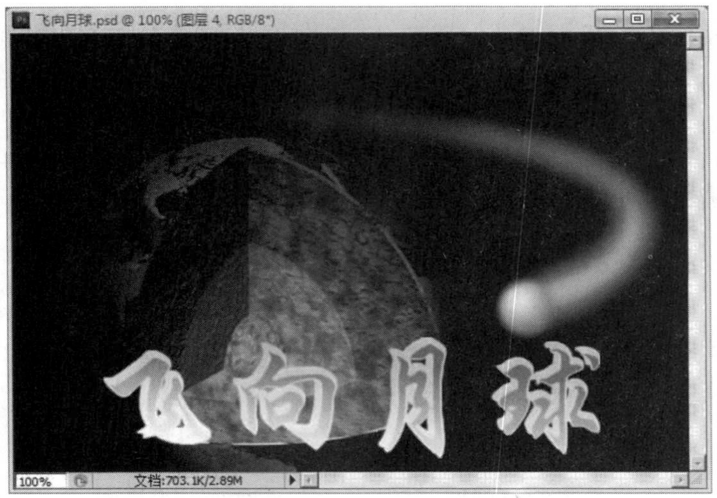

图 7.172 “飞向月球”效果图

STEP 1 新建文件，具体参数设置如图 7.173 所示。选择【编辑】→【填充】命令，用黑色填充图像文件。

STEP 2 打开“地球”素材，使用移动工具将地球拖至新建图像，如图 7.174 所示。选择【滤镜】→【渲染】→【光照效果】命令，在弹出的【光照效果】对话框中设置参数，如图 7.175 所示，单击【确定】按钮。

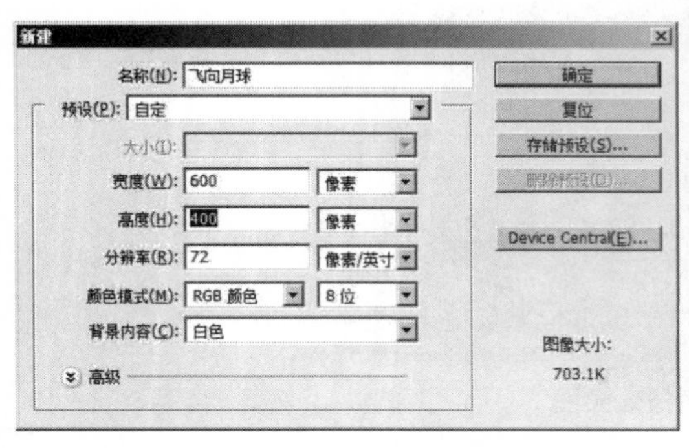

图 7.173 新建文件

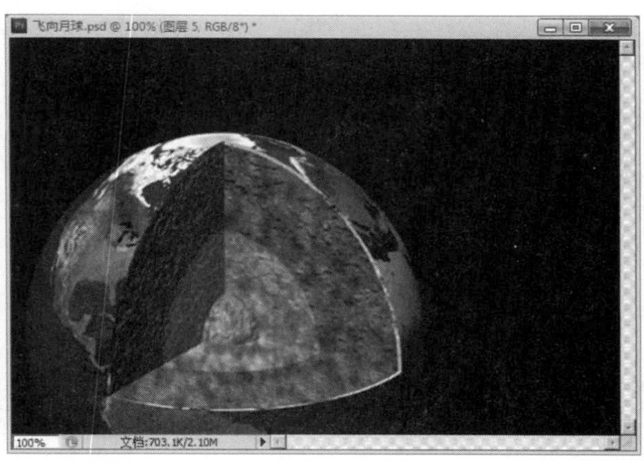

图 7.174 新建图像中移入地球

STEP 3 新建“图层 2”，选择横排文字蒙版工具，输入“飞向月球”四个字，如图 7.176 所示。调整文字大小与位置，然后用吸管工具将前景色设为地球内部的“橘黄色”，选择渐变工具，渐变颜色设置为“前景色到白色”的渐变，从上向下拖动鼠标，为文字填充渐变色，如图 7.177 所示。

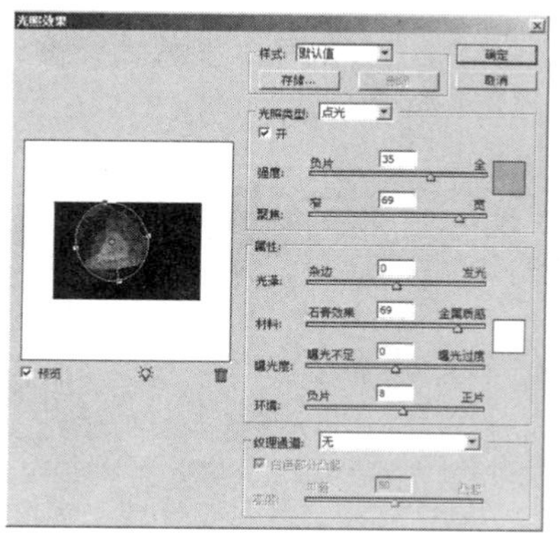

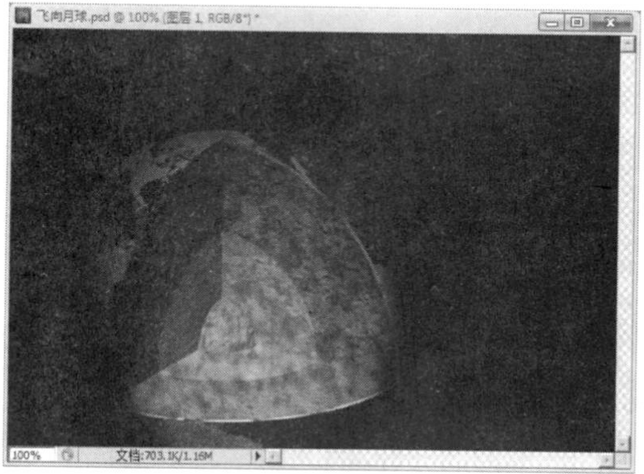

图 7.175　【光照效果】滤镜对话框及效果

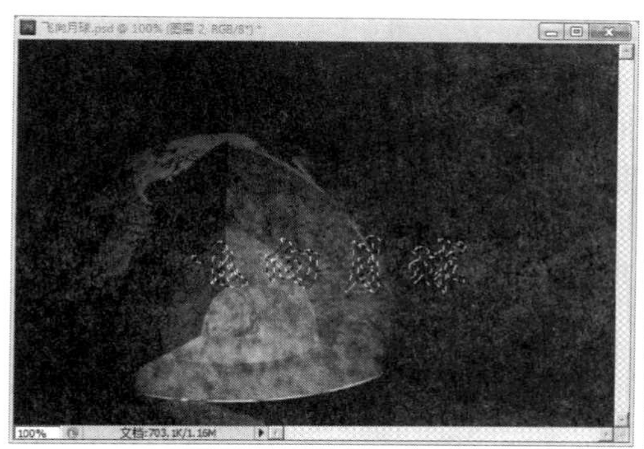

图 7.176　使用文字蒙版工具

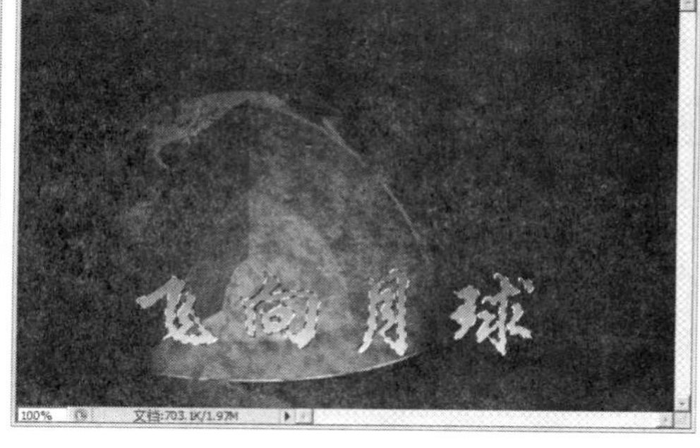

图 7.177　填充渐变

STEP 4　为文字添加描边效果，【描边】对话框中的参数设置如图 7.178 所示。选择移动工具，按住【Alt】键，向下及向右移动键盘上的方向键，复制文字，复制多次，产生如图 7.179 所示的立体效果。

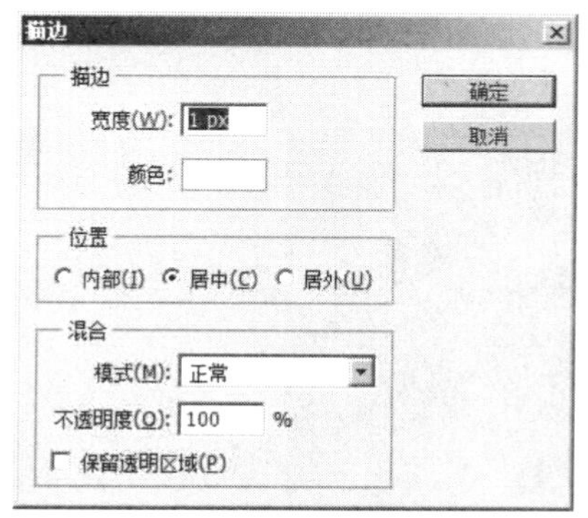

图 7.178　文字描边

图 7.179　制作立体文字

STEP 5　新建“图层 3”，使用椭圆选框工具绘制一个圆，然后制作径向渐变，渐变颜色为“白色到蓝色”，如图 7.180 所示。新建“图层 4”，利用“钢笔”工具绘制图 7.181 所示的轨迹路径。设置前景色的 R、G、B 值分别为“255”、“73”、“1”，打开【路径】面板，按住【Alt】键，单击面板下面的填充路径按钮，按如图 7.182 所示参数进行填充，单击【确定】按钮。

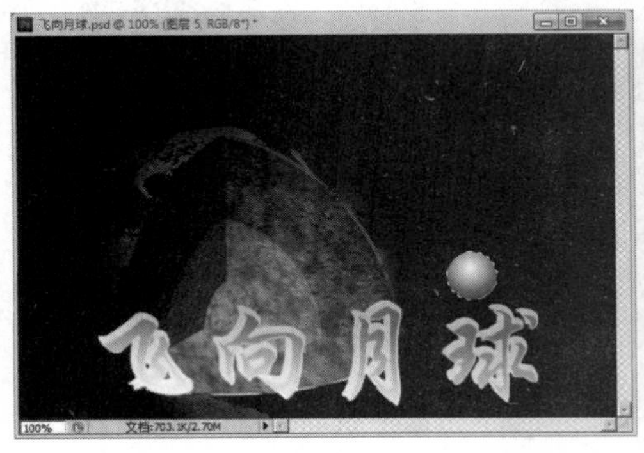
图 7.180　绘制圆并填充径向渐变

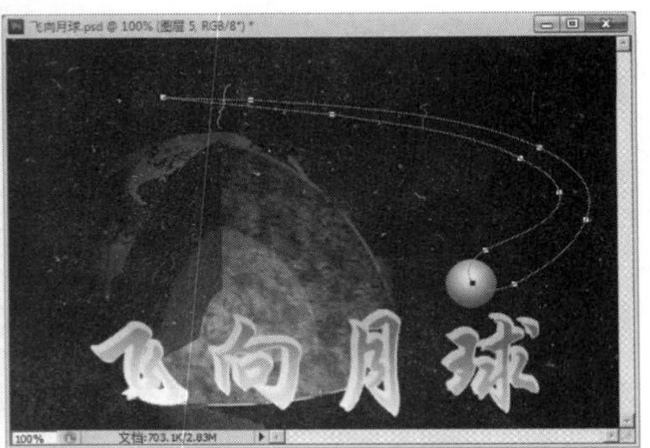
图 7.181　绘制路径

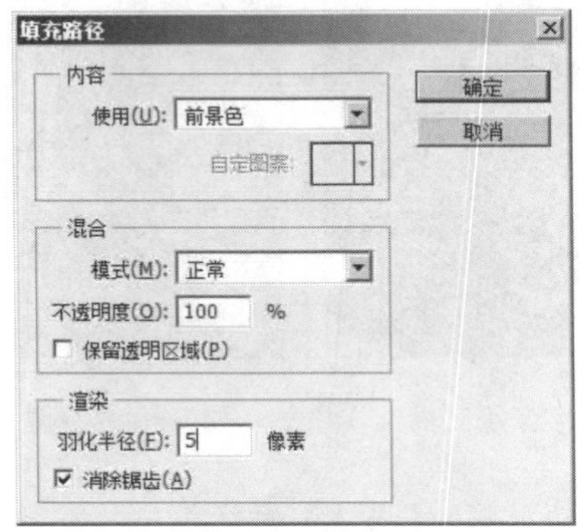

图 7.182　为路径描边

STEP 6　复制工作路径得到“路径 1”，再复制路径 1 得到“路径 1 副本”，对“路径 1 副本”进行变换与编辑，得到如图 7.183 所示的路径。

图 7.183　编辑第二条路径

STEP 7 使用与前面相同的方法为路径填充黄色，效果如图 7.184 所示。调整“图层 3”、“图层 4”的顺序，得到图 7.185 所示效果。

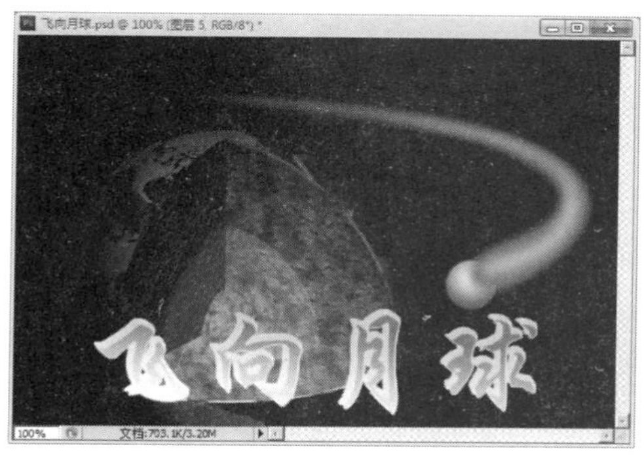

图 7.184　第二条路径填充效果

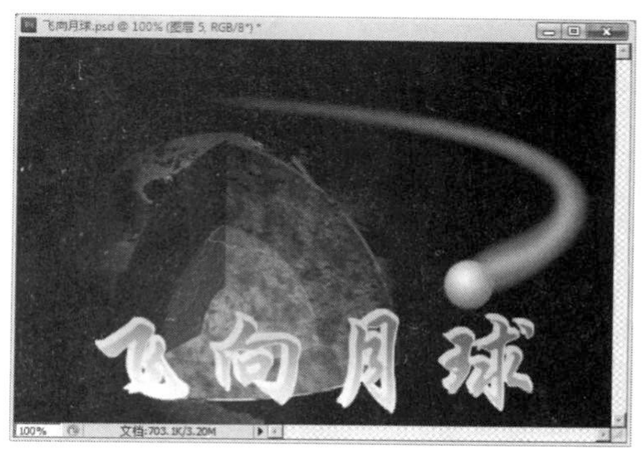

图 7.185　调整图层顺序后的效果

STEP 8 合并“图层 3”和“图层 4”。选择【滤镜】→【杂色】→【添加杂色】命令，在弹出的【添加杂色】对话框中设置参数，如图 7.186 所示，单击【确定】按钮，得到图 7.187 所示效果。

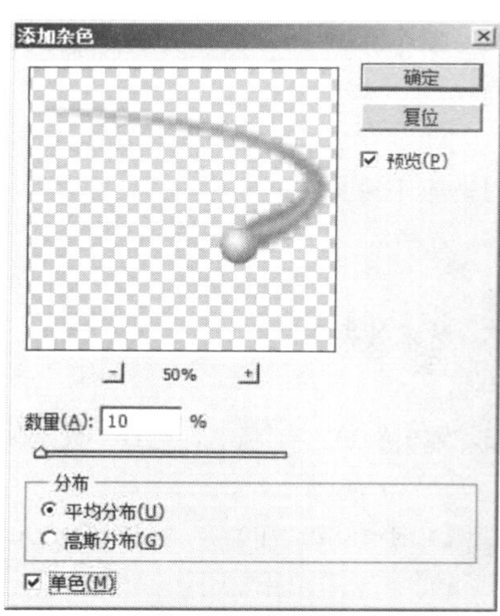

图 7.186　【添加杂色】对话框

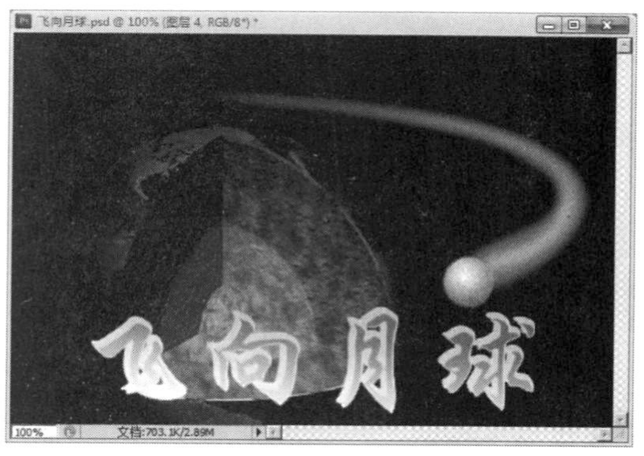

图 7.187　【添加杂色】效果

STEP 9 选择【滤镜】→【模糊】→【高斯模糊】命令，在弹出的【高斯模糊】对话框中设置参数，如图 7.188 所示，单击【确定】按钮，得到的最终效果如图 7.172 所示。

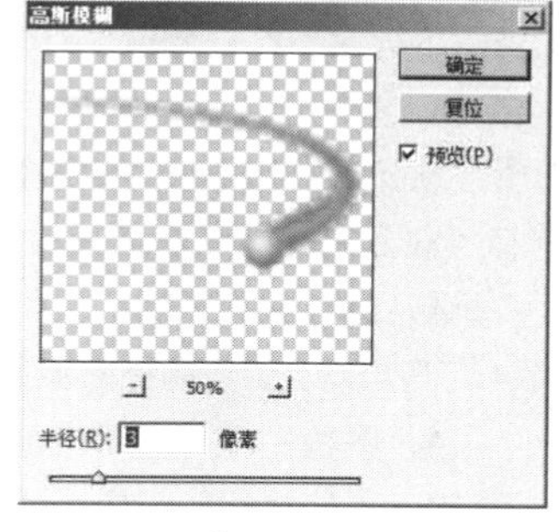

图 7.188　【高斯模糊】对话框

◎ 复习思考题

一、单选题

1．下面（　　）滤镜只对 RGB 图像起作用。

A．马赛克　　B．光照效果　　C．波纹　　D．浮雕效果

2．当你要对文字图层执行滤镜操作时，首先应当做（　　）。

A．栅格化文字图层

B．在滤镜菜单下选择一个滤镜命令

C．确认文字层和其他图层有链接

D．使得这些文字变成选取状态，然后在滤镜菜单下选择一个滤镜命令

3．“网状”效果属于下列（　　）滤镜。

A．画笔描边　　B．素描　　C．风格化　　D．渲染

4．如果扫描的图像不够清晰，可用下列（　　）滤镜弥补。

A．风格化　　B．杂色　　C．扭曲　　D．锐化

5．当你的图像是（　　）模式时，所有的滤镜都不可以使用。

A．CMYK　　B．灰度　　C．多通道　　D．索引颜色

6．在执行滤镜命令的过程中，中途取消操作的快捷键是（　　）。

A．Shift　　B．Esc　　C．Alt　　D．Return

7．下列（　　）滤镜可以减少渐变中的色带（即颜色过渡不平滑）。

A．杂色　　B．扩散　　C．置换　　D．锐化

8．滤镜中的【木刻】效果属于（　　）类型的滤镜。

A．风格化　　B．渲染　　C．艺术效果　　D．纹理

9．下列（　　）模式可使用的内置滤镜最多。

A．RGB　　B．CMYK　　C．索引颜色　　D．灰度

10．Photoshop 中重复使用上一次用过的滤镜应按（　　）键。

A．【Ctrl＋F】　　B．【Alt＋F】　　C．【Ctrl＋Shift＋F】　　D．【Alt＋Shift＋F】

二、多选题

1．下面（　　）滤镜可使图像产生柔化效果。

A．蒙尘与划痕　　B．添加杂色　　C．中间值　　D．扩散

2．下列属于纹理滤镜的有（　　）。

A．颗粒　　B．马赛克　　C．纹理化　　D．模糊

3．选择【滤镜】→【纹理】→【纹理化】命令，弹出【纹理化】对话框，在“纹理”后面的弹出菜单中选择“载入纹理”可以载入和使用其他图像作为纹理效果。所有载入的纹理不能是下列（　　）。

A．PSD 格式　　B．JPEG 格式　　C．BMP 格式　　D．TIFF 格式

4．下列关于滤镜的操作原则（　　）是正确的。

A．滤镜不仅可用于当前可视图层，对隐藏的图层也有效

B．不能将滤镜应用于位图模式或索引颜色的图像

C．有些滤镜只对 RGB 图像起作用

D．只有极少数的滤镜可用于 16 位/通道图像

5．有些滤镜效果可能占用大量内存，特别是应用于高分辨率的图像时。以下（　　）方法可提高工作效率。

A．先在一小部分图像上试验滤镜和设置

B．如果图像很大，且有内存不足的问题时，可将效果应用于单个通道（例如应用于每个 RGB 通道）

C．在运行滤镜之前先使用“清除”命令释放内存

D．将更多的内存分配给 Photoshop。如果需要，可将其他应用程序中退出，以便为 Photoshop 提供更多的可用内存

三、判断题

1．【风】属于扭曲类滤镜效果。（　　）

2．滤镜可作用于隐藏图层。（　　）

3．不能将滤镜应用于位图模式。（　　）

4．只有极少数的滤镜可用于 16 位/通道图像。（　　）

5．从摄像机输入的图像可使用【NTSC 颜色】滤镜进行平滑处理。（　　）

四、操作题（实训内容）

1．运用已学知识制作环保宣传海报，主题自定。

要求：尺寸：210mm×297mm；分辨率：150 像素/平方英寸，RGB 色彩模式；文件储存为 PSD 格式，保留图层信息。

2．制作汽车疾驰的效果图，主题自定。

动作与自动化命令

应知目标

熟悉播放动作、录制动作；熟悉图像批处理功能；熟悉裁剪并修齐图像。

应会要求

掌握【动作】面板的操作；掌握【自动】命令中多个子命令的使用。

8.1 动作

Photoshop CS5 中的动作与一些软件中的宏功能类似，可以将图像处理过程中的操作像录制宏一样录制下来，以便反复使用。动作的自动化功能有以下几个特点。

（1）对于大量文件使用同一操作时（如转换颜色模式或者调整图像大小），可以使用动作的批处理功能，让计算机自动进行工作，以节省大量的精力并提高工作效率。

（2）对于常用的编辑操作，可以录制成一个动作，然后进行反复使用。如在编写本书插图时，需要将 RGB 颜色模式图像去色成为灰度图像，然后调整图像大小，再另存为 BMP 文件格式。将这些操作步骤录制成动作命令后，只需单击【动作】按钮，就可以完成这一系列的操作。

（3）可以将制作精美图像的复杂步骤录制成动作命令，如文字，纹理等特效，在以后的工作中执行动作命令，就可以轻松地得到同样的效果。同时，也便于同他人交流制作思路，提高设计水平。

8.1.1 动作面板

对于【动作】面板，可以通过单击【窗口】→【动作】按钮命令来打开，或者按【Alt＋F9】组合键打开，如图 8.1 所示。在【动作】面板中的“动作”选项卡下放置了一个“默认动作”组，在其下拉列表框中列出了多个动作，每个动作由多个操作或命令组成。在默认情况下，只有一组默认动作，而其他如【文字效果】、【画框】等动作都没有列出，用户可以单击【动作】面板右上角的按钮，从【动作】面板的关联菜单中选择，如图 8.2 所示。

图 8.1　【动作】面板

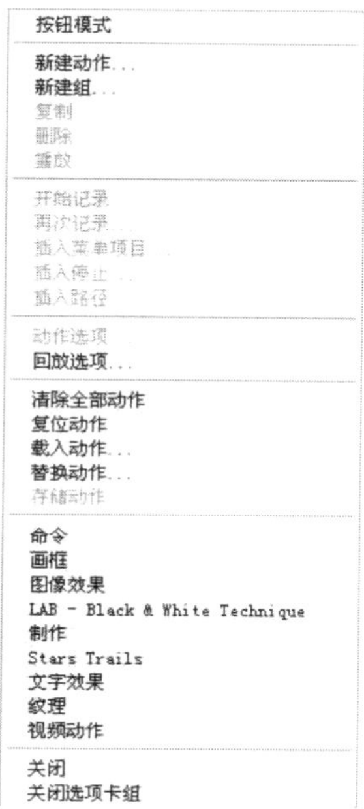

图 8.2　关联菜单

在【动作】面板中，动作列表的最左侧是一列复选框，当复选框出现黑色“√”符号时，右边所对应的动作文件夹中的所有动作或命令都能执行；若复选框出现红色“√”符号，对应的动作文件夹中的部分动作或命令不能执行；若复选框内无任何符号，则对应的动作文件夹中所有的命令都不可执行。

【动作】面板中的第二列复选框是用来控制动作的执行，若复选框中出现灰色图标，说明控制动作命令在执行时弹出参数对话框；若复选框中出现红色图标，说明该动作中的部分包含了暂停操作。【动作】面板中按钮的名称及其功能见表 8.1 所示。

表 8.1　【动作】面板中按钮的名称及其功能

图　标	名　　称	功　　能
	创建新动作	创建一个新动作文件
	删除动作	删除选中的命令、动作或序列
	创建新序列	创建一个新动作序列
	开始记录	记录一个新动作，处于记录状态时，红色显示
	停止播放/记录	停止正在记录或播放的动作命令
	播放	执行选中的动作命令
	展开按钮	位于序列、动作和命令的左侧，用于展开序列、动作和命令，显示其中所有的动作命令
	收缩按钮	用于收缩展开的序列、动作和命令

【动作】面板的显示模式有两种：列表模式和按钮模式。列表模式如图 8.1 所示；按钮模式，单击【动作】面板右上的三角形按钮，在打开的关联菜单中选择【按钮模式】命令，显示如图 8.3 所示。

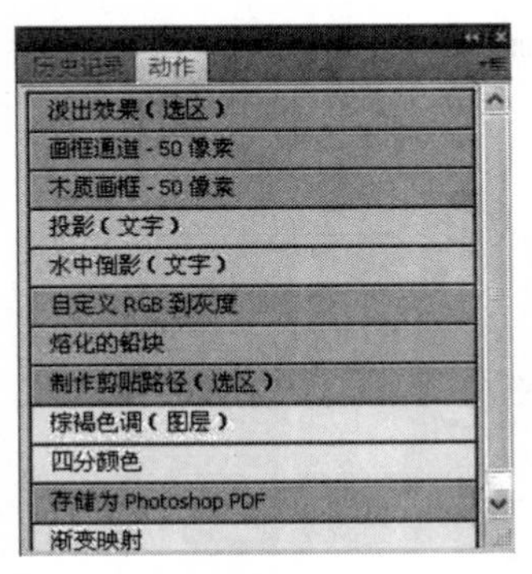

图 8.3 【动作】面板“按钮”模式

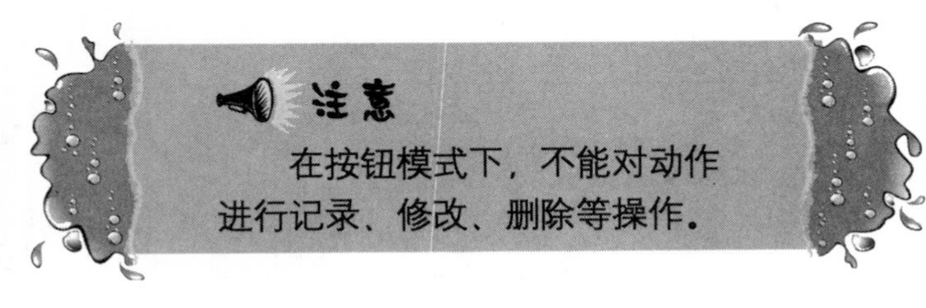

8.1.2 动作的创建与编辑

1. 录制动作

单击【动作】面板中的新建动作按钮，或者在关联菜单中选择【新建动作】命令，在弹出的【新建动作】对话框中，“名称”栏处输入录制动作的名称，如图 8.4 所示，单击【记录】按钮，【动作】面板中将显示新建动作名称，开始记录按钮将红色显示，此时，在图像窗口中所进行的所有操作及命令都将录制成动作命令。

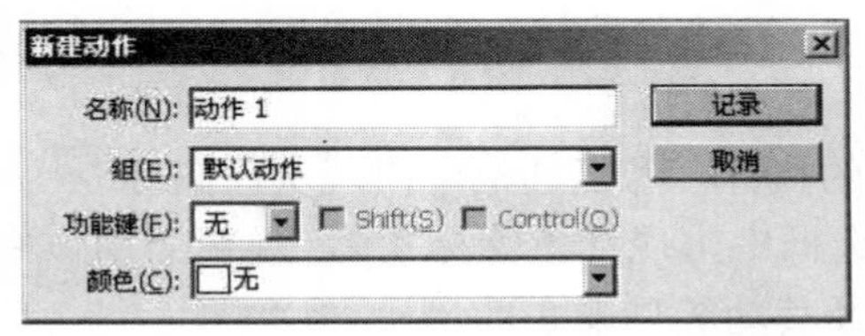

图 8.4 【新建动作】对话框

在记录状态中要尽量避免错误操作，因为在执行了某个命令后虽然可以按【Ctrl+Z】组合键撤销命令，但在【动作】面板中不会由于撤销而自动删除已记录的动作命令，只能在【动作】面板中删除此命令的记录，否则将被记录到动作命令中。

2. 编辑动作

对于录制好的动作命令，可以根据工作需要对其进行编辑，用户可以重命名、复制、调整、删除、添加、修改和插入动作命令。

（1）重命名。双击【动作】面板中要改名的动作名称，当动作名称被黑线框起来时，重新输入名称即可。

（2）复制。选择要复制的动作命令，单击关联菜单中的【复制】命令，或者直接拖动该动作命令到【动作】面板的新建动作按钮上。

（3）调整。选择需要调整排列顺序的动作，拖动动作命令到合适的位置释放即可。

（4）删除。删除的方法有 3 种：

① 选择要删除的动作命令，单击关联菜单中的删除命令，单击【确定】按钮；

② 选中要删除的动作命令直接单击删除按钮，单击【确定】按钮；

③ 直接拖动动作命令到删除按钮上。

（5）添加。在录制好的动作中可以添加动作命令，选择需要添加动作命令的动作文件名称，单击【动作】面板中的【记录】按钮就可以了。

（6）修改。单击关联菜单中的【再次记录】命令，可以重新录制选择的动作，在重新录制的过程中，原来所有动作命令的对话框都将打开，可以重新设置对话框中的选项。

（7）插入。单击关联菜单中的【插入菜单项目】命令，弹出【插入菜单项目】对话框，单击需要插入的菜单命令，对话框会记录下所执行的菜单命令名称。

3. 保存动作

录制完动作后，可以将动作保存起来，选中动作名称后，单击关联菜单中的【存储动作】命令，在打开的【存储】对话框中，输入保存的名称以及相应的路径，单击【保存】按钮，动作文件的格式为*.AVI 格式。

关联菜单中还有如下操作：

“载入动作”：可以安装使用已经保存和从网上下载的动作；

“清除动作”：可以清除【动作】面板中所有的动作命令；

“替换动作”：可以安装动作，同时替换【动作】面板中现有的命令；

“复位动作”：重新设置为默认状态。

4. 应用动作

无论是录制的动作，还是 Photoshop 自带的动作，都可以像所有菜单中的命令一样执行，在【动作】面板中选中要应用的动作，单击【播放】按钮 ▶ 执行动作命令。若【动作】面板在按钮模式下，只需单击要执行的动作名称就可以了，还可以直接用快捷键来执行动作。

在应用的过程中，由于动作命令较多，执行速度较快，无法判断发生错误的步骤，为了方便发现和检查这些错误，可以调整执行动作的速度。单击关联菜单中的【回放选项】命令，如图 8.5 所示，在弹出的【回放选项】对话框中有 3 个性能单选按钮控制播放动作速度。

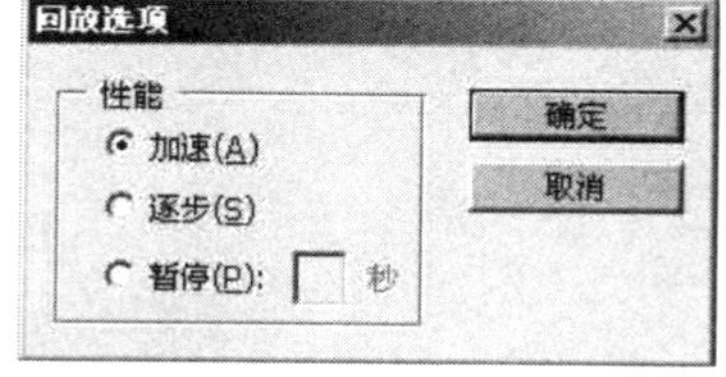

图 8.5 【回放选项】对话框

“加速”：默认设置，执行动作时速度较快；

“逐步”：在【动作】面板中将以蓝色显示当前运行的操作步骤，一步一步完成；

“暂停”：在执行动作过程中，每一步都暂停，暂停的时间由右侧文本框中的数值决定，范围为 1～60 秒。

△ 应用举例——创建“五彩纸屑”文字

利用 Photoshop CS5 内置的【文字效果】动作，创建“五彩纸屑”文字，如图 8.6 所示。

五彩纸屑

图 8.6 五彩纸屑效果

操作步骤

1．新建一图像文件，选择【文件】→【新建】命令，在打开的【新建】对话框中，可以设定图像的“宽度”为“400 像素”、“高度”为“200 像素”，将“颜色模式”设置为“RGB 模式”，“背景内容”为“白色”，单击【确定】按钮。

2．选择工具箱中横排文字工具T，输入文字“五彩纸屑”。

3．单击【动作】面板中的关联菜单，选择【文字效果】，在【动作】面板中载入【文字效果】动作，展开【文字效果】动作序列。

4．选择“文字”图层，然后选中在动作面板的【文字效果】序列的【五彩纸屑】动作，单击面板下方的▶按钮，执行动作，根据实际需要对各个参数进行设置。这样 Photoshop CS5 就产生如图 8.6 所示的五彩纸屑文字效果。

☆ 课堂练习——制作旋转文字效果

本实例主要是选择合适的背景图运用“魔棒”工具、“横排文字”工具、“渐变”工具，并结合使用【动作】面板录制动作，用功能键不断复制动作，最后制成一幅配有背景的旋转文字效果图。

操作步骤

STEP 1 打开“跳高.jpg”图像文件，如图 8.7 所示。

图 8.7 跳高.jpg 效果图

STEP 2 设置前景色为“白色”，选择工具箱中横排文字工具T，在图像的左上方中输入“飞”，字体大小设置为“100dpi”，新建一图层（图层 2），选择工具箱中横排文字工具

T，在图像右下角输入“翔”，字体大小设置为“100dpi”，同时将 2 个图层合并，如图 8.8 所示。

按住【Ctrl】键，单击文字层，即激活“飞翔”文字轮廓选区，单击文字层左边的图标，隐藏文字层。然后单击【图层】面板上的创建新图层按钮，新建一图层（图层 3），再选择工具箱中的渐变工具，在工具属性栏中选择“线性渐变”模式，并单击“点按可编辑渐变”旁的倒三角，在弹出的渐变填充样式中选“蓝色、红色、黄色”，然后在图像中“飞翔”文字处从左上向右下方拉一线性渐变，使“飞翔”变成霓虹文字效果，如图 8.8 所示。

STEP 3　选择【窗口】→【动作】命令，显示【动作】面板，单击【动作】面板右上方的按钮，在下拉式菜单中单击【新建动作】命令，在弹出的【新建动作】对话框中，设置【功能键】为【F3】，如图 8.9 所示，单击【记录】按钮。回到【图层】面板，按住“图层 3”拖动到创建新图层按钮上，创建“图层 3 副本”，选择【编辑】→【自由变换】命令，再按下属性栏上“W”和“H”中间的按钮，设置“W”为“90%”（“H”自然也为“90%”），角度文本框高为“10”，如图 8.10 所示，然后单击按钮。

图 8.8　渐变成霓虹文字效果

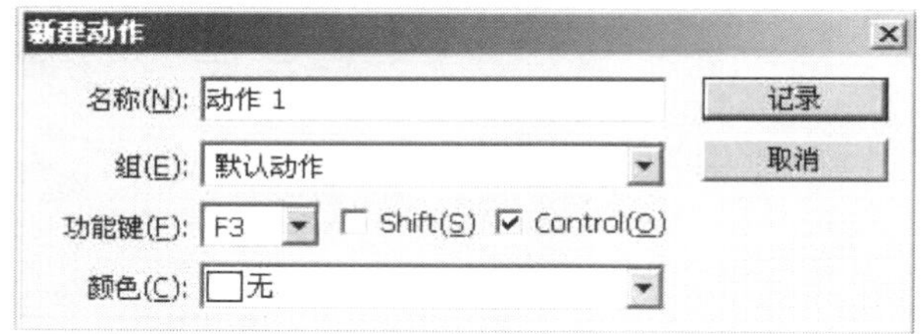

图 8.9　【新建动作】对话框

图 8.10　自由变换属性栏设置

STEP 4　单击【动作】面板上的停止播放/记录按钮，停止录制。再按【Ctrl+F3】组合键若干次，直到“飞”和“翔”字相连接到图像为止，按【Ctrl+D】组合键，取消选区，并单击文字层左边的图标，最后得到旋转字的效果如图 8.11 所示。

图 8.11　旋转字效果图

8.2　自动化处理

自动化处理是指计算机自动完成一系列的图像处理操作，是 Photoshop 智能化功能的一种体现，其特点是能够根据用户的要求迅速完成对一个文件的多个操作步骤或对成批文件的处理。

8.2.1 批处理

利用 Photoshop 的批处理功能可以让多个图像文件执行同一个动作命令，从而实现自动化控制。在执行操作自动化之前应先确定要处理的图像文件，如将所有需要处理的图像都打开或者将所有要处理的图像文件都移动到同一文件夹下。

执行【文件】→【自动】→【批处理】命令，弹出【批处理】对话框，如图 8.12 所示，在该对话框中可以选择批处理使用的动作命令、批处理文件的存储路径以及处理源文件后生成文件的存储位置等选项。

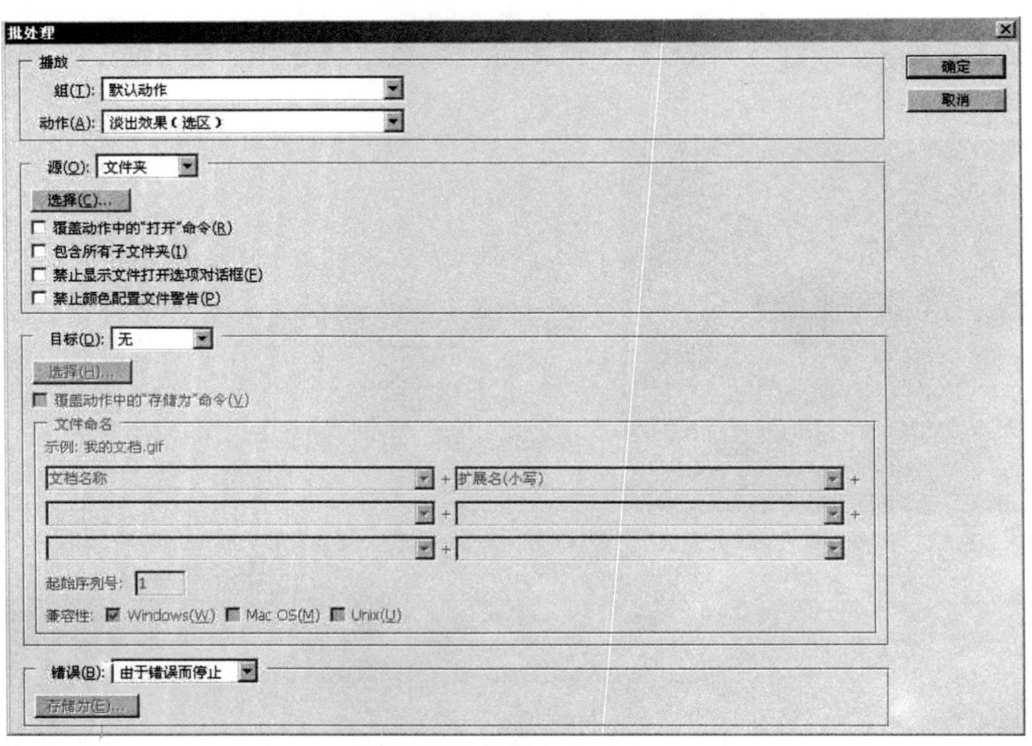

图 8.12 【批处理】对话框

【批处理】对话框中各选项的功能如下：

- “组”：选择在【动作】面板内出现的需要应用的动作文件夹，只有载入【动作】面板的动作序列才出现；
- “动作”：选择要具体执行的动作；
- “源”：选择图像文件的来源，如果要批处理的文件存放在同一文件夹下，在“源”处选择“文件夹”后，单击【选取】按钮，确定图像文件的位置；
- “目标”：选择存放目标文件的位置，如果是同一文件夹下的图像文件进行批处理，则在【目标】处选择“文件夹”后，单击【选择】按钮，确定要将批处理后的图像文件放到指定的目录保存；

- “错误”：指定出现操作错误时 Photoshop CS5 的处理方法。

在对上述选项进行设置后，单击【确定】按钮。

8.2.2 创建快捷批处理

快捷批处理是将动作应用于一个或多个图像，或应用于将“快捷批处理”图标拖动到的图像文件夹，可以将快捷批处理存储在桌面上或磁盘上的另一位置。动作是创建快捷批处理的基础，在创建快捷批处理前，必须在【动作】面板中创建所需的动作。操作方法和界面都与批处理相同，这里不再赘述。

8.2.3 裁剪并修齐照片

在同时扫描多幅图片后，需要将每幅图片进行分割并修齐，通过 Photoshop CS5 提供的【裁剪并修齐照片】命令，可快速地完成这个操作。为了获得最佳结果，在要扫描的图像之间保持 1/8 英寸的间距，而且背景（通常是扫描仪的台面）应该是没有什么杂色的均匀颜色。【裁剪并修齐照片】命令最适于外形轮廓十分清晰的图像。如果【裁剪并修齐照片】命令无法正确处理图像文件，请使用裁剪工具。

打开需要处理的图像文档，执行【文件】→【自动】→【裁剪并修齐照片】命令，原素材图像中的若干幅图像以副本的形式被单独分离出来。

如果要裁剪并修齐的图像有部分重叠，应先将重叠部分分离，否则裁剪将出错。分离重叠部分只需要使用绘图工具绘制出重叠部分的选区，使用移动工具将选区内的图像拖离重叠区域即可。

8.2.4 Photomerge 命令

使用 Photomerge 命令可以快速对多个图像进行合并。执行【文件】→【自动】→【Photomerge】命令，即可打开【Photomerge】对话框，如图 8.13 所示。

【Photomerge】对话框中各选项的功能如下：

- “版面”选项组：该选项组中提供了图像排列的几种版面样式，选择不同的版面样式所拼接出来的图像效果会有所不同。
- “浏览”按钮：单击该按钮，弹出“打开”对话框，在该对话框中选择源文件图像。
- “移去”按钮：在左侧的图像框中选择不需要的图像，单击该按钮可将选中的图像删除。
- “添加打开的文件”按钮：单击该按钮，可将当前在 Photomerge 中打开的图像添加到需要合并的照片中。

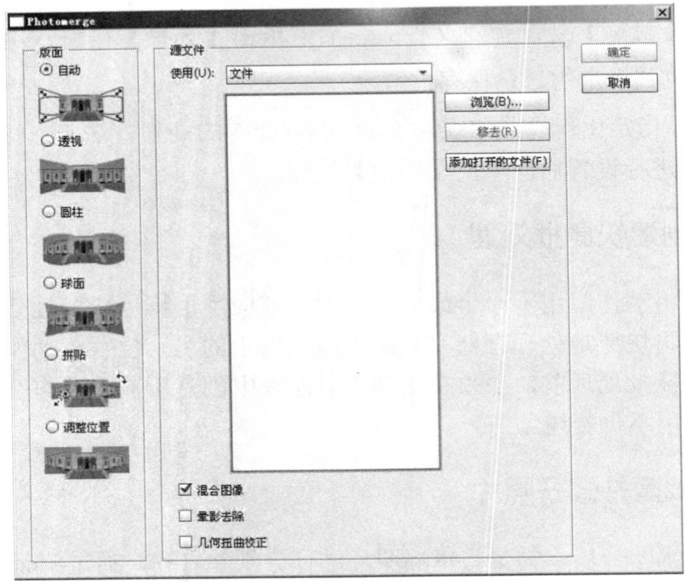

图 8.13 【Photomerge】对话框

8.2.5 合并到 HDR

使用【合并到 HDR】命令，可以将具有不同曝光度的同一景物的多幅图像合成在一起，并在随后生成的 HDR 图像中捕捉常见的动态范围。

执行【文件】→【自动】→【合并到 HDR】命令，即可打开【合并到 HDR Pro】对话框，如图 8.14 所示，单击【浏览】按钮，在弹出的【打开】对话框中选择需要合并的所有文件，单击【确定】按钮。系统将自动对照片的曝光度进行分析，并在随后弹出的【合并到 HDR Pro】对话框中显示结果，单击【确定】按钮进行最终合并。图像在最终合并过程中，将显示进度提示对话框，合并完成后得到一个新的图像文档，文档底部将显示一个改变图像曝光度的滑块，拖动滑块可以动态地调整图像的曝光度，向左拖动可降低曝光度，向右拖动可增加曝光度。

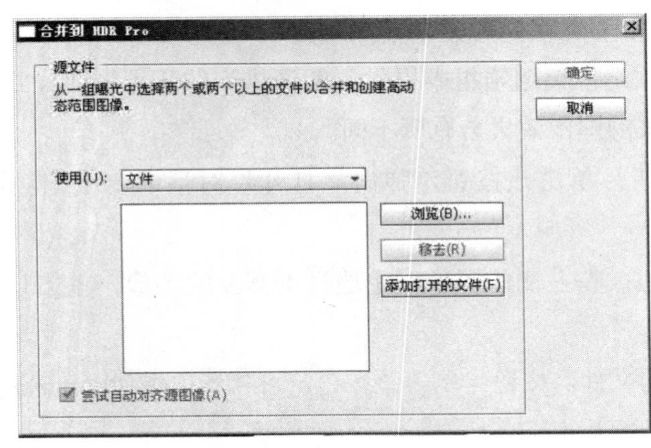

图 8.14 【合并到 HDR Pro】对话框

8.3 典型实例剖析——批量转换网页图片的模式和大小

对于一个网站而言，网页的下载速度是至关重要的。它不仅直接影响到用户的浏览体验、还关系到网页在搜索引擎中的排名参数。因此，优化网页特别是优化图片，使之能快速下载是至关重要的。本实例学习如何把一个文件夹中的所有图片文件的格式和大小转换成相同的文件。

网页中适用于产品或新闻的照片，大小一般是几 K，图片的格式可以是.jpg 也可以是.gif。

操作步骤

STEP 1 把实例中 20 个 jpg 文件放在同一文件夹中（例如：D:\图库）

STEP 2 打开【动作】面板，单击【动作】面板中的【新建组】按钮，打开【新建组】对话框，在“名称”文本框中输入新建组的名称，如“格式和大小”，如图 8.15 所示，单击【确定】按钮，创建一个新的动作组。

STEP 3 选择新创建的动作组，单击【新建动作】按钮，在弹出的【新建动作】对话框中输入“名称”为“图像大小”，如图 8.16，单击【记录】按钮。

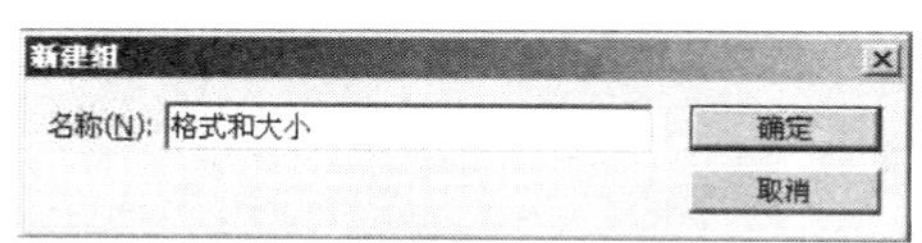

图 8.15 【新建组】对话框

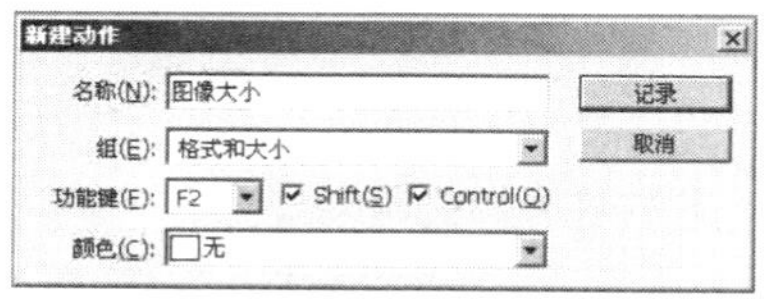

图 8.16 【新建动作】对话框

STEP 4 选择【图像】→【图像大小】菜单命令，弹出【图像大小】对话框，在“宽度”和“高度”文本框中分别输入“120”和“75”，如图 8.17 所示，单击【确定】按钮。

STEP 5 选择【文件】→【自动】→【条件模式更改】菜单命令，弹出【条件模式更改】对话框，单击【全选】按钮，将“目标模式”设置为“RGB”，如图 8.18 所示，单击【确定】按钮。

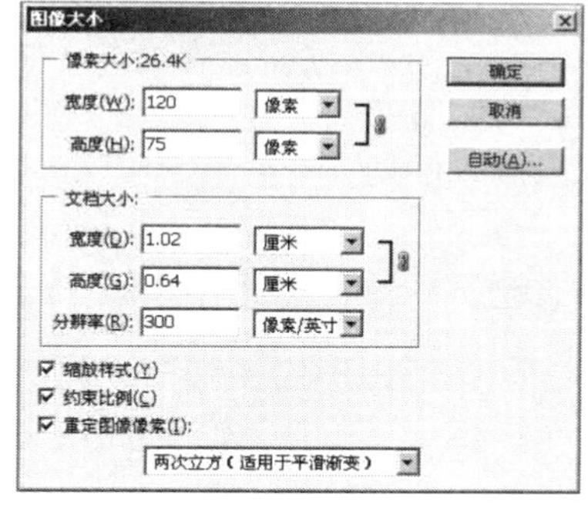

图 8.17 【图像大小】对话框

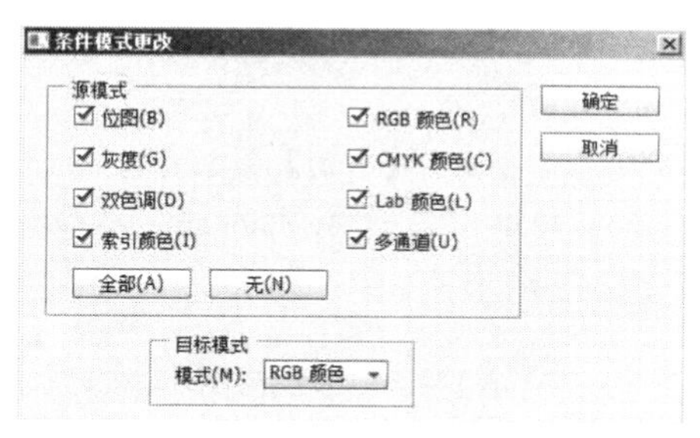

图 8.18 【条件模式更改】对话框

STEP 6 单击【动作】面板中的【停止录制】按钮，完成动作的录制。

STEP 7 选择【文件】→【自动】→【批处理】菜单命令，弹出【批处理】对话框，在“组”框中，选择“格式和大小”，在“动作”框中选择“图像大小”，然后选择需要批量转换的文件夹，单击【确定】按钮，即可开始批量转换图像的颜色和大小。

复习思考题

一、单选题

1．按下（　　）快捷键，可以选择【动作】面板中多个不连续的动作。

A．【Ctrl+Shift】　B．【Ctrl】　C．【Shift】　D．【Alt】

2．下列操作中，（　　）操作不能被录制到动作中。

A．画笔绘图　B．创建文本图层　C．设置选区　D．移动当前图层

3．下列（　　）命令可以对所选的所有图像进行相同的操作。

A．批处理　B．动作　C．历史记录　D．以上都不对

4．在 Photoshop 中，当在大小不同的文件上播放记录的动作时，可将标尺单位设置（　　）显示方式，动作就会始终在图像中的同一相对位置回放。

A．百分比

B．厘米

C．像素

D．和标尺的显示方式无关，所以设置哪种标尺都不行

5．批处理在（　　）菜单命令中。

A.图像　B．编辑　C．【文件】→【自动】　D．【文件】→【输入】

6．在 Photoshop 中使用【文件】→【自动】→【创建快捷批处理】命令得到的文件的后缀名是（　　）。

A．exe　B．psd　C．pdf　D．act

7．当 Photoshop 警告你内存不够，下列哪个解决方案是可选的？（　　）

A．删除动作　B．清除直方图　C．清除历史记录　D．清除预置文件

8．Photoshop 的图像如果用于网上浏览，最佳的存储格式是什么？（　　）

A．TIFF　B．PICT　C．JPEG　D．BMP

9．在 Web 上使用的图像格式有以下哪几种（　　）。

A. PSD，TIF，GIF　B. JPEG，GIF，SWF

C. GIF，JPEG，PNG　D. EPS，GIF，JPEG

10．下列哪个命令属于【自动】命令菜单中的子命令（　　）。

A．Adobe PDF 预设…　B．Photomerge…　C．自动颜色　D．脚本

二、多选题

1．下面（　　）操作过程是动作面板无法记录下来的。

A．用“画笔”工具或“喷枪”工具在画面上绘制

B．“海绵”工具以及“模糊”、“锐化”工具的使用

C．更改图像尺寸大小

D．填充

2．下列关于【动作】面板的描述（　　）是正确的。

A．所谓“动作”就是对单个或一批文件回放一系列命令

B．大多数命令和工具操作都可以记录在动作中，动作可以包含暂停，这样可以执行无法记录的任务（如使用绘画工具等）

C．所有操作都可以记录在工作面板中

D．在播放动作的过程中，可以在对话框中输入数值

3．下面对【动作】面板的功能及作用的描述正确的是（　　）。

A.【动作】面板可以记录下所有工具的操作步骤，然后对其他图像进行同样的处理

B．当某一动作中有关掉的命令时，此时动作前的“√”状图标呈灰色

C.可以将一批需要同样处理的图像放在一个文件夹中，对此文件夹进行批处理

D．“√”状图标右边的方形图标表示此命令包含对话框

4．下列（　　）是【动作】画板与【历史记录】面板都具有的特点？

A．在关闭图像后所有的记录仍然会保留下来

B．可以对文件夹中的所有图像进行批处理

C．虽然记录的方式不同，但都可以记录对图像所做的操作

D.【历史记录】面板记录的信息要比【动作】面板广

5．下列哪些命令属于【自动】命令菜单中的子命令。

A．裁剪并修齐照片　　B．镜头校正…　　C．限制图像…　　D．脚本

三、判断题

1．当关闭并重新打开文件时，上次工作过程的所有状态记录都将从历史记录面板中被清除，但快照通过选项设置可以被保存下来。（　　）

2．“批处理”在【编辑】菜单命令中。（　　）

3.【动作】面板可以记录下所做的操作，然后对其他图像进行同样的处理。（　　）

4．可以将动作保存起来，以便日后再用，保存后的文件扩展名是.ATN。（　　）

5．72ppi 是适用于网页上的图像分辨率。（　　）

四、操作题（实训内容）

利用 Photoshop 内置的动作，制作拉丝金属文字效果图。

3D 与动画设计

应知目标

熟悉 3D 图像及动画制作的方法。

应会要求

掌握 Photoshop CS5 3D 图像及动画制作的操作方法与技巧。

9.1 3D 文件的创建与编辑

9.1.1 3D 的基础知识

3D，即是“3 Dimensions”，中文是指三个维度（三个坐标），即长、宽、高，换句话说，就是立体，是相对于只有长和宽的平面（2D）而言。

3D 立体图像具有真实的三维空间，景物栩栩如生，呼之欲出的立体效果令人叹为观止，神奇的视觉冲击和奇妙的装饰效果也令人耳目一新。立体图像反映了物体的三维关系，再现了物体的空间感和真实感。其原理是利用人两眼视觉差别和光学折射原理在一个平面内使人可直接看到一幅三维立体图,画中事物既可以凸出于画面之外，也可以深藏其中。

立体图像与平面图像有着本质的区别，平面图像反映了物体上下、左右二维关系，人们看到的平面图也有立体感。这主要是运用光影、虚实、明暗对比来体现的，而真正的立体画是模拟人眼看世界的原理，利用光学折射制作出来，它可以使眼睛感观上看到物体的上下、左右、前后三维关系。是真正视觉意义上的立体图像。立体图像技术的出现是在图像领域彩色替代黑白后又一次技术革命，也是图像行业发展的未来趋势，掌握了立体图像制作技术就是掌握了图像行业发展的金钥匙。

要制作立体图像（3D 图像），需要了解 3D 图像形成的原理，即立体原理（两眼视觉差原理）：因为人的两只眼睛之间有距离，观察现实物体时，两眼观察物体的角度有差异，即左、右两眼同时看到的同一物体因有视差的存在而略有不同，左眼看到的物体左面多一些，右眼看到的物体右面多一些，反映到大脑里，呈现出立体图像的感觉。简单表现在画面上，主要从以下因素去体现：事物的阴影，相对大小，高低对比；物体表面质地过渡；物体运动的连续性；物体形状，色彩、亮度、对比度；物体的透视性等。

简单来说，一个 3D 文件包含以下组件：

网格：提供 3D 模型的底层结构。网格看起来是由成千上万个单独的多边形框架结构组成的线框。3D 模型通常至少包含一个网格，也可能包含多个网格。在 Photoshop CS5 中，可以在多种渲染模式下查看网格，也可以分别对每个网格进行操作。需要注意的是要编辑 3D 模型本身的多边形网格，必须使用 3D 创作程序。

材质：一个网格可具有一种或多种相关的材质，材质控制整个网格的外观或局部网格的外观。这些材质构建于纹理映射，它们的积累效果可创建材质的外观。纹理映射是 2D 图像文件，可以产生各种品质，如颜色、图案、反光度或崎岖度。Photoshop 材质最多可使用九种不同的纹理映射来定义其整体外观。

光源：类型包括无限光、聚光灯、点光以及环绕场景的基于图像的光。

9.1.2　3D 文件的创建与存储

Photoshop 可以打开的 3D 格式包括以下类型：U3D、3DS、OBJ、DAE (Collada)和 KMZ(Google Earth)。

1．3D 文件的创建

可以通过以下两种方法打开 3D 文件：

（1）选择【文件】→【打开】命令，在弹出的【打开】对话框中，选择需要打开的 3D 文件。注意“打开命令”对话框中的文件类型选择“所有文件”。

（2）若在已打开的文件中添加 3D 文件，选择【3D】→【从 3D 文件新建图层】命令，在弹出的【打开】对话框中，选择该需要添加的 3D 文件。该 3D 模型将形成新的图层显示。

2．文件的存储

3D 文件制作完成后，要保留文件中的 3D 内容，则需要用受支持的 3D 文件格式将 3D 图层导出为文件。

具体操作步骤如下：

（1）选择【3D】→【导出 3D 图层】命令；

（2）选择导出纹理的格式：

- U3D 和 KMZ 支持 JPEG 或 PNG 作为纹理格式。
- DAE 和 OBJ 支持所有 Photoshop 支持的用于纹理的图像格式。

其中，若如果导出为 U3D 格式，编码选项中 ECMA1 与 Acrobat7.0 兼容； ECMA3 与 Acrobat8.0 及更高版本兼容，并提供一些网格压缩。

（3） 单击【确定】按钮。

9.1.3　3D 对象工具与 3D 相机工具

1．3D 对象工具

选定 3D 图层时，会激活工具箱中的 3D 对象工具与 3D 相机工具。其中使用 3D 对象工具可更改3D模型的位置或大小，其工具栏如图9.1所示。

图9.1　3D对象工具工具栏

：返回到3D模型的初始视图。

：3D对象旋转工具，上下拖动鼠标引起3D对象围绕X轴旋转；左右拖动鼠标引起3D对象围绕Y轴旋转。按住【Alt】键的同时进行拖移则是滚动3D模型。

：3D对象滚动工具，左右拖动鼠标引起3D对象绕Z轴旋转。

：3D对象平移工具，左右拖动鼠标可以沿水平方向移动3D模型；上下拖动鼠标可以沿垂直方向移动3D模型。按住【Alt】键的同时进行拖移鼠标则是沿X/Z轴方向移动。

：3D对象滑动工具，左右拖动鼠标可以沿水平方向移动模型；上下拖动鼠标可以将模型移近或移远。按住【Alt】键的同时进行拖移则是沿X/Y轴方向移动。

：3D对象比例工具，上下拖动鼠标可以将模型放大或缩小。按住【Alt】键的同时进行拖移则是沿Z轴方向缩放。

2．3D相机工具

3D相机工具可以更改场景视图，即使用3D相机工具可移动相机视图的同时保持3D对象的位置固定不变，其工具栏如图9.2所示。

图9.2　3D相机工具工具栏

：3D旋转相机工具，拖动鼠标可以将相机沿X轴或Y轴方向环绕移动，按住【Alt】键的同时进行拖移则是滚动相机。

：3D滚动拖动相机工具，拖动鼠标可以滚动相机。

：3D平移相机工具，拖动鼠标可以将相机沿X轴或Y轴方向平移，按住【Alt】键的同时进行拖移则是沿X轴或Z轴方向平移。

：3D移动相机工具，拖动鼠标可以移动相机（Z轴转换和Y轴旋转）。按住【Alt】键的同时进行拖移则是沿Z/X轴方向移动（Z轴平移和X轴旋转）。

：3D缩放相机工具，拖动鼠标可以更改3D相机的视角，最大视角为180。

：可以分为6种默认选择视图，也可以自定义视图模式，默认视图模式分别为：左视图、右视图、仰视图、俯视图、前视图、后视图。

不管是选择3D对象工具还是3D相机工具，在画布左上角始终会出现3D轴工具，如果不想要显示3D轴工具，选择【视图】→【显示】→【3D轴】命令。3D轴显示3D空间中模型、相机、光源和网格的当前X、Y和Z轴的方向。3D轴工具如图9.3所示。

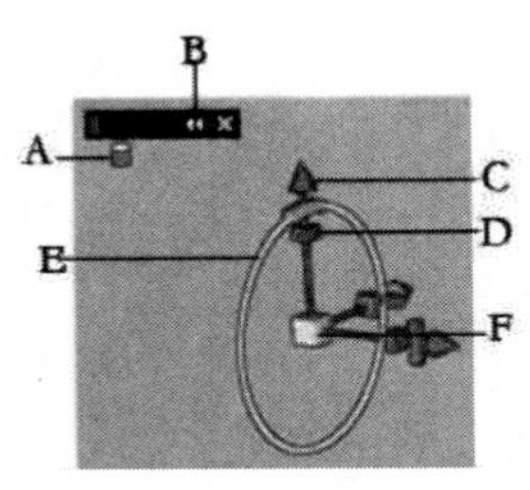

图9.3　3D轴工具

A. 选定工具；

B. 最大化或最小化3D轴；

C. 沿轴移动3D对象；

D. 旋转 3D 对象；
E. 压缩或拉长 3D 对象；
F. 调整 3D 对象大小。

9.1.4 3D 面板

选择 3D 图层，3D【面板】会显示其组件，如图 9.4 所示。要显示 3D 面板，有以下几种方法：

1. 选择【窗口】→【3D】命令。
2. 图层面板双击 3D 图层按钮 。
3. 选择【窗口】→【工作区】→【高级 3D】命令。

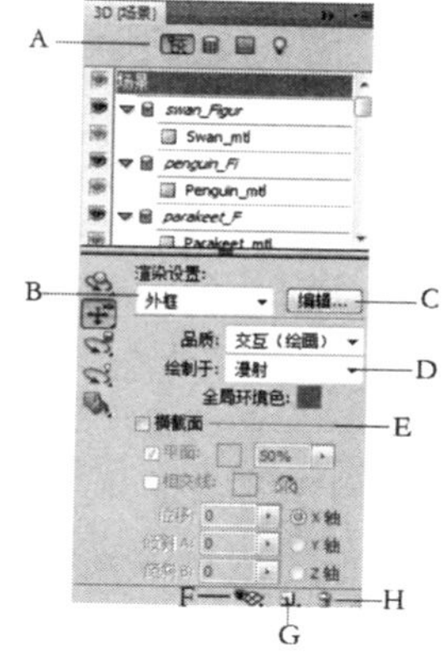

图 9.4 3D【面板】

面板各项参数介绍如下：

- A. 显示“场景”、“网格”、“材质”或“光源”选项，单击位于 3D【面板】上顶部的“网格”或“光源”旁的眼睛图标可以显示或隐藏 3D 网格或光源；
- B. 渲染设置菜单，指定 3D 模型的渲染预设；
- C. 自定渲染设置；
- D. 选择要在上面绘画的纹理；
- E. 横截面设置：

  “平面”：显示创建横截面的相交平面，有颜色和不透明度两个参数设置。

  “相交线”：选择以高亮显示横截面平面相交的模型区域。色板可以选择高光颜色；翻转横截面将模型的显示区域更改为相交平面的反面。

  “位移”：可以沿平面的轴移动平面而不改变平面的斜度。在使用默认位移 0 时，平面与 3D 模型相交于中点。使用最大正位移或负位移时，平面会移到它与模型的任何相交线之外。

  “倾斜”：可以将平面朝其任一可能的倾斜方向旋转至 360°。对于特定轴，倾斜设置会使平面沿其他两个轴旋转。如，将与 Y 轴对齐的平面绕 X 轴（“倾斜 1”）或 Z 轴（“倾斜 2”）旋转。对齐方式为交叉平面选择一个轴（X、Y 或 Z），则平面将与选定的轴垂直。
- F.切换叠加：可以查看 3D 地面、光源参考线、3D 选区等，地面是反映相对于 3D 模型的地面位置的网格。
- G. 添加新光源
- H. 删除光源

9.2 编辑 3D 对象

9.2.1 创建 3D 明信片

可以将 3D 明信片添加到现有的 3D 场景中，从而创建显示阴影和反射（来自场景中其他对象）的表面。操作步骤如下：

STEP 1 打开 2D 图像并选择要转换为明信片的图层。

STEP 2 选择【3D】→【从图层新建 3D 明信片】命令。

✦ 2D 图层转换为【图层】面板中的 3D 图层，2D 图层内容作为材质应用于明信片两面。

✦ 原始 2D 图层作为 3D 明信片对象的“漫射”纹理映射出现在【图层】面板中。

✦ 3D 图层保留原始 2D 图像的尺寸。

✦ 如要将 3D 明信片作为表面平面添加到 3D 场景，将新 3D 图层与现有包含其他 3D 对象的 3D 图层合并，然后根据需要进行对齐。

STEP 3 要保留新的 3D 内容，将 3D 图层以 3D 文件格式导出或以.PSD 格式存储。

9.2.2 创建 3D 形状

从图层新建形状命令会根据所选取的对象类型，最终得到的 3D 模型可以包含一个或多个网格。其中【球面全景】选项映射 3D 球面内部的全景图像。

创建 3D 形状的操作步骤如下：

STEP 1 打开 2D 图像并选择要转换为 3D 形状的图层。

STEP 2 选择【3D】→【从图层新建形状】命令，然后从菜单中选择一个形状，包括圆环、球面或帽子等单一网格对象，以及锥形、立方体、圆柱体、易拉罐或酒瓶等多网格对象。

注意

可将自己的“自定形状”添加到“形状”菜单中。形状是 Collada(.dae)3D 模型文件，要添加形状，将 Collada 模型文件放置在 Photoshop 程序文件夹中的“Presets\Meshes”文件夹下。

✦ 2D 图层转换为【图层】面板中的 3D 图层。

✦ 原始 2D 图层作为“漫射”纹理映射显示在【图层】面板中，可用于新 3D 对象的一个或多个表面，其他表面可能会指定具有默认颜色设置的默认漫射纹理映射。

STEP 3 若要将全景图像作为 2D 输入，需使用【球面全景】选项，该选项可将完整的 360*180 度的球面全景转换为 3D 图层。转换为 3D 对象后，可以在通常难以触及的全景区域上绘画，如极点或包含直线的区域。

STEP 4 将 3D 图层以 3D 文件格式导出或以.PSD 格式存储。

9.2.3 创建 3D 网格

【从灰度新建网格】命令可将灰度图像转换为深度映射，从而将明度值转换为深度不一的表面。较亮的值生成表面上凸起的区域，较暗的值生成凹下的区域。然后，Photoshop CS5

将深度映射应用于四个可能的几何形状中的一个，以创建 3D 模型。

具体操作步骤如下：

STEP 1 打开 2D 图像，并选择一个或多个要转换为 3D 网格的图层。

STEP 2 将图像转换为灰度模式。选择【图像】→【模式】→【灰度】命令，或选择【图像】→【调整】→【黑白】命令以微调灰度转换。

注意

如果将 RGB 图像作为创建网格时的输入，绿色通道会被用于生成深度映射；适当调整灰度图像以限制明度值的范围。

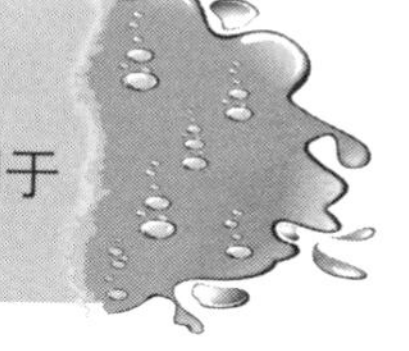

STEP 3 选择【3D】→【从灰度新建网格】命令，然后选择网格选项：

- ✦ 平面将深度映射数据应用于平面表面；
- ✦ 双面平面创建两个沿中心轴对称的平面，并将深度映射数据应用于两个平面；
- ✦ 圆柱体从垂直轴中心向外应用深度映射数据；
- ✦ 球体从中心点向外呈放射状地应用深度映射数据。

Photoshop CS5 可创建包含新网格的 3D 图层，还可以使用原始灰度或颜色图层创建 3D 对象的“漫射”、“不透明度”和“平面深度映射”纹理映射，可以随时将“平面深度映射”作为智能对象重新打开并进行编辑。存储时，会重新生成网格。

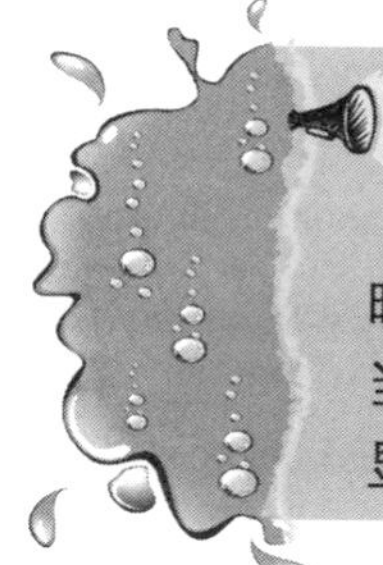

注意

“不透明度”纹理映射不会显示在【图层】面板中，因为该映射使用与“漫射”映射相同的纹理文件（原始的 2D 图层）。当两个纹理映射参考相同的文件时，该文件仅在【图层】面板中显示一次。

9.2.4 转换 3D 图像为 2D 图像

转换 3D 图层为 2D 图层可将 3D 内容在当前状态下进行栅格化，只有不想再编辑 3D 模型位置、渲染模式、纹理或光源时，才可将 3D 图层转换为常规图层，栅格化的图像会保留 3D 场景的外观，但格式为平面化的 2D 格式。

操作步骤为在【图层】面板中选择 3D 图层，执行【3D】→【栅格化】命令。

9.2.5 使用【凸纹】命令创建 3D 对象

要使用【凸纹】命令创建 3D 对象，需有文字图层、选区、图层蒙版或是路径作为使用对象，注意文字不得有加粗倾斜等格式设置，创建好凸纹 3D 对象之后，【凸纹】命令对话框如图 9.5 所示。

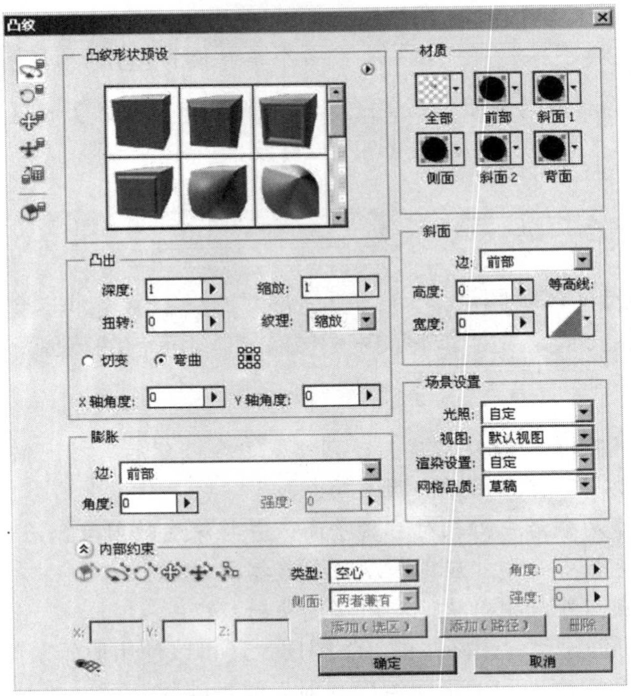

图 9.5 【凸纹】对话框

其中，左侧缩略图对应工具栏的 3D 对象工具与 3D 相机工具，“凸纹形状预设”、“凸出”与“膨胀”三组参数设置是针对 3D 对象的形状大小进行设置的；“材质”参数控制 3D 对象的纹理映射；“斜面”参数控制 3D 对象凹凸纹理的深度与阴影、光泽等。

△ 应用举例——制作立体景物图

操作步骤

STEP 1 新建一高、宽为“400*400”像素，“分辨率”为“72 像素/英寸”，“颜色模式”为：“灰度”的文件，按【Ctrl+J】组合键，复制一个新的图层。

STEP 2 选择【3D】→【从图层新建形状】→【立方体】命令，如图 9.6 所示，效果如图 9.7 所示。

STEP 3 打开【3D】面板，选择【场景】→【左侧材质】，选择【漫射】命令下的【载入纹理】，如图 9.8 所示，载入素材文件夹下的“风景一.jpg”。

STEP 4 在图层上我们看不到贴入的图片，是因为选择的是左侧材质，而目前是右侧材质在前面，所以【3D】面板上的选择 3D 旋转工具进行旋转，效果如图 9.9 所示。

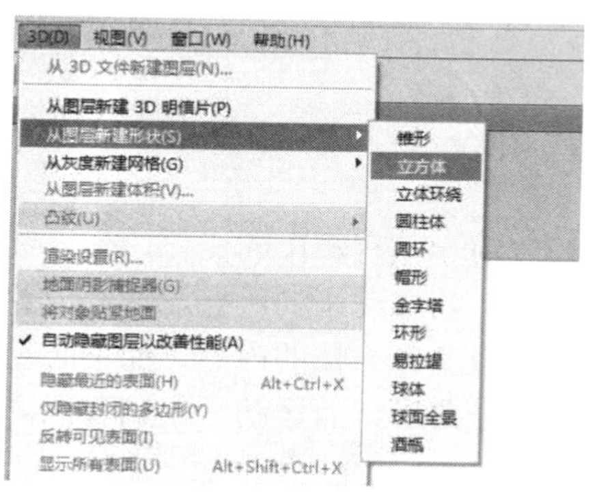

图 9.6　从图层新建形状菜单

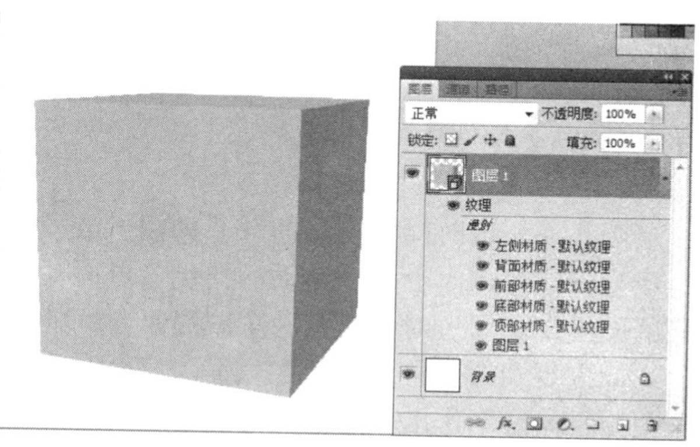

图 9.7　新建立方体效果及【图层】面板

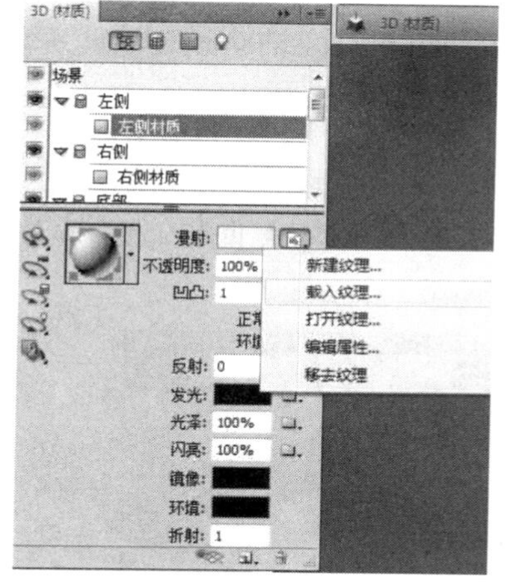

图 9.8　载入纹理命令

图 9.9　载入纹理效果

STEP 5　以此类推，利用 3D 旋转工具将其余五个面全部载入纹理，效果如图 9.10 所示。

图 9.10　最终效果图

STEP 6　可选取光源工具，进行光的强度、光线颜色、方向等的调整。

9.3 制作动画

动画是在一段时间内显示的一系列图像或帧。每一帧较前一帧有轻微的变化，当连续、快速地显示这些帧时会产生运动的错觉，这时就形成了动画。构成动画的所有元素都放置在不同的图层中。通过对每一帧隐藏或显示不同的图层，可以改变每一帧的内容，而不必一遍又一遍地重复和改变整个图像。只需为每个静态元素创建一个图层，而运动元素则可能需要若干个图层才能制作出平滑过渡的运动效果。

9.3.1 动画面板

Photoshop CS5 中的动画根据形成的不同可以分为帧动画和时间轴动画。这两种动画的面板是不同的，分别为【动画（帧）】面板和【动画（时间轴）】面板。

1. 动画（帧）面板

选择【窗口】→【动画】命令，一般显示出的即为【动画（帧）】面板，如图 9.11 所示。

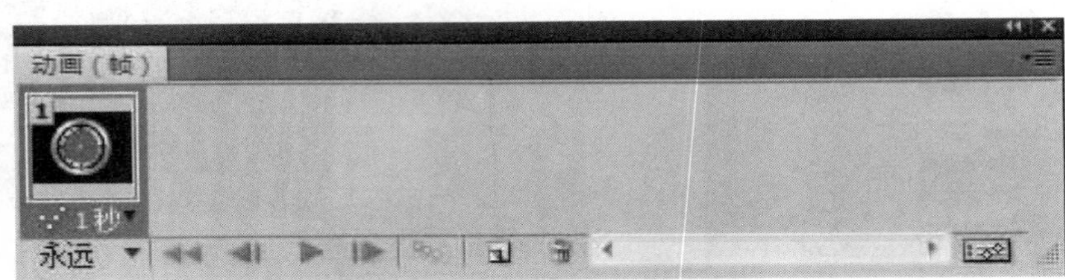

图 9.11 【动画（帧）】面板

"帧缩览图"：在该面板中显示出每一帧的缩览图。单击缩览图下方的下拉按钮▼，在弹出的下拉列表中可以指定每帧的播放速度。

"选择循环选项"下拉列表框：单击 永远 ▼ 下拉按钮，在弹出的下拉列表中可指定帧的播放形式，系统提供"一次"、"3 次"、"永远"和"其他"4 个选项。若选择"其他"选项，则会弹出【设置循环次数】对话框，可设置播放的次数。

按钮组：该按钮组中的按钮从左到右依次为"选择第一帧"按钮，"选择上一帧"按钮，"播放动画"按钮，"选择下一帧"按钮，"过渡动画帧"按钮，"复制所有帧"按钮，"删除所有帧"按钮。

"转换为时间轴动画"按钮：该按钮位于面板右下角，单击该按钮，即可将【动画（帧）】面板转换为【动画（时间轴）】面板。

2. 动画（时间轴）面板

【动画（时间轴）】面板显示文档各个图层的帧持续时间和动画属性，通过在时间轴中添加关键帧的方式，设置各个图层在不同时间的变化情况，从而创建出动画效果。

通过在【动画（帧）】面板单击"转换为时间轴动画"按钮，即出现【动画（时间轴）】面板，如图 9.12 所示。

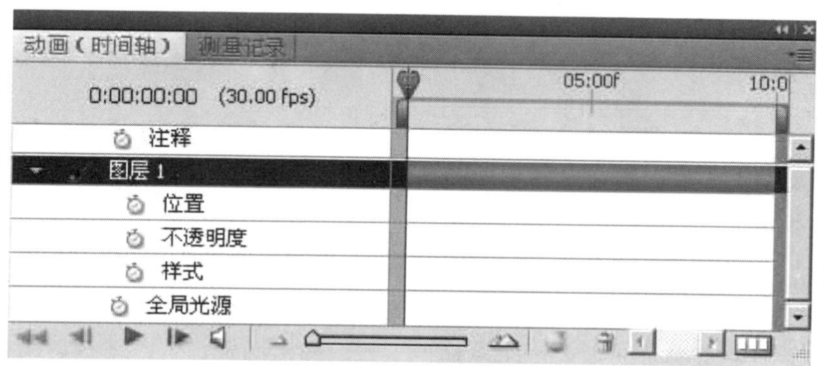

图 9.12 【动画（时间轴）】面板

“三角形扩展”按钮：单击“图层 1”前的三角形扩展按钮，当其变为时，即可在其下显示出可对该图层进行调整的一些属性，包括位置、不透明度、样式、全局光源。

“时间-变化秒表”按钮：在每一个属性前都有时间指示器，单击该按钮，即可在指定的时间帧下添加一个关键帧。此时的关键帧以黄色小方块◇显示，如图 9.13 所示。

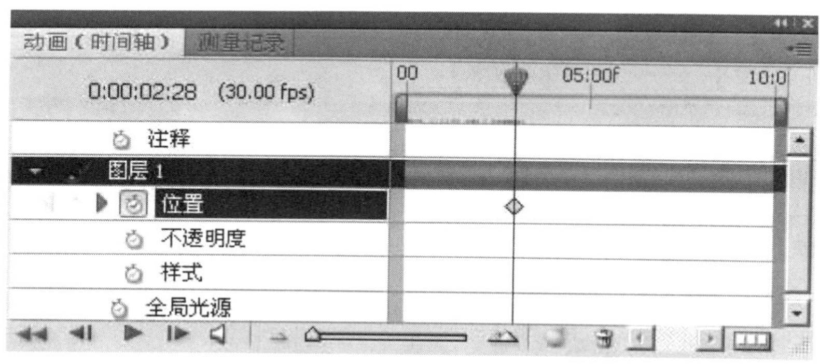

图 9.13 添加关键帧

“启动音频播放”按钮：单击可启动视频的音频播放功能。再次单击启动静音音频播放。

滑块：拖动滑块可放大和缩小时间显示。

“切换洋葱皮”按钮：洋葱皮模式显示在前帧中绘制的内容和在周围帧中绘制的内容。这些内容附加的帧以指定的不透明度显示，与当前帧区分开。该模式适用于逐帧动画的绘制，可以提供如描边位置和其他编辑操作的参考点。

“图层持续时间条”：在图层后显示了绿色的图层持续时间条，指定图层在视频或动画中的视觉位置。如图 9.13 所示中的绿色的长条。

“当前时间指示器”：拖动该指示器，即可浏览帧或更改当前时间或帧。

“工作区开始”滑块和“工作区结束”滑块：这两个分别指示了视频工作区的开始和结束位置。

“转换为帧动画”按钮：单击即可切换到【动画（帧）】面板。

9.3.2 创建与编辑动画

1. 创建新帧

打开素材“钟.psd”，选择【窗口】→【图层】命令及【窗口】→【动画】命令，使【图层】面板与【动画】面板出现在工作界面中。这时在【动画】面板出现的就是第一帧，也是程序默认的图片正常状态。

单击【动画】面板下方的复制当前帧按钮，就可以建立第2帧。

2. 预览与存储

在【动画】面板每一帧的下部单击“秒”字右边的小倒三角形，选择希望每一帧显示的时间 0～240 秒 (可以自己调整)。最后，单击【动画】面板中的【播放】按钮，就可以直接测试动画效果,并可以选择【文件】→【存储为 Web 和设备所用格式】命令，将我们的成果保存起来。

也可以打开任意一幅 GIF 动画图片，对每一帧进行编辑修改。与 Fireworks 比较，Photoshop 界面更加友好，操作更加简便。

△ 应用举例——制作秒钟

本实例将通过“走动的秒钟”实例的制作，来帮助大家熟悉动画效果的使用。

操作步骤

STEP 1 打开素材“钟.psd”文件，如图 9.14 所示。

图 9.14 素材“钟”

STEP 2 单击【动画】标签，或是选择【窗口】→【动画】命令，打开【动画】面板，如图 9.15 所示。

图 9.15 【动画】面板

STEP 3 在【动画】面板上新建一个帧，并在【图层】面板上对“秒针”图层新建一个副本，选中副本按【Ctrl+T】组合键对其旋转 6 度，并隐藏“秒针”图层。

STEP 4 在【动画】面板上新建一个帧，并在【图层】面板上对“秒针副本”新建一个副本 2，选中副本按【Ctrl+T】组合键对其旋转 6 度，并隐藏“秒针”及“秒针副本”。每次图层新建一个副本 *n*，在动画面板必须新建一个帧，并隐藏其余的“秒针副本”……

STEP 5 重复以上步骤完成 60 个秒针的制作，这样，一个可以走 60 秒的秒钟就制作完成，钟的动画效果见效果图中的“钟.gif”。

☆ 课堂练习——制作渐隐字体

操作步骤

STEP 1 新建一宽、高为“600 像素*400 像素”，背景为“透明”，文件名为“个性签名”的文件。选择横排文字工具 T，字体为“华文彩云”，字号大小为“256 点”，字体颜色为“黑黄”，写下自己喜欢的字。打开素材图片“纹理.jpg”，将其移动到“个性签名.psd”文件中，命名为“纹理”，选择文字图层，建立选区，按【Ctrl+Shift+I】组合键选择反选，再选择“纹理”图层，按【Delete】键删除多余部分，在“混合模式”中选择“图案叠加”，然后使用【滤镜】→【纹理】→【纹理化】命令，在弹出的【纹理化】对话框中，设置“纹理”为“粗麻布”，单击【确定】按钮，效果如图 9.16 所示。

图 9.16 “渐隐字体”效果图

STEP 2　将两个图层合并，打开【动画】面板，单击“复制当前帧”，得到一个新帧，如图 9.17 所示。

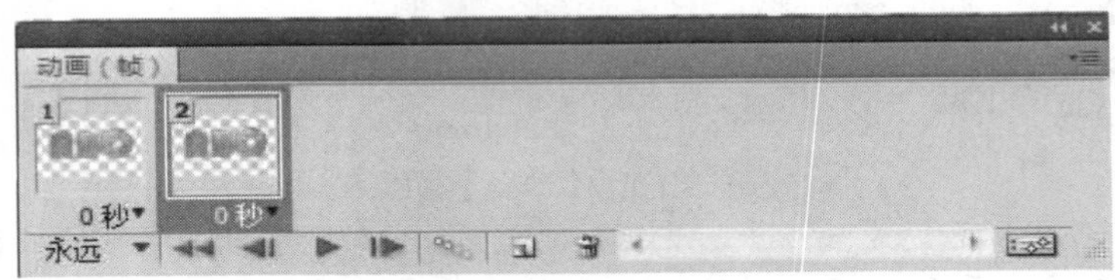

图 9.17　【动画】面板

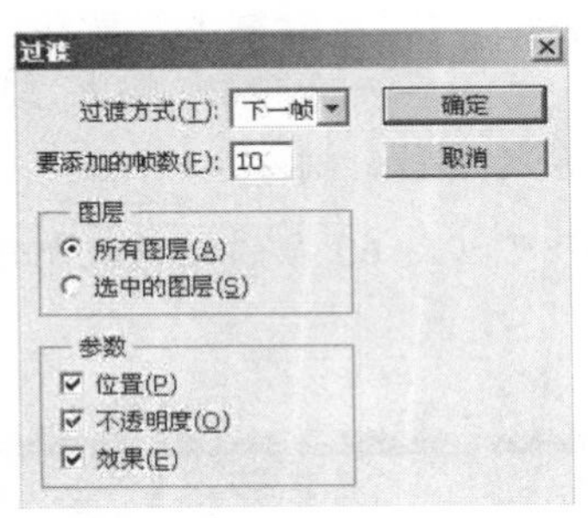

图 9.18　【过滤】对话框

STEP 3　在【图层】面板上,将“不透明度”设置为 0%，然后选择第一帧，单击【动画】面板上的过渡按钮，在弹出的对话框中设置要添加的帧为 10，这个参数是指在两个帧之间插入多少个帧来过渡（在这里可以选择过渡到一下帧或者是最后一帧，也可以只针对一个图层或所有图层，同时还可以选择对位置、不透明度或效果来进行过渡），如图 9.18 所示。

STEP 4　如果消失后立即出现的话还是不大自然，应该再加一个慢慢出现的过程。选择最后一帧（第 12 帧），把“透明度”改为 90%，再选择第 11 帧，插入一个 10 帧的过渡，再将所有帧的延迟时间设置为 0.1 秒，就完成了动画的制作，动画效果见渐隐效果.gif。

9.4　典型实例剖析——制作飘雪 GIF 图像

本案例将介绍如何制作用于网页的飘雪 GIF 图像，最终效果如图 9.19 所示。

图 9.19　“飘雪“效果图

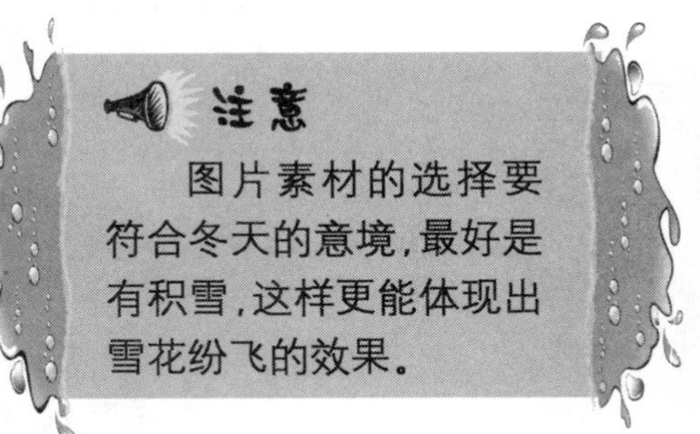

操作步骤

STEP 1　选择【文件】→【打开】命令，打开素材 “雪景.jpg” 文件。

STEP 2　新建 “图层 1”，将前景色与背景色恢复为默认前景色与背景色，选择【滤镜】→【渲染】→【云彩】命令，再选择【滤镜】→【渲染】→【分层云彩】命令。效果如图 9.20 所示。

STEP 3　选择【滤镜】→【风格化】→【风】命令，在弹出的【风】对话框中设置参数，如图 9.21 所示，单击【确定】按钮。再选择【滤镜】→【模糊】→【高斯模糊】命令，在弹出的【高斯模糊】对话框中，设置 “半径” 为 “10 像素”，单击【确定】按钮，效果如图 9.22 所示。

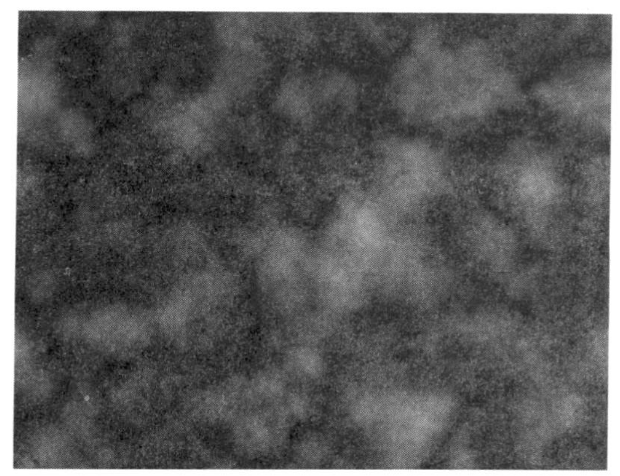

图 9.20　添加【云彩】和【分层云彩】滤镜后的效果

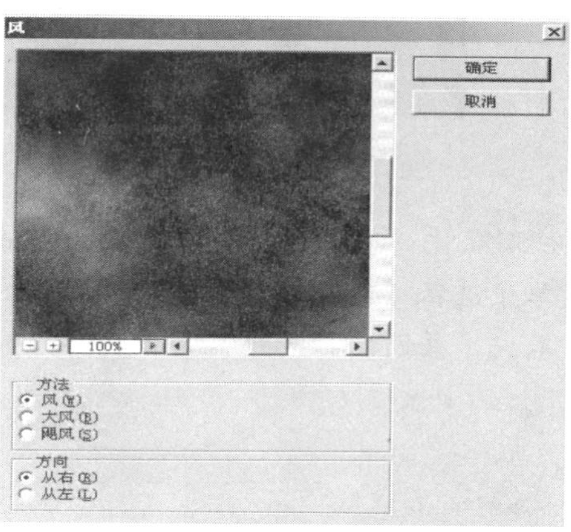

图 9.21　【风】滤镜对话框

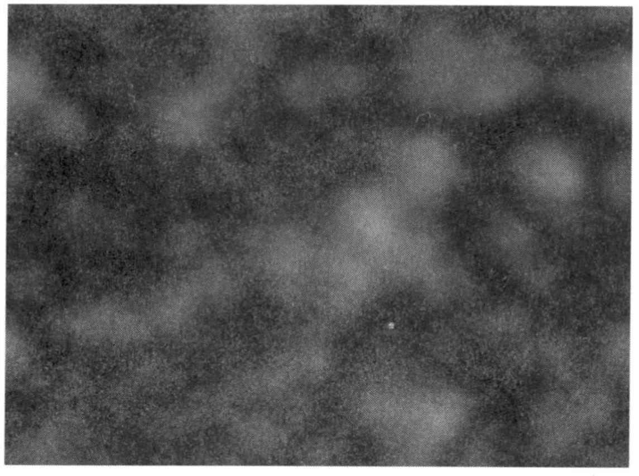

图 9.22　添加【高斯模糊】滤镜效果

STEP 4　选择工具箱中的魔棒工具，其工具属性栏设置如图 9.23 所示，建立如图 9.24（左）所示的选区；切换到【路径】面板，单击【从选区生成到工作路径】按钮，创建工作路径，如图 9.24（右）所示。

图 9.23 【魔棒】工具属性栏

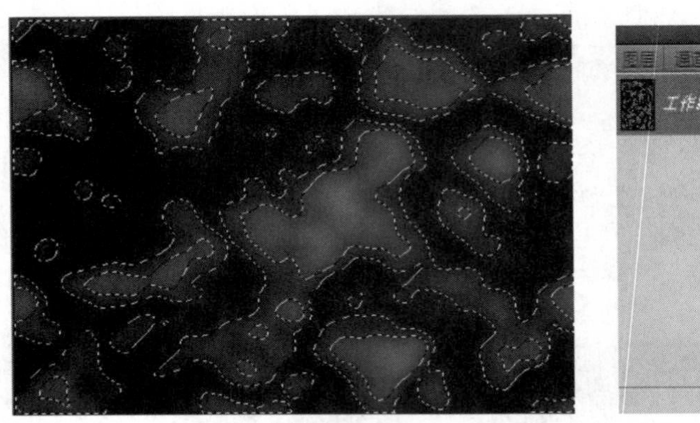

图 9.24 利用滤镜效果创建工作路径

STEP 5 选择画笔工具，在弹出的对话框中，单击右上角的三角按钮，在打开的快捷菜单中选择【混合画笔】命令，如图 9.25 所示。打开【画笔】面板，选择其中的“雪花状”笔尖，并设置“间距”为“400”，如图 9.26 所示。

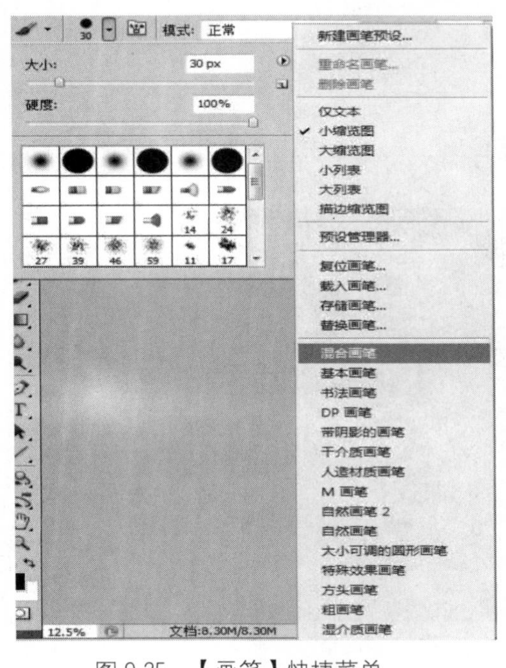

图 9.25 【画笔】快捷菜单

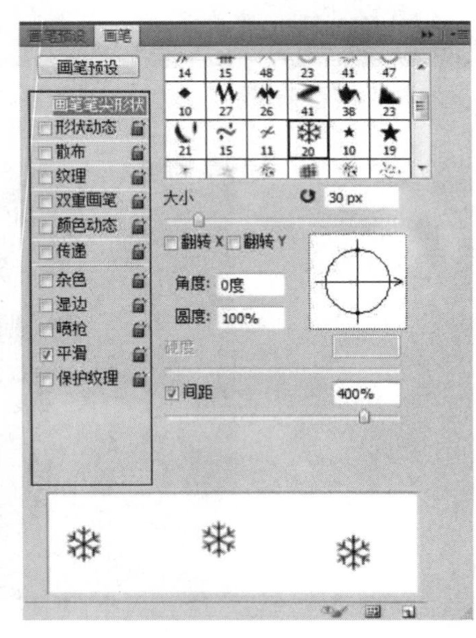

图 9.26 【画笔】面板

STEP 6 新建“图层 2”，在【路径】面板中使用画笔描边路径按钮，进行描边，效果如图 9.27 所示。

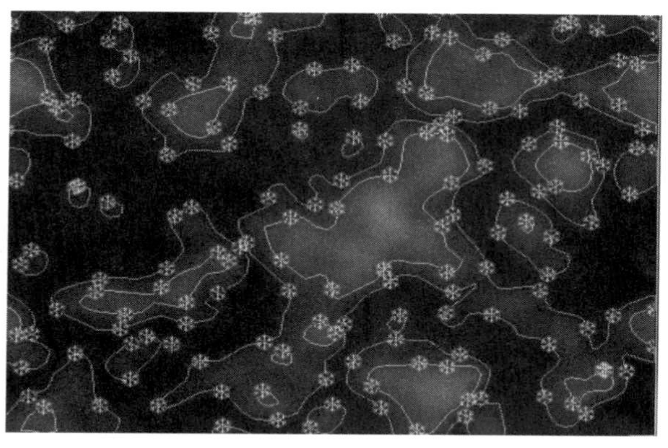

图 9.27　对路径进行描边的效果

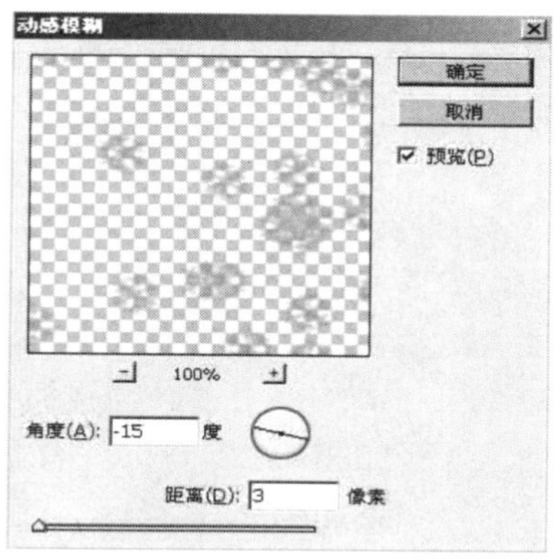

图 9.28　【动感模糊】对话框

STEP 7　按照步骤 6，再新建两个图层，将笔尖间距分别设为“600”和“700”，并进行描边，然后将“图层 1”删除，再分别对图层 2、3、4 进行动感模糊，在打开的【动感模糊】对话框中设置参数，如图 9.28 所示，得到的效果如图 9.29 所示。

图 9.29　三次描边后的效果图

STEP 8　将【动画】面板打开，此时【动画】面板中只有一帧，在【图层】面板中将图层 2、3 设置为“不可见”，单击【动画】面板中的【复制当前帧】按钮，选择第二帧，设置图层 3 为“可见”，图层 2、4 为“不可见”，再复制出第三帧，选择第三帧，设置图层 2 为“可见”，图层 3、4 为“不可见”，此时【动画】面板如图 9.30 所示。

图 9.30　【动画】面板

STEP 9　选中第一帧，单击动画帧过渡按钮，在第一与第二帧中插入 3 个过渡帧，同样在第二与第三帧中插入 3 个过渡帧。

注意

过渡帧插入完成后，最后一帧还应该设置一下过渡效果。同样，单击动画帧过渡按钮，在【过渡】对话框中设置参数，如图 9.31 所示，然后，设置延迟时间为"0.2 秒"，得到的效果如图 9.32 所示。

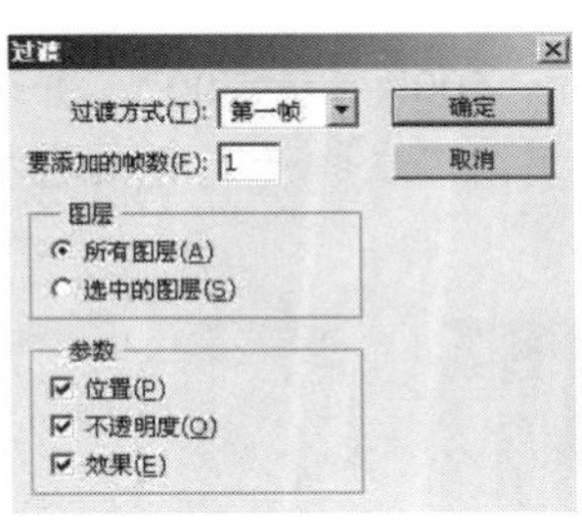

图 9.31 【过滤】对话框

图 9.32 设置延迟时间

STEP 10　单击【播放动画】按钮，就可以观看到效果了，然后选择【文件】→【存储为 Web 和设备所用格式】命令，将图像存储为 GIF 格式，动画效果见"雪景效果.gif"。

◎ 复习思考题

一、单选题

1．Photoshop 可以打开的 3D 格式不包括以下（　　）。

A．DAE (Collada)　　B. U3D

C．KMZ (Google Earth)　　D. IGS

2．以下对 Web 图像格式的叙述中错误的是（　　）。

A．GIF 是基于索引色表示的图像格式，它可以支持上千种颜色

B．JPEG 适合于诸如照片之类的具有丰富色彩的图像

C．JPEG 和 GIF 都是压缩文件格式

D．GIF 支持动画，而 JPEG 不支持

3．3D 的含义是（　　）。

A．3 Dimensions　　B．3 Done　　C．3 Dix　　D．3 Dman

4．【动画】面板有（　　）。

A.【动画（帧）】一种面板　　B.【动画（时间轴）】一种面板
C.【动画（帧）】和【动画（时间轴）】两种面板　　D. 以上都不对

5. 当使用 JPEG 作为优化图像的格式时（　　）。
A. JPEG 虽然不能支持动画，但比其他的文件格式（GIF 和 PNG）所产生的文件一定小
B. 当图像颜色数量限制在 256 色以下时，JPEG 文件总比 GIF 的大一些
C. 图像质量百分比值越高，文件尺寸越大
D. 图像质量百分比值越高，文件尺寸越小

6. 把二维图像合并到三维图像中，可以直接按（　　）快捷键。
A.【Ctrl+E】　　B.【Ctrl+Alt+E】
C.【Ctrl+Shift+E】　　D.【Ctrl+Alt+Shift+E】

7. 图像优化是指（　　）。
A. 把图像处理得更美观一些
B. 把图像尺寸放大使观看更方便一些
C. 使图像质量和图像文件大小两者的平衡达到最佳，也就是说在保证图像质量的情况下使图像文件达到最小
D. 把原来模糊的图像处理得更清楚一些

8. 在使用过渡功能制作动画时，以下哪项是不能实现的？（　　）
A. 可以实现层中图像的大小变化　　B. 可以实现层透明程度的变化
C. 可以实现层效果的过渡变化　　D. 可以实现层中图像位置的变化

9. 想要保存动画图像文件，应选择【文件】菜单中的（　　）命令。
A.【存储（S）】　　B.【存储为（A）…】
C.【存储为 Web 和设备所用格式（D）…】　　D. 以上都不对

10. 通过选择【文件】→【存储为 Web 和设备所用格式（D）…】命令保存的动画图像文件格式是（　　）。
A. .EXE　　B. .PSD　　C. .JPEG　　D. .GIF

二、多选题

1. 3D 图层与 Photoshop 中的其他图层有何不同？（　　）
A. 3D 图层包含一个或多个定义 3D 对象的网格
B. 用户可处理 3D 图层包含的网格、材质、纹理映射和纹理
C. 调整 3D 图层的光源
D. 可对其应用图层样式、添加蒙版等

2. 在 3D 相机工具的属性选项栏中，【视图】下拉列表中的默认视图模式有（　　）。
A. 正对相机　　B. 侧光图　　C. 仰视图　　D. 俯视图

3. 在粘贴帧中有哪些粘贴方式？（　　）
A. 替换帧　　B. 在选区之上粘贴　　C. 在选区前粘贴　　D. 替换链接帧

4. Photoshop CS5 的【3D】面板可以控制 3D 对象的（　　）。
A. 整个场景　　B. 网格　　C. 材质　　D. 光源

5. Photoshop CS5 提供了 3 种类型的 3D 光源，分别是（　　）。
A. 全局光　　B. 无限光　　C. 聚光灯　　D. 点光

三、判断题

1. 常数是【3D】面板中的按钮之一。 （ ）
2. 普通2D图层可以转换为3D图层。 （ ）
3. 在Photoshop CS5中3D图层能和2D图层进行合并。 （ ）
4.【动画（帧）】面板不能切换到【动画（时间轴）】面板。 （ ）
5. 影响文件大小的几个重要因素是分辨率、图像尺寸、颜色数目和图像格式。 （ ）

四、操作题（实训内容）

制作3D电影宣传海报。

典型应用实例

应知目标

懂得利用 Photoshop CS5 进行平面图像处理的基本方法。

应会要求

掌握使用 Photoshop CS5 进行摄影后期制作、平面广告设计、动画制作及网页图像制作等基本操作。

本章主要是介绍如何利用前面所学的知识与技能来制作常用的、较典型的实用案例。本章分成三节，共介绍 7 个典型实例的制作。

10.1 照片后期制作实例

10.1.1 影像合成

本实例主要通过背景照片和人像照片默契合成，使人物成为美丽风景照片中的主人公，其效果如图 10.1 所示。

图 10.1 影像合成后的效果

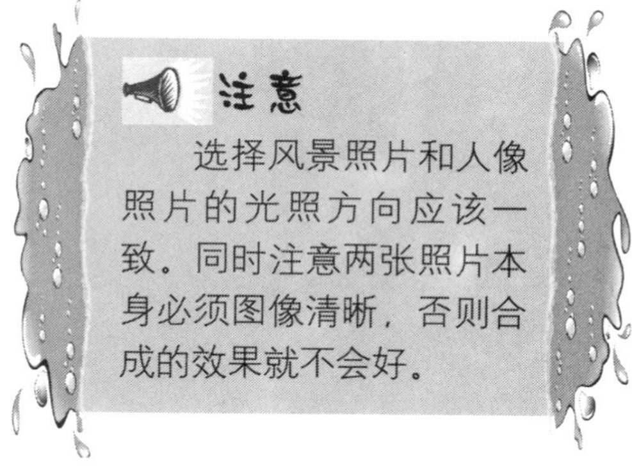

操作步骤

STEP 1 打开背景照片“故宫.TIF”，如图 10.2 所示，再打开人像照片“小孩.jpg”，如图 10.3 所示。

图 10.2 背景照片

图 10.3 人像照片

STEP 2 选择磁性套索工具，对“小孩”图像进行轮廓选区，选择【选择】→【反向】命令，按【Delete】键，如图 10.4 所示，并将其拖入“故宫”图像中。

STEP 3 接着对“小孩”轮廓的一些毛糙边缘，用工具箱中的橡皮擦工具轻轻地擦一下，使图像更好地融入背景中，并按【Ctrl+T】组合键，把小孩大小及位置调整到与整个画面相适宜，然后在工具属性栏上单击“✓”，效果如图 10.5 所示。

图 10.4 抠出后的人像

图 10.5 人像拖入背景图像并调整后的效果

STEP 4 由于背景照片与小孩照片的色温存在差别：小孩的整体色温偏“红”，而背景则整体色温偏“青蓝”，所以必须将它们调节相近，这样合成后才能看起来逼真。选择“小孩”图层，选择【图像】→【调整】→【色彩平衡】命令，弹出如图 10.6 所示对话框，将色阶中的青色调整为“–10”，蓝色调整为“+10”，然后单击【确定】按钮。

同时，激活“背景”图层，选择【图像】→【调整】→【亮度与对比度】命令，将背景的亮度与对比度分别增加“10”，以配合小孩的亮度。

STEP 5　如果“小孩”的边缘过于锐化，不能与背景照片很好地融合，这就要使用USM 锐化功能解决问题。选择【滤镜】→【锐化】→【USB 锐化】命令，在弹出的【USB 锐化】对话框中，“数量”设为“50%”，“半径”为“20 像素”，“阈值”为“145 色阶”，如图 10.7 所示。

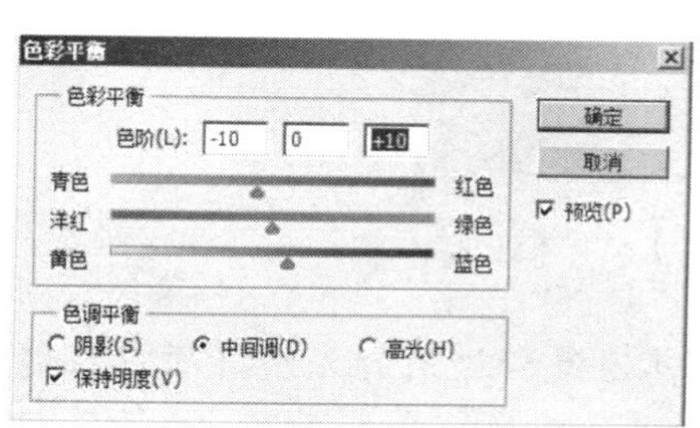

图 10.6　【色彩平衡】对话框

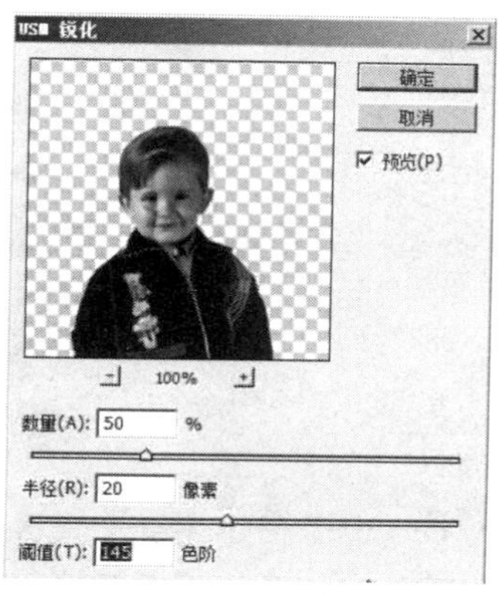

图 10.7　【USM 锐化】对话框

STEP 6　背景照片是在阳光下拍摄的，小孩在阳光下应该有阴影，所以我们要给小孩进行人工造影。

单击“小孩”图层，复制该图层。选中复制的图层，按【Ctrl+T】组合键进行自由变换，右击鼠标在弹出的下拉式菜单中，选择【扭曲】命令，进行变形，使其大小与阴影相差不多，如图 10.8 所示。然后将它全部填成黑色，做成阴影。但阴影用纯黑色不够自然，使用工具箱中的吸管工具吸取背景中的暗色，将前景色取它们的同色，来填充阴影部分。

注意

小孩的倒影角度与阳光一致性

图 10.8　制造人像在阳光下的阴影

STEP 7　在【图层】面板中选“图层 1 副本”层，选择【选择】→【载入选区】命令，将变形后的“小孩”全部选取，然后按【Alt+←】组合键，用前景色填充，绘制阴影。

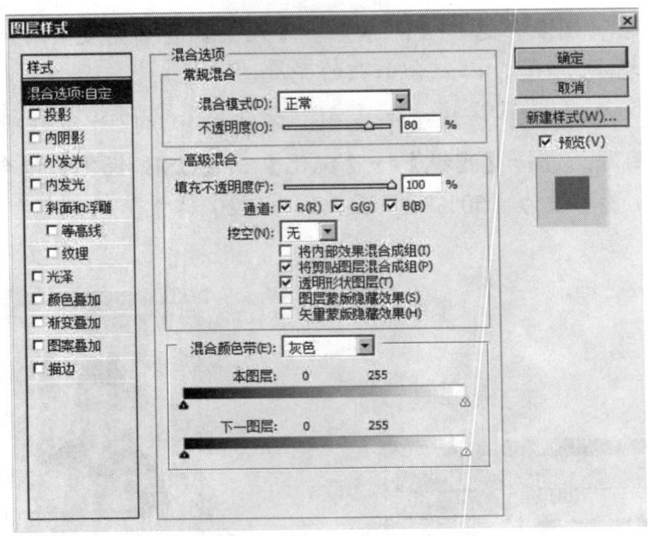

图 10.9 【图层样式】对话框

STEP 8 由于阴影不会全是黑压压的，会有其他漫射过来的光线，所以在这个阴影图层样式上，可将它的不透明度改成“80%”，透出一点地面的颜色，如图 10.9 所示，这样逼真一些，最终产生如图 10.1 所示的影像合成效果图。

10.1.2 普通照片修饰

我们平常拍摄的照片大多数是非常平凡、普通的，如何使普通的照片表现出特殊效果，将照片更改为完全不同的感觉，这就是 Photoshop 魅力之所在。本实例将一张非常普通的彩色照片，通过 Photoshop 的加工，制作成斑驳陈旧、退色的老照片效果，如图 10.10 所示，来充分表现 Photoshop 对普通照片的修饰作用。

图 10.10 斑驳陈旧、退色的老照片效果

操作步骤

STEP 1 打开一幅普通照片“水乡民居 .jpg”，如图 10.11 所示。

图 10.11 “水乡民居”彩照

STEP 2 选择【图像】→【调整】→【色相/饱和度】命令，在弹出的【色相/饱和度】对话框中设置参数，如图 10.12 所示，然后单击【确定】按钮。此操作是降低图像的饱和度，改变图像颜色为单一颜色，其效果如图 10.13 所示。

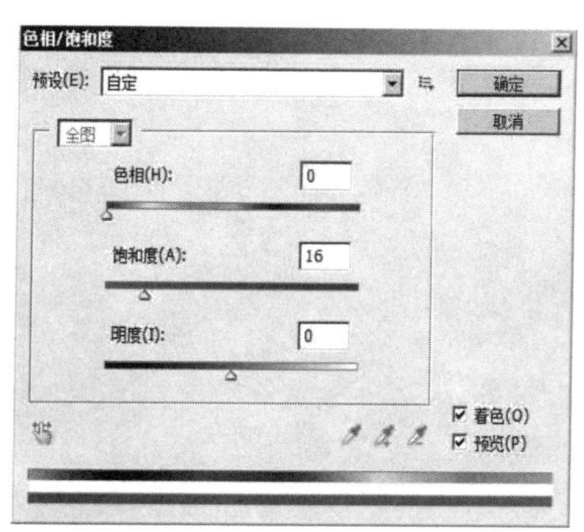

图 10.12 【色相/饱和度】对话框

图 10.13 降低饱和度后的单一颜色图像

STEP 3 选择【滤镜】→【杂色】→【添加杂色】命令，为图像添加杂点效果。在弹出的【添加杂色】对话框中设置参数，如图 10.14 所示，然后单击【确定】按钮，其效果如图 10.15 所示。

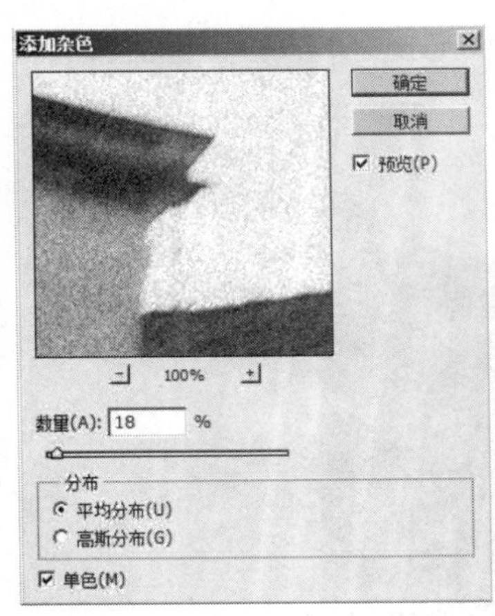

图 10.14 【添加杂色】对话框

图 10.15 添加杂点效果后的图像

STEP 4 选择【滤镜】→【杂色】→【蒙尘与划痕】命令，以去除图像上的杂点。在弹出的【蒙尘与划痕】对话框中，设置“半径”为“1 像素”，然后单击【确定】按钮。

STEP 5 选择【编辑】→【渐隐蒙尘与划痕】命令，在弹出的【渐隐】对话框中设置参数，如图 10.16 所示，单击【确定】按钮，效果如图 10.17 所示。

渐隐
不透明度(O): 28 %
确定
取消
模式(M): 颜色减淡
预览(P)

图 10.16 【渐隐】对话框

图 10.17 实施“渐隐蒙尘与划痕”的效果

STEP 6 选择【滤镜】→【纹理】→【颗粒】命令，在图像中添加纵向波纹。在弹出的【颗粒】对话框中设置参数，如图 10.18 所示，单击【确定】按钮，这样就得到了如图 10.10 所示的斑驳陈旧、退色的老照片效果。

图 10.18　添加【颗粒】滤镜效果

10.1.3　用照片制作个性化台历

当我们通过数码相机拍摄到美丽的景观时，很想不时地拿出来欣赏一下，这时不妨通过 Photoshop 把它们做成台历，放在您的办公桌上，时刻可以欣赏。下面的实例就是通过已拍摄到的美丽郁金香照片为背景，通过 Photoshop 的巧妙处理，做成个性化台历的效果，如图 10.19 所示。

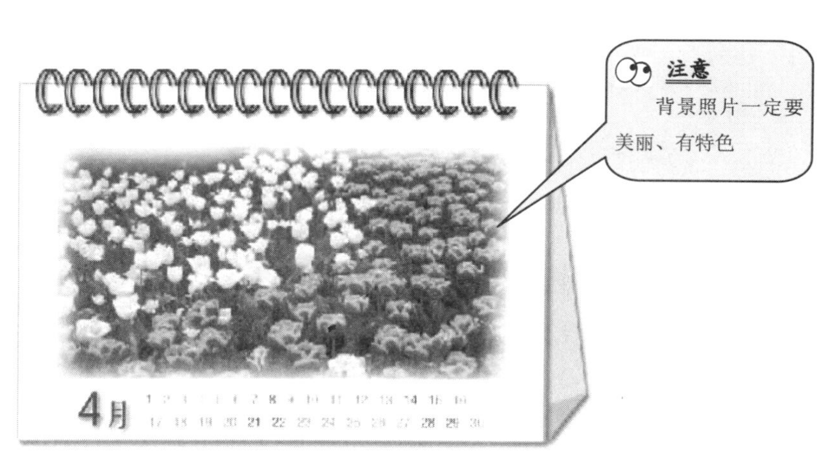

图 10.19　个性化台历效果

操作步骤

STEP 1 选择【文件】→【新建】命令，在弹出的对话框中设置参数，如图 10.20 所示。选择工具箱中的矩形选框工具，然后在选项栏中将“样式”设为“固定大小”，“宽度”设为“520 像素”，“高度”设为“380 像素”，单击操作窗口，得到如图 10.21 所示图像。

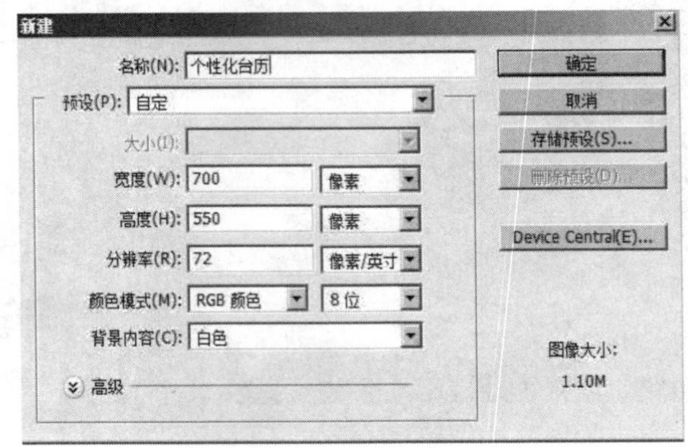

图 10.20 【新建】对话框

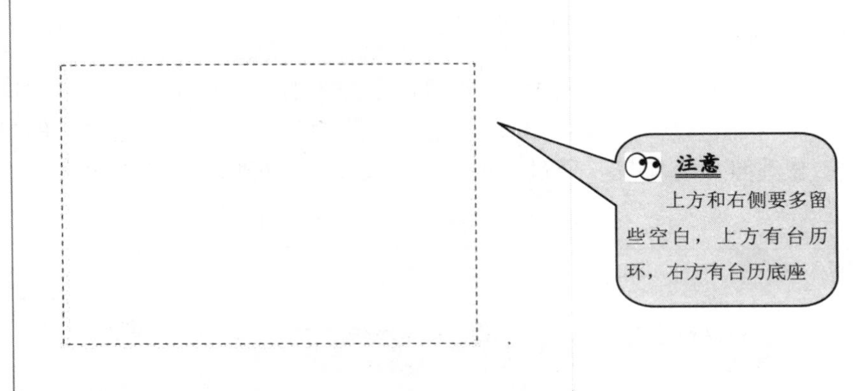

图 10.21 新建图像中的选区位置

STEP 2 选择【图层】→【新建】→【通过拷贝的图层】命令，复制选区图层。给该图层重命名为“台历正面”。选择【编辑】→【描边】命令，在弹出的【描边】对话框中，将“宽度”设置为“1.5 像素”，“位置”设置为“居外”，“颜色”设置为“淡灰”，然后单击【确定】按钮，得到台历正面边框，如图 10.22 所示。

图 10.22 经过“描边”处理的台历边框

STEP 3 为了增加阴影效果，单击【图层】面板下面添加图层样式按钮 ，选择【投影】命令，在弹出的【图层样式】对话框中，将“不透明度”设置为“50%”，然后单击【确定】按钮。

选择工具箱中的橡皮擦工具 ，在选项栏将“画笔”选为“硬边方形 14 像素”，然后在选项栏中单击切换画笔面板 按钮，单击“画笔笔尖形状”，将“间距”设为“200%”，并在台历正面上方单击起始点，按住【Shift】键向右侧拖动，擦出一排方孔，如图 10.23 所示。

图 10.23　制作台历上方的一排方孔

STEP 4　单击【图层】面板上的按钮 新建一图层，添加插入方孔中的圆圈。重新取图层名为“圆圈”。选择工具箱中的椭圆选框工具 ，在选项栏中的“样式”中选择“固定大小”，将“宽度”设为“20 像素”，“高度”设为“45 像素”，单击第一个方孔。选择【编辑】→【描边】命令，在弹出的【描边】对话框中设置参数，如图 10.24 所示，然后单击【确定】按钮，再按【Ctrl+D】组合键，取消选区，如图 10.25 所示。

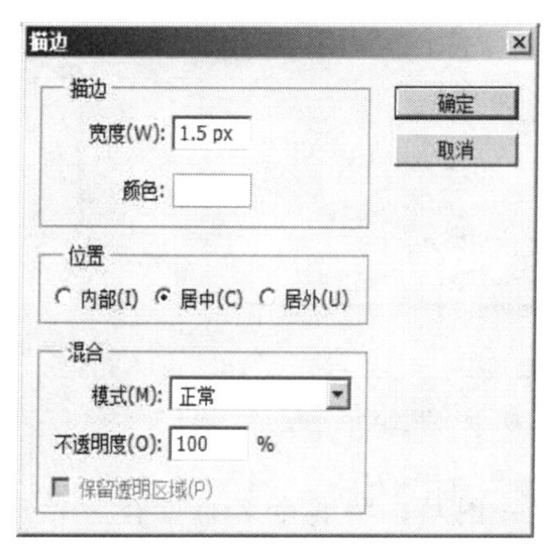

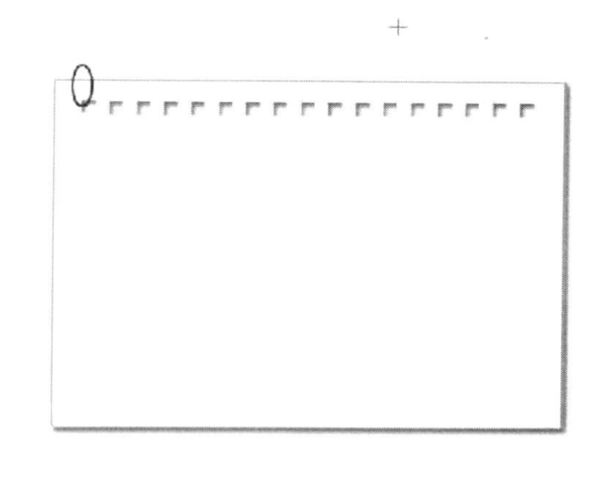

图 10.24　【描边】对话框

图 10.25　制作穿过方孔的圆环

STEP 5　选择“圆圈”图层，将其拖动到 上进行复制图层，得到图层“圆圈副本”。选择工具箱中的移动工具，按住【Shift】键向右拖动“圆圈副本”图层重叠放置，如图 10.26 所示。按【Ctrl+E】组合键，合并“圆圈”图层和“圆圈副本”图层。

STEP 6 选择工具箱中的橡皮擦工具，仔细地将台历正面和圆圈之间部分擦除，体现出圆圈套在方孔中的效果，如图 10.27 所示。

图 10.26 制作单个圆环效果

图 10.27 单个圆环穿过方孔

STEP 7 在【图层】面板中按住【Ctrl】键单击“圆圈”图层(激活为选区)，选择工具箱中的移动工具，按住【Alt+Shift】组合键，鼠标向右拖动复制圆圈。利用相同的方法复制穿过方孔的一排圆圈，并合理地调节好位置(用方向键)。

单击【图层】面板中的按钮，选择“投影”，在弹出的【图层样式】对话框中设置参数，如图 10.28 所示，然后单击【确定】按钮，得到如图 10.29 所示的效果。

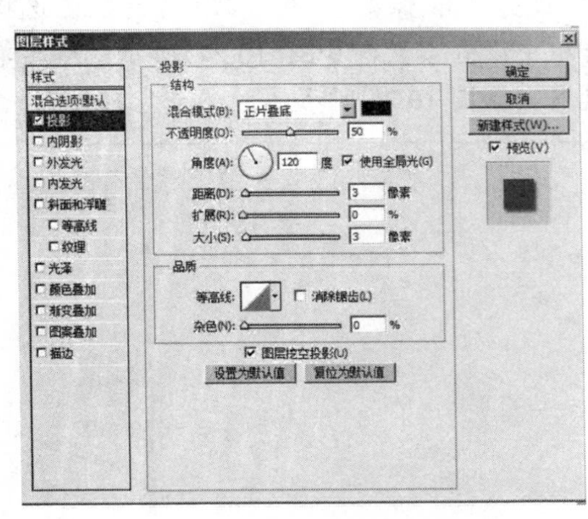

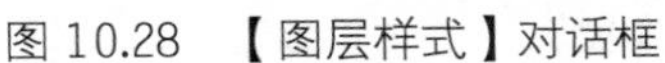
图 10.28 【图层样式】对话框

图 10.29 制作穿过整排方孔的圆环

STEP 8 单击【图层】面板中的按钮，新建一图层，将其命名为“台历背面”，并拖放到背景图层之上。选择工具箱中的多边形套索工具，以台历正面右边为对角线绘制四边形选区。设置前景色为淡灰，用前景色填充选区，效果如图 10.30 所示，按【Ctrl+D】组合键，取消选区。

选择“台历正面”图层，单击鼠标右键，选择【拷贝图层样式】，然后选择“台历背面”图层，单击鼠标右键，选择【粘贴图层样式】，将台历正面的图层样式复制到台历背面上，以增强立体感。选择工具箱中的多边形套索工具，选取三角形选区，取前景色为浅灰色，将前景色填充选区，如图 10.31 所示，按【Ctrl+D】组合键，取消选区。

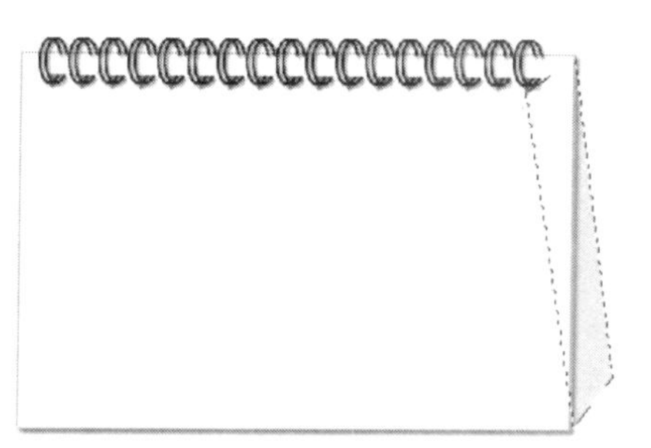

图 10.30　勾画台历的侧面效果

图 10.31　制作台历的立体效果

STEP 9　打开文件“郁金香.jpg”，选择工具箱中的移动工具，将图像拖动到操作窗口中，将该新图层重命名为“郁金香”，并将“郁金香”图层移到“台历正面”图层之上。按【Ctrl+T】组合键，将选项栏上的“W”设为“19.5%”，“H”设为“17.5%”，然后把花的图案放到合适的位置，按选项栏“✓”确定，如图 10.32 所示。

STEP 10　选择工具箱中的矩形选框工具，在选项栏上将“羽化”设置为“0”，“样式”设置为“正常”，在郁金香图案上拖动画一个矩形选区，再选择工具箱中的椭圆选框工具，按住【Alt】键，在矩形选区左侧拖动绘制一些小椭圆，使其从矩形选区中减去重叠部分，使选区边缘变得不规则，如图 10.33 所示。

图 10.32　将美丽的花卉照片嵌入台历正面

图 10.33　制作花卉边缘不规则效果

STEP 11　选择【选择】→【羽化】命令，在打开的【羽化选区】对话框中，将“羽化半径”设为“10 像素”，单击【确定】按钮。然后选择【选择】→【反向】命令，并按【Delete】键删除选区内的图像，其效果如图 10.34 所示。

STEP 12 选择【选择】→【修改】→【扩展】命令，打开【扩展选区】对话框，将“扩展量”设为“10 像素”，单击【确定】按钮。按【Ctrl+Alt+D】组合键，再次打开【羽化选区】对话框，将“羽化半径”设为“30 像素”，单击【确定】按钮，按【Delete】键删除选区内图像，再按【Ctrl+D】组合键取消选区，台历正面图像效果制作完成，如图 10.35 所示。

图 10.34 制作花卉边缘羽化效果

图 10.35 羽化后的台历正面图像

STEP 13 选择工具箱中的横排文字工具T，在选项栏中将“T”设为“48pt”，颜色设为“宝蓝色”，输入“4 月”字样，为了缩小“月”字的大小，拖动选择文字块，在选项栏中将“月”字的字号设为“30pt”。

下面为“4 月”图层添加样式效果，单击【图层】面板中的添加图层样式按钮，选择【投影】，在弹出的【图层样式】对话框中，将“距离”设为“3 像素”，“扩展”设为“0 像素”，“大小”设为“6 像素”。再选择“外发光”，在“图层样式”对话框中，将“扩展”设为“0 像素”，“大小”设为“3 像素”，单击【确定】按钮，其效果如图 10.36 所示。

STEP 14 选择工具箱中横排文字工具T，在选项栏中将字号设为“12pt”，颜色设为“绿色”，然后输入 1～30 的数字，如图 10.37 所示，再将节假日日期数字改成“红色”，其最终效果如图 10.19 所示。

图 10.36 制作台历月份文字

图 10.37 编辑台历日期数字

10.2 平面设计实例

10.2.1 产品包装设计实例

产品包装设计，是指设计包装外表面上视觉形象。不同类别的产品外包装设计的侧重面就不同。例如像灯具或电器类产品的包装设计，主要以产品自身图像为主体，即产品的实物照片直接应用到包装平面设计中；而像咖啡、茶叶、方便面等食品的包装设计，以产品的生产原料及颜色为主体；各类计算机主板、显卡等产品的包装设计，则要以计算机合成图像为主体。下面我们通过完成一个瓶装酒产品包装设计的制作，来体现 Photoshop 在产品包装设计中的作用。

操作步骤

STEP 1　选择【文件】→【新建】命令，在弹出【新建】对话框中，将“名称”设为“精品包装——白沙蒸”，“宽度”、“长度”均设为“5cm”，“分辨率”为“300 像素/英寸”，“颜色模式”为“RGB”，“背景颜色”为“白色”，然后单击【确定】按钮。单击【图层】面板上按钮，新建一图层（图层 1），按【Ctrl+R】组合键，显示标尺，画出相关的参考线，选择工具箱中的矩形选框工具，在图中选择一矩形选区，前景色选为“#F4F200”，按【Alt+Delete】组合键，填充前景色，如图 10.38 所示。

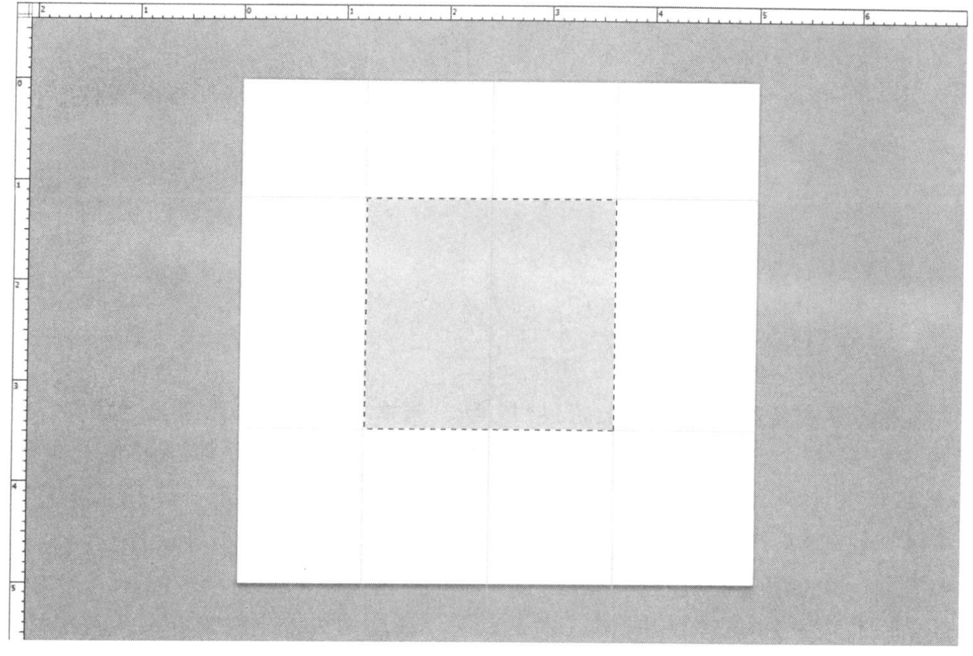

图 10.38　填充前景色

STEP 2 按【Ctrl+D】组合键，取消选区。单击【图层】面板上的按钮，新建一图层(图层 2)，选择工具箱中的矩形选框工具，在黄色区域的下方选一矩形选区，设置前景色为“#FF0000”，按【Ctrl+Delete】组合键，填充该选区。单击【图层】面板下方的按钮，选择“内发光”，在弹出的【图层样式】对话框中，参数为默认，然后单击【确定】按钮。按【Ctrl+D】组合键，取消选区。

选择工具箱中的横排文字工具，选择文字颜色为“#F4F200”，在红色区域写入“中国白沙酒厂”，并移到合适的位置，如图 10.39 所示。

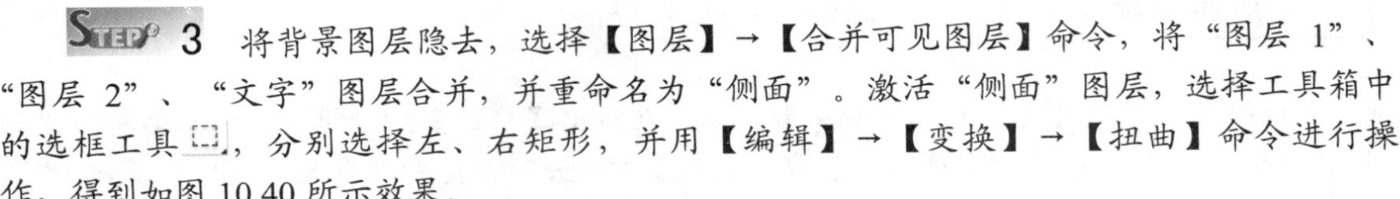

注意

为了放大展示中间黄色区域，以下图示均取内部（5cm × 5cm）区域，不显示标尺部分。

STEP 3 将背景图层隐去，选择【图层】→【合并可见图层】命令，将“图层 1”、“图层 2”、“文字”图层合并，并重命名为“侧面”。激活“侧面”图层，选择工具箱中的选框工具，分别选择左、右矩形，并用【编辑】→【变换】→【扭曲】命令进行操作，得到如图 10.40 所示效果。

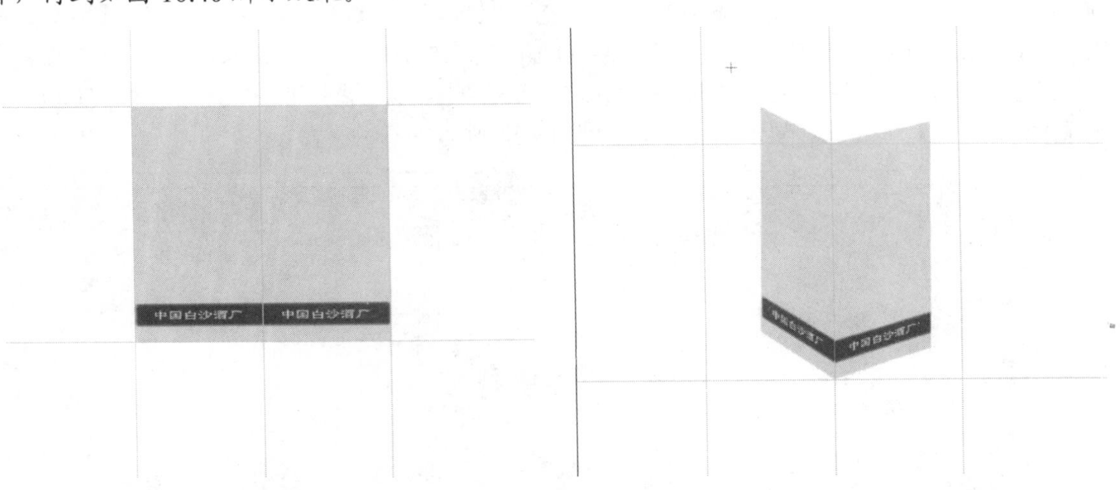

图 10.39 写入“中国白沙酒厂” 图 10.40 制作酒盒子的两个侧面

STEP 4 单击【图层】面板上的按钮，新建一个图层，取名为“顶部”，选择工具箱中的多边形套索工具，沿“侧面”左边的边长画一正方形，并填充前景色，按【Ctrl+D】组合键取消选区。再用移动工具，将正方形移到顶部，选择【编辑】→【变换】→【扭曲】命令，调整位置，与侧面吻合，效果如图 10.41 所示。

STEP 5 单击图层面板上的按钮，新建一图层，取名为“坡面”，利用工具箱中的多边形套索工具，制作如图 10.42 所示效果“坡度倒三角”，并填入红色，制作黄色和红色边框。然后选择工具箱中的横排文字工具，在坡面的红色区域写上“白沙荞”和“浓

香型 250ml”等字样，选中“白沙荞”图层，在【图层】面板上单击按钮，选择“内外光”，在打开的【图层样式】对话框中，各项参数保持默认值，然后单击【确定】按钮，效果如图 10.43 所示。

STEP 6 激活“侧面”图层，选择工具箱中的直排文字工具，分别在左边和右边写上“荞麦醇酿白沙流出”的字样，其效果如图 10.44 所示。

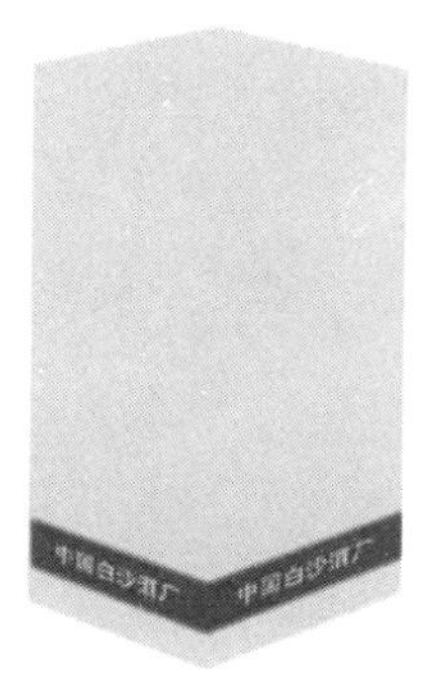

图 10.41　酒盒子的立体图雏形

图 10.42　制作坡度倒三角

图 10.43　编辑“倒三角”中的文字及其样式

图 10.44　编辑酒盒子两个侧面的文字

STEP 7 再激活“顶部”图层，新建一图层，选择工具箱中的自定义形状工具，在顶部合适位置画上图案，并选择相应的样式，使其色彩丰富、具有立体感。再选中“侧面”图层，并新建一图层，打开“麦穗.gif”图像，用移动工具将“麦穗”移到酒包装盒图像上，按【Ctrl+T】组合键缩小“麦穗”，并放到酒盒的左边，复制麦穗图层，再按【Ctrl+T】组合键，并在“变化”中选择“水平翻转”，将麦穗放到酒盒的右边，然后按【Ctrl+E】组合键，将麦穗合并到一个图层上。单击【图层】面板上的按钮，选择“斜面与浮雕”，在弹出的【图层样式】对话框中，参数保持默认设置，单击【确定】按钮，得到的最终效果如图 10.45 所示。

图 10.45　瓶装酒包装盒最终效果图

10.2.2　平面广告设计实例

平面广告设计在 Photoshop 图像处理中的应用非常广泛。下面通过一个“CD 盘面”制作的实例，来说明在 Photoshop 中是如何设计制作平面广告的。

操作步骤

STEP 1　选择【文件】→【新建】命令，在弹出的【新建】对话框中，将“名称”设为“CD 盘面”，“宽度”、“长度”均高为“10cm”，“分辨率”为“300 像素/英寸”，“颜色模式”为“RGB”，“背景颜色”为白色，然后按【确定】按钮。设置前景色为“黑色”，背景色为“白色”，按【Alt+Delete】组合键，用前景色填充，效果如图 10.46 所示。

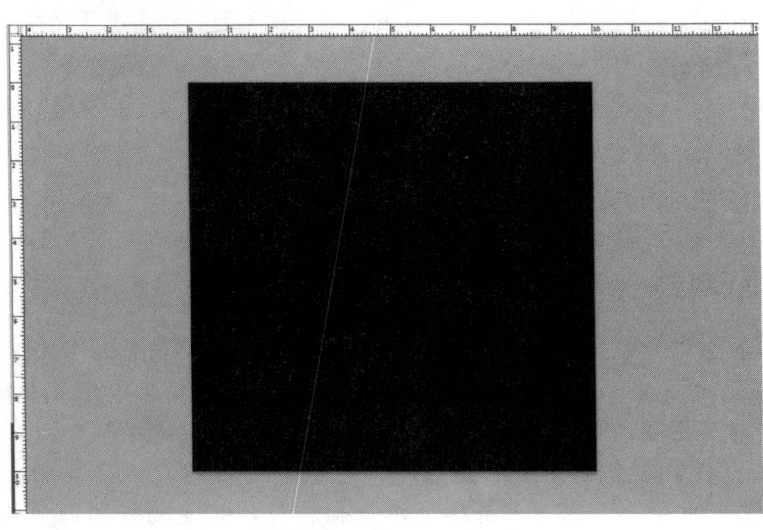

图 10.46　填充前景色

STEP 2　打开“儿童.JPG”图片，选择磁性套索工具，沿儿童轮廓勾勒选区，得到如图 10.47 所示图像，选择【编辑】→【拷贝】命令，转到“CD 盘面”图像，再选择【编辑】→【粘贴】命令，将儿童移入“CD 盘面”图像中，并按【Ctrl+T】组合键，调整儿童图像的大小，如图 10.48 所示。

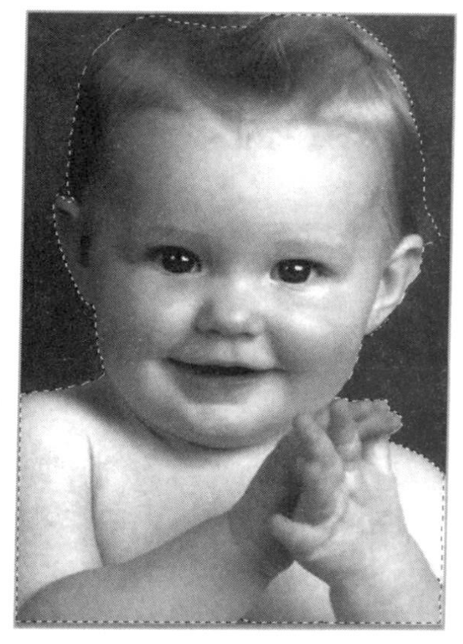
图 10.47　磁性套索勾勒出的儿童图像选区

图 10.48　调整儿童图像大小及位置

STEP 3　打开“建筑物”图像，按【Ctrl+A】组合键全选图像，再将其移入“CD 盘面”图像中。选择工具箱中的磁性套索工具，选中房子上面的蓝天白云部分，按【Delete】键清除，按【Ctrl+D】组合键，取消选区，效果如图 10.49 所示。按【Ctrl+T】组合键，将上述房子放大，放到右下角位置。选中图【层面】面板中的“图层 2”，选择【图层】→【排列】→【置为底层】命令，形成如图 10.50 所示效果。

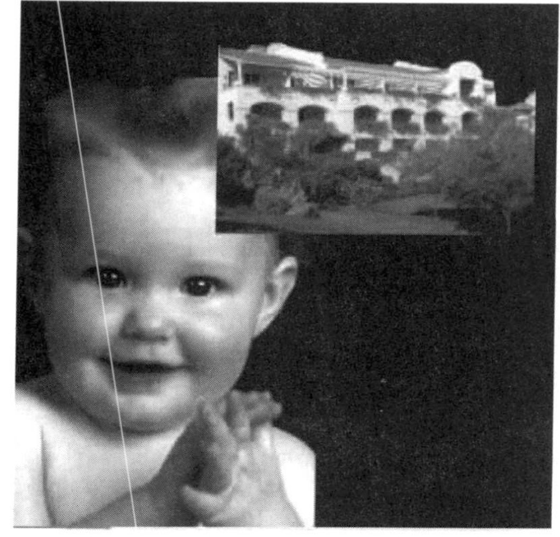
图 10.49　去除移入的建筑物的蓝天白云部分

图 10.50　将建筑物放到恰当的位置

STEP 4 单击“图层 2”，选择【滤镜】→【风格化】→【查找边缘】命令，再选择【图像】→【调整】→【渐变映射】命令，在弹出的【渐变映射】对话框中，用鼠标单击“渐变条”，在弹出的【渐变编辑器】对话框中，分别将左下角和右下角的色标的颜色设为蓝色和白色，然后单击【确定】按钮，效果如图 10.51 所示。

STEP 5 单击【图层】面板下方的按钮，给“图层 2”添加蒙版。选择工具箱中的渐变工具，属性栏上颜色渐变选“黑到白”、“线性渐变”，“模式”为“正常”，“不透明度”为“100%”，在图中房子部分从下到上拖出渐变线，然后将“图层 2”的“不透明度”设为“75%”，图像效果如图 10.52 所示。

图 10.51 对建筑物进行处理后的效果

图 10.52 对房子部分进行渐变和改变透明度

STEP 6 新建一图层(图层 3)，选择工具箱中的椭圆选框工具，在图中右上方拖出一小的正圆，选择【选择】→【修改】→【羽化】命令，在弹出的【羽化选区】对话框中，将“羽化半径”设为 “20 像素”，按【确定】按钮。将前景色设为“#80bcf4”的“淡蓝色”，再按【Alt+Delete】组合键填充选区，按【Ctrl+D】组合键，取消选区，然后将“图层 3”的不透明度设为“70%”，其效果如图 10.53 所示。

图 10.53 制作图像中的月亮

STEP 7　新建一图层（图层 4），选择工具箱中的画笔工具，在属性栏中，选择“混合画笔”中的适当画笔，在图像的月亮旁画上一些星光，效果如图 10.54 所示。

图 10.54　编织月亮旁边的星星

STEP 8　选择【图层】→【合并可见图层】命令，得到合并后唯一图层“背景层”。新建一图层，命名为“盘面”，选择工具箱中的椭圆选框工具，按住【Shift】键，在图像中画一正圆选区，选择【选择】→【变换选区】命令，用鼠标拖动控制点，将正圆选区充满整个画面，再按工具栏上的按钮确认。将前景色设为“浅灰色”，按【Alt+Delete】组合键，填充选区，效果如图 10.55 所示。

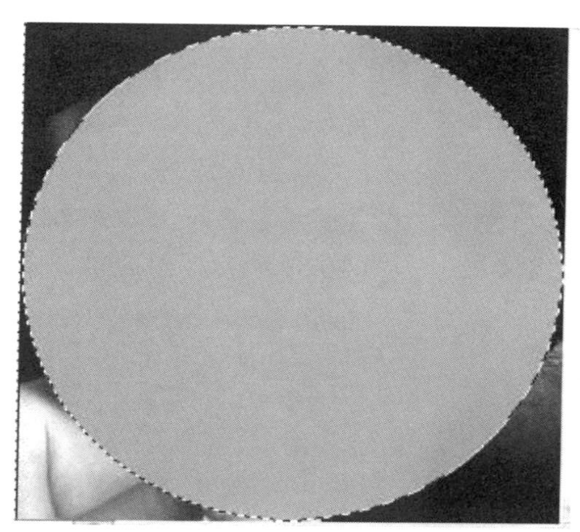
图 10.55　浅灰色填充图像中正圆选区

STEP 9　选择【选择】→【变换选区】命令，按住【Shift+Alt】组合键，再拖动控制点缩小选区，形成光盘中间圆孔，单击工具栏上的按钮确认，然后按【Delete】键将选区部分清除。

新建一图层，命名为“盘面外环”，选择【选择】→【变换选区】命令，按住

【Shift+Alt】组合键，拖动控制点放大选区到近盘面边缘，然后选择【选择】→【修改】→【边界】命令，在弹出的【边界选区】对话框中，设置“宽度”为“23 像素”，单击【确定】按钮。设置前景色为“白色”，按【Alt+Delete】组合键填充环型选区，按【Ctrl+D】组合键取消选区，其效果如图 10.56 所示。

STEP 10　双击“背景”图层，在弹出的【新建图层】对话框中，直接单击【确定】按钮，将“背景”图层转换为“图层 0”。再将“图层 0”移到“盘面”层之上，单击“图层 0”，选择【图层】→【创建剪贴蒙版】命令，效果如图 10.57 所示。

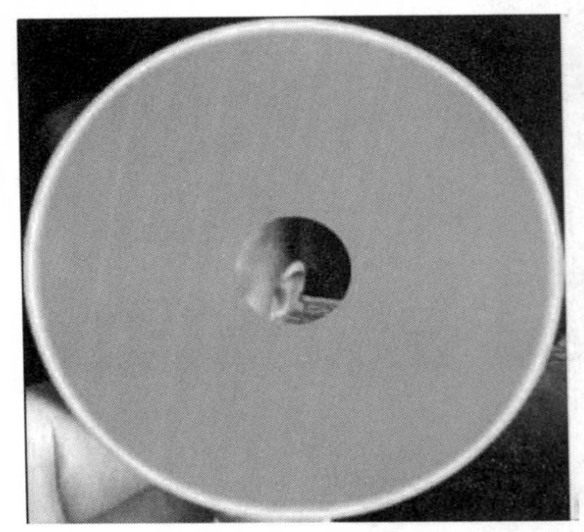

图 10.56　制作正圆区域的白色边环

图 10.57　创建剪贴蒙版后的效果

STEP 11　新建一图层命名为“底色”，填充“白色”，将该图层拖至最下方，成为最下面的图层。选中“盘面外环”图层，将不透明度设为“50%”。再新建一图层命名为“盘面内环”，并用工具箱中适当的选区工具，画上盘面中间的圆孔，并按住【Shift+Alt】组合键，拖动控制点缩小一些，然后选择【选择】→【修改】→【边界】命令，在弹出的【边界选区】对话框中，将“宽度”设为“45 像素”，单击【确定】按钮，再将该图层的不透明度设为“80%”，效果如图 10.58 所示。

STEP 12　单击“盘面”图层，在【图层】面板上单击 按钮，选择“投影”，在弹出的【图层样式】对话框中设置参数，如图 10.59 所示，然后单击【确定】按钮。

图 10.58　修正盘面外环和内环后的效果

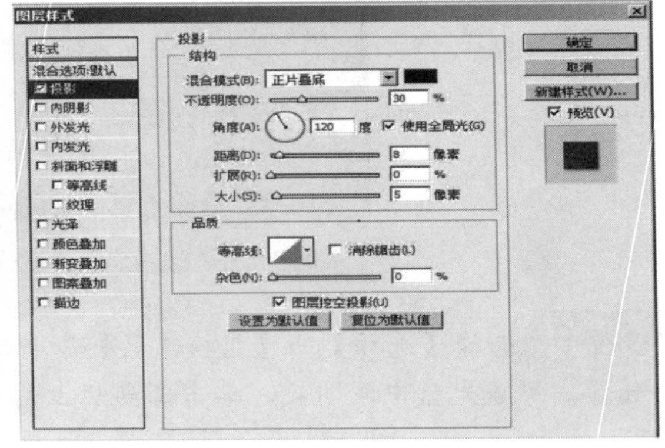

图 10.59　【图层样式】中对话框“投影”

STEP 13 选择工具箱中横排文字工具T，选择“华文行楷”、“36 号”字、“紫色”，并应用“外发光”、“内发光”等图层样式效果。用同样方法写入“胎教音乐精选”和“未来希望出版社”等文字，并设置相应的图层样式，其图像的最终效果图如图 10.60 所示。

图 10.60 CD 盘面制作的最终效果图

10.2.3 企业徽标设计实例

企业徽标设计是企业形象设计中的重要部分，只有特点鲜明、容易辨认、容易记忆、含义深刻、造型优美的徽标，才能达到企业满意和市场认可的效果。“大众”的标志是家喻户晓的徽标，下面我们用 Photoshop 来模仿制作大众的 LOGO 图像。

操作步骤

STEP 1 选择【文件】→【新建】命令，在弹出的【新建】对话框中，各项参数设置如图 10.61 所示，单击【确定】按钮。双击图层面板上的“背景”图层，将其转为“图层 0”。单击【图层】面板上的按钮，新建一图层（图层 1），选择工具箱中的椭圆选框工具，在画布正中央画一个圆(选区)。然后设置前景色为“#558ed6”，背景色为“#112539”，选择工具箱中的渐变工具，属性栏上选择径向渐变按钮，在画布上从圆形选区的左上部向右下部拉一径向渐变，效果如

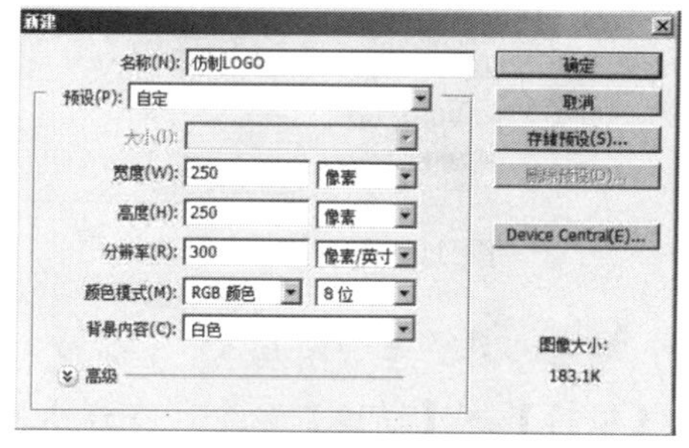

图 10.61 【新建】对话框

图 10.62 所示。

STEP 2 设置前景色为“白色”，选择工具箱中的画笔工具，属性栏上选中“喷枪”，将画笔直径设为“100 像素”，流量为“50%”，在蓝色较淡部分喷上高光效果，如图 10.63 所示。

图 10.62 圆形选区中的渐变效果

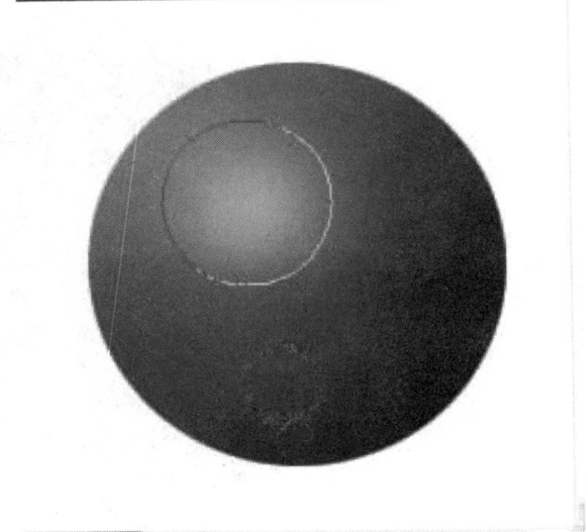

图 10.63 局部喷上高光效果

STEP 3 在【图层】面板中，按住【Ctrl】键并单击“图层 1”，重新获得圆的选区，然后新建一图层(图层 2)，选择【编辑】→【描边】命令，在弹出的【描边】对话框中设置参数，如图 10.64 所示，单击【确定】按钮，再按【Ctrl+D】组合键，取消选区，效果如图 10.65 所示。

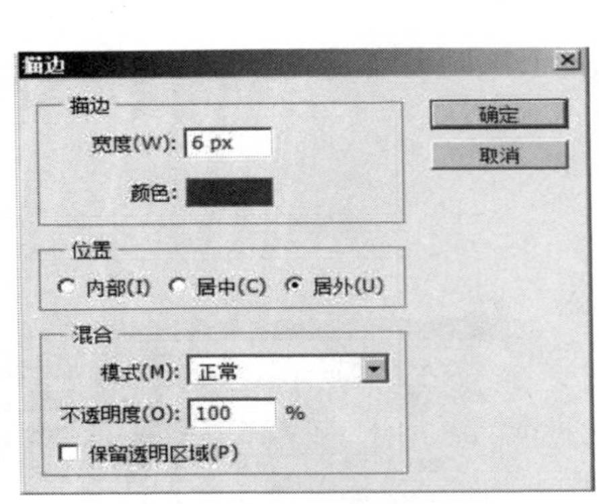

图 10.64 【描边】对话框

图 10.65 “描边”形成外环

STEP 4 在“图层 2”上新建一图层(图层 3)，做一个与原来圆同心的正圆选区，再选择【编辑】→【描边】命令，在弹出的【描边】对话框中，将“宽度”设为“9 像素”，“颜色”设为“白色”，“位置”为“居外”，“混合”中参数不变，单击【确定】按钮，再按【Ctrl+D】组合键，效果如图 10.66 所示。

STEP 5 开始制作LOGO中间的"W"字样。选择工具箱中的横排文字工具，输入一个"V"字，字体选择"Lucida Console"，颜色选择"白色"，按【Ctrl+T】组合键进行变形调整。再选择工具箱中的钢笔工具，属性栏中选择路径，勾画"V"字轮廓，然后选择工具箱中直接选择工具，将各顶点延伸到圆上，如图10.67所示。

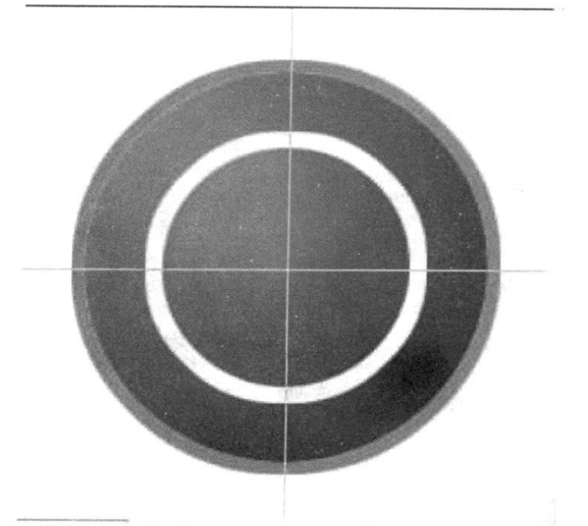

图10.66 同心内圆白色描边

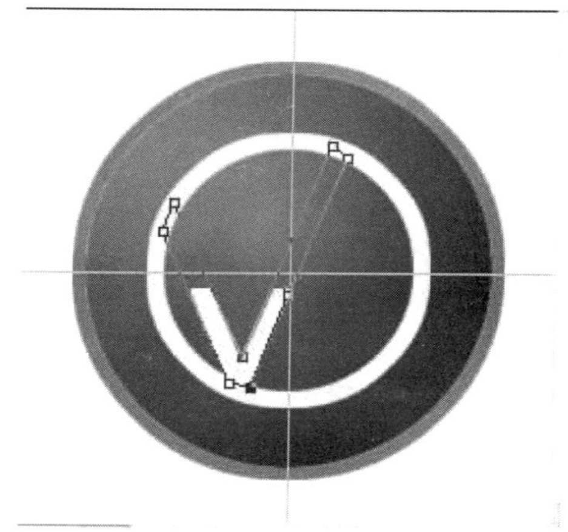

图10.67 在内圆勾画"V"字

STEP 6 转到【路径】面板，单击按钮(将路径作为选区载入)，回到【图层】面板，选择【图层】→【栅格化】→【图层】命令，将文字图层转为普通图层。再按【Alt+Delete】组合键，将选区填充"白色"，再按【Ctrl+D】组合键取消选区，然后复制"V"图层，在"V副本"图层上，选择【编辑】→【变换】→【水平翻转】命令，进行水平翻转，并将其移到右方合适的位置，如图10.68所示。

STEP 7 按【Ctrl+E】组合键，将"V"图层与它的副本层合并，再选择工具箱中的矩形选框工具，将"W"字从中间截断，按【Delete】键清除，按【Ctrl+D】组合键取消选区，其效果如图10.69所示。

图10.68 内圆双"V"叠加

图10.69 完成"W"字中间截断

STEP 8 按【Ctrl+E】组合键，将“图层 3”与“W”层合并。选择【图层】→【图层样式】→【投影】命令，在弹出的【图层样式】对话框中，参数均选择默认值，单击【确定】按钮。再选择【滤镜】→【渲染】→【光照效果】命令，在弹出的【光照效果】对话框中，具体参数设置如图 10.70 所示，单击【确定】按钮，效果如图 10.71 所示。

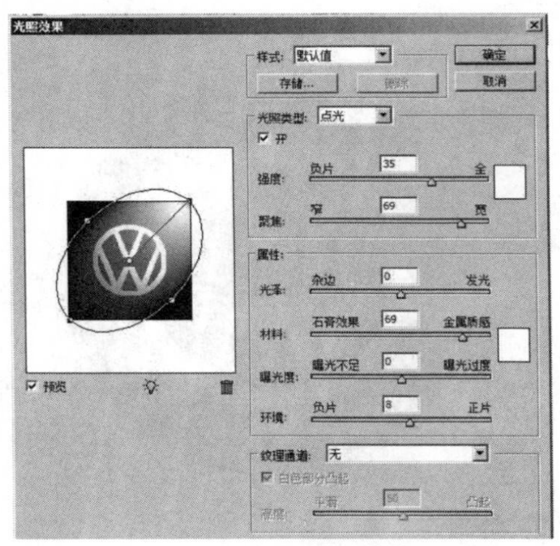

图 10.70 【光照效果】对话框

图 10.71 使用光照效果

图 10.72 用紫色填充背景、调整色相和饱和度

STEP 9 给背景着色，并制作效果。在【图层】面板中，选择“图层 0”,前景色为“紫色”，用前景填充。选择【图像】→【调整】→【色相/饱和度】命令，在弹出的【色相/饱和度】对话框中，勾选“着色”，将“色相”设置为“300”，“饱和度”设置为“50”，“明度”为“0”，单击【确定】按钮，效果如图 10.72 所示。

STEP 10 选择【滤镜】→【杂色】→【添加杂色】命令，在弹出的【添加杂色】对话框中，将数量设置为“6%”，平均分布，勾选“单色”，然后单击【确定】按钮。

选择【编辑】→【渐隐添加杂色】命令，在弹出的【渐隐】对话框中，将“不透明度”设为“50%”，“模式”为“正常”，单击【确定】按钮。

选择【滤镜】→【画笔描边】→【墨水轮廓】命令，在弹出的【墨水轮廓】对话框中，将“描边长度”设为“5”，“深色强度”为“8”，“光照强度”为“15”，单击【确定】按钮。

再选择【编辑】→【渐隐墨水轮廓】命令，在弹出的【渐隐】对话框中，将“不透明度”设为“50%”，“模式”为“正常”，单击【确定】按钮，其效果如图 10.73 所示。

STEP 11 选择【滤镜】→【锐化】→【USM 锐化】命令，在弹出的【USM 锐化】

对话框中，将“数量”设为“180%”，“半径”设为“1.0 像素”，“阈值”设为“0 色阶”，单击【确定】按钮。

再选择【编辑】→【渐隐 USM】命令，在弹出的【渐隐】对话框中，将“不透明度”设为“30%”，“模式”设为“正常”，单击【确定】按钮。再选择【滤镜】→【渲染】→【光照效果】命令，在弹出的【光照效果】对话框，参数保持默认，单击【确定】按钮，最终效果如图 10.74 所示。

图 10.73 “添加杂色”、“墨水轮廓”处理后的效果

图 10.74 仿制大众 LOGO 的最终效果图

10.3 动感效果实例——制作动态网页

在 Photoshop 中，动感效果是通过平面动画设计来完成的。平面动画设计是在 Photoshop CS5 静态图像处理的基础上，调用 ImageReady CS2 完成的，因为 Photoshop CS5 中没有【Web 内容】面板和 ImageReady 程序，所以制作本例中的按钮翻转效果时需调用 ImageReady CS2 来完成，但一般性的动画效果可以选择 Photoshop CS5 软件中的【窗口】→【动画】命令，在弹出的【动画】面板中通过帧和相关图层的设置来完成。动画是通过帧的概念来实现的，一个动画中包括许多帧，在 1 秒钟的时间内，播放一定数量的帧，由于人的肉眼的视觉偏差，连续播放的帧就形成了动画。下面通过动态网页制作实例来说明在 Photoshop 中如何制作动感效果。

本例是通过 Photoshop CS5 和 ImageReady CS2 制作一个 Web 页中的主页。

1. 网页静态部分制作

STEP 1 启动 Photoshop CS5 程序，选择【文件】→【新建】命令，在弹出的【新

建】对话框中，各项参数的设置如图 10.75 所示，然后单击【确定】按钮。

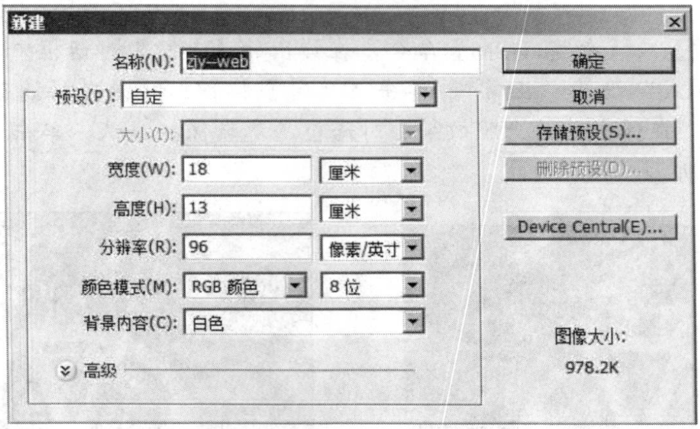

图 10.75 【新建】对话框

STEP 2 设置前景色为“#e3eff7”(淡蓝色)，按【Ctrl+Delete】组合键，填充前景色。选择工具箱中的椭圆工具，在属性栏中选中按钮(形状图层)。设置前景颜色为“淡米色”(R: 240、G: 245、B: 231)，单击上方首行中“屏幕模式”图标右边的小三角中的“带有菜单栏的全屏模式”命令，将屏幕切换到带有菜单栏的全屏显示模式，以方便编辑文档之外的形状路径。使用已设置好的“椭圆”工具，在视图中绘制一个如图 10.76 所示的椭圆，形成“形状 1”图层。它只将椭圆形的左下侧部分作用于文档的范围内，其他部分在文档之外，文档之外部分可在全屏幕显示模式下观察到。

再单击上方首行中“屏幕模式”图标右边的小三角中的“标准屏幕模式”命令，返回到标准屏幕模式下。再选择工具箱中的椭圆工具，按下属性栏中的按钮(添加到形状区域)，然后按住【Shift】键的同时，在文档大椭圆的边缘处绘制一个小正圆，如图 10.77 所示。小正圆将添加到大椭圆形的形状中，与大椭圆组成一个图形形状。

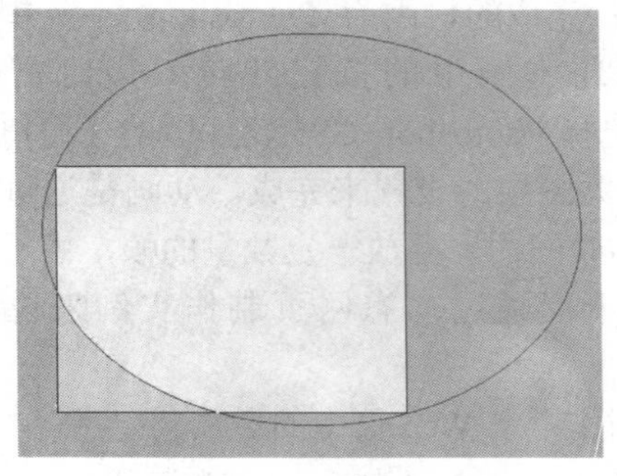

图 10.76 绘制形状 1 椭圆

图 10.77 绘制大椭圆边缘处的小正圆

STEP 3 选中“形状 1”图层，选择工具箱中的路径选择工具，单击小圆形路径将其选中，按住【Alt】键，鼠标向下拖动小圆路径，到一定的距离处松开鼠标，在松开鼠标的地方将得到一个复制的小圆。再按上述方式复制一个小圆，沿着大椭圆形的边缘排列，效果如图 10.78 所示。

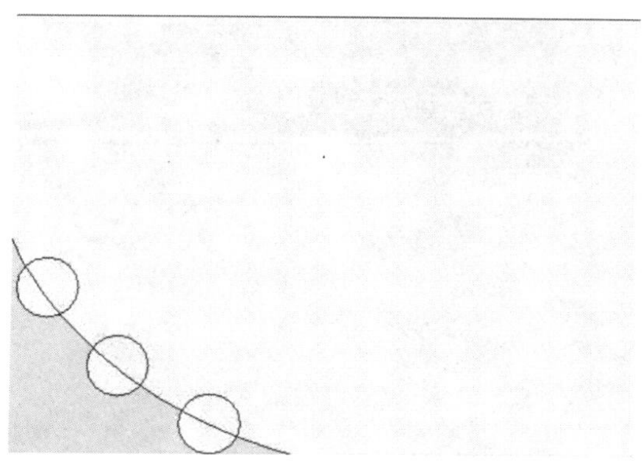

图 10.78　复制后的小正圆

STEP 4　选择【图层】→【图层样式】→【投影】命令，在弹出的【图层样式】对话框中，采用默认参数设置，如图 10.79 所示，然后单击【确定】按钮，将投影效果添加到"形状 1"图层中，效果如图 10.80 所示。

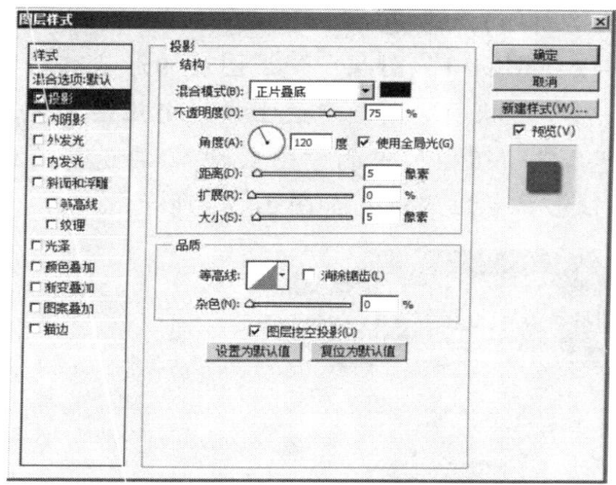

图 10.79　【图层样式】中的"投影"对话框

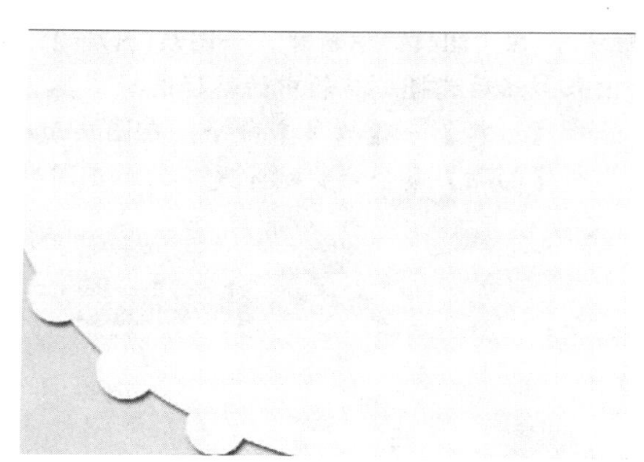

图 10.80　"形状 1"的"投影"效果

STEP 5　分别打开"zjy_1.bmp"和"zjy_2.bmp"两幅图像，如图 10.81 所示，并分别使用工具箱中的移动工具将两副图像移入"zjy-Web.psd"图像中，再选择【编辑】→【自由变换】命令，把两个图案调到适当大小，放到图像中上部位置。在"zjy_1.bmp"图像位置的下方画一矩形，其左边为弧形，并用"淡蓝色"填充，并在其上用白色文字写上学院的英文名称，其效果如图 10.82 所示。

图 10.81　打开的 zjy_1.bmp 和 zjy_2.bmp 图像效果

图 10.82　已打开的 zjy_1.bmp、zjy_2.bmp 和英文条块嵌入图像中

STEP 6　单击【图层】面板的按钮 (创建新组)，新建“组 1”图层组。再单击按钮 ，在“组 1”中新建一个图层(图层 2)。单击“形状 1”图层，使该图层的形状路径显示出来。然后选择工具箱中的路径选择工具 ，将“形状 1”图层中最上方的小正圆选中，再选择【编辑】→【拷贝】命令，在图层面板中选中“组 1”中的“图层 2”，再选择【编辑】→【粘贴】命令，将刚才复制的小正圆形路径形状粘贴过来，如图 10.83 所示。

图 10.83　粘贴小正圆路径

STEP 7　选择工具箱中的路径选择工具 ，在文档中右击，在弹出的下拉式菜单中选择【创建矢量蒙版】命令，以小正圆形路径为依据来创建矢量蒙版。设置前景色为“红色”，按【Alt+Delete】组合键，用红色填充小正圆。再选择【编辑】→【自由变换路径】命令，按住【Shift+Alt】组合键，拖动变换控制句柄右上角的控制点，将小正圆形等比例缩小一点，如图 10.84 所示。

图 10.84 小正圆填充红色并缩小

STEP 8 下面制作按钮效果。选择【图层】→【图层样式】→【投影】命令，在弹出的【图层样式】对话框中，设置“投影”和“内阴影”的各项参数，如图 10.85 所示，为“图层 2”中的小正圆形添加“投影”和“内阴影”效果。

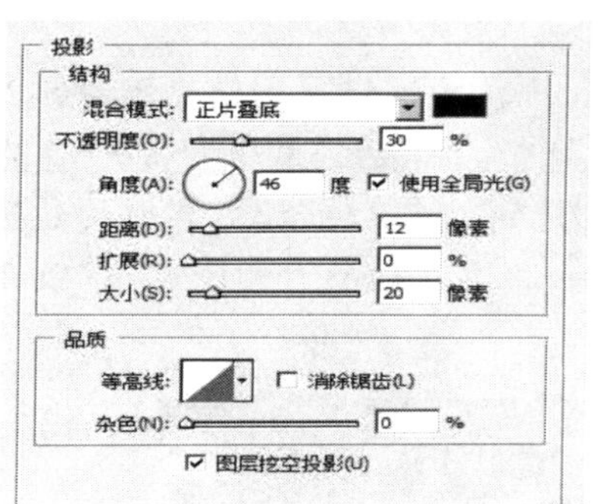

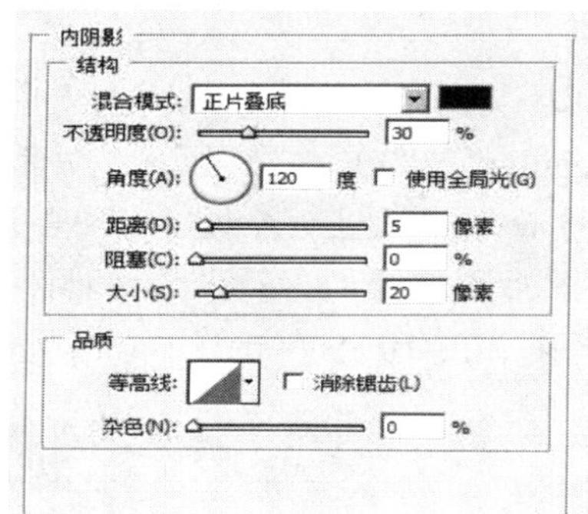

图 10.85 【投影】和【内阴影】对话框

接着在【图层样式】对话框中设置“内发光”和“斜面和浮雕”效果，使小正圆形产生立体感，“内发光”和“斜面和浮雕”选项的参数设置如图 10.86 所示。

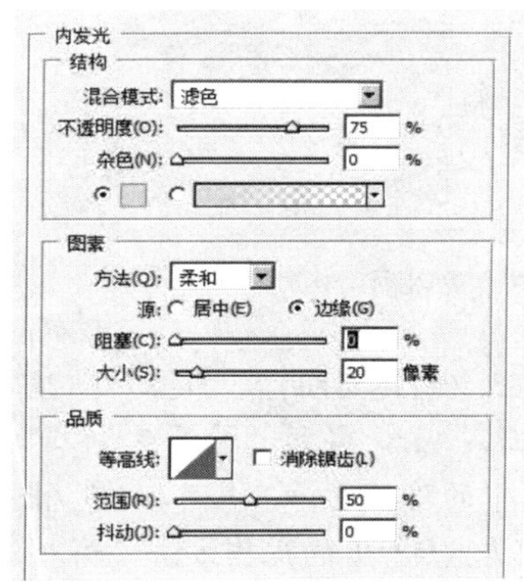

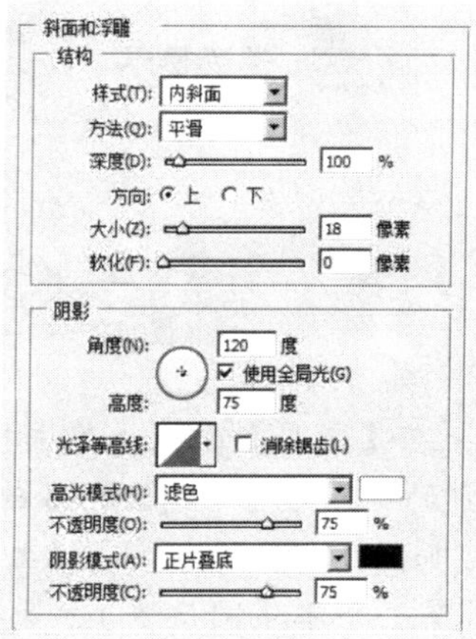

图 10.86 【内发光】和【斜面和浮雕】对话框

然后在【图层样式】对话框中为小正圆形设置“光泽”效果，该效果的参数设置如图 10.87 所示，它使图像上的光亮变得坚硬和强烈，添加各种效果后的按钮效果如图 10.88 所示。

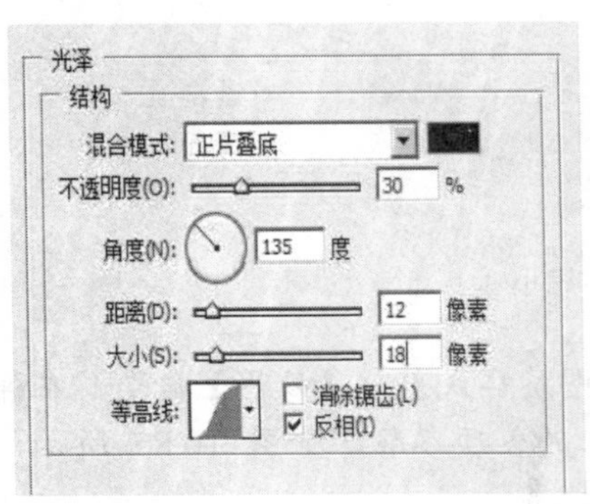

图 10.87 【光泽】对话框

图 10.88 按钮添加“光泽”效果

STEP 9 选择工具箱中的横排文字工具T，在属性栏上，将参数分别设为：“Arial black”、“Regular”、“30 点”、“无”，颜色为“黑色”，在按钮上输入“A”，作为项目符号。再在【图层】面板中设置“A 文字”图层的模式为“叠加”，使“A”字与按钮图案混合显示为暗红色。然后再选择工具箱中的横排文字工具T，在按钮的右侧输入 A 项目标题“学院概况”，其效果如图 10.89 所示。

图 10.89 按钮右侧输入项目标题

STEP 10 在【图层】面板上单击按钮 (创建新组)，新建“组 2”图层组。再拖动“组 1”图层组中的“图层 2”到面板底部按钮 上，得到“图层 2 副本”层，将其移动到组 2 图层组中，如图 10.90 所示。选择工具箱中的路径选择工具，将“图层 2 副本”中的圆形路径移动到第二个小正圆位置上，按照步骤（9）中的操作方法，输入文本“B”和“专业设置”。

参照上述步骤复制第三个按钮，并输入“C”和“招生就业”文字，其效果如图 10.91 所示。

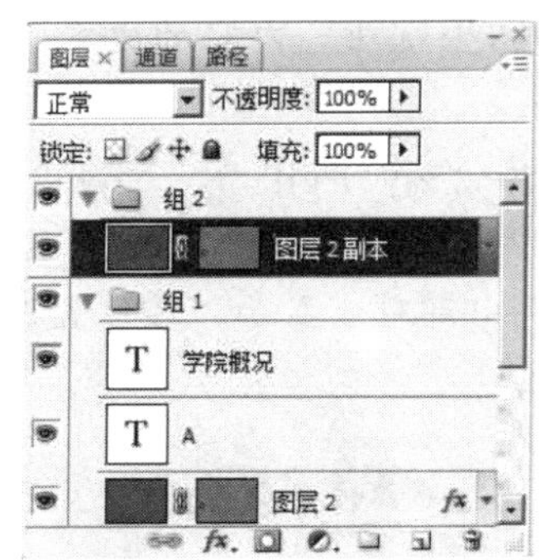

图 10.90　创建“组 2”图层组

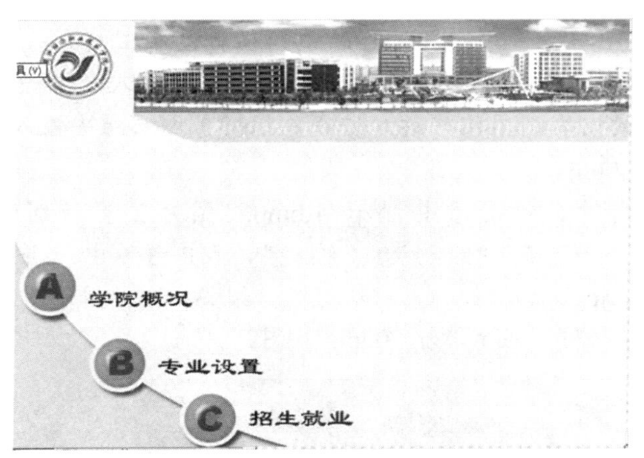

图 10.91　制作按钮“B”及“C”

STEP 11　在【图层】面板中打开“组 1”图层组，在“图层 2”下面新建一图层(图层 3)。单击“图层 2”，选择工具箱中的路径选择工具，选取第 1 个小正圆路径，按【Ctrl+C】组合键，转到“图层 3”，按【Ctrl+V】组合键，粘贴路径。

单击【路径】面板，单击按钮 (将路径作为选区载入)，设置前景色为“白色”，按【Alt+←】组合键填充选区，再按【Ctrl+D】组合键，取消选区。转到“图层 2”，单击图层名称右侧的三角按钮，打开图层样式层，将【投影】样式效果关闭。双击“图层 3”的缩略图，在弹出的【图层样式】对话框中，选择“投影”效果，其参数设置如图 10.92 所示，然后单击【确定】按钮。

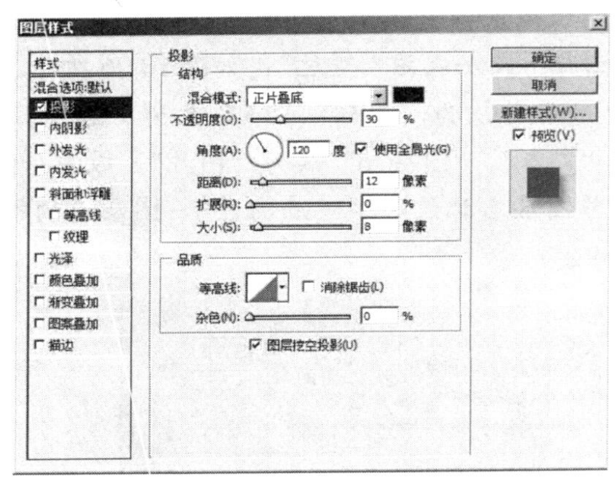

图 10.92　设置“投影”参数

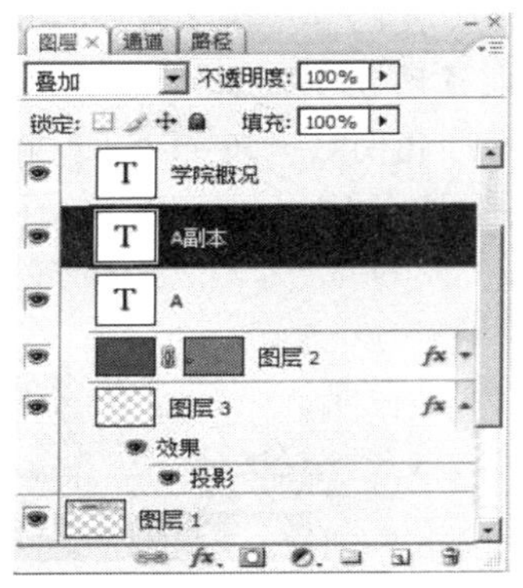

图 10.93　设置“叠加”混合模式

STEP 12　再逐一打开“组 2”、“组 3”图层组，重复步骤（11），为每个图层组中的按钮添加投影。然后在【图层】面板中，打开“组 1”图层组，复制 “A 文字”图层，选择工具箱中的横排文字工具，打开字符和段落组合调板，设置文字颜色为“白色”，在【图层】面板中，设置图层混合模式为“叠加”，效果如图 10.93 所示。

STEP 13 重复上述（12）步的操作，复制“组 2”、“组 3”图层组中的字母图层，并将字体颜色改为“白色”，再设置图层为“叠加”混合模式，效果如图 10.94 所示。

STEP 14 选择工具箱中的横排文字工具T，在文档的右侧输入一段有关“学院概况”的文字。复制文本段落，将复制图层拖入“组 2”，清除文字内容，输入有关“专业设置”的内容。用同样的方法在“组 3”图层组中输入有关“招生就业”内容的文本，如图 10.95 所示。

同时，对图像中“zjy_1.bmp”图片位置分别添加图片“zjy_1.gif ”、“zjy_2.gif”、“zjy_3.gif”到“组 1”、“组 2”、“组 3”中。并添加图片“zjy_1.jpg”、“zjy_2.jpg”、“zjy_3.jpg”到“组 1”、“组 2”、“组 3”中，用于图像中左侧中部对应显示，该位置未对应 3 个按钮时，显示“zjy_0.jpg” 图片。

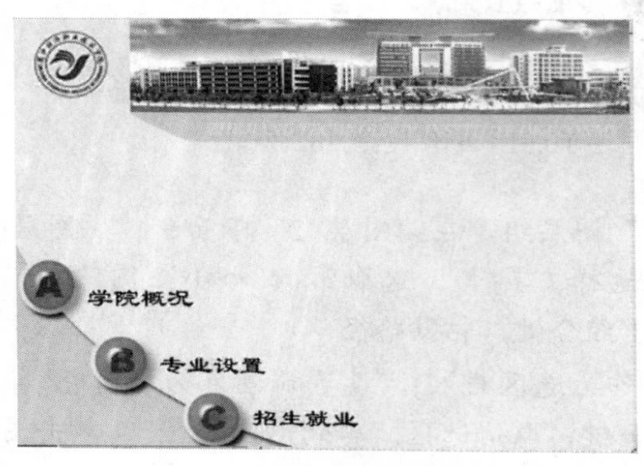

图 10.94 按钮图层设置“叠加”混合模式的效果

图 10.95 嵌入“招生就业”项目的文字内容和对应图片

STEP 15 下面设置 3 个按钮的翻转效果，先对图层的颜色和名称进行调整，以便设置。

单击图层“A”前的按钮，在弹出的快捷菜单中选择“红色”。同样，将“A 副本”图层设为“黄色”，“段落文字”图层和“图片”图层设为“绿色”，如图 10.96 所示。

再在【图层】面板中，将“图层 2”的名称改为“按钮”、“A”改为“选中”、“A 副本”改为“指向”、“段落文本”图层改为“文本”、“图层 6”改为“图片”，效果如图 10.97 所示。同时，将新加入的“zjy_1.jpg”图片图层名称设为“对应图片”，图层前的按钮设为“绿色”。

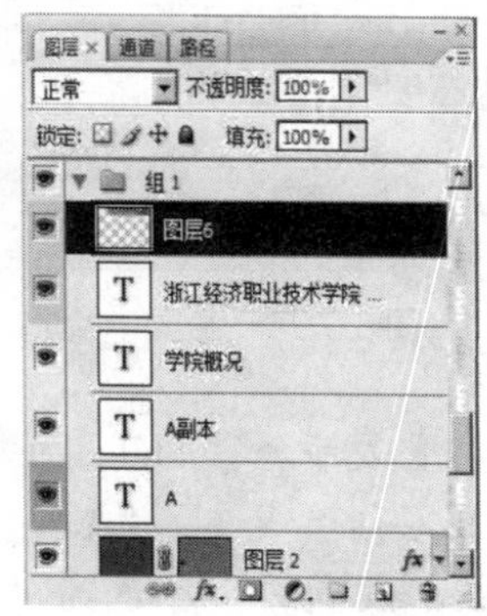

图 10.96 设置相应图层按钮颜色

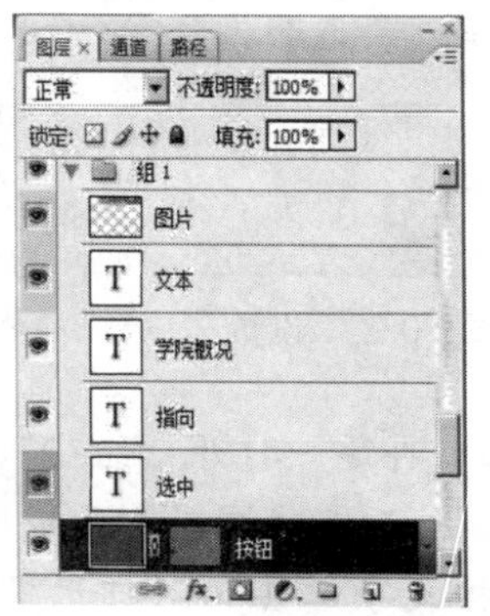

图 10.97 改变有关图层名称

STEP 16 在“组 2”和“组 3”图层组中重复步骤（15），设置同样的效果。

STEP 17 在【图层】面板中，将每个图层组中的“指向”图层、“文本”图层和“图片”、“对应图片”图层前的“眼睛”图标关闭，将这些图层全部隐藏起来。页面保持打开时的状态，并保持“组 1”图层组中的“按钮”图层为当前可编辑图层。此时，存储当前图像为 zjy-Web.psd，退出 Photoshop CS5 程序。

2．编辑动态网页

STEP 1 启动 ImageReady CS2 程序，打开“zjy-Web.psd”文件，其画面效果如图 10.98 所示。

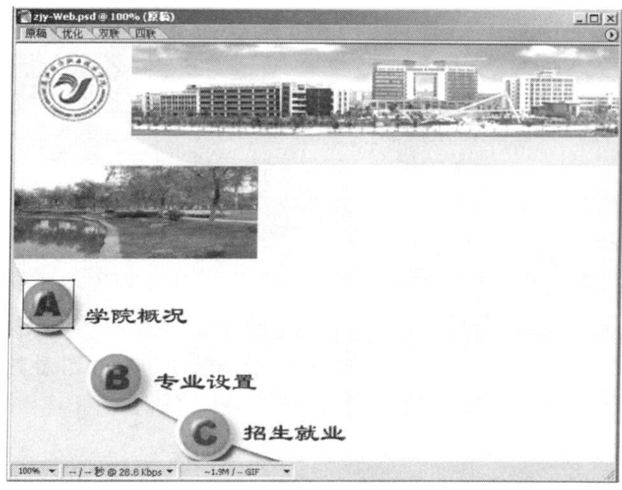

图 10.98　进入 ImageReady CS2 画面

STEP 2 选择工具箱中的工具，将“zjy-Web.psd”图像切片成如图 10.99 所示效果。

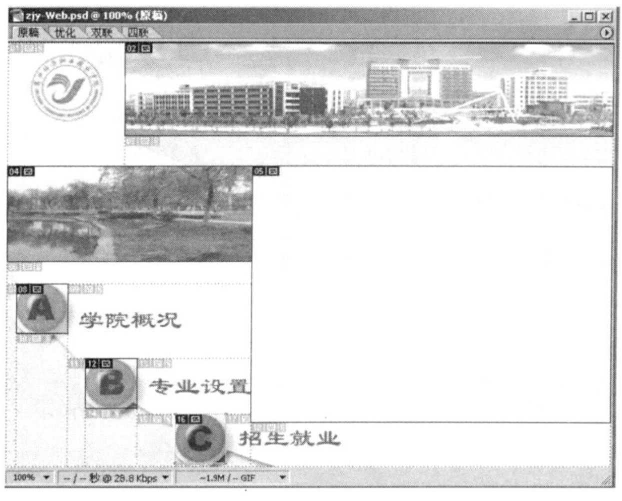

图 10.99　切片分布

STEP 3 在【图层】面板中，选择“组 1”图层组中的“按钮”图层为当前可编辑图层，这时的按钮“A”图像效果，就是按钮正常状态下的网页效果。选择工具箱中的工具，单击按钮“A”所在切片(切片 08)，这时右边【Web 内容】面板效果如图 10.100 所示。

图 10.100 【Web 内容】面板

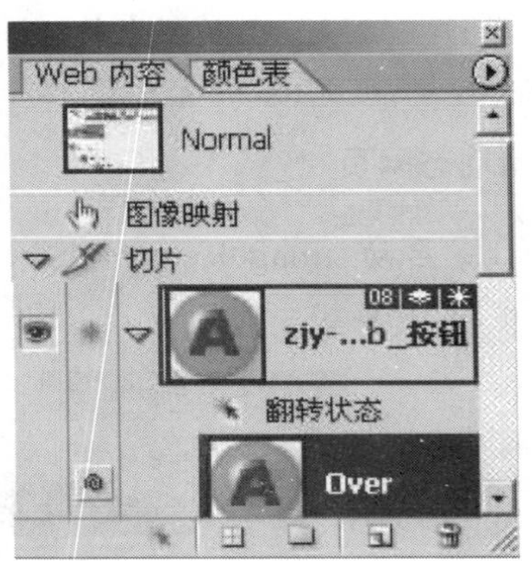

图 10.101 创建 Over 状态

STEP 4 在【Web 内容】面板中，单击 (创建基于图层的翻转)按钮，创建一级以正常状态为主的翻转状态，包括 Normal 和 Over 两种状态，此时在【图层】面板中所做的一切改变，都将被记录在 Over 状态中，如图 10.101 所示。

现在设置按钮“A”在 Over 状态中的图层变化。在“组 1”图层组中，关闭“选中”图层前的图标，打开“指向”图层前的图标，使“指向”图层中的图像显示出来，如图 10.102 所示。

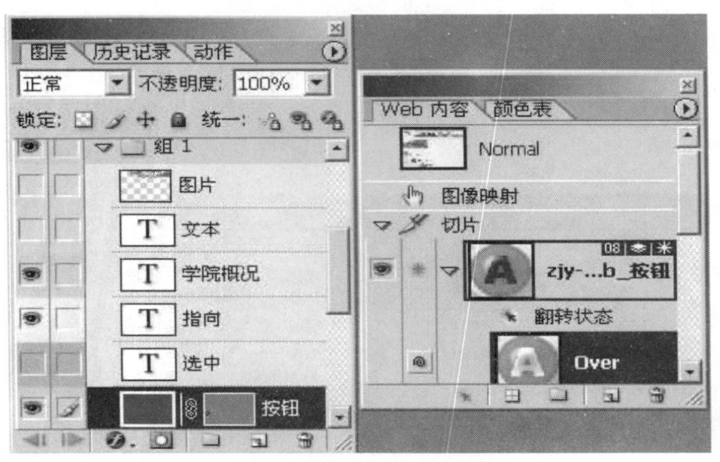

图 10.102 编辑 Over 状态

STEP 5 再在【Web 内容】面板中按住按钮“A”的 Over 状态拖动至 (创建翻转状态)按钮，即新建 Down 状态，如图 10.103 所示，然后在 Down 状态缩略图上右击，在弹出的下拉式菜单中选择【Selected】命令，在此状态下，可以设置按钮“A”按下时的页面状态，如图 10.104 所示。

图 10.103　创建 Down 状态

图 10.104　将 Down 设置为"Selected"

现在设置按钮"A"在 Down 状态中的图层变化。在"组 1"图层组中，关闭"指向"图层前的图标，打开"选中"图层前的图标，再打开"文本"、"图片"、"对应图片"图层前的图标，关闭"图层 10"(切片 02 位置的初始图片)、"图层 12"(切片 04 位置的初始图层)，其效果如图 10.105 所示。

再在【Web 内容】面板中的"zjy-Web_02"、"zjy-Web_04"、"zjy-Web_05"三个缩略图前的第二个方块中单击鼠标(使切片成为当前翻转状态的远程切片)，加上了标记，其效果如图 10.106 所示。

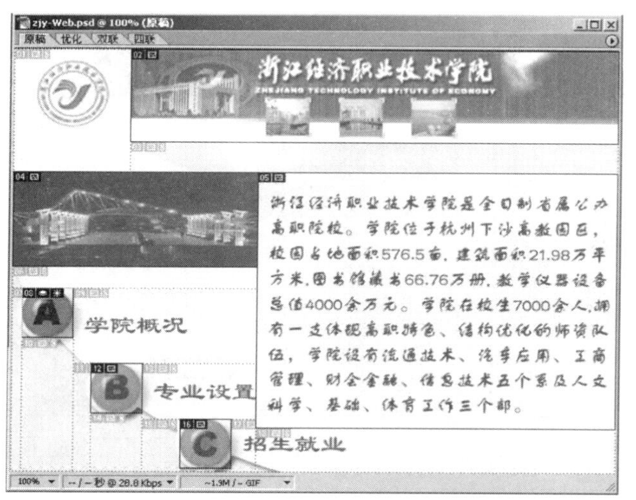

图 10.105　编辑 Selected 状态的效果

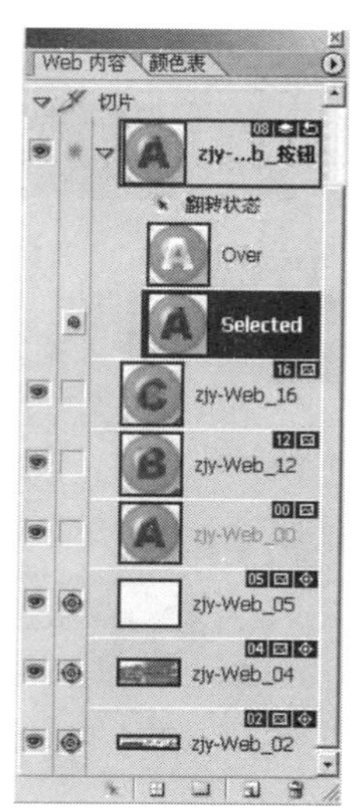

图 10.106　加上" "标记

STEP 6　至此按钮"A"的翻转设置工作完成，我们可以预览按钮"A"翻转的效果了。

单击工具箱中的(切换切片的可视性)按钮，将图像中的切片隐藏。再单击工具箱中(预览文档)按钮，移动鼠标到按钮"A"图像处或单击按钮"A"，即可预览到按钮翻转效果。然后再单击(预览文档)按钮，退出预览状态。

STEP 7 按照设置按钮“A”翻转效果的步骤，设置另外两个按钮的翻转效果。同样可以预览按钮“B”、按钮“C”的按钮翻转效果。

图 10.107 单击按钮“A”的效果

图 10.107～图 10.109 分别是预览按钮效果时单击按钮“A”、单击按钮“B”、单击按钮“C”的效果图。在本书所附的素材中，带有本例生成的网页效果文件，读者可以自行察看：效果图\10.3.1\zjy-Web.HTMl。

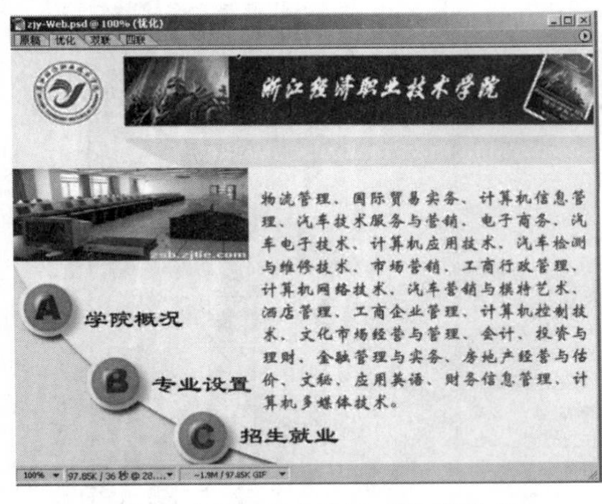

图 10.108 单击按钮“B”的效果

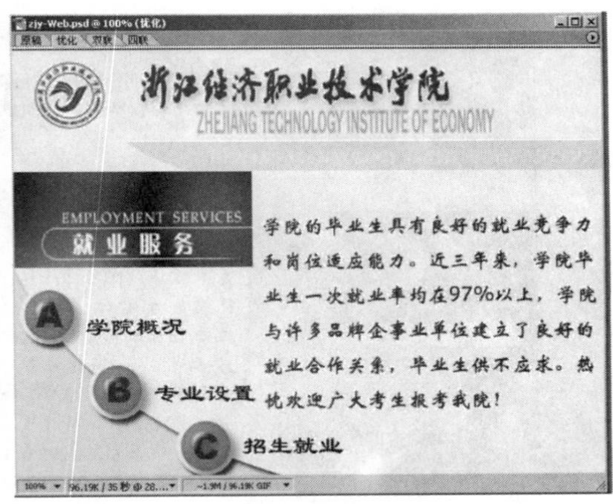

图 10.109 单击按钮“C”的效果

至此，通过 Photoshop CS5 和 ImageReady CS2 来制作一个简单的动态网页工作就完成了。

为什么在 Photoshop 中有些颜色模式应用的命令和工具换另一种颜色模式就不能使用？

因为各种颜色模式的色彩原理不同，所以就造成它们在 Photoshop 中所使用命令和工具方面的差异。在 Photoshop 中能够使用全部操作命令和工具的颜色模式是 RGB 模式。

参考文献

[1] 安雪梅. Adobe Photoshop 典型应用实例——平面设计篇. 北京：中国青年出版社，2005.

[2] 徐威贺. Adobe Photoshop 典型应用实例——影像合成篇. 北京：中国青年出版社，2005.

[3] 腾龙视觉设计工作室. Photoshop CS 创意设计精选 50 例. 北京：人民邮电出版社，2005.

[4] 郑瑶等. Photoshop 中文版图像处理教程. 北京：清华大学出版社，2005.

[5] 雷波. 中文版 Photoshop CS2 平面设计标准教程. 北京：科学出版社/北京科海电子出版社，2006.

[6] 刘小伟等. Photoshop CS2 中文版平面创意设计教程. 北京：电子工业出版社，2006.

[7] 周弘宇. Photoshop 平面设计案例精解. 北京：科学出版社，2006.

[8] 李峰等. Photoshop CS3 平面设计 50 例. 北京：电子工业出版社，2007.

[9] (韩)卡斯论坛. Photoshop CS2 数码照片处理从入门到精通. 北京：中国青年出版社，2007.

[10] 温鑫工作室. 中文版 Photoshop 技能与应用实战教学 500 例. 北京：科学出版社/北京希望电子出版社，2008.

[11] 力行工作室. Photoshop CS4 中文版完全自学教程. 北京：中国水利水电出版社，2009.

[12] 曹刚等. Photoshop CS5 数码照片处理从入门到精通. 北京：中国青年出版社，2010.

[13] 冯志刚等. 最新中文版 Photoshop CS5 标准教程. 北京：中国青年出版社，2011.

[14] 袁媛等. 中文版 Photoshop CS5 案例课堂. 北京：北京希望电子出版社，2011.

[15] 瞿颖健等. 中文版 Photoshop CS5 白金手册. 北京：人民邮电出版社，2011.